高职高专“十三五”规划教材

模具制造技术

主　编　杨　林
副主编　王　轶
主　审　王　华

北京航空航天大学出版社

内容简介

本书较系统、全面地介绍了现代模具制造过程中的常用工艺和特殊工艺。全书共分 7 章，分别是模具标准化与标准件、模具材料及其热处理、模具制造工艺规程、模具零件的机械加工、模具零件的特种加工、模具装配工艺、模具的加工质量。为帮助学生深入学习本课程，每章均配有思考题。

本书既可作为高等职业技术院校、中等专业学校、高级技工学校的模具设计与制造专业的必修课教材，也可作为机械类其他专业的选修课教材，同时还可作为从事模具设计、模具制造工作的工程技术人员的参考用书。

图书在版编目(CIP)数据

模具制造技术 / 杨林主编. -- 北京 ：北京航空航天大学出版社，2017.5

ISBN 978 - 7 - 5124 - 2382 - 4

Ⅰ. ①模… Ⅱ. ①杨… Ⅲ. ①模具—制造—教材 Ⅳ. ①TG76

中国版本图书馆 CIP 数据核字(2017)第 079240 号

模具制造技术

主　编　杨　林

副主编　王　轶

主　审　王　华

责任编辑　冯　颖

*

北京航空航天大学出版社出版发行

北京市海淀区学院路 37 号(邮编 100191)　http://www.buaapress.com.cn

发行部电话：(010)82317024　传真：(010)82328026

读者信箱：goodtextbook@126.com　邮购电话：(010)82316936

北京兴华昌盛印刷有限公司印装　各地书店经销

*

开本：787×1092　1/16　印张：22　字数：563 千字

2017 年 6 月第 1 版　2017 年 6 月第 1 次印刷　印数：2 000 册

ISBN 978 - 7 - 5124 - 2382 - 4　定价：48.00 元

前　言

本书根据模具企业对模具专业人才的需求，按照高职高专教育改革的培养目标、模具设计与制造专业的人才培养要求，系统地介绍了模具制造技术。

本书以模具制造工艺原理为主线，对传统的教学内容和课程体系进行了重组和整合，从模具制造工艺实施的生产实际出发，将模具标准化与标准件，模具材料及热处理，模具制造工艺规程，模具的电火花加工、超声波加工、化学及电化学加工，模具的冷冲模装配工艺、型腔模装配工艺以及提高模具加工精度的途径等内容有机结合起来，注重模具制造工艺原理的实际应用，以适应培养模具制造生产一线技术人才的需要。本书在内容编排上力求做到从生产实际出发，适应高等职业院校的教学需要，简明、通俗。

本课程的教学课时数为70～80学时。全书共由7章组成，分别是模具标准化与标准件、模具材料及热处理、模具制造工艺规程、模具零件的机械加工、模具零件的特种加工、模具装配工艺和模具的加工质量。

本书由四川航天职业技术学院的老师编写，具体分工如下：杨林编写内容简介、前言、第1～3章及附录，王轶编写第4章，朱恋芸编写第5章，陈亮编写第6章，李文兵编写第7章。王华为本书主审。

作者在本书编写过程中参考了国内外相关专业的教材及文献资料，在此向有关著作者表示衷心的感谢！同时，对在本书编写过程中给予帮助的相关人士一并致谢！

由于作者水平有限，不足之处敬请读者批评指正。

作　者

2017年4月

目　　录

第1章 模具标准化与标准件

1.1 我国模具制造业的现状与发展

由于模具成型具有优质、高效、省料、低成本等优点，因此在国民经济各个领域，尤其是在机械制造、汽车、家用电器、仪器仪表、石油化工、轻工用品等工业领域中得到了极其广泛的应用，并在国民经济中占有十分重要的地位。据有关统计，利用模具制造的零件在汽车、飞机、电机电器、仪器仪表等机电产品中占70%，在电视机、录音机、计算机等电子产品中占80%以上，在手表、洗衣机、电冰箱等轻工产品中占85%以上。

模具制造水平已成为衡量一个国家产品制造水平的重要标志，模具工业的振兴和发展日益受到国家的重视和关注。国务院颁布的《关于当前产业政策要点的决定》，就把模具制造技术的发展作为机械行业的首要任务。

1. 我国模具制造业的现状

据资料统计，我国模具制造业年销售额大于1 200亿元，模具工业已初具规模。我国现在75%的粗加工工业产品零件、50%的精加工零件采用模具成型，绝大部分塑料制品也都采用模具成型。作为国民经济的基础行业，模具制造涉及机械、汽车、轻工、电子、化工、冶金、建材等各个行业，应用范围十分广泛。当前，我国的模具制造技术已从过去只能制造简单的模具发展到可以制造大型、精密、复杂、长寿命的模具。

2. 我国模具制造技术取得的主要进步

- 研究开发了几十种模具新钢种及硬质合金新材料，并采用了一些热处理新工艺，延长了模具寿命。
- 发展了一些多工位级进模和硬质合金模等新产品，并根据国内生产需要研制了一批精密塑料注射模。
- 研究开发了一些新技术和新工艺，如三维曲面数控仿形加工、模具表面抛光、表面皮纹加工以及皮纹辗制技术、模具钢的超塑性成型技术和各种快速制模技术等。
- 模具加工设备已得到较大的发展。国内已能批量生产精密坐标磨床、CNC铣床、加工中心、CNC电火花线切割机床以及高精度的电火花成型机床等，高速加工中心和五轴加工中心已经在企业应用。
- 模具计算机辅助设计(CAD)、计算机辅助制造(CAM)和计算机辅助分析(CAE)已在国内得到开发和应用。

3. 我国模具制造技术的不足

目前我国模具生产总量虽然已位居世界第三，但设计制造水平在总体上要比德国、美国等国家落后许多，也比韩国、新加坡等国家落后，而且国内模具市场过早陷入了价格战的误区，缺乏自主创新的能力。我国技术含量低的模具已供过于求，市场利润空间狭小；而技术含量较高的中、高档模具还远不能适应经济发展的需要，与发达国家相比还存在较大不足。主要原因如下：

- 专业化和标准化程度低。目前，我国有冲压模、塑料模、压铸模和模具基础技术等50多项国家标准，近300个标准号。但总体来说，模具专业化程度低于20%，而标准化程度也只有30%左右。
- 模具品种少，效率低，经济效益差。比如：塑料制品的模具满足率仅为40%左右，仪器仪表行业的模具满足率仅为60%。
- 制造周期长，模具精度不高，制造技术落后，与模具制造业相适应的先进设备相对较少。
- 模具寿命短，新材料使用率仅约为10%，模具的热处理技术仍较薄弱。

4. 我国模具制造技术的发展方向

根据我国模具制造技术的发展现状及存在的问题，今后我国模具制造技术应向着如下几个方向发展：

- 开发、发展精密、复杂、大型、长寿命的模具，以满足国内市场的需要。
- 加速模具零部件标准化和商品化，建设有特色的专业化模具标准件生产企业，组建区域模具钢及标准件市场，以提高模具质量，缩短模具制造周期。
- 积极开发和推广应用模具CAD/CAM/CAE技术，提高模具制造过程的自动化程度。加快研究和自主开发三维CAD/CAM/CAE软件，同时搞好引进软件的二次开发，提高软件智能化、集成化程度。
- 积极开发模具新品种、新工艺、新技术和新材料；开发高速切削、电火花镜面加工、激光加工、复合加工、超精加工等模具加工新技术；开发高性能的模具材料，推广应用新型模具钢；对国外引进的新钢种要进行二次研究，充分发挥其优越性；进一步研究提高模具寿命的新方法，建立正确选材用材的专家系统。
- 发展模具加工成套设备，以满足高速发展的模具工业的需要。结合市场结构调整，进一步研究快速成型技术，开发适合我国国情的高性能、低成本的快速成型制造设备并使之商品化。
- 提高模具材料的热处理水平，扩大光亮淬火的适用范围。
- 建立模具高级人才培训基地，提高劳动力素质，提高模具工业技术水平。

1.2 基本概念

凡工业较为发达的国家，对标准化工作都十分重视，因为它能提高工业的质量、效率和效益。模具是专用成型工具产品，虽然个性化强，但也是工业产品，所以标准化工作十分重要。我国模具标准化工作起步较晚，加之宣传、贯彻和推广工作力度小，因此模具标准化水平落后于生产水平，更落后于世界上许多工业发达的国家，国外模具发达国家（如日本、美国、德国等）的模具标准化工作已有近100年的历史，模具标准的制定、模具标准件的生产与供应，已形成了完善的体系；而我国的模具标准化的工作只是从“全国模具标准化技术委员会”成立以后的1983年才开始的。目前中国已有约2万家模具生产单位，模具生产规模有了很大提高，但与工业生产要求相比，尚相差很远，其中一个重要原因就是模具标准化程度和水平不高。

1.2.1　模具标准化

模具标准化工作是模具工业建设的基础，也是模具设计与制造的基础及现代模具生产技术的基础。

1. 模具标准化在模具工业建设中的意义

1）提高模具使用性能和质量

实现模具零部件标准化，可使 90%左右的模具零部件实现大规模、高水平、高质量的生产。这些零部件相对于单件和小规模生产的零部件，其质量和精度要高得多，例如国标模架的位置公差已可控制在 0.008/100 的精度水平。由于专业化生产的标准零部件的结构日趋完善和先进，这为提高模具质量、使用性能及其可靠性，提供了有力的保证。

2）缩短模具设计与制造周期，大幅节约原材料

实现模具零部件标准化后，塑料注射模的生产工时可减少 25%～45%，即相对单件生产来讲，可缩短 2/5～1/3 的生产周期。目前，在工业先进国家，中小型冲模、塑料注射模、压铸模等模具标准件使用覆盖率已达 80%～90%；大型模具配件标准化程度也很高，除特殊模具外，其零部件基本上都实现了标准化或准标准化。

由于模具标准件需求量大，实现模具零部件的标准化、规模化、专业化生产，可大量节约原材料，大幅提高原材料的利用率（可达 85%～95%）。

3）有利于实现模具的计算机辅助设计与制造

要实行模具的 CAD/CAM，进行计算机绘图，实现计算机管理和控制，模具标准化是其基础。目前生产中应用的和市场上提供的 CAD/CAM 系统，其软件中的标准资料库和标准图已成为系统中的基本组成。因此，模具标准化是进行模具科学化以及优化设计与制造的基础。

4）可有效地降低模具生产成本

简化生产管理和减少企业库存，是提高企业经济、技术效益的有力措施和保证。模具标准化和标准件的专业化生产是模具工业建设的产业基础，对整个工业建设有着重大的技术、经济意义。

5）有利于国内、国际合作交流

技术名词术语、技术条件的规范化、标准化将有利于国内外在商业贸易和科学技术等方面进行合作与交流，增强国家的技术、经济实力。

2. 模具技术标准及分类

目前，我国已有 50 多项模具标准（共 300 多个标准号）以及汽车冲模零部件方面的 14 种通用装置、244 个品种（共 363 项标准）。这些标准的制定和宣传贯彻，提高了中国模具标准化的程度和水平。我国模具技术标准化的体系包括四大类标准，即：模具基础标准、模具零部件标准、模具工艺与质量标准及与模具生产相关的技术标准。

① 模具基础标准：冲模、塑料注射模、压铸模、锻模等模具的名词术语；模具尺寸系列；模具体系表，等等。

② 模具零部件标准：冲模、塑料注射模以及锻模、挤压模的零件标准；模架标准和结构标准；锻模模块结构标准，等等。

③ 模具工艺与质量标准：冲模、塑料注射模、拉丝模、橡胶模、玻璃模、锻模、挤压模等模具

的技术要求标准;模具材料热处理工艺标准;模具表面粗糙度等级标准;冲模、塑料注射模零件和模架技术条件、产品精度检查和质量等级标准,等等。

④ 模具生产相关的技术标准:模具用材料标准,包括塑料模具用钢、冷作模具钢、热作模具钢等标准。

模具标准又可按模具主要类别分为冲压模具标准、塑料注射模具标准、压铸模具标准、锻造模具标准、紧固件冷镦模具标准、拉丝模具标准、冷挤压模具标准、橡胶模具标准、玻璃制品模具和汽车冲模标准十大类。

1.2.2 模具标准件

模具标准件是模具的重要组成部分,是模具基础。它对缩短模具设计制造周期、降低模具生产成本、提高模具质量都具有十分重要的技术经济意义。国外工业发达国家的经验证明,模具标准件的专业化生产和商品化供应,极大地促进了模具工业的发展。据国外资料介绍,广泛应用标准件的好处如下:

- 可将设计制造周期缩短 25%~40%;
- 可节约由于使用者自制标准件所造成的社会工时,减少原材料及能源的浪费;
- 可为模具 CAD/CAM 等现代技术的应用奠定基础;
- 可显著提高模具的制造精度和使用性能。

通常,相比于采用自制标准件,采用专业化生产的标准件的配合精度和位置精度将至少提高一个数量级,并可保证互换性,提高模具的使用寿命,进而促进行业内部经济体制、经营机制以及产业结构和生产管理方面的改革,实现专业化和规模化生产,并带动模具标准件商品市场的形成与发展。可以说,没有模具标准件的专业化和商品化,就没有模具工业的现代化。

标准件的生产须具备以下条件:

① 要有一定规模,能产生规模效益(其效益指标反映在质量和创利两方面)。模架的规模生产量必须在保证精度、质量的条件下,达到经济产量或以上生产规模,方能产生规模效益。

② 保证标准件稳定的质量,须采取措施保证标准件的使用互换性和稳定的可靠性,因此,标准件生产工艺管理须规范和科学,须采用保证高精、高效的生产装备。

③ 销售服务须完善,其前提是在保证一定库存的条件下,使用户实现无库存管理,保证用户定量、定期获得供应,建立合作伙伴关系。

常见的模具标准件包括:各类模具的标准模架(含导柱、导套、模座),冷冲模常用的模板(含固定板、垫板、卸料板)、模柄、凹模、挡料销、导正销、紧固用螺钉销钉,塑料模常用的模板、推杆、复位杆、垫块、浇口套、推板导柱、推板导套等。

1.3 模具常用术语

1.3.1 冲模常用术语

按照国家标准 GB/T 8845—1988,冲模常用术语见表 1-1。

表 1-1　冲模常用术语

序　号	类　别	术　语	定　义
1	冲模 (Stamping and Punching Dies)	单工序模 (Single Operation Dies)	在压力机的一次行程中完成一道冲压工序的冲模
		复合模 (Compound Dies)	只有一个工位,在压力机的一次行程中同时完成两道或两道以上的冲压工序的冲模
		级进模 (Progressive Dies)	在条料的送料方向上,具有两个以上的工位,并在压力机一次行程中,在不同的工位上完成两道或两道以上的冲压工序的冲模
		冲裁模 (Blanking Dies)	使板料分离,得到所需形状和尺寸的平片毛坯或与板料分离的冲模
		落料模 (Blanking Dies)	沿封闭的轮廓将制件或毛坯与板料分离的冲模
		冲孔模 (Piercing Dies)	在毛坯或板料上,沿封闭的轮廓分离出废料得到带孔制件的冲模
		弯曲模 (Bending Dies)	将毛坯或半成品制件沿弯曲线弯成一定角度和形状的冲模
		拉深模 (Drawing Dies)	把毛坯拉成空心体,或者把空心体拉成外形更小而板厚没有明显变化的冲模
2	模架 (Dies Sets)	后导柱模架 (Back Pillar/Post Sets)	两个导柱、导套分别装于上、下模座的后侧模架
		对角导柱模架 (Diagonal Pillar/Post Sets)	两个导柱、导套分别装于上、下模座的对角中心线上的模架
		中间导柱模架 (Center Pillar/Post Sets)	两个导柱、导套分别装于上、下模座的左右中心线上的模架
3	工作零件 (Working Elements)	凸模 (Punch)	在冲压过程中,冲模中被制件或废料所包容的工作零件
		凹模 (Matrix)	在冲压过程中,与凸模配合直接对制件进行分离或成型的工作零件
		凸凹模 (Punch-Matrix)	复合模中同时具有凸模和凹模作用的工作零件
		镶件 (Insert)	与主体工作零件分离制造,嵌在主体工作零件上的局部工作零件
		拼块 (Section)	拼成凹模或凸模的若干分离制造的零件

续表 1-1

序 号	类 别	术 语	定 义
4	定位零件 (Locating Elements)	定位销 (Locating/Gauge Pin)	挡住条料的侧边，毛坯和半成品的周边，保证其正确定位的销钉
		定位板 (Locating Plate)	挡住条料侧边，毛坯和半成品的周边，保证其正确定位的板状零件
		挡料销 (Stop Pin)	限定条料或卷料送进距离的定位销件
		导正销 (Pilot Pin)	冲裁中，先进入预孔的孔中，导正板料位置，保证孔与外形的相对位置，消除送料误差的销件
		导料板 (Stock Guide Trail)	对条料或卷料的侧边进行导向，以保证其正确的送进方向的板件
		定距侧刃 (Pitch Punch)	在级进模中，为了限定条料的送料进距，在条料的侧边冲切一定形状缺口的凸模
		侧刃挡块 (Stop Block for Pitch Punch)	承受条料对定距侧刃的侧压力，并起挡料作用的板块件
		始用挡料销 (Finger Stop Pin/Block)	在级进模中，当条料开始进给时使用的挡料销(块)
		侧压板 (Side-Push Plate)	将位于两个导料板间的条料压向一侧的导料板，消除导料板与条料之间的间隙，保证条料正确送进的侧面压料板
5	压料、卸料零件 (Elements for Clamping and Stripping)	卸料板 (Stripper Plate)	用于卸掉卡箍在凸模或凹模上的制件或废料的板件
		推件块 (Ejector)	把制件或废料由凹模(装于上模)中推出的块状零件
		推杆 (Ejector Pin)	用于推出制件或废料的杆件
		推板 (Ejector Plate)	在打杆与连接推杆间传递推力的板件
		打杆 (Knock Out Pin)	穿过模柄孔，把压力机滑块上的打杆横梁的力传给推板的杆件
		顶杆 (Kicker Pin)	传力给顶件块的杆件
		卸料螺钉 (Stripper Bolt)	连接卸料板并调节卸料板的卸料行程的螺钉
		承料板 (Stock Supporting Plate)	与凹模或导料板相连，对进入模具之前的条料起支承作用的板件
		压料板 (Pressure Plate)	在冲裁、弯曲和成型加工中，把板料压紧在凸模或凹模上的可动板件
		压边圈 (Blank Holder)	在拉深模或成型模中，为了调节材料流动的阻力，防止起皱而压紧毛坯边缘的零件

续表 1-1

序　号	类　别	术　语	定　义
6	导向零件 (Guide Elements)	导柱 (Guide Pillar/Post)	与安装在另一模座上的导套(或孔)相配合,用以确定上、下模的相对位置,保证运动导向精度的圆柱形零件
		导套 (Guide Bushes)	与安装在另一模座上的导柱相配合,用以确定上、下模的相对位置,保证运动导向精度的圆套状零件
7	固定零件 (Retaining Elements)	上模座 (Punch Holder,Upper Shoe)	用于支承上模的所有零件的模架零件
		下模座 (Die Holder,Lower Shoe)	用于支承下模的所有零件的模架零件
		凸模固定板 (Punch Plate)	用于安装固定凸模的板
		凹模固定板 (Matrix Plate)	用于安装固定凹模的板
		垫板 (Backing Plate)	用于凸模、凹模与模座间,承受和分散冲压负荷的板件
		模柄 (Shank)	使模具的中心线与压力机的中心线重合并把上模固定在压力机滑块上的连接零件

1.3.2　塑料模具常用术语

国家标准 GB/T 8846—1988 中规定了塑料模具中的压缩模具、压注模具和注射模具的常用术语见表 1-2。

表 1-2　塑料模具常用术语

序　号	类　别	术　语	定　义
1	塑料成型模具 (Mould for Plastics)	压缩模 (Compression Mould)	借助加压和加热,使直接放入型腔内的塑料熔融并固化成型所用的模具
		压注模 (Transfer Mould)	通过柱塞,使在加料腔内受热塑化熔融的热固性塑料,经浇注系统压入被加热的闭合型腔,固化成型所用的模具
		注射模 (Injection Mould)	由注射机的螺杆或活塞,使料筒内塑化熔融的塑料,经喷嘴、浇注系统注入型腔,固化成型所用的模具
2	浇注系统 (Feed System)	主流道 (Sprue)	a. 注射模中,使注射机喷嘴与型腔(单型腔模)或与分流道连接的一段进料通道; b. 压注模中,使加料腔与型腔(单型腔模)或与分流道连接的一段进料通道
		分流道 (Runner)	连接主流道和浇口的进料通道

续表 1-2

序 号	类 别	术 语	定 义
2	浇注系统 (Feed System)	浇口 (Gate)	连接分流道和型腔的进料通道
		冷料穴 (Cold-Slug Well)	注射模中,直接对着主流道的孔或槽,用以存储冷料
		浇口套 (Sprue Bush,Sprue Bushing)	直接与注射机喷嘴或压注模加料腔接触,带有主流道通道的衬套零件
		浇口镶块 (Gating Insert)	为提高浇口的使用寿命,对浇口采用可更换的耐磨金属镶块
		分流锥 (Spreader)	设在主流道内,用以使塑料分流并平缓地改变流向,一般带有圆锥头的圆柱形零件
		流道板 (Runner Plate)	为开设分流道专门设置的板件
		热管 (Heat Pipe)	缩小热流道和浇口之间温差的高效导热元件,也可用于模具的冷却系统
		加料腔 (Loading Chamber)	a. 在压缩模中,指(凹模)型腔开口端的延续部分,用来附加装料的空间; b. 在压注模中,指塑料在进入(模具)型腔前,盛放并使之加热的腔体零件
		柱塞 (Force/Pot Plunger)	压注模中,传递机床压力,使加料腔内的塑料注入浇注系统和型腔的圆柱形零件
		溢料槽 (Flash/Spew Groove)	a. 在压缩模中,为排除过剩的塑料而在模具上开设的槽。 b. 在压注模中,为避免在塑件上可能产生熔接痕而在模具上开设排溢用的沟槽
		排气孔(槽) (Vent of a Mould)	为使型腔内的气体排除模具外,在模具上开设的气流通槽或孔
		分型面 (Parting Line)	模具上用以取出塑件或浇注系统凝料的可分离的接触表面
3	模架(模座) (Mould Base)	定模 (Stationary Mould Fixed Half)	安装在注射机固定工作台面上的那一半模
		动模 (Movable Mould Moving Half)	安装在注射机移动工作台面上的那一半模具,可随注射机做开闭运动
		上模 (Upper Mould,Upper Half)	在压缩模和压注模中,安装在压机上工作台面上的那一半模具
		下模 (Lower Mould,Lower Half)	在压缩模和压注模中,安装在压机下工作台面上的那一半模具

续表 1－2

序　号	类　别	术　语	定　义
4	工作零件 (Working Elements)	型腔 (Cavity of a Mould)	a. 合模时，用来填充塑料，成型塑件的空间； b. 有时也指凹模中成型塑件的内腔
		凹模 (Impression，Cavity Block，Cavity Plate)	成型塑件外表面的凹状零件
		镶件 (Mould Insert)	当成型零件(凹模、凸模或型芯)有易损或难以整体加工的部位时，与主体件分离制造并嵌在主体件上的局部成型零件
		活动镶件 (Movable Insert)	根据工艺和结构要求，必须随塑件一起出模，方能从塑件中分离取出的镶件
		凹模拼块 (Cavity Splits)	用于拼合成凹模的若干分离制造的零件
		型芯拼块 (Core Splits)	用于拼合成型芯的若干分离制造的零件
		型芯 (Core)	成型塑件内表面的凸状零件
		侧型芯 (Side Core，Slide Core)	成型塑件的侧孔，侧凹或侧台，可手动或随滑块在模内做抽拔和复位运动的型芯
		凸模 (Punch，Force)	压缩模中，承受压力，与凹模有配合段，直接接触塑料，成型塑件内表面或上下端面的零件
		嵌件 (Insert)	成型过程中，埋入或随压入塑件中的金属等其他材料的零件
5	支承与固定零件 (Supporting and Fixing Parts)	定模座板 (Fixed Clamping Plate，Top Clamping Plate)	使定模固定在注射机的固定工作台面上的板件
		动模座板 (Moving Clamping Plate，Bottom Clamping Plate)	使动模固定在注射机的移动工作台面上的板件
		上模座板 (Upper Clamping Plate)	使上模固定在压力机上工作台面上的板件
		下模座板 (Lower Clamping Plate)	使下模固定在压力机下工作台面上的板件
		凹模固定板 (Cavity-Retainer Plate)	用于固定凹模的板状零件
		型芯固定板 (Core-Retainer Plate)	用于固定型芯的板状零件
		凸模固定板 (Punch-Retainer Plate)	用于固定凸模的板状零件

续表 1－2

序　号	类　别	术　语	定　义
5	支承与固定零件 (Supporting and Fixing Parts)	支承板 (Backing Plate,Support Plate)	防止成型零件(凹模、凸模、型芯或镶件)和导向零件轴向移动并承受成型压力的板件
		垫块 (Spacer Parallel)	调节模具闭合高度,形成推出机构所需的推出空间的块状零件
		支架 (Mould Base Leg)	使动模能固定在压机或注射机上的L形垫铁
		支承柱 (Support Pillar)	为增强动模的刚度而设置在动模支承板和动模座板之间,起支承作用的圆柱形零件
		模板 (Mould Plate)	组成模具的板类零件的统称
6	抽芯零件 (Core Pulling Parts)	斜销 (Angle Pin)	倾斜于分型面装配,随着模具的开闭,使滑块在模内产生相对运动的圆柱形零件
		滑块 (Slide)	沿导向件上滑动,带动侧型芯完成抽芯和往复动作的零件
		侧型芯滑块 (Side Core-Slide)	由整体材料制成,沿导向件滑动,带有侧型芯并能完成抽芯和往复动作的零件
		滑块导板 (Slide Guide Strip)	与滑块的导滑面配合,起导向作用的板件
		楔紧块 (Heel Block)	带有楔角,用于合模时楔紧滑块的零件
		楔槽导板 (Finger Guide Plate)	具有斜导槽,用以使滑块随槽做抽芯和往复运动的板状零件
		弯销 (Clog-Leg Cam)	矩形或方形截面的弯杆零件,随着模具的开闭,使滑块做抽芯和往复运动
7	导向零件 (Guide Components)	导柱 (Guide Pillar)	与安装在另一半模上的导套(或孔)相配合,用以确定动、定模的相对位置,保证模具运动导向精度的圆柱形零件
		推板导柱 (Ejector Guide Pillar)	与推板导套滑配合,用于推出机构导向的圆柱形零件
		导套 (Guide Bush)	与安装在另一半模上的导柱相配合,用以确定动、定模的相对位置,保证模具运动导向精度的圆套形零件
		推板导套 (Ejector Guide Bush,Ejector-Bushing)	与推板导柱滑动配合,用于推出机构导向的圆环形零件

续表 1 - 2

序　号	类　别	术　语	定　义
7	定位和限位零件 (Positioning and Limiting Parts)	定位圈 (Locating Ring)	使注射机喷嘴与模具浇口套对中，决定模具在注射机上安装位置的定位零件
		复位杆 (Ejector Plate Return Pin)	借助模具的闭合动作，使推出机构复位的杆件
		限位钉 (Stop Pin)	对推出机构起支承和调整作用并防止其在复位时受异物障碍的零件
		限位块 (Stop Block)	a. 起承压作用并调整、限制凸模行程的块状零件； b. 限制滑块抽芯后最终位置的块状零件
		定距拉杆 (Length Bolt)	在开模分型时，用来限制某一模板，仅在限定的距离内做拉开和停止动作的杆件
		定距拉板 (Puller Plate)	在开模分型时，用来限制某一模板，仅在限定的距离内做拉开和停止动作的板件
8	推出零件 (Launch Parts)	推杆 (Ejector Pin)	用于推出塑件或浇注系统凝料的杆件
		推管 (Ejector Sleeve)	用于推出塑件的管状零件
		推块 (Ejector Pad)	在型腔内起部分成型作用，并在开模时把塑件从型腔内推出的块状零件
		推件板 (Stripper Plate)	直接推出塑件的板状零件
		推杆固定板 (Ejector Retainer Plate)	用以固定推出和复位零件以及推板导套的板件
		推板 (Ejection Plate)	支承推出和复位零件，直接传递机床推出力的板件
		拉料杆 (Sprue Puller)	为了拉出浇口套内的浇注凝料，在主浇道的正对面，设置头部带有凹槽或其他形状的杆件
9	冷却和加热零件 (Cooling and Heating Parts)	冷却通道 (Cooling Channel)	模具内通过冷却循环水或其他介质的通道，用于控制所要求的模具温度
		隔板 (Baffle)	为改变蒸汽或冷却水的流向而在模具的冷却通道内设置的金属条或板
		加热板 (Heating Plate)	为保证模具内塑料件成型的温度要求而设置的热水、蒸汽或电加热结构的板件
		隔热板 (Thermal Insulation Board)	防止热量传递的板件

思考题

1. 试述标准化对模具的意义。
2. 冲压模具和塑料模具的工作零件主要有哪些?
3. 运用标准术语,写出图 1-1 所示单分型面注射模中全部零件的名称。

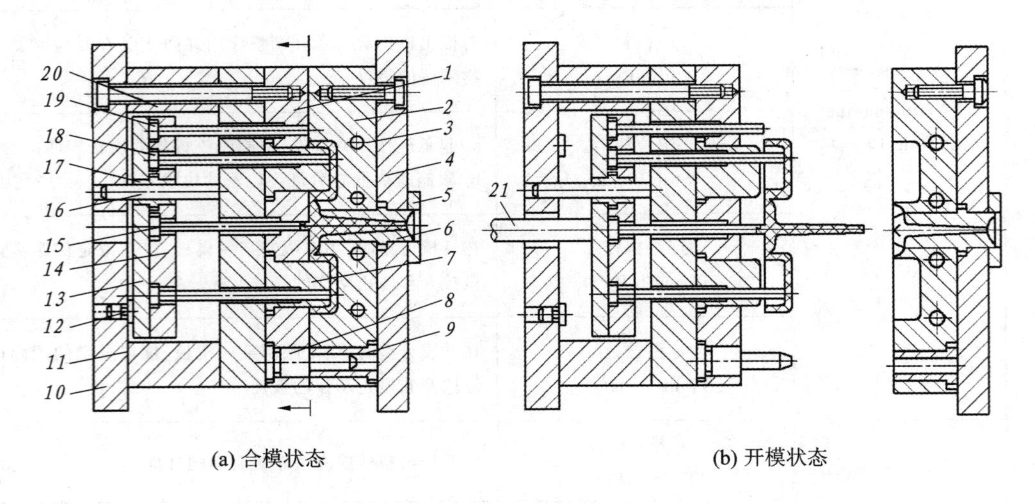

图 1-1 单分型面注射模

第2章 模具材料及其热处理

模具的用途很多，各种模具的工作条件差别很大，因此制造模具的材料范围很广。我国的模具钢生产从无到有，从仿制到自行研发，发展较快，目前已跃居世界前列。对国外绝大部分的标准钢号和科研试制中的模具钢号，我国基本上已开展生产或研制工作，并在模具钢的生产技术、品种质量、科技开发以及实际应用等方面取得了较多成就。当然，由于发展时间较短，所以与工业发达国家相比，在某些方面还存在一些问题和差距。

我国目前已经初步建立了具有中国特色的模具材料体系，包括冷作模具钢、热作模具钢、塑料模具钢等系列材料，并在模具制造业广泛使用，同时针对不同的工作条件与环境因素开发了多种先进的模具材料。

2.1 模具材料的分类

由于各种模具的工作条件差别很大，所以从化学成分看，模具钢的组成范围很广，从一般的碳素结构钢、碳素工具钢、合金结构钢、高速工具钢，到满足特殊模具要求的奥氏体无磁模具钢、耐蚀模具钢、马氏体时效钢、高温合金、难熔合金、硬质合金及一些专用的采用粉末冶金工艺生产的高合金模具材料等。这里仅讨论常用的模具钢。根据其用途和服役条件的不同，将模具材料分为冷作模具材料、热作模具材料、塑料模具材料和其他模具材料。

我国各类模具钢、低熔点合金、钢结硬质合金、高温合金等新型模具材料有70余种。在GB/T 1299—2000《合金工具钢》中列出了33个钢种，在JB/T 6058—1992《冲模用钢及其热处理技术条件》中收入新钢种5个，基本上形成了具有我国特色的模具材料体系。标准中Cr12、Cr12MoV、CrWMn、9SiCr、5CrMnMo、5CrNiMo、3Cr2W8V和60Si2Mn等钢种是模具生产中应用较多的材料，约占80%。20、45、38CrMoAlA、T7A、T8A、T10A和T12A等钢种多用于工作负荷低、要求不高的模具和模架。W18Cr4V和W6Mo5Cr4V2多用于工作负荷高、要求较高的模具。近年来，随着模具工业的发展，我国又自行开发研制了一些新型模具钢。

2.1.1 冷作模具材料

冷作模具材料应用量大、使用面广，其主要性能要求有强度、硬度、韧性和耐磨性。冷作模具钢以高碳合金钢为主，均属热处理强化型钢，使用硬度高于58HRC。以9CrWMn钢为典型代表的低合金冷作模具钢，一般仅用于小批量生产中的简易型模具和承受冲击力较小的试制模具；Cr12型高碳合金钢是大多数模具的通用材料，这类钢的强度和耐磨性较高，韧性较低；在对模具综合力学性能要求更高的场合，常用W6Mo5Cr4V2高速钢作为替代钢种。

1. 火焰淬火钢

近年来，针对覆盖件冲模，特别是大型镶块模具的加工和热处理问题，国外(主要是日本)开发了Si-Mn系列的含碳量为0.6%～0.8%的中合金火焰淬火钢。我国的7CrSiMnMoV火焰淬火钢与日本的SX105V钢成分相同。该模具钢淬火时可用火焰加热模具刃口切料面，淬火前需对模具进行预热(预热温度为180～200 ℃),该钢淬火温度范围较宽(900～1 000 ℃),对模具刃口施行局部火焰加热,硬化层的硬度与整体淬火相近,表层具有残余压应力,硬化层下有高韧性的基体,减少了刃口开裂、崩刃等早期失效的发生,提高了模具寿命。该类钢的另一特点是淬火变形小,一般只有0.02%～0.05%,故可以在机加工完成后采用氧乙炔喷枪等工具对模具工作部位火焰加热空冷淬火和火焰加热回火后直接使用。

2. 基体钢

基体钢是指在高速钢淬火组织基体化学成分的基础上添加少量其他元素,适当调节含碳量,使钢的成分与高速钢基体成分相同或相近的一类模具钢。这类钢由于去除了大量的过剩碳化物,因此与高速钢相比,其韧性和疲劳强度得到了大幅度的改善,同时又保持了高速钢的高强度、高硬度、红硬性和良好的耐磨性。以65Nb钢为例,其成分与M2高速钢淬火组织中的基体成分相当,但含碳量提高到0.65%,使其具有一定数量的一次碳化物,因而改善了耐磨性;除含Cr、W、Mo、V这些高速钢的通用元素外,还加入0.2%～0.35%的Nb,Nb在钢中形成稳定的NbC,并可溶入碳化物中,增强了碳化物的稳定性,一方面延缓了淬火加热时碳化物的溶解速度,阻止了晶粒长大,另一方面降低了奥氏体中的含碳量,增强了板条马氏体的数量,因而该钢具有良好的综合力学性能,被广泛用于制作冷挤压、冷镦、冷冲模具。

3. 高韧性低合金冷作模具钢

高韧性低合金冷作模具钢的主要特点是具有很高的强韧性,工艺性能好,淬火温度范围宽(870～930 ℃),可淬油、空冷和风冷淬火,淬火加热脱碳敏感性低,热处理变形小,淬透性大于常用的CrWMn、9SiCr、9Mn2V等低合金冷作模具钢,并具有一定的耐磨性。6CrMnNiMoVSi(GD钢)是我国近年来研制的一种新型冷作模具钢,国外的类似钢种有美国的A6(7CrMn2Mo)和日本的GO4(8CrMn2Mo)等。GD钢中同时加入少量的Ni和Si,既强韧化了基体,又提高了低温回火抗力,Mo和V的加入可以细化晶粒。GD钢900 ℃加热淬火和200 ℃回火,组织为隐针马氏体、14%左右的残余奥氏体和均匀细小的未溶碳化物,σ_{bb}为4 483 MPa,冲击韧度可达145 J/cm^2,其强韧性优于同类钢。生产中可替代CrWMn、Cr12、9SiCr、60Si2Mn等钢种制造重载冲裁模,表面可进行渗硼等化学热处理,对于因崩刃和断裂而早期失效的冷作模具,使用该钢可显著提高其寿命。

4. 高碳中铬耐磨模具钢

为了克服Cr12型高碳高铬耐磨冷作模具钢因碳化物偏析易脆开裂的缺点,20世纪70年代以来,国内外均进行了大量的研究工作,通过降低含铬量,研制了几种新型中铬耐磨高韧性冷作模具钢。这类钢的含铬量,一般降至4%～8%,并适当增加了Mo和V的含量,以便在提高钢的强韧性的同时,保持和改善其耐磨性。代表性的钢号有美国钒合金钢公司开发的Vasco Die钢(8Cr8Mo2V2Si),日本山阳特殊钢公司开发的QCM-8钢(8Cr8Mo2SiV),日本大同钢公司开发的DC53钢(Cr8Mo2SiV),我国的7Cr7Mo2V2Si钢(LD)和9Cr6W3Mo2V钢(GM)等。

LD钢的成分与Vasco Die钢相近,强韧性与耐磨性均优于Cr12MoV钢。LD钢的常规热处理工艺为1 100～1 150 ℃淬火,530～570 ℃回火2～3次。GM钢在1 100～1 160 ℃淬火,520～560 ℃回火2次,发生二次硬化,硬度可达64～66HRC,其耐磨性与高速钢相当,韧性不低于Cr12MoV钢。

GM钢制作的模具在高速冲床上使用和作为多工位级进模,使用寿命比Cr12MoV钢提高数倍。LD 钢用作六角螺栓冷镦模，寿命比 Cr12MoV 钢提高 25 倍。LD 钢制造的汽车启动器导向筒冷挤凸模，经 1 050 ℃淬火，200 ℃回火，使用寿命比 Cr12 钢和高速钢提高 6 倍。

2.1.2　热作模具材料

由于增加了温度和冷却条件这两个因素，且热作模具的工作条件比冷作模具更复杂，因而热作模具的用材系列，除少数几种用量特别大的以外，总的来说不如冷作模具的用材系列完整。热作模具用材的选择，在力学性能方面要兼顾热耐磨性和抗裂纹性。但由于加工对象(热金属)本身强度不高，故对热作模具材料的屈服强度要求并不高，而加工过程中采用的冲击加工方式及不可避免的局部急热急冷特性，对韧性提出了较高要求。常用的热作模具钢主要有 5Cr 型、3Cr－3Mo 型、Cr－W 型、Cr－Ni－Mo 型及 Cr－Mn－Mo 型几类。Cr－W 型的代表性钢种是 3Cr2W8V 钢，被广泛用作热挤压模和铜、铝合金压铸模。这种钢热稳定性高，使用温度达 650 ℃，但其导热性低，冷热疲劳性能较差，已逐渐有被铬系和铬钼系热作模具钢取代的趋势。Cr－Ni－Mo 型及 Cr－Mn－Mo 型热作模具钢主要用作锤锻模。

2.1.3　塑料模具材料

塑料模具的工作条件、制造方法、精度及对耐久性要求的多样性，决定了其用钢的成分范围很大，各种优质钢都有可用之处，且形成了范围很广的塑料模具用材系列。

目前我国塑料成型模具钢尚未形成系列。一般塑料模具常采用正火态的 45 钢或 40Cr 钢经调质后制造，硬度要求较高的塑料模具则采用 CrWMn 或 Cr12MoV 等钢制造。前者硬度低，耐磨性和表面光洁度差，模具寿命短而逐步被预硬钢所取代；后者制造复杂模具时，因热处理变形大，往往不能满足要求。我国近年来在引进国外通用塑料模具钢的同时，也自行研制了一些塑料模具钢，大体可分为预硬钢、时效硬化钢和冷挤压成型塑料模具钢三类。

1. 预硬钢

预硬钢的含碳量为 0.3%～0.55%，常用的合金元素有 Cr、Ni、Mn、Mo、V 等。为了改善其切削加工性能，可加入 S 和 Ca 等元素。代表性钢种有 3Cr2Mo(P20)钢及其改型钢，5NiSCa 钢等。P20 钢是国外使用最广泛的预硬钢，其淬火温度为 830～870 ℃，油淬后经 550～600 ℃回火，预硬至 30～35HRC 使用。为了提高其淬透性，可在钢中加入 1%的 Ni，典型代表是瑞典的 718 钢。为了改善预硬塑料模具钢的切削加工性能，我国研制了 5CrNiMnMoVSCa (5NiSCa)钢和 8Cr2MnWMoVS 钢。

5NiSCa 钢经 860～900 ℃加热淬火，575～650 ℃回火，硬度为 35～45HRC，切削加工性能良好。8Cr2MnWMoVS 钢作为预硬钢使用时，经 860～880 ℃加热淬火，550～620 ℃2 次回火，硬度为 44～48HRC。该钢亦可机加工成型后，再淬火回火使用，其热处理变形很小，属于空冷微变形钢。

2. 时效硬化钢

常用的时效硬化钢是低镍时效钢。PMS 钢和 25CrNi3MoAl 钢属于这类钢。PMS 钢的成分与日本的 NAK55 钢相近，钢中加入 1%的 Cu，起时效强化作用，为改善切削加工性能，加入 0.1%的 S，固溶加热温度为 850～900 ℃，硬度为 30～32HRC，经 490～510 ℃时效，硬度可达 40～42HRC。25CrNi3MoAl 钢与 N3M 钢成分相近，经 880～900 ℃固溶处理，680 ℃时效，硬度为 25～30HRC，可进行机械加工，再经 520～540 ℃时效，析出与基体共格的金属间化合物 NiAl，硬度达 40～45HRC。这类钢的耐腐蚀性和耐磨性优于预硬钢，可用于复杂精密的塑料模具或大批量生产用的长寿命模具。

3. 冷挤压成型塑料模具钢

一些型腔复杂的塑料模具可采用冷挤压成型塑料模具钢通过冷挤压方法制造。这类钢的含碳量为 0.05%～0.08%，含铬量为 2%～5%，同时加入适量的 Ni、Mo 和 V。国内最近研制的 LJ 钢即为专用冷挤压成型塑料模具钢，退火后硬度为 85～105HB，冷挤压成型后，经渗碳淬火和回火，表面硬度为 58～62HRC，心部硬度为 28HRC，模具耐磨性好，无塌陷及表面剥落现象，模具寿命得到大幅度提高。

2.1.4 其他模具材料

除上述三大类之外，模具材料还有铸造模具钢、有色合金模具材料、玻璃模具材料等。近年来，我国开发研制了特种新型模具用材，如 CrMnN 系无磁模具钢（用于电子产品的无磁模具）、高温玻璃模具钢（用于高温餐具、高透光度车灯、显像管玻璃模壳模具）、陶瓷模具材料等。

2.2 模具材料的选用原则

模具材料的选用原则有如下三项：

一是使用性能原则，材料的使用性能应满足模具的使用要求。对大量机器工件和工程构件，主要考虑其力学性能；对一些在特殊条件下工作的工件，则必须根据要求考虑材料的物理性能、化学性能。

二是工艺性能原则，材料的工艺性能应满足模具生产工艺的要求。

三是经济性原则，必须考虑材料的经济性。采用较便宜的材料，把总成本降低，取得较大的经济效益，使产品在市场上具有更强的竞争力。

2.2.1 使用性能要求

按照使用性能原则选材的步骤如下：

① 通过对工件工作条件和失效形式的全面分析，确定工件对使用性能的要求；

② 利用使用性能与实验室性能的相应关系，将使用性能具体转化为实验室机械性能指标；

③ 根据工件的几何形状、尺寸及工作中所承受的载荷，计算出工件中的应力分布；

④ 由工作应力、使用寿命或安全性与实验室性能指标的关系，确定对实验室性能指标要求的具体数值；

⑤ 利用相关手册，根据使用性能选材。

1）耐磨性

坯料在模具型腔中发生塑性变形时，沿型腔表面既流动又滑动，使型腔表面与坯料间产生剧烈摩擦，从而导致模具因磨损而失效。因此，材料的耐磨性是模具最基本、最重要的性能之一。

硬度是影响耐磨性的主要因素。一般情况下，模具工件的硬度越高，磨损量越小，耐磨性也越好。此外，耐磨性还与材料中碳化物的种类、数量、形态、大小及分布有关。

2）强韧性

模具的工作条件大多十分恶劣，有些常承受较大的冲击负荷，从而导致脆性断裂。为防止在工作时突然脆断，模具要具有较高的强度和韧性，即强韧性。

模具的强韧性主要取决于材料的含碳量、晶粒度及组织状态。

3）疲劳断裂性能

模具工作过程中，在循环应力的长期作用下，往往导致疲劳断裂。其形式有小能量多次冲击疲劳断裂、拉伸疲劳断裂、接触疲劳断裂及弯曲疲劳断裂。

模具的疲劳断裂性能主要取决于其强度、韧性、硬度以及材料中夹杂物的含量。

4）高温性能

当模具的工作温度较高时，其硬度和强度会下降，从而导致模具早期磨损或产生塑性变形而失效。因此，模具材料应具有较高的抗回火稳定性，以保证模具在较高的工作温度下的硬度和强度。

5）抗热疲劳性能

有些模具在工作过程中处于反复加热和冷却的状态，使型腔表面受拉、压变应力的作用，引起表面龟裂和剥落，增大摩擦力，阻碍塑性变形，降低了尺寸精度，从而导致模具失效。冷热疲劳是热作模具失效的主要形式之一，这类模具应具有较高的抗热疲劳性能。

6）耐蚀性

有些模具如塑料模在工作时，其中的氯、氟等元素受热后分解析出 HCl 和 HF 等强侵蚀性气体，侵蚀模具型腔表面，加大其表面粗糙度，从而加剧磨损失效。

2.2.2　工艺性能要求

模具的制造一般都要经过锻造、切削加工、热处理等工序。为保证模具的制造质量，降低生产成本，其材料应满足如下工艺性能要求：

① 良好的可锻性——具有较低的热锻变形抗力，塑性好，锻造温度范围宽，锻裂、冷裂及析出网状碳化物倾向低。

② 良好的退火工艺性——球化退火温度范围宽，退火硬度低且波动范围小，球化率高。

③ 良好的切削加工性——切削用量大，刀具损耗小，加工表面粗糙度低。

④ 较低的氧化、脱碳敏感性——高温加热时抗氧化性能好，脱碳速度慢，对加热介质不敏感，产生麻点倾向低。

⑤ 良好的淬硬性——淬火后具有均匀且高的表面硬度。

⑥ 良好的淬透性——淬火后能获得较深的淬硬层，采用缓和的淬火介质就能淬硬。

⑦ 较低的淬火变形开裂倾向——常规淬火体积变化小，形状翘曲、畸变轻微，异常变形倾向低。常规淬火开裂敏感性低，对淬火温度及工件形状不敏感。

⑧ 良好的可磨削性——砂轮相对损耗小，无烧伤极限，磨削用量大，对砂轮质量及冷却条件不敏感，不易发生磨损及磨削裂纹。

2.2.3　经济性要求

1）材料的价格

模具材料的价格无疑应该尽量低。

2）模具的总成本

模具选用的材料必须保证其生产和使用的总成本尽可能低。模具的总成本与其使用寿命、尺寸、加工费用、研究费用、维修费用和材料价格有关。

3）自然资源等因素

随着工业的发展，资源和能源的问题日益突出，选用材料时必须对此有所考虑，特别是对于大批量生产的工件，所用材料应该来源丰富并顾及我国资源状况。另外，还要注意生产所用材料的能源消耗，尽量选用低能耗的材料。

在给模具选材时，必须考虑经济性，尽可能地降低制造成本。因此，在满足使用性能的前提下，首先选用价格较低的。能用碳钢就不用合金钢，能用国产材料就不用进口材料。另外，在选材时还应考虑市场的生产和供应情况，所选钢种数量应尽量少而集中，且易购买。

为了缩短模具的制造周期，模具制造部门在选购模具材料时，应尽可能选用精料和制品。如经过剥皮、冷拔或磨削加工的精品钢，经过粗加工、精加工甚至精加工淬火回火的模块。模具制造部门利用这些精料和制品简单加工即可与标准模架装配使用，既可以有效地缩短模具制造周期，满足模具使用部门的需要，又可以降低生产费用，提高材料利用率。

在进行模具材料选择时，根据模具的使用条件和要求，除了必须考虑以上各种因素，特别是材料的主要性能必须与模具的使用条件要求相适应外，还需要考虑所选用模具材料的价格和通用性。

一般情况下，当生产的工件批量很大，模具的尺寸较小时，模具材料在模具制造费用中所占的份额很小，材料的价格可不作为主要考虑的指标，故可以尽量选择比较高级的适用模具材料。而对于大型或特大型形状较简单的模具，由于模具材料的费用将在模具总成本中占较大的份额，所以应选用价格较低的模具材料，或者模具本体选用价格低的材料，而在模具的关键工作部位（如型腔或刃口处）采用镶块或堆焊的方法将高级模具材料镶嵌或堆焊上去，既能提高模具的使用寿命，又能降低材料费用。

模具材料的通用性，也是选用模具材料时必须考虑的因素。除特殊要求以外，尽可能采用大量生产的通用型模具材料。目前，通用型模具钢技术比较成熟，积累的生产工艺和使用经验较多，性能数据也比较完整，便于在设计和制造过程中参考。

2.3 冷作模具材料及其热处理

2.3.1 常用冷作模具材料

冷作模具材料种类繁多、结构复杂，在使用中主要受到压缩、拉深、弯曲、冲击、摩擦等机械力的作用，因此，冷作模具材料的正常失效形式主要是磨损、脆断、弯曲、咬合、塌陷、啃伤、软化等。冷作模具钢是冷作模具使用最广泛的材料，因此要求冷作模具钢应在相应的热处理后，具有高的变形抗力、断裂抗力以及耐磨损、抗疲劳、不咬合等能力。除了传统的钢种外，近几年还引进、开发了很多新钢种，分类方法各异。按成分和性能可分为碳素工具钢、高碳低合金钢、高耐磨冷作模具钢、冷作模具用高速钢、基体钢、无磁模具钢、硬质合金及钢结硬质合金等，如表2-1所列。

表 2-1 常用冷作模具钢

类别	钢号
碳素工具钢	T7A、T8A、T9A、T10A、T11A、T12A、T13A、T7、T8、T9、T10、T11、T12、T13
高碳低合金钢	9SiCr、9Mn2V、9CrWMn、CrWMn、6CrWMoV、GCr15、Cr2、60Cr2Mn、8Cr2MnWMoVS、6CrNiMnSiMoV、Cr2Mn2SiWMoV、4CrW2Si、5CrW2Si、6CrW2Si、Cr06、8MnSi
高耐磨冷作模具钢	7Cr7Mo2V2Si、Cr12、Cr12MoV、Cr4W2MoV、Cr8MoWV3Si、9Cr6W3Mo2V2、Cr12Mo1V1、Cr12V、Cr12Mo、Cr5Mo1V
冷作模具高速钢	W18Cr4V、W6Mo5Cr4V2、W9Mo3Cr4V、6W6Mo5Cr4V
基体钢	6Cr4W3Mo2VNb、5Cr4Mo3SiMnVAl
无磁模具钢	7Mn15Cr2Al3V2WMo
硬质合金及钢结硬质合金	钨钴类硬质合金(YG3、YG6、YG8、YG3X、YG6X)、DT 合金

2.3.2 典型冷作模具材料性能分析

1. 碳素工具钢

模具常用的碳素工具钢为 T7A、T8A、T10A、T12A 钢等。

1) 力学性能

① 含碳量:碳素工具钢的硬度主要由含碳量决定,含碳量越高,硬度越高;耐磨性取决于硬度,当碳素工具钢硬度在 60～62HRC 以下时,耐磨性急剧降低,且一般情况下,含碳量越高,耐磨性越高,如 T12 钢比 T10 钢的耐磨性稍高。

② 淬火温度:提高淬火温度,淬火后马氏体晶粒变粗,钢的强韧性下降;但适当提高淬火温度,可提高碳素工具钢的淬透性,增加硬化层深度,提高模具的承载能力。一般,对于容易淬透的小型模具,可采用较低的淬火温度(760～780 ℃);对于大、中型模具,应适当提高淬火温度(800～850 ℃)或采用高温快速加热工艺。

③ 回火温度:碳素工具钢的硬度随回火温度的升高而下降,当在低温区(150～200 ℃)回火时硬度下降不多,而当回火温度超过 200 ℃时硬度才明显下降。碳素工具钢 T12 的力学性能与回火温度的关系如图 2-1 所示。当回火温度为 220～250 ℃时,抗弯强度达到极大值。

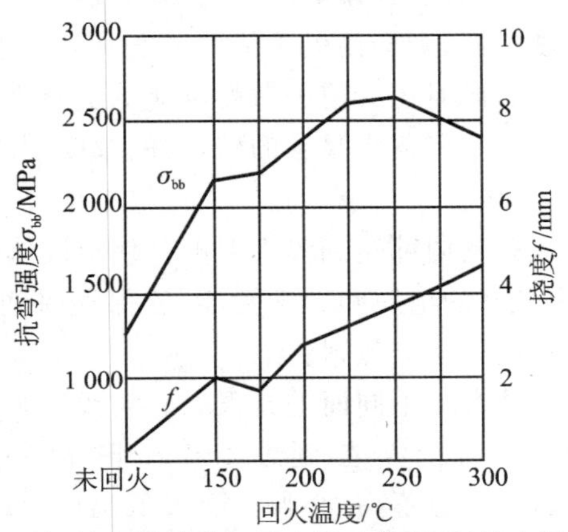

图 2-1 T12 钢的力学性能与回火温度的关系(淬火温度:780 ℃)

可是当碳素工具钢在200～250 ℃回火时，会产生回火脆性，导致韧性下降，因此韧性要求较高的碳素工具钢应避免在此温度范围内回火。而承受弯曲及抗压载荷的碳素工具钢仍可在220～280 ℃回火，以获得高抗弯强度，提高模具的使用寿命。

2）工艺性能

① 锻造性能：碳素工具钢变形抗力小，锻造温度范围宽，锻造工艺性能好，如表2－2所列。

表2－2　碳素工具钢的锻造工艺

钢　号	始锻温度/℃	终锻温度/℃	锻后冷却方式
T7A、T8A	1130～1160	≥800	单件空冷或堆放空冷
T10A、T12A	1100～1140	800～850	空冷到650～700 ℃后转入干砂、炉灰坑中缓冷

对于T10A钢和T12A钢的终锻温度和锻后冷却方式必须严格掌握。如果终锻温度过高，冷却速度过缓，则容易析出网状二次渗碳体，从而显著降低钢的塑性与强度，增加模具淬火开裂、产生磨削裂纹及使用时出现脆断的倾向。一般锻后采用空冷的方法抑制网状碳化物的析出。

② 预先热处理：碳素工具钢一般采用等温球化退火来消除钢坯的锻造应力，细化组织，降低硬度，便于切削加工，同时为淬火做好组织准备。等温球化退火的工艺规范要求加热温度为750～770 ℃，等温温度为680～700 ℃。退火后的组织应为4～6级的球状珠光体，硬度小于197HBS。当钢坯锻造后出现颗粒粗大或网状碳化物时，应先进行正火后再等温球化退火。碳素工具钢的正火工艺见表2－3。

表2－3　碳素工具钢的正火工艺

钢　号	正火温度/℃	硬度HBS	正火目的
T7A	800～820	229～285	促进球化
T8A	800～820	241～302	改进硬度
T10A	830～850	255～321	加速球化
T12A	830～850	269～341	消除网状碳化物

③淬火及回火：淬火温度对淬火后的模具质量有着重要影响。淬火加热温度是根据钢的临界点来选择的。若淬火温度过高，则会使奥氏体晶粒长大，增加淬火变形开裂的危险，导致淬火马氏体粗大，力学性能恶化，同时还会使分散的碳化物量减小，残余奥氏体量增大，降低耐磨性；若淬火温度过低，则奥氏体不能溶入足够的碳，碳的浓度不能充分均匀化，对模具的力学性能同样不利。

淬火保温时间必须能保证模具内部达到淬火温度并使奥氏体中碳的浓度均匀化。若保温时间不足，则淬火后不能获得良好的组织和力学性能；若保温时间过长，则会使模具产生过热或表面脱碳，也浪费了能源，降低了生产效率。

碳素工具钢的淬透性因工件大小不同而差异很大。实践证明：截面尺寸为4～5 mm时油冷可淬透，5～15 mm时必须水冷才能淬透，超过20 mm时水冷也不能淬透。碳素工具钢淬火后存在较大内应力，韧性低，强度也不高，必须再经过低温回火，使钢中的残余内应力消除，力学性能得到改善，模具才能得以应用。

表 2 - 4 所列为碳素工具钢的淬火、回火工艺。

表 2 - 4　碳素工具钢的淬火、回火工艺

钢　号	淬　火			回　火		
	加热温度/℃	冷却介质	硬度 HRC	加热温度/℃	保温时间/h	硬度 HRC
T7	780～800	盐或碱水溶液	62～64	140～160 160～180	1～2	62～64 58～61
	800～820	油或熔盐	59～61	180～200	1～2	56～60
T8	760～770	盐或碱水溶液	63～65	140～160 160～180	1～2	60～62 58～61
	780～790	油或熔盐	60～62	180～200	1～2	56～60
T10	770～790	盐或碱水溶液	63～65	140～160 160～180	1～2	62～64 60～62
	790～810	油或熔盐	61～62	180～200	1～2	59～61
T12	770～790	盐或碱水溶液	63～65	140～160 160～180	1～2	62～64 61～63
	790～810	油或熔盐	61～62	180～200	1～2	60～62

3）使用范围

碳素工具钢生产成本低，易于冷、热加工，在退火状态下硬度较低，通过热处理后可以获得较高的硬度，具有一定的耐磨性，但淬透性差，淬火变形大，耐磨性不高。因此，碳素工具钢适于制造尺寸较小、形状简单、负荷较轻、生产批量不大的冷作模具。

2. 高碳低合金钢（CrWMn 钢）

1）力学性能

CrWMn 钢具有高淬透性，由于钨形成碳化物，所以这种钢在淬火及低温回火后具有比铬钢和 9SiCr 钢更多的过剩碳化物和更高的硬度及耐磨性。此外，钨还有助于保存细小晶粒，使钢获得较好的韧性并降低过热敏感性。在 800 ℃淬火时，钢的抗弯强度、韧性最高；在 270 ℃以下回火时，强度及冲击韧性随回火温度升高而显著上升。

2）工艺性能

① 锻造工艺：CrWMn 钢具有良好的锻造性能，其锻造工艺见表 2 - 5。锻造温度范围为 800～1 150 ℃，为了减少网状碳化物的形成，锻后尽可能快冷至 650～700 ℃，然后缓冷（坑冷、砂冷或炉冷）。该钢碳化物偏析比较严重，为了避免碳化物分布不均匀，有时需要反复镦粗拔长。

表 2 - 5　CrWMn 钢的锻造工艺

项　目	加热温度/℃	始锻温度/℃	终锻温度/℃	锻后冷却方式
钢锭	1 150～1 200	1 100～1 150	800～880	先空冷，再缓冷
钢坯	1 100～1 150	1 050～1 100	800～850	先空冷，再缓冷

② 退火工艺：CrWMn 钢锻后需进行等温球化退火，退火加热温度为 790～830 ℃，等温温度为 700～720 ℃，退火后的组织比较均匀，退火后的硬度为 207～255HBS。如果锻造质量不

高，会出现严重网状碳化物或粗大晶粒，那么必须在球化退火之前进行一次正火，正火加热温度为 930～950 ℃。

③ 淬透性：CrWMn 钢淬透性较好，淬火变形小。在油中的临界淬透直径为 30～50 mm。直径 40～50 mm 的钢件在低于 200 ℃的硝盐浴中冷却即可淬透。

3）使用范围

CrWMn 钢具有较好的淬透性，淬火变形小，耐磨性、热硬性、强韧性均优于碳素工具钢，是使用较为广泛的冷作模具钢，主要用于制造要求变形小，形状较复杂的轻载冲裁模（料厚小于2 mm），轻载拉深、弯曲、翻边模等。

3. 高耐磨冷作模具钢（Cr12 型高碳高铬钢）

1）力学性能

Cr12 型钢属于莱氏体钢，钢中存在大量铬元素，主要形成$(Cr,Fe)_7C_3$型化合物，而渗碳体型碳化物极少。Cr12 型钢随着淬火温度的升高，淬火硬度相应提高。这是由于淬火温度升高，合金碳化物溶入奥氏体的数量增加，使得奥氏体中固溶含碳量和合金元素含量增加。当淬火温度升高到 1 050 ℃时，硬度最大。若再提高淬火温度，由于奥氏体中合金元素继续增多而使 M_S下降，导致残余奥氏体量大幅增加，硬度急剧下降，同时还因为奥氏体晶粒变粗，使得抗弯强度和冲击韧度明显降低。

Cr12 型钢在淬火加热时碳化物大量溶于奥氏体中，淬火后得到高硬度的马氏体。回火时自马氏体中析出大量弥散分布的碳化物，其硬度很高，因而提高了钢的耐磨性。如图 2－2 所示，Cr12MoV 钢经 1 020 ℃淬火，520 ℃回火后出现明显的二次硬化，而且淬火温度愈高，这种效应愈显著。在 200 ℃左右回火时，其抗弯、抗压强度最高；在 400 ℃左右回火时，断裂韧度最高。

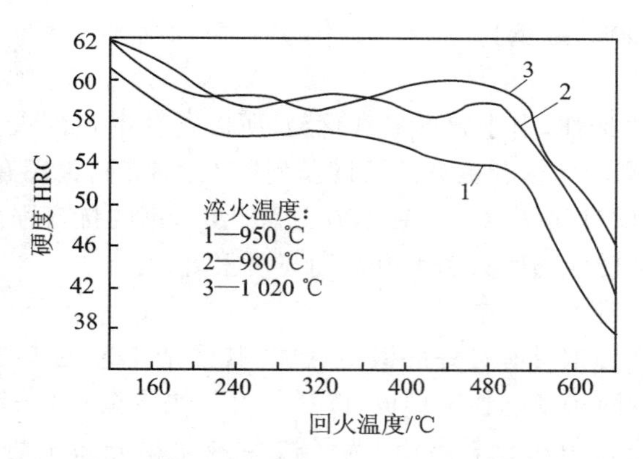

图 2－2　回火温度对 Cr12MoV 钢硬度的影响

综上所述，Cr12 型钢采用哪种热处理工艺要视具体要求而定。例如：对 Cr12MoV 钢采用低温（950～1 000 ℃）淬火及低温（200 ℃）回火可获得高硬度及高韧性，但抗压强度较低；采用高温（1 080～1 100 ℃）淬火及高温（500～520 ℃）回火可获得较高硬度及高抗压强度，但韧性太差；采用中温（1 030 ℃）淬火及中温（400 ℃）回火可获得最好的强韧性，较高的断裂抗力。

2）工艺性能

① 锻造工艺：Cr12 型钢结晶过程中析出的共晶碳化物极其稳定，以常规热处理方法无法细化。在较大规格钢中残留有明显的带状或网状碳化物，钢规格越大，碳化物不均匀度越高。

碳化物严重偏析不仅易产生淬火变形及开裂，而且会使热处理后的力学性能变差，尤其是横向性能下降更多，严重影响到模具寿命。因此，对 Cr12 型钢必须进行锻造以改善碳化物的不均匀性，保证模具的强度和韧性。锻造不仅使钢中碳化物分布均匀，强韧性提高，而且在模具中可形成合理的流线排列，促使各方向淬火变形趋势一致。

由于 Cr12 型钢属于高碳高合金钢，其导热性能差，塑性低，变形抗力大，锻造温度范围窄，组织缺陷严重，所以其锻造性能差。

Cr12MoV 钢的锻造工艺如表 2－6 所列。

表 2－6　Cr12MoV 钢的锻造工艺

项　目	加热温度/℃	始锻温度/℃	终锻温度/℃	锻后冷却方式
钢锭	1100～1150	1050～1100	850～900	缓冷（坑冷或砂冷）
钢坯	1050～1100	1000～1050	850～900	缓冷（砂冷或炉冷）

锻造工艺的关键是坯料加热温度及保温时间。温度低、时间短、透烧不足或变形抗力太大，都会产生坯料内裂或裂纹；加热温度高，会使坯料过热或过烧，锻打碎裂而报废；保温时间长，会造成晶粒长大及表面严重脱碳。加热时，要先预热，逐渐升温，并注意坯料放置位置要适当，同时要注意翻料，以使加热均匀。锻打时坚持多向、多次镦拔，才能保证击碎碳化物，改善坯料的方向效应。锻后注意缓冷并及时退火。

② 退火工艺：Cr12 型钢一般采用等温球化退火工艺，加热温度为 850～870 ℃，保温 2～4 h，等温温度为 740～760 ℃，保温 4～6 h，退火组织为索氏体和合金碳化物。退火后硬度为 207～255HBS。

③ 淬透性：Cr12 型钢 Cr 的质量分数高达 12％左右，所以具有高淬透性。截面尺寸小于 400 mm 的模具在油中完全可以淬透，控制淬火温度可以调节残余奥氏体量，实现微变形淬火。

3）使用范围

Cr12 型钢具有良好的淬透性和耐磨性，淬火体积变化小，是应用范围最广、使用数量最多的冷作模具钢，广泛用于制作形状复杂的重载冷作模具，如切边模、落料模、拉丝模、搓丝模等，但由于 Cr12 型钢中有大块共晶碳化物及较严重的网状碳化物，钢的脆性大，因而限制了其应用范围。Cr12Mo1V1 钢（简称 D2 钢）是仿美国 ASTM 标准中的 D2 钢而引进的新钢号，由于其中 Mo 和 V 含量的增加，改善了钢的铸造组织，细化了晶粒，改善了碳化物的形貌，因而 D2 钢的强韧性较 Cr12MoV 钢高，耐磨性也有所提高，但锻造性能和热塑成型性稍差。

4. 冷作模具用高速钢（W6Mo5Cr4V2 钢）

1）力学性能

W6Mo5Cr4V2 钢具有高强度、高抗压性、高耐磨性和高热稳定性等特点。与 Cr12MoV 钢相比，其韧性、扭转性和耐磨性稍差，但其他性能都优于 Cr12MoV 钢。

2）工艺性能

① 锻造工艺：高速钢中含有大量的钨、钼、铬、钒等合金元素，铸造组织中含有大量莱氏体共晶碳化物，这种碳化物不能靠正常的热处理方法予以清除，即使采用高温长时间扩散退火也难以改善碳化物的不均匀分布。钢厂供应的高速钢虽经轧制或锻造破坏了粗大的莱氏体共晶碳化物，但碳化物的分布仍然不均匀，尤其是大截面钢的碳化物往往呈现严重的带状或网状，

降低了钢热处理后的基体硬度、强度和韧性。因此，用于制造模具的高速钢都要经过改锻，并通过反复镦粗和拔长来改善碳化物的分布。锻造比越大，碳化物分布越均匀。W6Mo5Cr4V2钢的锻造工艺见表2-7。

表2-7　W6Mo5Cr4V2钢的锻造工艺

项　目	加热温度/℃	始锻温度/℃	终锻温度/℃	锻后冷却方式
钢锭	1180～1190	1080～1100	≥950	砂冷或堆冷
钢坯	1140～1150	1040～1080	≥900	砂冷或堆冷

② 退火工艺：高速钢退火既是为了降低硬度以利于切削加工，也是为淬火做组织准备和消除锻造加工中产生的内应力。另外，返修模具如需重新淬火，为避免产生萘状断口，也必须预先进行退火。高速钢退火温度不宜过高，否则不仅不能进一步降低钢的硬度，反而会增加氧化和脱碳倾向。W6Mo5Cr4V2钢易氧化、脱碳，应采用装箱或在保护气氛下退火。

a. 锻后退火：加热温度为840～860 ℃，保温2～4 h，缓慢冷却到500 ℃以下出炉空冷或炉冷到室温，硬度≤285HBS。

b. 锻后等温退火：加热温度为840～860 ℃，保温2～4 h，炉冷至740～760 ℃，保温4～6 h，炉冷到500 ℃以下出炉空冷，硬度≤255HBS。

③ 淬火工艺：W6Mo5Cr4V2钢的淬火工艺见表2-8。

表2-8　W6Mo5Cr4V2钢的淬火工艺

类　型	预热温度/℃	淬火温度/℃	冷却方式	硬度HRC
工具	800～850	1200～1240	油冷	62～64
冷挤压模具	800～850	1150～1200	油冷	62～64

④ 回火工艺：高速钢必须经过三次以上的回火，其主要原因是前次回火冷却过程中残余奥氏体转变成淬火马氏体，必须经再次回火才能消除前次回火时产生的组织应力，经三次回火后残余奥氏体体积分数降为2%～3%，硬度达64HRC以上。

推荐回火工艺：回火温度为560 ℃，回火3次，硬度为62～66HRC。与Wl8Cr4V钢一样，W6Mo5Cr4V2钢也出现回火二次硬化现象，回火硬化峰值出现在560 ℃左右。

3）使用范围

W6Mo5Cr4V2钢轧制后碳化物不均匀程度较轻，粒度也细，因此该钢具有碳化物细小均匀、韧性高、热塑性好等优点。由于资源与价格的关系，许多国家用W6Mo5Cr4V2钢代替W18Cr4V钢作为高速钢的主要钢号。W6Mo5Cr4V2钢的韧性、耐磨性、热塑性均优于W18Cr4V钢，其硬度、热硬性、高温硬度与W18Cr4V钢相当，因此W6Mo5Cr4V2钢除用于制造各种类型的普通工具外，还可以制作大型及热塑性成型刀具；由于强度高、耐磨性好，因而还可以制作高负荷下的耐磨损工件，如冷挤压模具，但必须适当降低淬火温度以满足强度及韧性的要求。

W6Mo5Cr4V2高速钢的缺点是易于氧化、脱碳，在热加工及热处理时应注意。

5. 基体钢（6Cr4W3Mo2VNb钢，简称65Nb钢）

1）力学性能

65Nb钢经不同温度淬火、回火后的力学性能如表2-9所列。随着淬火温度的升高，由于碳化物不断溶解，残余奥氏体随之增加，奥氏体晶粒缓缓长大，当淬火加热温度高于 1 160 ℃时，才开始明显长大；65Nb 钢经不同温度淬火，在回火过程中均有二次硬化现象，其硬度峰值、抗弯强度峰值均出现在 520～540 ℃范围内；65Nb 钢淬火温度为 1 080～1 180 ℃，回火温度为 520～600 ℃，一般采用 2 次回火，由于淬火温度范围宽，所以选择不同的淬火温度可满足不同模具的强度和韧性要求。

表 2－9　65Nb 钢经不同温度淬火后的硬度、晶粒度和残余奥氏体量

淬火温度/℃	1 060	1 080	1 100	1 120	1 140	1 160	1 180	1 200
硬度 HRC	65.1	65.7	65.6	65.5	65.6	66.3	65.7	65.0
晶粒度/级	—	—	11～12	10～11	9～10	9～10	9	8
残余奥氏体量(体积分数)/%	—	11.0	11.3	11.5	12.0	14.0	15.0	27.0

65Nb 钢的抗压屈服强度稍低于高速钢，但抗弯强度、韧性比高速钢高得多。

2）工艺性能

65Nb 钢的变形抗力较高铬钢、高速钢低，碳化物均匀性好，因而具有良好的锻造性能，但该钢的导热性较差，锻时必须缓慢加热，锻造温度范围为 850～1 120 ℃，锻后缓冷。坯料要及时退火，退火工艺如下：加热温度为 860 ℃，等温温度为 730～740 ℃，退火硬度为 183～207HBS。由于该钢退火易软化，延长等温时间，硬度可降低至 180HBS 左右，这就为模具本身的冷挤压成型提供了条件，因此对 65Nb 钢模具可以采用冷挤压成型，这是 65Nb 钢的最大优点。

3）应用范围

65Nb 钢曾用 65Cr4W3Mo2VNb 表示，它是一种高韧性的冷作模具钢，由华中科技大学研制。65Nb 钢是以 W6Mo5Cr4V2 高速钢为母体，在其淬火基体成分的基础上适当增加含碳量，并加入适量铌合金的改型基体钢。它具有高速钢的高硬度和高强度，又因无过剩的碳化物，所以比高速钢具有更高的韧性和疲劳强度。65Nb 钢中加入适量铌，能起到细化晶粒的作用，并能提高韧性和改善工艺性能，因此可以用来制造各类冷作模具，适于制造复杂、大型或加工难变形金属的冷挤压模具以及受冲击负荷较大的冷镦模具，模具的使用寿命有明显提高。

2.3.3　冷作模具材料的选用

1. 冲裁模模具材料的选用

1）薄板冲裁模具用钢

薄板冲裁模，国内长期以来主要用材有 T10A、CrWMn、9Mn2V、Cr12 及 Cr12MoV 钢等。其中 T10A 钢等碳素工具钢由于淬透性差、耐磨性低、热处理操作难度大、淬火变形、开裂难以控制等原因只适用于冲裁工件总数较少、冲压件形状简单、尺寸小的模具。CrWMn 钢可用于冲压件总数多且形状复杂、尺寸较大的模具，但与 T10A 钢一样，耐磨性差，若锻造控制不当，则易产生网状碳化物，模具易崩刃。与其他合金模具钢比较，CrWMn 钢热处理变形较大。Cr12 及 Cr12MoV 钢耐磨性较高，性能较前几种钢好，但该类钢存在碳化物不均匀现象，网状碳化物较严重，使用过程中易出现崩刃及断裂，因而使用寿命也并不长。为弥补上述老钢种的不足，近年来国内研制了许多新钢种，主要包括 6CrNiMnSiMoV（GD）、7Cr7Mo2V2Si（LD）、9Cr6W3Mo2V2（GM）钢等，使用效果得到显著改善。

2）厚板冲裁模具用钢

厚板冲裁模刃口承受的剪切力大，摩擦发热严重，易磨损。凸模易产生崩刃、折断等。因此模具选材要求耐磨，并有强韧性。一般批量较小时，可选 T8A 钢，但该钢在淬火加热时，过热敏感性高，尤其在模具尖角部分容易过热，使用时易产生崩刃，所以用 T8A 钢制作模具寿命不长。对于批量较大的厚板冲裁模可选用 W18Cr4V 钢或 W6Mo5Cr4V2 钢制作凸模，用 Cr12MoV 钢制作凹模，这类钢耐磨性、抗压强度较好，基本能满足使用要求，但韧性较低，碳化物分布不均匀，模具易断裂及崩刃，模具寿命也不理想。目前一些企业已经使用了新钢种，如基体钢（LD、65Nb 钢等）、6CrNiMnSiMoV（GD）钢、6W6Mo5Cr4V 钢、7CrSiMnMoV 钢、马氏体时效钢（18Ni 钢）等，使模具寿命得到大幅提高。

2. 拉深模模具材料的选用

选择拉深模模具材料应根据制件批量大小和模具大小来考虑，同时也应考虑拉深材料的类别、厚度和变形率。对于小批量生产，可选用表面淬火钢或铸铁；对于轻载拉深模，宜选用碳素钢 T10A 钢，高碳低合金钢 9Mn2V、CrWMn、GD 钢，基体钢（65Nb 钢）等；对于重载拉深模，可选用高耐磨冷作模具钢 Cr12、Cr12MoV、Cr12 Mo1V1、Cr5Mo1V、GM 钢等。

3. 冷挤压模模具材料的选用

传统的冷挤压模模具材料有碳素工具钢 T10A 钢，高碳低合金钢 CrWMn、60Si2Mn 钢，高耐磨冷作模具钢 Cr12、Cr12MoV 钢，冷作模具用高速钢 W18Cr4V、W6Mo5Cr4V2 钢等。这些材料在使用过程都存在凸模易折断、凹模易胀裂、模具的使用寿命不长等问题，这表明了模具材料的强韧性较差。新型模具钢（如冷作模具用高速钢 W6Mo5Cr4V2 钢，高耐磨冷作模具钢 LD 钢，基体钢 65Nb、012Al、LM2、GD 钢，硬质合金等）可大大提高强韧性，提高模具的使用寿命。

4. 冷镦模模具材料的选用

冷镦模工作时，凸模必须承受强烈的冲击力，其最大压应力可达 2 500 MPa，一般碳素工具钢或低合金工具钢是不能承受的，必须采用高强韧性合金工具钢制造。对模具寿命要求不高或轻载的冷镦凸模可采用 9SiCr、T10A、Cr12MoV、GCr15、60Si2Mn 钢制造，凹模可采用 T10A、Cr12MoV、GCr15 钢制造；对于重载、高寿命冷镦模，应采用高强韧性、高耐磨性新型模具钢，如 012Al、65Nb、LD、LM、18Ni、GM、6W6Mo5Cr4V 钢。这类钢强韧性很高，耐磨性稍差，经过表面强化处理就可以明显提高模具的耐磨性。

2.3.4 冷作模具的制造工艺路线

常用冷作模具的制造工艺路线如下：

① 一般成型冷作模具：锻造→球化退火→机械加工成型→淬火与回火→钳修装配；

② 成型磨削及电加工冷作模具：锻造→球化退火→机械粗加工→淬火与回火→精加工成型（凸模成型磨削，凹模电加工）→钳修装配；

③ 复杂冷作模具：锻造→球化退火→机械粗加工→高温回火或调质→机械加工成型→钳修装配。

由上述工艺路线可知，模具在制造过程中，为改善切削加工性能并获得最终的综合力学性能，一般都要经过预先热处理和最终热处理。机加工前的热处理称为第一热处理或预先热处理。机加工后，为达到模具的使用性能要求，需要进行热处理，称为最终热处理或第二热处理。

在生产中，热处理工艺的安排是根据模具的材料和技术要求而定的，同时对模具的最终机械性能起着决定性的作用。因此，合理安排热处理工序对降低产品成本、减少废品、提高模具质量尤为重要。

热处理工序在安排时应注意以下几点：

① 对于位置公差和尺寸公差要求严格的模具，为减小热处理变形，常在机加工之后安排高温回火或调质；

② 对于线切割加工模具，由于线切割加工破坏了淬硬层，增加了淬硬层脆性和变形、开裂的危险性，因而线切割加工之前的淬火、回火，常采用分级淬火或多次回火和高温回火，以使淬火应力处于最低状态，避免模具线切割时变形、开裂；

③ 对于线切割加工后的模具，应及时进行再回火，回火温度不高于淬火后的回火温度，这样是为了稳定模具尺寸，并使表层组织有所改善。

总之，模具制造工艺路线应根据材质和使用性能，选择合理的热处理工艺方案，并根据模具具体情况在工艺路线中合理安排。但这也不是一成不变的，对于同一材质的不同模具，可采用不同的热处理方法、不同的工艺路线，因而获得的组织及机械性能也不相同。在生产中应针对模具的要求适当安排，从而获得最大的经济效益。

2.3.5　冷作模具材料热处理的特点

冷作模具材料热处理的主要特点如下：

① 冷作模具钢含合金元素量多且品种多，合金化较复杂。钢的导热性差，而奥氏体化温度又高，因此加热过程宜缓慢，多采用预热或阶梯式升温方式。

② 为保护钢的表面质量，加热介质应予重视，所以普遍采用控制气氛炉、真空炉等先进加热设备和方法，盐浴加热应充分净化。

模具钢经真空热处理后具有良好的表面状态，变形小。与大气下的淬火比较，真空油淬后模具表面硬度比较均匀，而且硬度略高一些。主要原因是真空加热时，模具钢表面呈活性状态，不脱碳，不产生阻碍冷却的氧化膜。在真空下加热，钢的表面有脱气效果，因而具有较好的力学性能，炉内真空度越高，抗弯强度越高。真空淬火后，钢的断裂韧性有所提高，模具寿命比常规工艺普遍提高40％～400％，甚至更高。冷作模具材料真空淬火技术已得到较广泛的使用。

③ 在达到淬火目的的前提下，应采用较缓和的冷却方式，如等温淬火、分级淬火、高压气淬、空冷淬火等。

④ 为了进一步强化，应采用冷处理、渗氮等表面处理方式。

近年来的研究表明，模具钢经深冷（－196 ℃）处理，可以改善其力学性能。一些模具经深冷处理后显著提高了使用寿命。模具钢的深冷处理可以在淬火和回火工序之间进行，也可在淬火、回火之后进行。如果在淬火、回火后，钢中仍保留有残余奥氏体，则在深冷处理后仍需要再进行一次回火。深冷处理能提高钢的耐磨性和抗回火稳定性。深冷处理不仅用于冷作模具钢，也可用于硬质合金。深冷处理技术已越来越受到模具热处理工作者的关注，现已开发出专用深冷处理设备，主要用于冷作模具材料的精密工件。

⑤ 盐浴处理后应及时清理，并高度重视工序间的防护工作。

⑥ 冷作模具钢价格高昂，冷作模具工件加工复杂、周期长、制造成本高、不宜返修，所以工

艺制定和操作应十分慎重，以保证生产全过程的安全。

2.3.6 典型冷作模具材料的热处理

1. 冷冲裁模的热处理

1)冷冲裁模的性能要求

冷冲裁模主要用于各种板材的冲切。冲裁模的工作工件是凸模和凹模，模具的工作部位是凸模、凹模的刃口，刃口工作时受到压力和摩擦力的作用。因此，对薄板冲裁模模具用钢要求具有较高的耐磨性，而对厚板冲裁模除要求具有较高的耐磨性、抗压屈服点外，为防止模具崩刃或断裂，还应具有较高的强韧性。

2) 冷冲裁模的热处理特点

①薄板冲裁模的热处理特点：应具有高的精度和耐磨性，因此在工艺上应保证模具热处理变形小、不开裂和高硬度。通常根据模具材料类型的不同采用不同的减小变形的热处理方法。

典型薄板冲裁模的热处理工艺见表 2-10。

表 2-10 典型薄板冲裁模的热处理工艺

钢种	特点	工艺	主要工艺内容
碳素工具钢 T10A、T8A	淬透性差，耐磨性低，热处理操作难度大，淬火变形与开裂难以控制	双液淬火工艺	T10A 钢：淬火温度为 770～810 ℃，预冷时间为 1～2 s/cm，在质量分数为 5%～10%的 NaCl 水溶液中冷却 1 s/mm，100～120 ℃油冷，硬度随回火温度不同而不同
		碱浴淬火工艺	T10A 钢：830 ℃加热预冷，170 ℃碱浴冷却 1 min 后油冷，硬度为 63～64HRC
		碱水-硝盐复合淬火工艺	T8A 钢：780～880 ℃加热，在质量分数为 10%NaOH 水溶液中冷却 8 s，170 ℃硝盐中保温 7 min，硬度为 59～62HRC（刃口部分）
高碳低合金钢 9Mn2V，CrWMn，9CrWMn 钢等	淬火工艺易操作，淬裂和变形敏感性小，淬透性高，淬火型腔易胀大，尖角处易开裂	低温淬火工艺	CrWMn 钢：淬火温度为 790～810 ℃； 9Mn2V 钢：淬火温度为 750～770 ℃
		恒温预冷工艺	CrWMn 钢：820 ℃加热保温后转入 700～720 ℃炉中保温 30 min，油冷，硬度为 59～63HRC，160～180 ℃回火
		快速加热分级淬火工艺	CrWMn 钢：980 ℃快速加热后，立即在 100 ℃热油中冷却 30 min，400 ℃回火，硬度为 55～58HRC
		热油等温淬火	9Mn2V 钢：790～800 ℃加热，130～140 ℃热油等温 30 min，160～170 ℃回火 2 h
		冷油-硝盐复合淬火	CrWMn 钢：650 ℃预热，800 ℃加热预冷后入油冷 13 s，180 ℃硝盐等温 30 min，200 ℃回火
		硝盐淬火	马氏体分级淬火（140～180 ℃硝盐）； 马氏体等温淬火（140～160 ℃硝盐）； 贝氏体等温淬火（200～260 ℃硝盐）

② 厚板冲裁模的热处理特点：厚板冲裁模失效分析表明，崩刃、折断往往是厚板冲裁模最早出现的失效形式，因此厚板冲裁模热处理的目的就是保证模具有较高的强韧性和耐磨性。

从热处理的角度提高强韧性，主要是细化奥氏体晶粒，细化碳化物，获得板条马氏体、下贝氏体及复相组织，合理选择回火工艺。生产中制定热处理工艺时可参考如下方法：

a. 高碳钢低温、短时、快速加热工艺：低碳板条状马氏体有较好的强韧性，如能在热处理中获得较多的板条状马氏体会显著提高模具的断裂抗力。

b. 等温淬火工艺：这种工艺的目的是减小变形。通过等温淬火后获得的组织为下贝氏体，它代替了普通淬火的片状马氏体，因而有较好的强韧性，例如用 Cr12MoV 钢制作模具，最初采用 1 000 ℃加热油冷，220 ℃回火，再普通淬火，凸模崩刃失效。后改为 1 000 ℃加热，260 ℃等温 155 min，220 ℃回火，模具寿命得到提高。

c. 利用多次相变重结晶，促使奥氏体晶粒细化：近年来运用于冷作模具钢的细化晶粒预处理，可以提高钢的屈服点及耐磨性。例如：用 T8 钢制作的冲裁模，第一批模具按常规热处理，第二批模具先进行晶粒碎化处理，然后进行常规热处理，硬度均为 58～60HRC，结果第二批模具的寿命提高了 2～3 倍。

d. 细化碳化物处理：将钢加热到超过 A_{ccm} 点的高温，使二次碳化物充分固溶后，进行淬火及高温回火，使碳化物弥散析出，得到微细碳化物，然后再进行低温淬火及回火，可获得细小的马氏体组织和微细碳化物。用量较大的 Cr12MoV 钢通过循环加热工艺同样可细化晶粒，改善碳化物分布及形状，从而达到提高强韧性及耐磨性的目的。

多数冷作模具钢为提高强韧性，其耐磨性都要受到一定影响，用于冲裁模表面强化处理的方法有碳氮共渗、渗硼、TD 法处理、化学气相沉积处理、化学沉积镍磷合金工艺、模具表面电火花强化处理、表面喷涂等。

③线切割加工对模具热处理的影响：冲裁模的加工工艺、工作条件、失效形式、性能要求不同，其热处理的特点也不同。对有线切割加工的模具，线切割工序安排在淬火和回火之后，这是因为它破坏了工件热处理后的应力状态，并在表层产生了 600～900 MPa 的拉应力，造成了局部应力的叠加，导致在线切割加工过程中的变形和开裂。这种变形和开裂既和被切割工件的尺寸有关，又和被切除部分的体积有关。这是因为尺寸越大，内应力越大；切去部位越多，造成内应力的局部叠加的概率越大，变形和开裂的可能性越大。对于成型后，不再经机加工而直接淬火的冷冲裁模热处理应注意以下几点：

a. 热处理变形要小。热处理变形会使冲裁间隙发生变化，既会影响冲裁力，又会使工件质量受影响。另外，还会造成用于连接和固定凹模的定位销钉孔孔距发生变化，使其不易和垫板、托座正确连接，从而影响模具的装配和精度。

b. 表面不允许有脱碳层或强渗碳层。模具刃口脱碳会使表面硬度降低，易产生磨损；如果表面有大量的增碳，则会引起脆性加大，增加模具在使用中出现崩刃、碎裂的可能性。

c. 在热处理时通常采用下限淬火温度加热。这既可减小由马氏体的比容变化引起的变形，又能保证获得细的晶粒，提高其韧性。

d. 为提高冲裁模的使用寿命，常采用周期性回火方式，以减小冲裁工艺形成的拉应力。

对于成型后需要进行线切割的冲裁模，热处理时应注意以下几点：

a.要求淬透性高，淬硬层深。由于模具表面和心部冷却速度不同，所以模具表面和心部的硬度也不同。要保证模具型腔在线切割后具有高硬度，必须在淬火时保证工件有足够的淬硬层。

b.热处理后的内应力应处于最小状态。内应力越小，线切割变形和开裂的可能性越小。

因而常采用分级淬火或多次回火和高温回火的方法。

c.为使线切割模具尺寸相对稳定，并使表层组织有所改善，工件经线切割后必须及时进行再回火，回火温度不高于淬火后的回火温度。

2. 冷拉深模的热处理

1)冷拉深模的性能要求

在冷拉深时，冲击力很小，主要要求模具具有高的强度和耐磨性，在工作时不发生黏附和划伤，具有一定的韧性及较好的切削加工性能，并要求热处理时模具变形小。对模具用钢的强度要求可以根据被拉深材料的强度和板材的厚度来决定，此外，拉深件批量的大小及形状也应予以考虑。

2)冷拉深模的热处理特点

为了保证冷拉深模模具材料的性能要求，在制定和实施热处理工艺时应注意以下几点：

①避免模具表面产生氧化、脱碳：在冷拉深模成型淬火过程中，往往会产生表面脱碳或形成托氏体组织造成软点，使模具的表面硬度和耐磨性大幅降低，在使用中拉毛。因此，在热处理过程中应防止表面脱碳和软点，同时也应防止磨削引起的二次回火，使表面硬度降低。

②避免模具表面产生硬化接点：有些模具钢如 T10 和 CrWMn 钢，经淬火后表面硬度较高，但其所含高硬度的合金碳化物较少，耐磨性不够高，在较大的表面压力下由于被加工材料的流动与模具型腔表面硬的微凸体尖峰剧烈摩擦，形成了加工硬化接点，加剧了相互摩擦，引起金属材料和型腔的咬合。为防止这种咬合和损耗，可采用渗氮和镀硬铬的方法，使模具表面形成均匀致密的强化层，这种强化层能起到减少磨损和提高表面硬度的作用。

③对被拉深材料进行良好的润滑：在拉深过程中对模具及被拉深材料加以良好的润滑，并对被拉深材料进行退火，可以使模具的拉毛和黏附情况得到改善。对有多道拉深工序的制品因塑性变形引起加工硬化，需要进行工序间退火。

④典型冷拉深模的热处理工艺如表 2－11 所列。

表 2－11　典型冷拉深模的热处理工艺

钢　号	工艺要求
Cr12MoV	1 030 ℃淬火＋200 ℃硝盐分级 5～8 min＋160～180 ℃回火 3 h，硬度为 62～64HRC； 1 050～1 080 ℃油淬＋550 ℃×2 h 回火 3 次＋450～480 ℃离子渗氮
7CrSiMnMoV	890 ℃油淬＋200 ℃回火 2 h，硬度为 60～62HRC

3. 冷挤压模的热处理

1) 冷挤压模模具的性能要求

冷挤压时，金属在三向不均匀的压力下产生塑性变形，由于模具承受很大的单位压力，所以金属的流动速度又快又剧烈，这就需要模具不但具有很高的强度和耐磨性，能承受住反复作用的高压力而不发生破坏，而且还应该具备抵抗微小塑性变形的能力，才能保证模具在高压下工作时不变形。此外，金属变形过程中会产生热效应，使工件和模具的温度升高，有时模具温度可达 200 ℃以上。因此，还需要模具具有较高的回火稳定性。

2) 冷挤压模模具的热处理特点

为了满足冷挤压模模具的性能要求，在制定和实施热处理工艺时应注意以下几点：

① 避免材料碳化物偏析：因为碳化物是脆性相，其不均匀分布会增加钢的脆性，而且这种

缺陷不可能用提高淬火加热温度的方法来解决，因此事先必须对钢进行评级，不合要求的应予以改锻。目的就是破碎、细化和重新分布原有的带状和网状碳化物，以便在模具的工作部分获得均匀分布的细颗粒金相组织。如：当 Cr12 钢碳化物粗大时，横向强度比纵向强度低 30%～40%，塑性低 50%～70%。

② 采用常用工艺的下限温度淬火：采用常用工艺的下限温度或比下限温度还要低的温度进行淬火来获得尺寸细小的马氏体，再经回火就可以得到高的强韧性。这对于要求具有高强韧性而磨损又不是主要失效形式的冷挤压模是十分有益的。

③ 控制一定的残余奥氏体量：高碳高合金钢制作冷挤压模，淬火后残余奥氏体量较多，一般要采用较长时间的回火或多次回火，以便控制和稳定残余奥氏体量，消除应力，提高韧性，稳定尺寸。

④ 采用等温淬火方法：对于以脆性破坏（折断、劈裂或脱帽）为主，韧性不足的冷挤压模常采用等温淬火工艺，其等温温度常在 M_s＋(20～50 ℃)范围内，经等温淬火后再采用二次回火以减小内应力和脆性，促使残余奥氏体转变为回火马氏体。

⑤ 应用表面强化处理：为获得高的表面硬度和表面残余压应力，冷挤压模常采用表面渗氮、氮碳共渗、镀硬铬和渗硼等工艺。如：Cr12MoV 钢冷挤压凹模经 990 ℃盐浴渗硼后，使用寿命可提高数倍。又如：活塞销冷挤压凸模采用 W6Mo5Cr4V2 钢制造，经气体氮碳共渗后，使用寿命提高 2 倍以上。其主要原因是采用表面强化处理后增加了模具的耐磨性，而且会增强抗咬合能力，改善了表面应力状态。

⑥在使用过程中进行低温去应力回火：冷挤压模在使用一段时间后常将模具的成型部位进行再回火，其主要目的是消除使用过程中产生的应力，消除由于挤压载荷交变作用引起的应力集中和疲劳。

典型冷挤压模热处理工艺如表 2－12 所列。

表 2－12　典型冷挤压模热处理工艺

钢　号	工艺要求
Cr12MoV	1 020～1 030 ℃加热，200～220 ℃硝盐分级淬火＋160～180 ℃×2 h 回火 3 次； 硬度为 62～64HRC
W6Mo5Cr4V2	凸模：1 240 ℃加热，300 ℃分级淬火＋500 ℃×2 h 回火 2 次； 凹模：1 180 ℃加热，300 ℃分级淬火＋500 ℃×2 h 回火 2 次
LD	凸模：850 ℃加热，1 120～1 150 ℃油淬，560 ℃×1 h 回火 3 次空冷，硬度为 60～62HRC
65Nb	凹模：840 ℃预热，1 100～1 180 ℃热油淬＋520～580 ℃×2 h 回火 3 次

4. 冷镦模的热处理

1）冷镦模模具的性能要求

冷镦压是指金属坯料在室温下受冲击压力后高度方向尺寸减小，而垂直于压力方向的横截面积尺寸增大的成型方法，因此要求冷镦模具有高硬度、高强度、高耐磨和足够的韧性。为保证冷镦模具有较好的强度和韧性，冷镦凹模的表层应有 1.5 mm 以上的硬化层，硬度为 58～62HRC，而心部只需硬度较低、韧性较好的索氏体组织，不能将整个截面都淬硬。

2）冷镦模模具的热处理特点

为了能满足冷镦模的性能要求，冷镦模的热处理有如下特点：

①采用喷水淬火方法：如果将碳素工具钢制造的冷镦凹模整体加热后整体淬火，由于冷镦模型腔内部冷速较慢、淬硬条件差，易造成型腔部位硬度偏低，并且整体硬化后韧性较差，无法承受冷镦时巨大的冲击力，使之过早开裂。而采用喷水淬火法，韧性高，硬度均匀，硬化层沿凹模型腔轮廓均匀分布，这样可以避免过早开裂。

②回火要充分：冷镦模承受周期性的强大冲击力作用，会加速内应力的产生和集中，若模具内应力未充分释放，则会造成破坏。该类模具回火必须充分，应在 2 h 以上，并进行多次回火，使内应力全部释放出来，整体淬火的合金钢模具更需如此。

③采用快速加热工艺以减少冷镦模的淬火变形：通常快速加热的温度比正常淬火温度高 100～150 ℃，盐浴淬火加热时间为 3～4 s/mm。快速加热可以获得细小的奥氏体晶粒，不仅能减少淬火变形，而且可以提高模具的韧性。

④采用表面处理：为了提高冷镦模的耐磨性和抗咬合性，冷镦模通常进行渗硼。通过渗硼，模具表面形成硬度超过 1 100HV 的硼化层，模具基体也得到强化，模具寿命大幅提高。

典型冷镦模的热处理工艺如表 2－13 所列。

表 2－13　典型冷镦模的热处理工艺

钢　号	工艺要求
T10A	① 快速加热淬火工艺：快速加热温度为 960～980 ℃，喷水淬火形成薄壳硬化状态； 完全退火＋淬火工艺：粗加工后进行完全退火，840 ℃加热保温 3 h 后炉冷至 500 ℃出炉空冷。最终热处理为 830～850 ℃加热后水淬油冷，200 ℃回火，硬度为 60～62HRC； ② 两段回火工艺：将原 240 ℃回火 2 h 改为 200 ℃回火 1 h 和 260 ℃回火 1 h，使用寿命可提高 50%～100%
60Si2Mn	等温淬火工艺：870 ℃加热保温后，250 ℃等温淬火，250 ℃回火，硬度为 55～57HRC
Cr12MoV	① 优化回火工艺：改 170 ℃3 h 回火为 220 ℃3～4 h 回火，硬度为 59～61HRC； ② 中温淬火、中温回火工艺：1 020～1 040 ℃淬火，400 ℃回火，硬度为 54～57HRC
W6Mo5Cr4V2	低温淬火工艺：1 160 ℃淬火，300 ℃回火
6Cr4W3Mo2VNb	1 120 ℃油淬＋550 ℃×2 h 回火； 1 120 ℃油淬＋550 ℃×1 h 回火＋580 ℃×1.5 h 回火

2.4　热作模具材料及其热处理

2.4.1　常用热作模具材料

热作模具钢的含碳量一般为 0.3%～0.6%，有良好的强度、硬度和韧性。添加镍、钨、钼、铬、钒等合金元素，可以提高钢的淬透性和高温性能。根据不同的合金元素含量，常用热作模具钢可以分为锻压模具用热作模具钢、钨钼系热作模具钢等。5CrMnMo 钢和 5CrNiMo 钢有较高的强度、耐磨性和韧性，良好的淬透性和抗热疲劳性能，常用于制造锤锻模具。对于在静压、高温下使金属变形的热挤压模、压铸模，常选用 4Cr5MoSiV1 钢和 3Cr2W8V 钢制造，前者韧性较好，而后者高温性能较好。常用的热作模具钢见表 2－14。

表 2-14　常用的热作模具钢

类　别	钢　号
锻压模具用热作模具钢	5CrMnMo、5CrNiMo、4CrMnSiMoV、5Cr2NiMoVSi
铬系热作模具钢	4Cr5MoSiV、4Cr5MoSiV1、4Cr5W2VSi
钨钼系热作模具钢	3Cr2W8V、3Cr3Mo3W2V、5Cr4W5Mo2V

1. 锻压模具用钢

一般说来，锤锻模用钢有两个问题比较突出：一是工作时受冲击负荷作用，故对钢的力学性能要求较高，特别是韧性要求较高；二是锤锻模的截面尺寸较大（>400 mm），故对钢的淬透性要求较高，以保证整个模具组织和性能均匀。锻压模块按截面尺寸大致可分为 4 类：厚度≤250 mm 的小型模块；厚度为 250～350 mm 的中型模块；厚度为 350～500 mm 的大型模块；厚度>500 mm 的特大型模块。可以根据截面尺寸和服役条件选择钢种。常用的锻压模具用钢见表 2-15。

表 2-15　常用的锻压模具用钢

模具类型	型号与形式	推荐钢号
锤锻模	中、小型模块	5CrMnMo、5CrNiMo、4CrMnSiMoV
	大型、特大型模块	5CrNiMo、4CrMnSiMoV、5Cr2NiMoVSi
	镶块	4Cr5MoSiV1
压力机锻模	整体模块	5CrNiMo、5CrMnMo、4CrMnSiMoV、4Cr5MoSiV1、4Cr5MoSiV、3Cr2W8V、5Cr4W5Mo2V、3Cr3Mo3W2V
	镶块	4Cr5MoSiV1、4Cr5MoSiV

2. 热挤压模具用钢

很多有色金属和钢的型材、管材和异型材都是采用热挤压工艺成型的。热挤压模具是在高温、高压、磨损和热疲劳等恶劣条件下服役的。热挤压模具主要由挤压筒、冲头、凹模和心棒（用于挤压管材）等部件组成。热挤压模具的工作特点是加载速度较慢，因此，型腔受热温度较高，通常可达 500～800 ℃。对这类钢的使用性能要求应以耐磨性、高的回火稳定性和抗热疲劳性能为主。常用的热挤压模具用钢见表 2-16。

表 2-16　常用的热挤压模具用钢

热挤压工件的材料	模具零件及常用钢号			
	凹　模	冲　头	心　棒	挤压缸内套
铝合金、镁合金	4Cr5MoSiV1 4Cr5MoSiV	4Cr5MoSiV1 4Cr5MoSiV 4CrMnSiMoV	4Cr5MoSiV1 4Cr5MoSiV 4Cr5W2VSi	4Cr5MoSiV1 4Cr5MoSiV
铜及其合金	4Cr5MoSiV1 4Cr5MoSiV 3Cr3Mo3W2V 3Cr2W8V 5Cr4W5Mo2V	4Cr5MoSiV1 3Cr2W8V 4CrMnSiMoV 5Cr4W5Mo2V	4Cr5MoSiV1 3Cr2W8V 3Cr3Mo3W2V	4Cr5MoSiV1 4Cr3Mo3SiV

3. 压铸模具用钢

压铸模具在服役条件下不断承受高速、高压喷射以及金属的冲刷腐蚀和加热作用。从总体上看,压铸模具用钢的使用性能要求与热挤压模具用钢相近,即以要求耐磨性、高的回火稳定性与抗热疲劳性为主。通常所选用的钢种大体上与热挤压模具用钢相同。常用的压铸模具用钢见表2-17。

表2-17 常用的压铸模具用钢

压铸工件的材料	推荐钢号
锌及其合金	4CrMnSiMoV 、4Cr5MoSiV1、4Cr5W2VSi
铝、镁及其合金	4Cr5W2VSi、4Cr5MoSiV1、4Cr5MoSiV、3Cr2W8V、5Cr4W5Mo2V、3Cr3Mo3W2V
铜及其合金	3Cr2W8V、3Cr3Mo3W2V

2.4.2 热作模具材料的热处理

热处理是热作模具制造中不可缺少的重要工序。热作模具材料的热处理目的就是通过加热和冷却的方法,改变钢的组织,提高硬度、韧性等力学性能。热作模具因其使用条件不同,对其性能要求的重点也不同。例如:锤锻模对韧性要求较高,而热挤压模具以耐磨性、高的回火稳定性、抗热疲劳性为主。这就要求对不同的热作模具采取不同的热处理工艺,以达到要求的使用性能。热处理对热作模具的质量和使用寿命都有重要的影响。由于热作模具材料及其热处理不是本教材的重点内容,故这里不再赘述。

2.5 塑料模具材料及其热处理

塑料制品的应用日渐广泛,为塑料模具提供了一个广阔的市场,同时对模具也提出了更高的要求。塑料模具的迅猛发展,带动了塑料模具材料的快速发展,主要表现在全球范围内塑料模具材料的开发速度加快,品种迅速增加。目前塑料模具材料仍然以钢为主。随着高性能塑料的开发和生产规模的不断扩大,塑料制品的种类日益增多,并向精密化、大型化和复杂化发展,使塑料模具的工作条件愈加复杂和苛刻,对塑料模具材料的性能要求也不断提高。因此,了解其服役条件、失效特点和性能要求,合理地选择塑料模具材料及热处理工艺,对保证模具质量、提高模具使用寿命和降低生产成本具有重要作用。

2.5.1 塑料模具材料的使用性能与工艺性能要求

塑料模具材料的选择应从对塑料模具材料的性能分析开始,而塑料模具对其材料的性能要求应根据模具的工作条件、失效特点以及尺寸和形状等因素提出。

塑料模具材料的性能要求包括使用性能和工艺性能两方面。

1. 塑料模具材料的使用性能要求

1) 硬度、耐磨性和耐蚀性

塑料模具材料在硬度、耐磨性和耐蚀性上的要求,主要取决于塑料的性质和塑料制品的表面质量要求。

硬度是模具材料的主要性能指标。为了使模具在应力作用下能够正常工作,可通过选择合适的模具材料并进行适当的热处理的方式,使塑料模具获得所需的硬度。

耐磨性是塑料模具的基本性能之一。由于塑料模具在工作中会受到塑料填充和流动的压应力及摩擦力,所以塑料模具材料必须具有较高的耐磨性,使其在正常工作条件下能保持尺寸和形状稳定不变,并保证其具有足够的使用寿命。成型硬性塑料或含有玻璃纤维的增强塑料的塑料模具对模具材料的耐磨性要求则更高。

当塑料成型过程中有腐蚀性物质析出时,要求模具材料具有较好的耐蚀性。热固性塑料中一般含有固体填料,时常会有腐蚀性化学气体等物质释放,因此要求模具材料应具有较高的耐蚀性。当塑料制品表面质量要求很高时,模具型腔表面轻微的损伤就足以导致模具失效,这对模具材料的耐蚀性和耐磨性提出了更高的要求。

2）强度、韧性和疲劳强度

塑料模具材料的强度、韧性和疲劳强度主要取决于模具的工作压力、工作频率和冲击载荷等服役条件,以及模具本身的尺寸、模具型腔的复杂程度。

塑料注射成型的压力通常为 30～200 MPa,闭模压力一般为注射压力的 1.5～2 倍,有时达 4 倍左右。为使塑料模具在使用过程中不发生变形,模具材料应具有一定的强度以及强度与硬度之间的良好配合。

韧性和疲劳强度是保证模具在工作过程中不发生过早开裂的重要性能指标。移动式压缩模或注射模经常受到冲击或碰撞,尤其是尺寸较大、形状复杂的塑料模具,其应力状态复杂且应力集中明显,要求材料有较高的韧性。而注射模的工作频率较高,要求材料具有较高的疲劳强度。

3）耐热性

随着高速成型机械的出现,塑料制品的生产速度越来越快,这就决定了塑料模具势必在 20～350 ℃的温度范围内工作并受到热疲劳破坏。若塑料流动性不好,在高速成型时,模具型腔的局部区域温度在较短时间内会超过 400 ℃。当模具的工作温度较高时,模具型腔的局部表面在压力和高温的共同作用下,可能产生回火软化并产生塑性变形,或由于模具型腔表面的回火转变产生拉应力,加之交变热载荷的作用使其产生热疲劳裂纹。因此,要求模具材料具有良好的耐热性,使塑料模具材料在高温服役条件下,基体组织不发生变化,强度不降低,以防止模具变形甚至开裂。

4）尺寸稳定性

为保证塑料制品的成型精度,塑料模具在长期服役过程中,其尺寸稳定性至关重要。为此,塑料模具除应具有足够的刚度外,还应具有较低的热膨胀系数和稳定的组织。

5）导热性

高速注射成型塑料制品要求模具材料具有良好的导热性,以使塑料制品尽快在模具中冷却成型。材料的导热性主要与材料种类有关,ZnCuCr(铜铬合金)的导热性最好,铝合金次之,钢的导热性最差。

2. 塑料模具材料的工艺性能要求

1）切削加工性和表面抛光性

塑料模具材料应具有良好的切削加工性和表面抛光性。特别是当塑料制品形状复杂、表面质量要求很高或有精细花纹图案时,模具材料应便于切削、抛光,且有良好的光刻蚀性能。

部分塑料模具需要进行预硬处理,即切削成型前预先进行热处理,使模具材料达到 35～

45HRC的硬度要求，切削成型后不再进行热处理，以保证塑料模具的尺寸精度和表面粗糙度。这就要求模具材料在有较高硬度的状态下，仍具有良好的切削加工性。模具材料的成分、组织、力学性能和加工硬化特性等都会影响其切削加工性。一般情况下，硬度对材料的切削加工性影响最大，硬度过高或过低都会使切削加工性变坏，尤其是经过淬火加低温回火的高硬度模具钢，切削加工十分困难。塑料模具材料的表面抛光性和光刻蚀性对材料的冶金质量要求很高，如非金属夹杂物少、组织均匀细致、硬度较高且均匀。

2）塑性加工性

塑料模具的塑性加工主要分为冷塑性变形加工和超塑性变形加工。对于型腔尺寸不大的多腔模具，可以采用塑性加工方法成型。目前，在塑料模具加工中比较常用的塑性加工方法是冷挤压成型，即在材料再结晶温度以下进行挤压成型。在设计此类模具时需选用变形加工性好的材料，即材料塑性好、变形抗力低、硬度低于135 HBS。因此，材料在冷挤压成型之前通常要进行旨在降低硬度、细化晶粒和消除应力的退火处理，如球化退火。

塑料成型模具的加工制造费用较高，一般占总成本的75%左右，而材料费用和热处理费用各占10%左右。因此，比较重要的塑料模具在保证使用性能的前提下，应优先选用工艺性能好的材料。

3）电加工性

电火花、线切割是目前塑料模具加工中常用的两种电加工方法，可用来制造几何形状比较复杂的模具型腔。但要注意，经过此类加工的模具表面，会因放电烧蚀而产生一个不正常的硬化层，对塑料成型和模具的使用寿命均有不利影响。

4）热处理工艺性

塑料模具的高精度要求模具材料的热处理工艺简单且变形小。模具工件对热处理工艺性的要求包括脱碳敏感性、淬火应力与淬火开裂倾向、淬透性、淬硬性和热处理变形等。

5）表面刻蚀性能和镜面加工性能

根据塑料制品的使用要求，或为掩饰塑料制品表面某些不可避免的成型缺陷，模具型腔表面有时需要雕刻花纹、图案、文字等。因此，对这类塑料模具的选材一定要使其具有良好的表面刻蚀性能，通常包括刻蚀加工方便容易，刻蚀后不发生变形和裂纹两个方面。

塑料模具材料的镜面加工性能也是一个重要的性能指标。透明塑料制品在许多领域应用广泛。由于此类制品透明度要求不断提高，所以对其模具成型面的镜面加工性能要求随之提高，尤其是透明塑料仪表面板和各类光学镜片的成型模具。

影响模具材料镜面加工性能的主要因素包括：

① 钢中存在的三氧化二铝和硅酸盐等硬质非金属夹杂物以及碳化物的数量、尺寸和分布。这些第二相硬质点的数量越多，其镜面加工性能越差。非金属夹杂物的危害比碳化物还大。

② 基体硬度。通常模具钢的基体硬度越高，其镜面加工性能越好，若硬度不高则易因抛光而产生磨痕。

③ 组织均匀性。模具钢的组织均匀性越好，其镜面加工性能越好。

6）焊接性能

塑料模具由于结构设计的更改以及使用中磨损或开裂的修复，常常要对其进行补焊或堆焊作业。因此，需要其具有一定的焊接性能。虽然模具钢的含碳量一般相对较高，但在其中选择塑料模具材料时，也必须对其提出一定的焊接性能要求，即在预热、缓冷等条件的支持下，完成补焊或堆焊工序。

总之，塑料模具对材料的性能要求，要考虑到从模具的加工到使用的诸多方面，对塑料模具选材时所提出的性能要求，要综合分析其使用性能和工艺性能，避免片面性。

2.5.2　塑料模具材料的选用

塑料模具材料的选用是模具制造过程中的重要环节，塑料模具材料种类繁多，选择时应依据一定的原则进行，大致有按加工方式选材、按服役条件选材、按制品质量选材、按制品批量选材等几个方面。

满足使用性能和工艺性能的要求，在模具材料选择中是相对重要的因素。因此，首先必须依据模具的具体服役条件和制造工艺需求，针对各类塑料模具材料的使用特性和工艺特性，对模具材料做出符合性能要求的合理选择。同时，还要从实用性和经济性两方面进行综合考虑，降低塑料制品的生产成本，创造出较好的经济效益。

我国目前用于塑料模具的钢种可按钢特性和使用时的热处理状态分类，见表 2－18。

表 2－18　常用塑料模具钢种

类　别	钢　种	类　别	钢　种
渗碳型	20、20Cr、20Mn、12CrNi3A、20CrNiMo、DTl、DT2、0Cr4NiMoV	预硬型	3Cr2Mo、3Cr2NiMo、5NiSCa、Y55CrNiMnMoV(SM1)、4Cr5MoSiVS、8Cr2S、8Cr2Mn、WMoVS(8CrMn)
调质型	45、50、55、40Cr、40Mn、50Mn、S48C、4Cr5MoSiV、38CrMoAlA	耐蚀型	3Cr13、2Cr13、0Cr16Ni4Cu3Nb（PCR）、1Cr18Ni9、3Cr17　Mo、0Cr17Ni4Cu4Nb（74PH）
淬硬型	T7A、T8A、T10A、5CrNiMo、9SiCr、9CrWMn、GCr15、3Cr2W8V、Cr12MoV、45Cr2NiMoVSi、6CrNiSiMnMoV(GD)	时效硬化型	18Ni140 级、18Ni170 级、18Ni210 级、10Ni3MnCuAlMoS（PMS）、18Ni9Co、06Ni6CrMoVTiAl、25CrNi3MoAl、Y20CrNi3AlMnMo(SM2)

由于不同类型的塑料制品对模具钢的性能要求有差异，因此在不少国家已经形成范围很广的专用塑料模具钢系列，包括渗碳型塑料模具用钢、淬硬型塑料模具用钢、预硬型塑料模具用钢、时效硬化型塑料模具用钢以及耐蚀塑料模具用钢等。

1. 渗碳型塑料模具用钢

渗碳型塑料模具用钢主要用于冷挤压成型的塑料模具。为了便于冷挤压成型，这类钢在退火时必须有高的塑性和低的变形抗力，因此，对这类钢要求有低的或超低的含碳量，为了提高模具的耐磨性，这类钢在冷挤压成型后一般都进行渗碳和淬火、回火处理，表面硬度可达 58～62 HRC。

此类钢国外有专用钢种，如瑞典的 8416 钢、美国的 P2 和 P4 钢等。国内常采用工业纯铁（如 DT1 和 DT2 钢）、20、20Cr、12CrNi3A 和 12Cr2Ni4A 钢以及最新研制的冷成型专用钢 0Cr4NiMoV(LJ)钢。下面介绍两个典型钢种。

1) 0Cr4NiMoV(LJ)钢

① 化学成分：LJ 钢含碳量很低，因而塑性优异、变形抗力低。其中主加元素为铬，辅加元

素为镍、钼、钒等，合金元素的主要作用是提高淬透性和渗碳能力，增加渗碳层的硬度和耐磨性以及心部的强韧性。

② 工艺性能：LJ 钢具有良好的锻造性能和热处理工艺性。

锻造工艺：加热温度为 1 230 ℃，始锻温度为 1 200 ℃，终锻温度为 900 ℃。

退火工艺：加热温度为 880 ℃，保温 2 h，随炉缓冷（冷速约为 40 ℃/h）至 650 ℃后出炉空冷，退火硬度为 100～105HBS，可顺利地进行冷挤压成型。

固体渗碳工艺：加热温度为 930 ℃×（6～8）h，渗后在 850～870 ℃油淬，然后再进行（200～220）℃×2 h 的低温回火，热处理后表面硬度为 58～60HRC，心部硬度为 27～29HRC，热处理变形微小。LJ 钢渗碳速度快，渗层深度比 20 钢深 1 倍。

③ 实际应用：LJ 钢冷成型性与工业纯铁相近，用冷挤压法成型的模具型腔轮廓清晰、光洁、精度高。LJ 钢主要用来替代 10、20 钢及工业纯铁等冷挤压成型的精密塑料模具。由于渗碳淬硬层较深，基体硬度高，所以不会出现型腔表面塌陷和内壁咬伤的现象，使用效果良好。

2）12CrNi3A 钢

① 化学成分：12CrNi3A 钢是传统的中淬透性合金渗碳钢，该钢含碳量较低，加入镍、铬合金元素以提高钢的淬透性和渗碳层的强韧性，尤其是镍，在产生固溶强化的同时明显增加钢的塑韧性。与其他冷成型塑料模具钢相比，该钢的冷成型性属于中等。

② 工艺性能：锻造加热温度为 1 200 ℃，始锻温度为 1 150 ℃，终锻温度高于 850 ℃，锻后缓冷，锻后必须软化退火。

退火工艺：740～760 ℃加热，保温 4～6 h 后以 5～10 ℃/h 的速度缓冷至 600 ℃，再炉冷至室温，退火后的硬度＜160HBS，适于冷挤压成型。

正火工艺：870～900 ℃加热并保温 3～4 h 后空冷，正火后硬度≤229HRS，切削加工性良好。

12CrNi3A 钢采用气体渗碳工艺时，加热温度为 900～920 ℃，保温 6～7 h，可获得 0.9～1.0 mm的渗碳层，渗碳后预冷至 800～850 ℃直接油淬或空冷，淬火后表层硬度可达 56～62HRC，心部硬度为 250～380HBS，变形微小。

③ 实际应用：12CrNi3A 钢主要用于冷挤压成型的形状复杂的浅型腔塑料模具，也可用来制造大、中型切削加工成型的塑料模具。为了改善切削加工性，模坯须经正火处理。

2. 淬硬型塑料模具用钢

1）常用钢种及热处理

常用的淬硬型塑料模具用钢有碳素工具钢、低合金冷作模具钢、Cr12 型钢、高速钢、基体钢和某些热作模具钢等。这些钢的最终热处理一般是淬火和低温回火（少数采用中温回火或高温回火），热处理后的硬度通常在 45HRC 以上。

2）实际应用

碳素工具钢仅适于制造尺寸不大、受力较小、形状简单以及变形要求不高的塑料模具；低合金冷作模具钢主要用于制造尺寸较大、形状较复杂和精度较高的塑料模具；Cr12 型钢适于制造要求高耐磨性的大型、复杂和精密的塑料模具；热作模具钢适于制造有较高强韧性和一定耐磨性的塑料模具。

另外，GD 钢也是近年新推广使用的一种淬硬型塑料模具钢。该钢强韧性高、淬透性和耐磨性好，淬火变形小，价格低，用其取代 Cr12MoV 钢或基体钢制造大型、高耐磨、高精度塑料模具，不仅降低了成本，而且提高了模具的使用寿命。

3. 预硬型塑料模具用钢

所谓预硬型塑料模具用钢就是供应时已预先进行了热处理，并使之达到模具使用态硬度的钢。这类钢的特点是在硬度为30～40HRC的状态下可以直接进行成型车削、钻孔、铣削、雕刻、精锉等加工，精加工后可直接交付使用，这就完全避免了热处理变形的影响，从而保证了模具的制造精度。

我国近年研制的预硬型塑料模具用钢大多数是以中碳钢为基础，加入适量的铬、锰、镍、钼、钒等合金元素而制成的。为了解决在较高硬度下切削加工难度大的问题，通过向钢中加入硫、钙、铅、硒等元素来改善切削加工性能，从而制得易切削预硬型钢。有些预硬型钢可以在模具加工成型后进行渗氮处理，在不降低基体使用硬度的前提下使模具的表面硬度和耐磨性显著提高。

下面介绍几种典型的预硬型塑料模具用钢。

1）3Cr2Mo(P20)钢

3Cr2Mo钢是从美国引进的塑料模具钢常用钢号，也是GB/T 221—2000标准中正式纳标的一种塑料模具钢。最新的标注为SM3Cr2Mo，SM是塑料模具的简称。

（1）工艺性能

① 锻造工艺：加热温度为1 100～1 150 ℃，始锻温度为1 050～1 100 ℃，终锻温度≥850 ℃，锻后空冷。

② 退火工艺：加热温度为850 ℃，保温2～4 h，等温温度为720 ℃，保温4～6 h，炉冷至500 ℃，出炉空冷。

③ 淬火及回火工艺：淬火加热温度为860～870 ℃，油淬，540～580 ℃回火。预硬态硬度为30～35HRC。

④ 化学热处理：P20钢具有较好的淬透性和一定的韧性，可以进行渗碳，渗碳淬火后表面硬度可达65HRC，具有较高的热硬度及耐磨性。

（2）实际应用

P20钢适用于制造电视机、大型仪器仪表的外壳及洗衣机面板盖等大型塑料模具，其切削加工性和抛光性均显著优于45钢，在相同的抛光条件下，表面粗糙度比45钢低1～3级。

2）3Cr2NiMo(P4410)钢

（1）化学成分及相变点

3Cr2NiMo钢是3Cr2Mo钢的改进型，是在3Cr2Mo钢中添加了质量分数为0.8%～1.2%的镍，国内试制的P4410钢的实际成分与瑞典生产的P20钢改进型718钢一致。

（2）生产工艺

P4410钢的生产工艺为：碱性平炉粗炼→真空脱气、钢包喷粉精炼→水压机锻造→粗加工→超声波探伤→调质热处理→检验出厂。采用此工艺生产的钢可达到较高的洁净度，组织细密，镜面抛光性能好，表面粗糙度可达0.05～0.025 μm。

（3）性能特点

P4410钢的硬度为32～36HRC时具有良好的车、铣、磨等加工性能。

P4410钢也可采用火焰局部加热淬火，加热温度为800～825 ℃，在空气中或用压缩空气冷却，局部表面硬度可达56～62HRC，并可延长模具使用寿命。也可对模具进行表面镀铬，表面硬度可由370～420HV提高到1 000HV，同时显著提高模具的耐磨性和耐蚀性。

P4410钢制造的模具局部损坏后也可用补焊法修补，焊接质量良好，可以进行加工。

(4) 实际应用

P4410钢在预硬态(30～36HRC)使用，可防止热处理变形，适于制造大型、复杂、精密塑料模具。该钢也可采用渗氮、渗硼等化学热处理，处理后可获得更高表面硬度，适于制作高精密的塑料模具。

3) 8Cr2MnWMoVS(8Cr2S)钢

8Cr2MnWMoVS钢属于易切削精密塑料成型模具钢，是应精密塑料模具和薄板无间隙精密冲裁模的迫切需要而设计的，其成分设计采用了高碳、多元、少量合金化原则，以硫作为易切削元素。

(1) 特　点

① 热处理工艺简便，淬透性好：空冷淬硬直径在100 mm以上，空冷淬硬度为61.5～62HRC，热处理变形小。当860～900 ℃淬火，160～300 ℃回火时，轴向总变形率<0.09%，径向总变形率<0.15%。

② 切削性能好：退火硬度为207～239HBS，切削加工时，可比一般工具钢缩短加工工时1/3以上。硬度为40～45HRC时，用高速钢或硬质合金刀具进行车、铣、刨、镗、钻等加工，相当于碳钢调质态，硬度为30HRC左右时的切削性能远优于Cr12MoV钢退火态(硬度为240HBS)时的切削性能。

③ 镜面研磨抛光性好：采用相同的研磨加工工艺，其表面粗糙度比一般合金工具钢低1～2级，最低表面粗糙度为0.1 μm。

④ 表面处理性能好：渗氮性能良好，一般渗氮层深度达0.2～0.3 mm，渗硼附着力强。

(2) 应　用

8Cr2S钢作为预硬钢适于制作各种类型的塑料模具、胶木模、陶土瓷料模以及印制板的冲孔模。该钢种制作的模具配合精密度较其他合金工具钢高1～2个数量级，表面粗糙度低1～2级，使用寿命普遍高2～3倍，甚至十几倍。

4) 5CrNiMnMoVSCa (5NiSCa)钢

5NiSCa钢属于易切削高韧性塑料模具钢，在预硬态(35～45HRC)韧性和切削加工性良好；镜面抛光性能好，表面粗糙度低，可达0.2～0.1 μm，使用过程中表面粗糙度保持能力强；花纹蚀刻性能好，图案清晰、逼真；淬透性好，可制作型腔复杂、质量要求高的塑料模具。在高硬度(50HRC以上)下，热处理变形小，韧性好，并具有较好的阻止裂纹扩展的能力。

(1) 化学成分

5NiSCa钢采用中碳加镍，加热时相变点为695～735 ℃，冷却时相变点为305～378 ℃，M_S≈220 ℃。

(2) 工艺性能

① 锻造工艺：加热温度为1 100 ℃，始锻温度为1 070～1 100 ℃，终锻温度为850 ℃，锻后砂冷。

② 球化退火工艺：加热温度为770 ℃，保温3 h，等温温度为660 ℃，保温7 h，炉冷到550 ℃出炉空冷。退火硬度≤241HBS，加工性能良好。

③ 淬火工艺：淬火温度为880～900 ℃，小件取下限，大件取上限，油冷或260 ℃硝盐分级

淬火。

（3）实际应用

5NiSCa 钢可用做型腔复杂、型腔质量要求高的注射模、压缩模、橡胶模、印制板冲孔模等。

5）Y55CrNiMnMoV(SM1)钢

SM1 钢属于易切削调质预硬型塑料模具钢，预硬态交货，预硬硬度为 35～40HRC。易切削效果明显、性能稳定、综合性能明显优于 45 钢，还具有耐蚀性较好和可渗氮等优点。

（1）工艺性能

① 锻造工艺：锻造性能良好，锻造无特殊要求。

② 软化处理工艺：800 ℃加热，保温 3 h，680 ℃等温加热 5 h，硬度≤235HBS。

③ 淬火、回火工艺：800～860 ℃加热，油淬，600～650 ℃回火。

（2）实际应用

SM1 钢生产工艺简便易行，性能优越且稳定，使用寿命长。经电子、仪表、家电、玩具、日用五金等行业推广应用，效果良好。

4. 时效硬化型塑料模具用钢

时效硬化型塑料模具用钢的共同特点是含碳量低以及合金度较高，经高温淬火（固溶处理）后，钢处于软化状态，其组织为单一的过饱和固溶体。但是将此固溶体进行时效处理，即加热到某一较低温度并保温一段时间后，固溶体中就会析出细小弥散的金属化合物，从而造成钢的强化和硬化；并且，这一强化过程引起的尺寸、形状变化极小。因此，采用此类钢制造塑料模具时，可在固溶处理后进行模具的机械成型加工，然后通过时效处理，使模具获得使用状态的强度和硬度，这就有效地保证了模具最终尺寸和形状精度。

此外，此类钢往往采用真空冶炼或电渣重熔，钢的纯净度高，所以镜面抛光性能和光刻蚀性能良好。这一类钢还可以通过镀铬、渗氮、离子束增强沉积等表面处理方法来提高耐磨性和耐蚀性。

下面介绍几种时效硬化型塑料模具用钢。

1）25CrNi3MoAl 钢

25CrNi3MoAl 钢属于低镍无钴时效硬化钢，这是参考了国外同类钢的成分，并根据我国冶炼工业的特点及使用厂家对性能的要求加以改进而研制的一种新型时效硬化钢，为我国时效硬化型精密塑料模具专用钢种填补了空白。

（1）力学性能

硬度：25CrNi3MoAl 钢经不同温度固溶及时效处理后的硬度分别见表 2－19、表 2－20。

表 2－19　25CrNi3MoAl 钢经不同温度固溶处理（保温 30 min）后的硬度

加热温度/℃	830	920	960	1 000
硬度 HRC	50	48.5	46.4	45.6

表 2－20　25CrNi3MoAl 钢时效处理后的硬度

时效温度/℃	500	520	540
硬度 HRC	35.5～38	39～41	39～42

(2) 热处理工艺

① 用于一般精密塑料模具:淬火加热温度为 880 ℃,空冷或水冷淬火,淬火硬度为 48~50HRC,再经 680 ℃×(4~6 h)高温回火,空冷或水冷,回火硬度为 22~23HRC,经机加工成型。再经时效处理,时效温度为 520~540 ℃,保温 6~8 h,空冷,时效硬度为 39~42HRC。再经研磨、抛光或光刻花纹后装配使用。时效变形率约为-0.039%。

② 用于高精密塑料模具:淬火加热温度为 880 ℃,再经 680 ℃高温回火,其余工艺同①。但在高温回火后应对模具进行粗加工和半精加工,再经 650 ℃保温 1 h,消除加工后的残留内应力,然后再进行精加工。此后的时效、研磨、抛光等工艺仍同①。经此处理后时效变形率仅为-0.01%~-0.02%。

③ 用于对冲击韧度要求不高的塑料模具:对退火的锻坯直接经粗加工、精加工,进行(520~540)℃×(6~8)h 的时效处理,再经研磨、抛光及装配使用。经此处理后,模具硬度为 40~43HRC,时效变形率≤0.05%。

④ 用于冷挤型腔工艺的塑料模具:模具锻坯经软化处理后,即对模具挤压面进行加工、研磨、抛光。然后对冷挤压模具型腔和模具外形进行修整,最后对模具进行真空时效处理或表面渗氮处理后再装配使用。

(3) 特点及应用

① 钢中镍含量低,价格远低于马氏体时效钢,也低于超低碳中合金时效钢。

② 调质硬度为 230~250HBS,常规切削加工和电加工性能良好。时效硬度为 38~42HRC,时效处理及渗氮处理温度范围相当,且渗氮性能好,渗氮后表层硬度达 1 000HV 以上,而心部硬度保持在 38~42HRC。

③ 镜面研磨性能好,表面粗糙度可达 0.2~0.025 μm,表面光刻蚀性能好,光刻花纹清晰均匀。

④ 焊接修补性好,焊缝处可加工,时效处理后焊缝硬度和基体硬度相近。

25CrNi3MoAl 钢可用于制作普通及高精密塑料模具,技术经济效益显著。

2) 18Ni 类钢

18Ni 类钢属于低碳马氏体时效钢,碳质量分数极低(约 0.03%),目的是改善钢的韧性。这类钢的屈服强度有 1 400 MPa、1 700 MPa 和 2 100 MPa 三个级别,可分别简写为 18Ni140 级、18Ni170 级和 18Ni210 级,分别对应国外的 18Ni250 级、18Ni300 级和 18Ni350 级。

18Ni 类钢中起时效硬化作用的合金元素是钛、铝、钴和钼。18Ni 类钢中加入大量的镍,主要作用是保证固溶体淬火后能获得单一的马氏体;其次 Ni 与 Mo 作用形成时效强化相 Ni_3Mo,镍的质量分数在 10%以上,还能提高马氏体时效钢的断裂韧度。

18Ni 类钢主要用在精密锻模及制造高精度、超镜面、型腔复杂、大截面、大批量生产的塑料模具。但因 Ni 和 Co 等贵重金属元素含量高,价格高昂,故尚难以广泛应用。

3) 06Ni6CrMoVTiAl(06Ni)钢

06Ni6CrMoVTiAl 钢属于低镍马氏体时效钢。它的突出优点是热处理变形小,抛光性能好,固溶硬度低,切削加工性能好,具有良好的综合力学性能以及渗氮、焊接性能。因为合金含量低,所以其价格比 18Ni 类钢低得多。

(1) 化学成分

低碳马氏体时效钢的硬化机理是在马氏体基体中析出金属间化合物而产生硬化,这首先要求低含碳量，并含有时效硬化元素，可提高钢的时效硬度。

（2）热加工工艺

① 锻造工艺：加热温度为 1 100～1 150 ℃，终锻温度≥850 ℃，锻后空冷。

② 软化退火工艺：可采用 680 ℃高温回火处理达到软化目的。

③ 固溶处理工艺：固溶是时效硬化钢必要的工序，通过固溶既可达到软化的目的，又可以保证钢在最终时效时具有硬化效应。固溶处理可以通过锻轧后快速冷却实现，也可以通过把钢加热到固溶温度之后油冷或空冷实现。固溶处理后采用的冷却方式不同，对固溶及时效硬度影响很大。如 820 ℃固溶处理后，空冷硬度为 26～28HRC，油冷硬度为 24～25HRC，水冷硬度为 22～23HRC。固溶处理后冷速越快，硬度越低，但时效后硬度会更高。

06Ni 钢的时效硬度比 18Ni 类钢固溶硬度（28～32HRC）低，故而切削加工性能优于 18Ni 类钢。推荐的固溶处理工艺：固溶温度为 800～880 ℃，保温 1～2 h，油冷。

④ 时效工艺：时效温度为 500～540 ℃，时效时间为 4～8 h，硬度为 42～45HRC。

（3）实际应用

06Ni6CrMoVTiAl 钢已分别应用在化工、仪表、轻工、电器、航空航天和国防工业领域，用于制作打印机、照相机、电传打字机等产品的塑料模具，均收到很好的效果。该钢制作的打印机塑料模具寿命可达 200 万次以上，压制的产品质量可与进口模具压制的产品相媲美。

4）10Ni3MnCuAlMoS（PMS）镜面塑料模具钢

光学塑料镜片、透明塑料制品以及外观光洁、光亮、质量高的各种热塑性塑料壳体件成型模具，国外通常选用表面粗糙度低、光亮度高、变形小、精度高的镜面塑料模具钢制造。镜面性能优异的塑料模具钢，除要求具有一定的强度、硬度外，还要求冷热加工性能好，热处理变形小。特别是还要求钢的纯净度高，避免在镜面出现针孔、橘皮、斑纹及锈蚀等缺陷。

PMS 镜面塑料模具钢（简称 PMS 钢）是一种新型的析出硬化型塑料模具钢，具有良好的冷、热加工性能和综合力学性能，热处理工艺简单，变形小，淬透性高，适于进行表面强化处理，在软化状态下可进行模具型腔的挤压成型。

（1）化学成分

PMS 钢的碳质量分数限制在 0.2%以下，以保证钢的热加工性能及热处理后的韧性，Ni 和 Al 的加入是为了保证时效硬化后钢的硬度（40HRC 左右）。

（2）工艺性能

① 锻造工艺：PMS 钢有良好的锻造性能，锻造加热温度为 1 120～1 160 ℃，终锻温度≥850 ℃，锻后空冷或砂冷。

② 固溶处理工艺：固溶处理的目的是使合金元素在基体内充分溶解，使固溶体均匀化并软化，便于切削加工。经 840～850 ℃加热 3 h 固溶处理，空冷后的硬度为 28～30HRC。

③时效处理工艺：钢的最终使用性能是通过回火时效处理获得的，钢出现硬化峰值的温度为（510±10）℃，时效后硬度为 40～42HRC。

④ 变形率：PMS 钢的变形率很小，收缩量＜0.05%，总变形率径向为－0.11%～0.041%，轴向为－0.021%～0.026%，接近马氏体时效钢。

（3）实际应用

PMS 钢适于制造各种光学塑料镜片，高镜面、高透明度的注射模以及外观质量要求极高的光洁、光亮的各种家用电器塑料模。例如：利用电话机壳体模具生产出的电话机塑料壳体制品外观质量可达到国外同类产品的先进水平，模具使用寿命也明显提高。又如：利用大型洗衣机注射模生产出的机壳外观质量高，原来用 45 钢制造注射模，模具寿命为 15 万模；而 PMS 钢制造的注射模，寿命达 40 万模。

PMS 钢是含铝钢，其渗氮性能好，时效温度与渗氮温度相近，因而，可以在进行渗氮处理的同时进行时效处理。渗氮后模具表面硬度、耐磨性、抗咬合性均提高，可用于注射玻璃纤维增强塑料的精密成型模具。

PMS 钢还具有良好的焊接性能，对损坏的模具可进行补焊修复。此外，PMS 钢还适于高精度型腔的冷挤压成型。

5）Y20CrNi3AlMnMo（SM2）钢

（1）工艺性能

① 锻造工艺：锻造性能良好，锻造无特殊要求。

② 软化处理工艺：870～930 ℃加热，油冷，680～700 ℃高温回火 2 h，油冷，硬度≤30HRC。

③ 热处理工艺：870～930 ℃加热，油淬，680～700 ℃油冷，500～560 ℃时效。

（2）实际应用

Y20CrNi3AlMnMo 钢生产工艺简便易行，性能优越稳定，使用寿命长，经电子、仪表、家电、玩具、日用五金等行业的推广应用，效果良好。

5. 耐蚀型塑料模具用钢

0Cr16Ni4Cu3Nb（PCR）钢属于析出硬化不锈钢，当硬度为 32～35HRC 时可进行切削加工。该钢再经 460～480 ℃时效处理后，可获得较好的综合力学性能。

（1）工艺性能

① 锻造工艺：加热温度为 1 180～1 200 ℃，始锻温度为 1 150～1 100 ℃，终锻温度≥1 000 ℃，空冷或砂冷。

若钢中含有元素铜，则其压力加工性能与含铜量有很大关系。当铜的质量分数 $w_{Cu}>4.5\%$时，锻造易出现开裂；当铜的质量分数 $w_{Cu}\leqslant 3.5\%$时，其压力加工性能有很大改善。锻造时应充分热透，锻打时要轻捶快打，变形量小；然后可重锤，加大变形量。

② 固溶处理工艺：固溶温度为 1 050 ℃，空冷，硬度为 32～35 HRC，在此硬度下可以进行切削加工。

③ 时效处理工艺：在 420～480 ℃时，其强度和硬度可以达到峰值，但在 440 ℃时冲击韧度最低，因此，推荐时效处理温度为 460 ℃，时效后硬度为 42～44HRC。

④ 淬透性及淬火变形：PCR 钢淬透性好，在 ϕ100 mm 的断面上硬度均匀分布。回火时效后总变形率：径向为－0.04％～－0.05％，轴向为－0.037％～－0.04％。

（2）实际应用

PCR 钢适于制作含有氟、氯的塑料成型模具，具有良好的耐蚀性。如用于氟塑料或聚氯乙烯塑料成型模、氟塑料微波板、塑料门窗、各种车辆把套、氟氯塑料挤出机螺杆、料筒以及添加阻燃剂的塑料成型模，可作为 17－4PH 钢的代用材料。

聚三氟氯乙烯阀门盖模具，原用 45 钢或镀铬处理模具，使用寿命为 1 000～4 000 件；用 PCR 钢，当使用 6 000 件时仍与新模具一样，未发现任何锈蚀或磨损，模具寿命为 10 000～12 000 件。

四氟塑料微波板，原用 45 钢或表面镀铬模具，使用寿命仅为 2～3 次；改用 PCR 钢后，模具使用 300 次后，仍未发现任何锈蚀或磨损，表面光亮如镜。

2.5.3　塑料模具的热处理及实例

选用不同品种钢制作塑料模具，其化学成分和力学性能各不相同，因此制造工艺路线不同；同样，不同类型塑料模具钢采用的热处理工艺也是不同的。

1. 塑料模具的制造工艺路线

1）低碳钢及低碳合金钢制模具

以 20、20Cr、20CrMnTi 钢为例，其工艺路线为：下料→锻造模坯→退火→机械粗加工→冷挤压成型→再结晶退火→机械精加工→渗碳→淬火、回火→研磨抛光→装配。

2）高合金渗碳钢制模具

以 12CrNi3A、12CrNi4A 钢为例，其工艺路线为：下料→锻造模坯→正火并高温回火→机械粗加工→高温回火→精加工→渗碳→淬火、回火→研磨抛光→装配。

3）调质钢制模具

以 45、40Cr 钢为例，其工艺路线为：下料→锻造模坯→退火→机械粗加工→调质→机械精加工→研磨抛光→装配。

4）碳素工具钢及合金工具钢制模具

以 T7A～T10A，9CrWMn，9SiCr 钢为例，其工艺路线为：下料→锻造模坯→球化退火→机械粗加工→去应力退火→机械半精加工→机械精加工→淬火、回火→研磨抛光→装配。

5）预硬钢制模具

5NiSiCa、3Cr2Mo(P20)钢均为预硬钢制模具。对于直接使用棒料加工的，因其已进行了预硬化处理，故可在加工成型后直接抛光、装配。对于要改锻成坯料后再加工成型的，其工艺路线为：下料→改锻→球化退火→刨或铣六面→预硬处理(34～42HRC)→机械粗加工→去应力退火→机械精加工→研磨抛光→装配。

2. 塑料模具的热处理特点

1)渗碳钢塑料模具的热处理特点

(1) 对于有高硬度、高耐磨性和高韧性要求的塑料模具，要选用渗碳钢来制造，并把渗碳、淬火和低温回火作为最终热处理。

(2) 一般渗碳层的厚度为 0.8～1.5 mm，当压制含硬质填料的塑料时模具渗碳层厚度要求为 1.3～1.5 mm，压制软性塑料时渗碳层厚度为 0.8～1.2 mm。渗碳层的含碳量以 0.7%～1.0%为宜。若采用碳氮共渗，则其耐磨性、耐蚀性、抗氧化性、抗黏着性会更好。

(3) 渗碳温度一般在 900～920 ℃，复杂型腔的小型模具可取 840～860 ℃中温碳氮共渗。渗碳保温时间为 5～10 h，具体应根据对渗层厚度的要求来选择。渗碳工艺以采用分级渗碳工艺为宜，即高温阶段(900～920 ℃)以快速将碳渗入工件表层为主；中温阶段(820～840 ℃)以增加渗碳层厚度为主，这样在渗碳层内建立均匀合理的碳浓度梯度分布，便于直接淬火。

(4) 渗碳后的淬火工艺按钢种不同，可采用的方法如下：重新加热淬火；分级渗碳后直接淬火(如合金渗碳钢)；中温碳氮共渗后直接淬火(如用工业纯铁或低碳钢冷挤压成型的小型精密模具)；渗碳后空冷淬火(如高合金渗碳钢制造的大、中型模具)。

2）淬硬钢塑料模具的热处理

（1）形状比较复杂的模具，在粗加工以后即进行热处理，然后进行精加工，才能保证热处理时变形最小，对于精密模具，变形率应小于0.05%。

（2）塑料模具型腔表面要求十分严格，因此在淬火加热过程中要确保型腔表面不氧化、不脱碳、不侵蚀、不过热等。应在保护气氛炉中或在严格脱氧后的盐浴炉中加热，若采用普通箱式电阻炉加热，应在型腔表面涂上保护剂，同时要控制加热速度，冷却时应选择比较缓和的冷却介质，控制冷却速度，以避免在淬火过程中因产生变形、开裂而报废。一般以热浴淬火为佳，也可采用预冷淬火的方式。

（3）淬火后应及时回火，回火温度要高于模具的工作温度，回火时间应充分，至少要在40 min以上。

3）预硬钢塑料模具的热处理

（1）预硬钢是以预硬态供货的，一般无须热处理。但有时需进行改锻，改锻后的模坯必须进行热处理。

（2）预硬钢的预先热处理通常采用球化退火，目的是消除锻造应力，获得均匀的球状珠光体组织，降低硬度，提高塑性，改善模坯的切削加工性能或冷挤压成型性能。

（3）预硬钢的预硬处理工艺简单，多数采用调质处理，调质后获得回火索氏体组织。高温回火的温度范围很宽，能够满足模具的各种工作硬度要求。由于这类钢淬透性良好，因此淬火时可采用油冷、空冷或硝盐分级淬火。表2-21所列为部分预硬钢的预硬处理工艺。

表2-21 部分预硬钢的预硬处理工艺

钢 号	加热温度/℃	冷却方式	回火温度/℃	预硬硬度 HRC
3Cr2Mo	830～840	油冷或160～180 ℃硝盐分级	580～650	28～36
5NiSCa	880～930	油冷	550～680	30～45
8Cr2MnWMoVS	860～900	油冷或空冷	550～620	42～48
P4410	830～860	油冷或硝盐分级	550～650	35～41
SM1	830～850	油冷	620～660	36～42

4）时效硬化钢塑料模具的热处理

（1）时效硬化钢的热处理工艺分两道基本工序：首先进行固溶处理，即把钢加热到高温，使各种合金元素溶入奥氏体中，完成后淬火获得马氏体组织；然后进行时效处理，利用时效强化达到最后要求的力学性能。

（2）固溶处理加热一般在盐浴炉、箱式炉中进行，加热时间可分别取1 min/mm和2～2.5 min/mm，淬火采用油冷，淬透性好的钢种也可空冷。如果锻造模坯时能准确控制终锻温度，则锻造后可直接进行固溶淬火。

（3）时效处理最好在真空炉中进行，若在箱式炉中进行，则为防止型腔表面氧化，炉内须通入保护气氛，或者用氧化铝粉、石墨粉、铸铁屑在装箱保护条件下进行时效处理。装箱保护加热要适当延长保温时间，否则将难以达到时效效果。部分时效硬化钢的热处理工艺可参照表2-22。

表 2-22　部分时效硬化钢的热处理工艺

钢　号	固溶处理工艺	时效处理工艺	时效硬度 HRC
06Ni6CrMoVTiAl	830～850 ℃油冷	(510～530 ℃)×(6～8 h)	43～48
PMS	800～850 ℃空冷	(510～530 ℃)×(3～5 h)	41～43
25CrNi3MoAl	880 ℃水淬空冷	(520～540 ℃)×(6～8 h)	39～42
SM2	900 ℃×2 h 油冷+700 ℃×2 h 油冷	510 ℃×10 h	39～40
PCR	1 050 ℃固溶空冷	(460～480 ℃)×4 h	42～44

2.5.4　塑料模具的表面处理

为了提高塑料模具的表面耐磨性和耐蚀性，常对其进行适当的表面处理。

塑料模具镀铬是一种应用最多的表面处理方法，镀铬层在大气中具有强烈的钝化能力，能长久保持金属光泽，在多种酸性介质中均不发生化学反应。镀层硬度达 1 000HV，因而具有优良的耐磨性。镀铬层还具有较高的耐热性，在空气中加热到 500 ℃时其外观和硬度仍无明显变化。

渗氮处理具有温度低(一般为 550～570 ℃)，模具变形甚微和渗层硬度高(可达 1 000～1 200 HV)等优点，因而也非常适于塑料模具的表面处理。含有铬、钼，铝、钒和钛等合金元素的钢种比碳钢有更好的渗氮性能，用作塑料模具时进行渗氮处理可大大提高耐磨性。模具的表面处理手段很多，几乎所有的表面处理及表面强化处理方法均在塑料模具表面上得到应用。其中主要有三种：改变模具表面化学成分的方法、各种涂层的被覆法和不改变表面化学成分的方法。具体来说，主要有渗碳、渗氮与氮碳共渗、渗硼及其复合渗、TD 法、气相沉积、热喷涂、表面淬火、离子注入等技术。这些处理都可大幅度提高模具的使用寿命。如热锻模应用 Ni-Co-ZrO_2复合电刷镀，可提高模具寿命的 50%～200%；采用化学沉积 Ni-P 复合涂层，硬度可达 78～80HV，耐磨性相当于硬质合金，对于玻璃纤维填充的塑料模具有很好的效果；采用 DVC 和 PVC 在各种工具、模具上沉积 TiC 和 TiN，可有效改善模具表面的抗黏着性和抗咬合性，提高模具寿命。

1. 渗　碳

在渗碳介质中加热，使碳渗入钢的表层的表面处理过程称为渗碳。渗碳一般是在钢的 A_{c3}以上进行，目的是提高材料的表面硬度、接触疲劳强度、耐磨性等，同时保留心部的良好韧性。它主要用于要求承受很大冲击载荷、高的强度和好的抗脆裂性能、使用硬度为 58～62 HRC的小型模具。

通过表面渗碳处理可显著提高模具的使用寿命。如：W18Cr4V 钢制冲孔冲模，经渗碳淬火后，其使用寿命比采用常规工艺处理提高 2～3 倍。

2. 渗氮和氮碳共渗

向钢件表层渗入氮以提高表层氮浓度的表面处理过程称为渗氮。渗氮的目的是提高材料的表面硬度、耐磨性、疲劳强度及抗咬合性，提高模具的抗大气与过热蒸气的腐蚀能力以及抗回火软化能力等。渗氮主要适用于承受冲击载荷较小的薄板拉深模、弯曲模以及冷挤压模、热挤压模、压铸模等。

为了使渗氮有较好的效果，必须选择含有铝、铬、钼元素的钢种，以便渗氮后能形成 AlN、

CrN 和 Mo_2N 等。模具钢常用渗氮钢种有 Cr12、Cr12MoV、3Cr2W8V、38CrMoAlA、4Cr5MoVSi、40Cr5W2VSi、5CrNiMo、5CrMnMo 等。

氮碳共渗又称软氮化，是向钢件表面同时渗入氮和碳，并以渗氮为主的表面处理工艺。该工艺主要应用于热态下工作的压铸模具、塑料模具、热挤压模具以及锤锻模具等，并能显著提高其使用寿命。例如：Cr12MoV 钢制 M6～M12 螺栓冷镦凹模经氮碳共渗后的工作寿命可提高 3～5 倍。又如：3Cr2W8V 钢制铝合金压铸模具用于压铸照相机机身时，经氮碳共渗后的使用寿命可提高约 8 倍，且工件脱模顺利，不粘模。

3. 渗硼及其复合渗

渗硼是指将钢件置于含硼介质中，使硼向钢件表层渗入以提高其含硼量的表面处理方法。渗硼层一般由 $FeB+Fe_2B$ 双相或 Fe_2B 单相构成，其中 FeB 脆性高。渗硼主要适用于承受冲击载荷较小且主要为磨粒磨损失效的模具，如冲裁模、拉深模、冷挤压模和热挤压模等。45 钢制硅碳棒成型模经渗硼后，其使用寿命比不渗硼的提高 3 倍以上。

为降低渗硼层的脆性，保证模具的耐磨性，渗硼后应进行淬火和低温回火处理。为了使渗硼模不仅表面硬，而且具有减磨润滑性能，可在渗硼后再渗硫，即在高硬度渗硼层的基础上再覆盖一层减磨性良好的渗硫层，使模具表面具有由减磨层、硬化层和过渡层组成的复合结构。

为了进一步提高模具寿命，也可采用硼氮复合渗工艺以增大渗层厚度，降低渗硼层的脆性，强化过渡层，从而避免渗硼层的剥落。

4. TD 法

利用以硼砂为基的盐浴向钢件中渗钒、渗铌、渗铬等，并形成碳化物的表面处理方法称为反应浸镀法，即 TD 法。它是熔盐浸镀法、电解法及粉末法进行扩散型表面硬化处理技术的总称。它可用于要求高耐磨性的各种冷作模具和热作模具，是钢件渗钒、渗铌、渗铬、渗钛等的常用方法。

渗钒后的模具使用寿命比渗氮处理的要高几倍甚至几十倍。渗铌后模具的使用寿命比常规处理的要提高几倍甚至几十倍。渗铬后的模具具有优良的耐磨性、抗高温氧化和耐磨损性能，适用于碳钢、合金钢和镍基或钴基合金工件，可使模具使用寿命大幅提高。

TD 法设备简单，操作方便，成本低，而其表面强化效果与 CVD 法、PVD 法相近，在国外是颇受重视的一种表面强化技术。

5. 气相沉积

气相沉积是利用气相中发生的物理、化学过程，改变表面成分，在工件（模具）表面形成具有特殊性能的金属或化合物涂层的一种新技术，它包括化学气相沉积（CVD）和物理气相沉积（PVD）。

CVD 可以在材料上沉积碳化钛、氮化钛、碳氮化钛薄膜。由于处理温度较高，所以只适于用硬质合金、高速钢、高碳高铬钢、不锈钢和耐热钢等材料制造的模具，而且沉积处理后要进行淬火回火。

进行 PVD 处理时，工件的加热温度一般都在 600 ℃以下。目前主要有三种 PVD 方法，即真空蒸镀、真空溅射和离子镀，其中以离子镀在模具制造中的应用较广。真空蒸镀多用于透镜和反射镜等光学元件、各种电子元件、塑料制品等的表面镀膜，在表面硬化方面的应用不太多。真空溅射可用于沉积各种导电材料，但由于溅射会使基体温度升高为 500～600 ℃，故只适用于在此温度下具有二次硬化的钢及其所制造的模具。离子镀所需温度较低，涂层与基体的结合力较大，且沉积速度较其他气相沉积方法快，因此在模具上的应用日益广泛。其中应用较多的是活性反应离子镀（ARE）和空心阴极离子镀（HCD）。

PVD 与 CVD 相比，其主要优点是处理温度低、沉积速度快、无公害等，主要不足是沉积层与工件的结合力较小，镀层的均匀性稍差。

6. 热喷涂

热喷涂是将固体喷涂材料加热到熔化或软化状态，通过高速气流使其雾化，然后喷射、沉积到经过预处理的模具表面而形成具有不同性能的涂层的表面处理方法。

7. 表面淬火

表面淬火是对钢件表面快速加热，在心部接受传热升温之前就又快速冷却，从而只对表面实现淬火的工艺。在模具制造中，表面淬火多用于轻载、小批量的小型模具的热处理。

常用表面淬火方法有高频加热表面淬火、火焰加热表面淬火、接触电阻加热表面淬火和激光表面淬火等。例如：GCr15 钢制轴承保持架冲孔用的冲孔凹模，经激光硬化处理后的使用寿命是常规处理的 3 倍。

8. 离子注入

离子注入是将模具放在离子注入机的真空靶室中，在高电压的作用下，将含有注入元素的气体或固体物质的蒸气离子化，加速后的离子与工件表面碰撞并最终注入工件表面而形成固溶体或化合物表层。

离子注入的优点如下：注入层与基体结合牢固，工件无热变形，表面质量高，特别适用于高精密模具的表面处理。

9. 其他技术

除了以上表面强化手段外，模具表面的强化手段还有喷丸表面强化、电火花表面强化及各种表面镀覆和熔覆等。这些处理均可不同程度地强化模具材料的表面，提高模具的使用寿命。

面对如此众多的表面强化处理方式，在实际应用的时候，应根据具体情况进行选择。例如：适合于塑料模具的表面处理方法有：镀铬、渗氮、氮碳共渗、化学镀镍、离子镀氮化钛（或碳化钛，或碳氮化钛）、PVD 或 CVD 法沉积硬质膜（或超硬膜）等。

2.6　常用模具材料热处理规范

2.6.1　模具常用热处理工序

模具零件常用热处理工序有正火、退火、调质、淬火、回火、渗碳及氮化等，详细说明见表 2－23。

表 2－23　模具零件常用热处理工序

热处理工序名称	定　义	目　的	应　用
正火	把钢加热到临界温度以上，保温后空冷的操作	消除应力，细化晶粒，改善组织，调整硬度，便于切削加工	作为预先热处理，或用来消除网状渗碳体，为球化退火做组织准备

续表 2-23

热处理工序名称		定　义	目　的	应　用
退火	完全退火	把钢加热到临界温度以上,保温后缓慢冷却的操作	消除应力,降低硬度,改善切削性能	用于模具锻件、铸钢件或冷压件的热处理
	球化退火	把钢加热到 A_{c1} 以上稍高的温度保温后再冷至稍低于 A_{r1} 的温度保温,然后空冷的操作	消除片状渗碳体,使其变成球状渗碳体,改善切削性能	用于碳素工具钢及合金工具钢模具
调制		淬火后高温回火的操作	既有较高的强度,又有较高的韧性	作为模具零件淬火及氮化前的中间热处理
淬火		将钢加热到临界温度以上,保温后快速冷却,获得马氏体、贝氏体的操作	提高零件的硬度及耐磨性	用于模具零件的最终热处理
回火		将淬火零件加热至 A_{c1} 以下某一温度,保温后冷却的操作	消除淬火应力,调整硬度	模具淬火后都必须回火
渗碳		将钢件放在含碳的介质中,加热至奥氏体化温度,将碳渗入钢件表面的操作	提高零件表面的含碳量,使表面获得很高的硬度和耐磨性,而心部具有良好的韧性	在模具制造中用于导柱、导套的热处理
氮化		将钢件放在含氮的气氛中,加热至 500～600 ℃,使氮渗入钢件表面的操作	提高零件的耐磨性和耐蚀性	用于工作负荷不大,但耐磨性及耐蚀性要求较高的模具

2.6.2 模具热处理常用设备

1. 模具热处理常用设备

模具热处理常用设备见表 2-24。

表 2-24　模具热处理常用设备

炉子种类	性能特点	应　用
箱式电阻炉	炉子结构简单,体积小,操作方便,适用于加热温度低于 950 ℃ 的各种零件热处理加热,但由于炉膛内一般没有搅拌风扇,故温度均匀性稍差	适用于退火、正火、回火及固体渗碳等
外热式盐浴炉	加热速度快,炉温均匀,零件不易氧化与脱碳,适用于快速加热,操作方便,不使用昂贵的变压器,由于装有金属坩埚,热惰性大,故使用温度不能太高	适用于淬火加热及各种液体化学热处理,如装入碱浴、油浴或铅浴,还可用作等温及分级淬火
内热式盐浴炉	热效率高,没有热惰性,加热速度快,加热均匀,操作方便,氧化、脱碳倾向低,炉温可升至 1300 ℃,但须带变压器,开炉时要用辅助电极,炉底有未熔盐死角,缩小了炉膛有效容积	适用于淬火加热及各种液体化学热处理,特别适用于高温淬火加热

续表 2-24

炉子种类	性能特点	应 用
井式回火炉	装炉量大，生产效率高，装/出料方便，炉内装有风扇，可使气流循环，炉温均匀	适用于淬火后的回火

2. 热处理炉的选用原则

热处理炉的选用原则如下：

- 模具毛坯的正火、退火或粗加工后的调质处理可选用箱式炉，成品淬火则最好选用盐浴炉或可控气氛炉，以保证零件不氧化脱碳。大型模具如没有可控气氛炉，也可用箱式炉加热，但必须采取保护措施，以免影响型腔表面质量。
- 易变形的杆件热处理选用井式炉加热比用箱式炉更合理。
- 高合金模具钢的热处理，由于淬火加热温度高，故应选用内热式盐浴炉。

思考题

1. 模具材料一般可分为哪几类？
2. 简述模具材料的选用原则。
3. 请解释下列名词术语：渗碳、TD 法、气相沉积、热喷涂、表面淬火、离子注入。
4. 试述塑料模具材料的选用原则。
5. 塑料模具热处理的基本要求有哪些？其热处理工艺有什么特点？
6. 对模具材料进行表面处理的目的是什么？有哪些处理手段？
7. 模具热处理常用设备有哪些？

第3章 模具制造工艺规程

模具制造工艺规程是组成技术文件的主要部分，分为工艺过程卡、工艺卡和工序卡三种。它是模具制造采用设备、工艺装备、切削用量、材料定额、工时定额设计与计算的主要依据，是直接指导工人操作的生产法规，与生产成本、劳动生产率、原材料消耗等有直接关系。

模具制造工艺规程编制是规定模具零件机械加工工艺过程和操作方法的重要工艺文件，对保证产品质量起着重要作用。

3.1 基本概念

3.1.1 生产过程和工艺过程

1. 生产过程

生产过程是指将原材料转变为成品的全过程。一般模具产品的生产过程包括原材料的运输和保管，生产的技术准备，毛坯的制造，模具零件的各种加工，模具的装配与检验，模具产品的包装与发送等。

在现代模具制造中，为了便于组织专业化生产和提高劳动生产率，一副模具的生产往往由许多工厂协作完成。如模具零件毛坯由专业化的毛坯生产企业来承担，模具上的导柱、导套、顶杆等零件由专业化的模具标准件厂来完成。一个工厂的模具生产过程往往是整个模具产品生产过程的一部分。

一个工厂的生产过程又可划分为各个车间的生产过程，如铸锻车间的成品铸件就是机加工车间的毛坯，而机加工车间的成品又是模具装配车间的原材料。

2. 工艺过程

工艺过程是指直接改变加工对象的形状、尺寸、相对位置和性能，使之成为成品的过程。工艺过程是生产过程中的主要过程，其余如生产的技术准备、检验、运输及保管等，则是生产过程中的辅助过程。

3.1.2 模具的机械加工工艺过程

用机械加工方法直接改变毛坯的形状、尺寸和表面质量，使之成为模具零件的工艺过程，称为模具的机械加工工艺过程。而将模具零件装配成一副模具的生产过程，就称为模具的装配工艺过程。

模具的机械加工工艺过程由若干个顺序排列的工序组成，毛坯依次通过这些工序而变为成品。

1. 工　序

一个人或一组工人，在一个工作地点，对一个或同时对几个工件加工所完成的工艺过程，称为工序。图3-1所示为限位导柱，当加工数量较少时，有5道工序，两端面在装配时磨平

（见表 3-1）；当加工数量较大时，就需要 9 道工序（见表 3-2）。

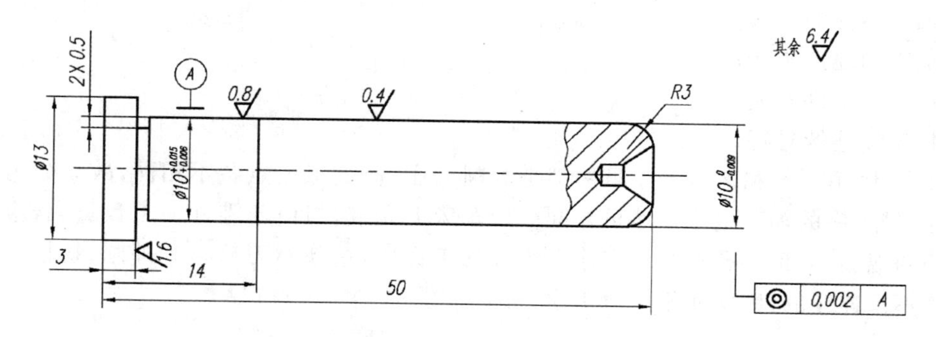

图 3-1　限位导柱简图

表 3-1　限位导柱的加工工艺过程（单件生产）

工序号	工序名称	工序内容	工作地点
1	备料	ϕ20×70	带锯机
2	车	① 车两端面，车钻双顶尖孔； ② 双顶尖装夹，车全部外圆，ϕ $10^{+0.015}_{+0.006}$ 及 ϕ $10^{0}_{-0.009}$ 处留余量 0.15； ③ 切槽，倒角，样板刀车 $R3$	车床
3	热处理	淬火、回火 50～55HRC	
4	磨	① 研双顶尖孔； ② 双顶尖装夹，磨 ϕ $10^{+0.015}_{+0.006}$ 及 ϕ $10^{0}_{-0.009}$ 至尺寸	外圆磨床
5	校验		

表 3-2　限位导柱的加工工艺过程（成批生产）

工序号	工序名称	工序内容	工作地点
1	备料	ϕ18×70	带锯机
2	车	① 车两端面； ② 车钻双顶尖孔	车床
3	车	① 双顶尖装夹，车全部外圆，ϕ $10^{+0.015}_{+0.006}$ 及 ϕ $10^{0}_{-0.009}$ 处留余量 0.15； ② 切槽，倒角，样板刀车 $R3$	车床
4	热处理	淬火、回火 50～55HRC	
5	磨	① 研双顶尖孔； ② 双顶尖装夹，磨 ϕ $10^{+0.015}_{+0.006}$ 及 ϕ $10^{0}_{-0.009}$ 至尺寸	外圆磨床
6	磨	砂轮机上装碗形砂轮，割去吊装段顶尖孔	砂轮机
7	磨	专用夹具安装，多件集中磨平两端面，保证尺寸 50	平面磨床
8	钳	研光 $R3$	
9	检验		

工序划分的主要依据如下：

① 加工零件的工人不变；

② 加工的地点不变；

③ 加工的零件不变；

④ 加工须连续进行。

表 3－2 中第 5、6 和 7 号工序虽然都是磨削工序，但加工地点各不相同，故划分为三道工序；第 2、3 号工序的加工地点虽然可在同一台车床上完成，但由于零件加工数量大，应先将一批零件的两端面、双顶尖孔在一台车床上全部加工完毕，重新对刀后再车外圆、切槽、倒角，其间的加工不是连续的，因此属于两道工序。

2. 工　步

在一个工序内，往往需要采用不同的刀具和切削用量对不同的表面进行加工。为便于分析和描述工序的内容，工序还可进一步划分为工步。当加工表面、切削工具和切削用量中的转速与进给量均不变时，所完成的这部分工序称为工步。例如：表 3－1 中的第 2 号工序内有三个工步。

3. 安装与工位

为了在工件的某一部位上加工出符合规定技术要求的表面，须在机械加工前让工件在机床或夹具中占据一个正确的位置，这个过程称为工件的定位。工件定位后，由于在加工过程中受到切削力、重力等的作用，因此还应采用一定的机构将工件夹紧，以使工件先前确定的位置保持不变。工件从定位到夹紧的整个过程统称为安装。在一道工序内，工件的加工可能只需安装一次，也可能需要安装几次。工件在加工过程中应尽量减少安装次数，因为多一次安装就多一分误差，而且还增加了安装工件的辅助时间。

为了减少工件的安装次数，常采用各种回转工作台、回转夹具或移位夹具，使工件安装后可在几个不同的位置进行加工，此时工件在机床上占据的每一个加工位置称为工位。图 3－2 所示为利用回转台在一次安装中顺次完成装卸工件、钻孔、扩孔和铰孔 4 个工位的加工实例。

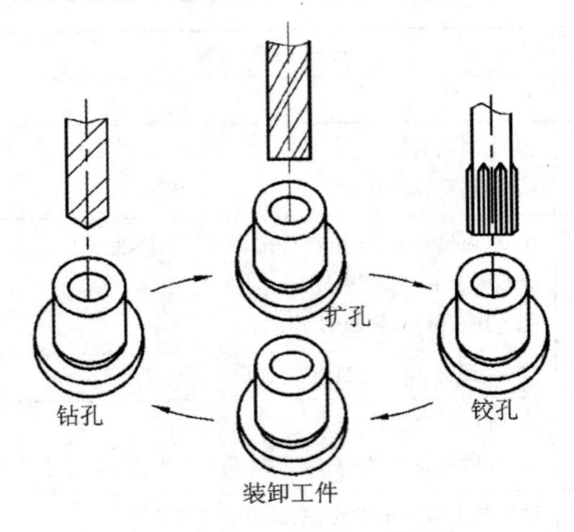

图 3－2　多工位加工实例

4. 工步的合并

构成工步的任一因素（加工表面、刀具或切削用量）改变后，一般即变为另一个工步，但为简化工序内容的叙述，有时需将一些工步加以合并。

① 对于性质相同、尺寸相差不大的表面，可合并为一个工步。例如：表 3－2 中的第 2 号工序中两个端面的车削（车两端面）及第 3 号工序中两个不同尺寸的外圆表面的车削（车全部外圆），习惯上各算作一个工步。

② 对于那些在一次安装中连续进行的多个（数量不限）相同的加工表面，可合并为一个工步。图 3－3 所示的模具垫板零件上有 6 个 $\phi10$ mm 的孔需分别钻削，由于这 6 个孔的加工表面完全相同，因此合并为一个工步，即钻 6 个 $\phi10$ mm 的孔。

③ 为了提高生产率而将几个表面用几把刀具同时进行加工，或用复合刀具同时加工工件的几个表面，也算作一个工步，称为复合工步。图 3－4 所示为用一个钻头和两把车刀同时加工导套内孔和外圆的复合工步，故合并为一个工步。

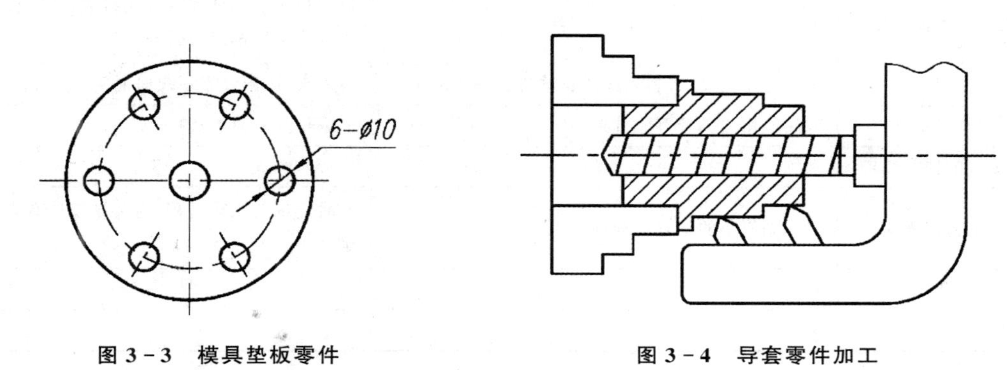

图 3－3　模具垫板零件　　　图 3－4　导套零件加工

5. 走　刀

在一个工步内，由于被加工表面需切除的金属层较厚，因此需要分几次切削，每一次切削就是一次走刀。走刀是工步的一部分，一个工步包括一次或几次走刀。

3.1.3　生产纲领与生产类型

1. 生产纲领

每批需要制造的产品数量称为生产纲领，也称为生产量。零件的生产纲领 $N_{零}$ 可按下式计算：

$$N_{零}=N_{产}n(1+\alpha)(1+\beta)$$

式中：$N_{产}$——产品的生产纲领（台/批）；

n——每台产品中的零件数量（件/台）；

α——零件的备品率（%）；

β——零件的平均废品率（%）。

2. 生产类型

零件的生产纲领确定后，就要根据车间的具体情况按一定期限分批投产，每批投入的零件数量称为批量。模具制造业的生产类型主要分为两种：单件生产和成批生产（大批量生产的情况在模具制造业中很少出现）。

单件生产：每一个产品只做一个或数个；一个工作地点要进行多品种和多工序的作业。模具制造通常属于单件生产。

成批生产:产品周期性地成批投入生产;一个工作地点需分批完成不同工件的某些工序。例如:模具中常用的标准模板、模座、导柱、导套等都属于成批生产类型。根据产品的特征和批量的大小,成批生产又可分为小批生产、中批生产和大批生产。

模具生产类型的工艺特点见表3-3。

表3-3 模具生产类型的工艺特点

特点	单件生产	成批生产
零件互换性	配对制造,无互换性,广泛用于钳工修配	普遍具有互换性,保留某些试配
毛坯制造与加工余量	木模手工造型或自由锻造,毛坯精度低,加工余量大	部分用金属模或模锻,毛坯精度高,加工余量较小
机床设备及布置	通用设备,按机床用途排列布置	通用机床及部分高效专用机床,按零件类别分工段排列
夹具	多用通用夹具,采用划线法及试切法保证尺寸	专用夹具,部分靠划线保证
刀具与量具	采用通用刀具及万能量具	多采用专用刀具及量具
对工人的技术要求	熟练	中等熟练
工艺规程	只编制简单的工艺规程卡	有较详细的工艺规程,对关键零件有详细的工序卡片
生产率	低	高
制造成本	高	低

3.2 模具零件的工艺分析

对模具零件进行工艺分析,就是要从加工制造的角度来研究模具零件图的各个方面是否存在不利于加工制造的因素,并将这些不利因素在制造开始前予以消除。这是确保后续制造过程顺利、高效、高质量实施的前提与基础,也是极其关键的环节。

3.2.1 零件图纸的完整性与正确性检查

零件图纸的完整性与正确性检查包括:

① 检查相关零件的结构与尺寸是否吻合;

② 检查零件图的投影关系是否正确,表达是否清楚;

③ 检查零件的形状尺寸和位置尺寸是否完整、正确。

若发现错误或遗漏,可与设计者核对或提出修改意见。

3.2.2 零件的材料加工性能审查

需审查零件的材料及热处理标注是否完整、合理。此时,应注意如下事项:

① 需先淬硬,再用电火花或线切割加工的型腔或凹模类零件,不宜用淬透性差的碳素工具钢,而应采用淬透性好的材料,如Cr12、Cr4W2MoV等;

② 形状复杂的小零件,因热处理后难以进行磨削加工,所以必须采用微变形钢,如Cr12MoV、Cr2Mn2SiWMoV等。

3.2.3　零件的结构工艺性审查

零件的结构工艺性是指所设计的零件进行加工时的难易程度。若零件的形状结构能在现有生产条件下用较经济的方法方便地加工出来，则说明该零件的结构工艺性好；反之，则说明零件的结构工艺性差。如果属于模具结构本身需要，对应的零件即使形状结构很复杂，制造时难度较大，仍需采取特殊的工艺措施予以保证，则不属于零件结构工艺性差之列。

模具零件结构工艺性差的情况主要有：

① 不必要的清角形状；

② 不必要的极窄槽；

③ 不必要的极小尺寸型孔或外表面；

④ 矩形凸模类零件四面都设计了吊装台肩（应修改为两面吊装台肩）；

⑤ 尺寸接近的圆形过孔和圆形排料孔（应修改为统一尺寸的圆形过孔或排料孔）；

⑥ 不必要的平圆底锪孔（应修改为 120°的钻底孔形状）等。

3.2.4　零件的技术要求检查

零件的技术要求检查包括：

① 加工表面的尺寸公差；

② 加工表面的几何形状公差；

③ 各表面之间的相互位置公差；

④ 加工表面的粗糙度；

⑤ 热处理要求和其他技术要求。

应分析图纸上技术要求是否完整、合理，在现有生产条件下能否达到或还需采取什么工艺措施方能达到。

3.3　定位基准的选择

3.3.1　基准的概念

模具零件由若干个表面组成。要确定各个表面的位置就离不开基准，不指定基准就无法确定零件各个表面的位置。

从机械制造与设计的角度来看，可将基准的概念表述为：用于确定零件上其他点、线、面位置所依据的点、线、面称为基准。

基准按其作用不同，可分为设计基准和工艺基准两大类。

1. 设计基准

设计零件图时用于确定其他点、线、面的基准称为设计基准。图 3－5 所示为导套零件，其外圆和内孔的设计基准是零件的轴线，端面 B 的设计基准是端面 A，内孔 D 的轴线与 $\phi30h6$ 外圆的设计基准相同，即零件的轴线。

2. 工艺基准

零件在加工和装配过程中使用的基准称为工艺基准。按其用途不同又可分为定位基准、测量基准和装配基准。

1）定位基准

工件在夹具或机床上定位时使用的基准即为定位基准。该基准使工件的被加工表面相对于机床、刀具获得确定的位置。以图 3－5 所示的导套零件为例，当使用芯棒在外圆磨床上磨削 ϕ30h6 外圆表面时，内孔即为定位基准。

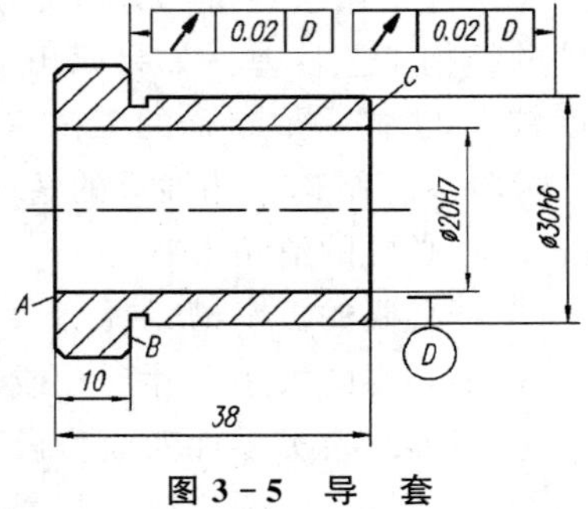

图 3－5　导　套

2）测量基准

测量工件已加工表面位置及尺寸时所依据的基准称为测量基准。以图 3－5 所示的导套零件为例，当以内孔为基准（套在检验芯棒上）检验 ϕ30h6 外圆的径向跳动和端面圆跳动时，内孔即为测量基准。

3）装配基准

装配时用来确定零件在模具中的位置时所依据的基准称为装配基准。装配基准通常用作零件的主要设计基准。

3.3.2　工件的安装方式

在不同的机床上加工模具零件时，应采用不同的安装方式，主要有三种：直接找正法、划线找正法和采用夹具找正法。

1. 直接找正法

由工人利用百分表或划针盘上的划针，以目测法校正工件的正确位置称为直接找正法。图 3－6 所示为在车床上用四爪单动卡盘精车型芯，为使表面 B 的余量均匀，工人缓慢地转动夹持工件的卡盘，用百分表找正，其定位精度可达 0.02 mm。

直接找正法适用于大多数模具零件的加工。

2. 划线找正法

图 3－7 所示为某模板的刨削加工。可先在工件上按设计要求划出中心线、对称线及各待加工表面的加工线，工件定位时再用划针按划线位置找正来确定其正确的加工位置。这种按划线找正确定工件加工位置的方法，称为划线找正法。其定位精度一般为 0.2～0.5 mm。

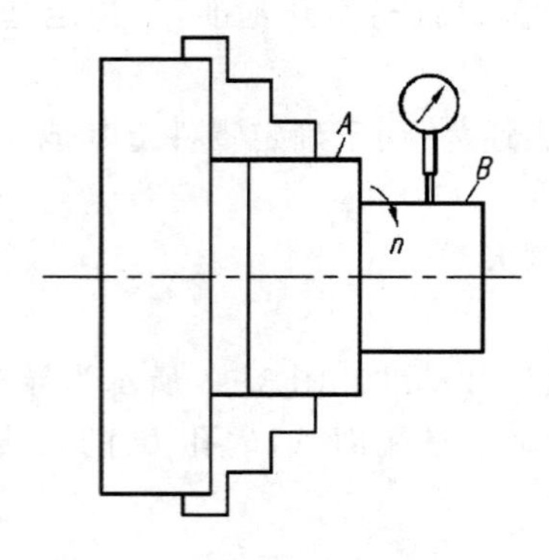

图 3－6　直接找正法装夹

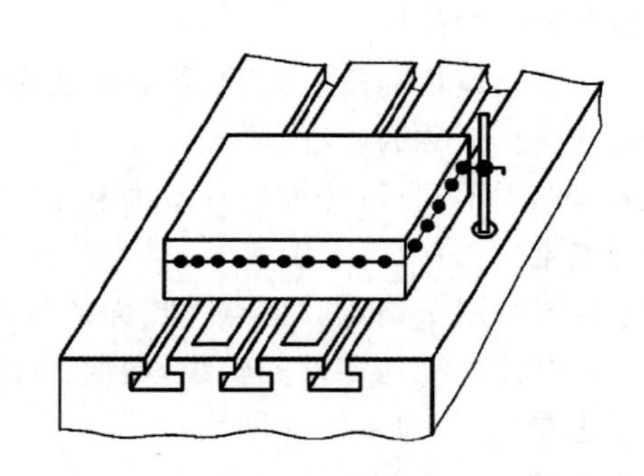

图 3－7　划线找正法装夹

3. 采用夹具找正法

夹具以它的定位面安装在机床上，工件按六点定位原则直接放置在夹具的定位元件上并夹紧，不需要另外进行找正操作。这种方法装夹迅速，定位精度高，但需要设计和制造专用夹具。模具标准件(如导柱、导套、推杆、拉料杆等)成批生产时，可采用夹具安装。

3.3.3　定位基准的选择原则

模具零件机械加工的第一道工序只能用毛坯上未经加工的表面作为定位基准，这种基准称为粗基准；而在后续工序中，应用经过较精细加工的表面作为定位基准，这种基准称为精基准。

有时可能会遇到这样的情况：工件上没有能作为基准用的恰当的表面，这时就必须在工件上专门设置或加工出定位基准，称为辅助基准。图 3-8(a)所示的工艺夹头的外圆表面及其顶尖孔与图 3-8(b)所示的加工时旋入圆锥定位柱 2 头部螺孔内的工艺夹头 1，二者的外圆表面就是辅助基准。辅助基准在模具零件的工作中并无用处，完全是为了工艺上的需要而加工或设置的。加工完毕后，如有必要，可以去除辅助基准。

在制定工艺规程时，总是先考虑选择什么样的精基准来保证零件各个表面的加工质量，然后再考虑选择什么样的粗基准把精基准加工出来。

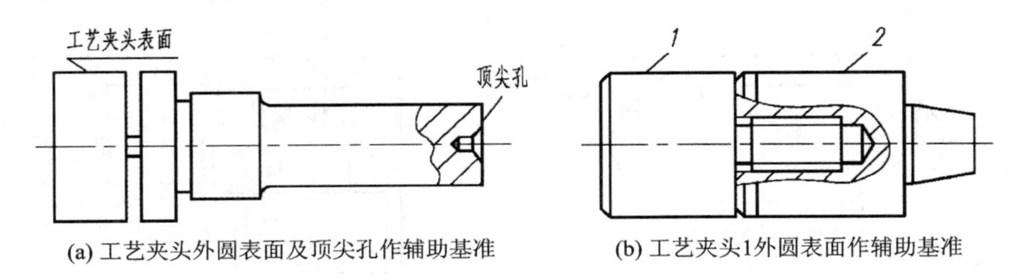

(a) 工艺夹头外圆表面及顶尖孔作辅助基准　　(b) 工艺夹头1外圆表面作辅助基准

图 3-8　辅助基准实例

1. 精基准的选择原则

选择精基准时，主要应考虑减小定位误差和保证加工质量两个方面。

选择精基准时，一般应遵循以下原则：

① 基准重合原则。尽量选择零件上的设计基准作为工艺定位的精基准，这样可以消除因基准不重合而产生的误差，这就是基准重合原则。

② 基准统一原则。一个零件的各道工序间应尽可能选用统一的定位基准来加工各表面，以保证各表面间的位置精度，这就是基准统一原则。执行基准统一原则既有利于保证工件各加工表面的相互位置精度，又能减少夹具类型，从而节省夹具的设计制造费用，是比较经济合理的。例如：加工轴类模具零件常用两端顶尖孔作为精基准，工件支承在顶尖上，始终被两顶尖限制了 3 个移动、2 个转动共 5 个自由度，这是生产实践中采用基准统一原则的典型实例。

③ 自为基准原则。某些精加工工序要求加工余量小且均匀时，常选择加工表面本身作为定位基准，称为自为基准原则。例如：在模板上铰销钉孔，浮动镗导柱安装孔或导套孔等，加工余量都很小，为使余量分布均匀，都以被加工孔表面本身作为定位基维。自为基准时，加工表面与其他表面之间的位置公差应由前面的加工工序保证。

④ 安装可靠原则。选择精基准时，应考虑能保证工件的装夹稳定可靠，并使夹具结构简

单、操作方便。所以，精基准应选择面积较大、尺寸及形状公差较小、表面粗糙度较小的表面。

2. 粗基准的选择原则

精基准选定之后，就应在最初的工序中把这些精基准加工出来，这时工件的各个表面均未加工过。究竟选择哪个表面作为粗基准，一般应遵循以下原则：

① 若工件必须首先保证某重要表面余量均匀，则应选择该表面为粗基准。图 3－9 所示为冲压模座，其上表面 B 是安装其他模板的基准面，要求其加工余量均匀。此时就需将上表面 B 作为粗基准，先加工出模座的下表面 A，再以下表面 A 作为精基准加工上表面 B，这时上表面 B 的加工余量就比较均匀，且又比较小。

② 若工件必须首先保证加工表面与不加工表面之间的位置要求，则应选择不加工表面作为粗基准。图 3－10 所示为模具的导套零件，其外圆柱表面 A 是不加工表面，但加工时需保证与加工表面 B、C 之间的位置要求，所以应选择不加工表面 A 作为粗基准。如果零件上存在多个不加工表面都与相关的加工表面有位置精度要求，则选位置精度要求较高的不加工表面作为粗基准。

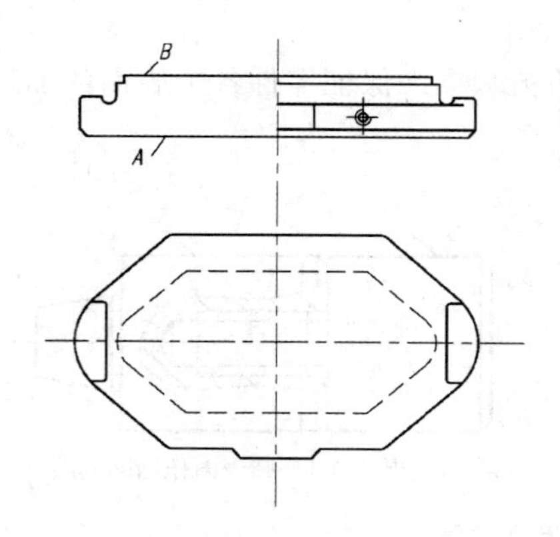

图 3－9　冲压模座的粗基准选择

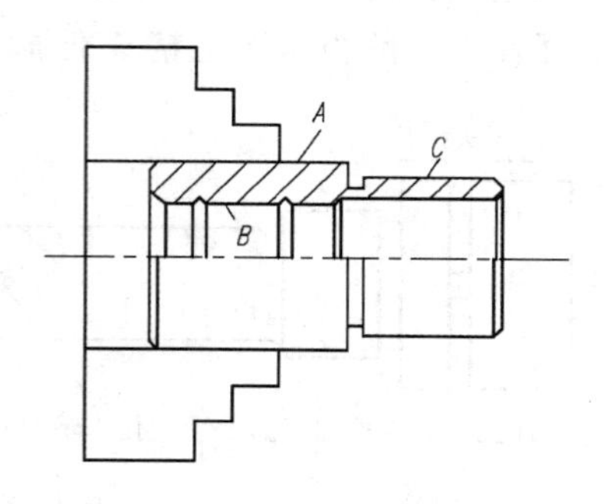

图 3－10　导套的粗基准选择

③ 同一尺寸方向上的粗基准一般只能使用一次，应避免重复使用。因为粗基准表面是毛坯表面，比较粗糙，如果在同一尺寸方向上重复采用这样的毛坯表面作为粗基准，则重复装夹时将会出现位置偏移，加大定位误差。

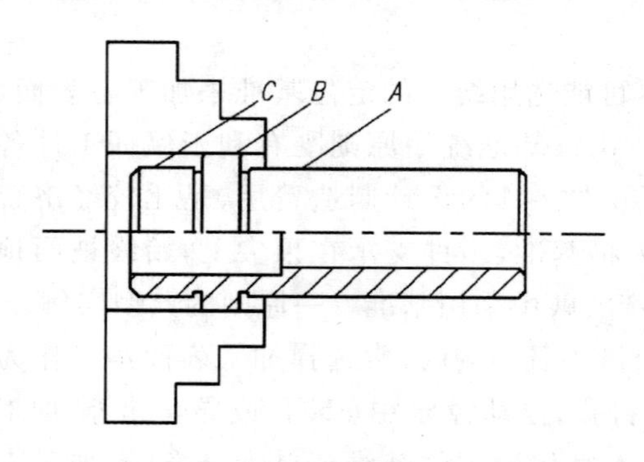

图 3－11　注射模导套的粗基准选择

图 3－11 所示为注射模的导套零件，如果重复使用毛坯表面 B 定位分别加工表面 A 和 C，必将使 A、C 两表面产生较大的同轴度误差，因此该零件的粗基准应选择表面 A 或 C。只有零件的毛坯精度较高，相应的加工面位置精度要求不高，重复装夹产生的加工误差能控制在允许的范围内，这时的粗基准才允许重复使用。

④ 选作粗基准的表面应尽可能宽大、平整，没有飞边、浇口或其他缺陷，这样可使定位稳定、准确，夹紧方便、可靠。

3.4　工艺路线的拟定

工艺路线的拟定就是对工艺规程进行总体安排，其主要任务如下：

① 选择表面加工方法；

② 经确定表面的加工顺序；

③ 划分工序并确定工序内容；

④ 选择定位基准和进行必要的尺寸换算等。

3.4.1　表面加工方法的选择

模具零件上既有简单的基本表面（如外圆、内孔和平面），也有一些较为复杂的成型表面。这些表面有着不同的加工质量要求，因此必须选择不同的表面加工方法。

下面是选择表面加工方法时应考虑的因素。

1. 经济精度和经济粗糙度

首先要根据被加工表面的形状、特点、加工质量要求和各种加工方法所能达到的经济精度和经济粗糙度来确定加工方法以及分几次加工。

所谓经济精度和经济粗糙度，是指在正常条件下，采用某种加工方法所能达到的精度和粗糙度。

表 3－4～表 3－7 分别列出了外圆柱面、圆柱孔面、平面和成型表面采用不同的加工方法所能达到的经济精度和经济粗糙度，可供选择加工方法时参考。

表 3－4　外圆柱面加工的经济精度和经济粗糙度

加工方法	经济精度	经济粗糙度 $Ra/\mu m$	加工方法	经济精度	经济粗糙度 $Ra/\mu m$
粗车	IT11～13	12.5～50	精磨	IT6～7	0.4～0.8
半精车	IT9～10	2.5～10	研磨	IT6～7	0.025～0.2
精车	IT7～8	0.8～3.2	抛光	IT6～7	0.025～0.2
粗磨	IT8～9	0.8～3.2	精细车	IT6	0.2～1.6

表 3－5　圆柱孔面加工的经济精度和经济粗糙度

加工方法	经济精度	经济粗糙度 $Ra/\mu m$	加工方法	经济精度	经济粗糙度 $Ra/\mu m$
钻孔	IT11～13	12.5～50	半精镗	IT8～9	0.8～6.3
粗扩（镗）	IT10～11	3.2～12.5	精镗	IT6～7	0.2～1.6
锪孔	IT10～11	3.2～12.5	细镗	IT5～6	0.1～0.4
粗铰	IT8～9	1.6～6.3	粗磨	IT8～9	0.8～3.2
手精铰	IT6～7	0.4～3.2	研磨	IT6～7	0.012～0.2

表 3-6 平面加工的经济精度和经济粗糙度

加工方法	经济精度	经济粗糙度 $Ra/\mu m$	加工方法	经济精度	经济粗糙度 $Ra/\mu m$
粗刨(铣)	IT11～13	12.5～50	端面精车	IT7～8	0.8～3.2
半精刨或铣	IT8～11	3.2～12.5	端面精磨	IT6～7	0.2～1.6
精刨(铣)	IT7～8	0.8～3.2	粗磨	IT7～8	0.8～1.6
粗磨	IT7～8	0.8～1.6	精磨	IT6～7	0.4～0.8
端面粗车	IT11～12	12.5～50	研磨	IT6～7	0.012～0.2
端面半精车	IT8～10	3.2～12.5	刮研	IT6～7	0.1～0.8

表 3-7 成型表面加工的经济精度和经济粗糙度

加工方法	经济精度	经济粗糙度 $Ra/\mu m$	加工方法	经济精度	经济粗糙度 $Ra/\mu m$
仿形铣	0.2～0.5	1.6～3.2	线切割(快)	±0.01	0.4～1.6
成型磨削	IT6	0.4～1.6	线切割(慢)	±0.005	0.2～0.8
光曲磨	±0.01	0.2～0.4	冷挤压	IT8～10	0.1～0.4
坐标磨	0.005	0.1～0.2	陶瓷型铸造	IT13～16	1.6～6.3
电火花	0.01～0.05	0.8～1.6	电铸	0.02～0.05	0.2～0.4

2. 零件材料及机械性能

决定加工方法时要考虑加工零件的材料及其机械性能。例如：对淬硬钢，应采用磨削或电加工方法；而对于有色金属，为避免磨削时堵塞砂轮，一般采用高速精细车或金刚镗削的方法进行精加工。

3. 零件生产类型

选择加工方法时还要考虑生产类型。由于模具零件大都属于单件或小批生产，因此应主要采用通用设备、通用工装以及一般加工方法。

4. 现有设备及技术条件

选择加工方法时还要充分利用现有设备，挖掘企业的潜力，发挥工人及技术人员的积极性和创造性。在尽量减少外协工作量的同时，也应考虑不断改进现有的工艺方法和设备，推广新技术，不断提高本企业的工艺技术水平。

此外，选择加工方法时还应考虑一些其他因素的影响，如工件的重量、加工方法所能达到的表面物理性能及机械性能等。

3.4.2 加工阶段的划分

对于加工质量要求较高的零件，模具加工工艺过程应分阶段施工，一般可分为以下几个阶段：

1. 粗加工阶段

粗加工阶段的主要任务是切除大部分的加工余量，提高加工效率。此阶段的加工精度低，表面粗糙度值较大（IT12 级以下，$Ra=50\sim12.5\ \mu m$）。

2. 半精加工阶段

半精加工阶段使主要表面消除粗加工留下的误差，达到一定的精度及精加工余量，为精加工做好准备，并完成一些次要表面（如钻孔、铣槽等）的加工（IT10～12级，$Ra=6.3\sim3.2\ \mu m$）。

3. 精加工阶段

精加工阶段使各主要表面达到图样要求（IT7～10级，$Ra=1.6\sim0.4\ \mu m$）。

4. 光整加工阶段

对于精度和粗糙度要求很高（IT6级及以上精度）、加工表面的 Ra 值在 $0.2\ \mu m$ 以下的零件，需采用光整加工。但光整加工一般不能修正几何形状误差和相互位置误差。

有时，毛坯余量特别大，表面极其粗糙，在粗加工前还设有去皮加工，称为荒加工。荒加工常常在毛坯准备车间进行。

划分加工阶段的实质是为了贯彻机械加工“粗精分开”的原则。

划分加工阶段具有以下优点：

① 保证零件加工质量。由于粗加工阶段切除的余量较多，产生的切削力较大、切削热较多，所需的夹紧力也较大，因此会引起工件的加工误差大，不能达到高加工精度和低表面粗糙度的要求。将加工过程划分阶段后，可以使工件粗加工留下的误差，在半精加工和精加工中逐步得到修正和缩小，从而提高加工精度和获得更低的表面粗糙度，最终达到零件的加工质量要求。同时，各加工阶段之间的时间间隔，相当于一个自然时效处理过程，有利于加工应力的平衡和释放，为进一步精加工奠定良好基础。

② 合理使用加工设备。粗加工时应采用功率大、刚性好、精度较低的高效率机床以提高生产率，精加工时则应采用高精度机床以确保达到工件的精度要求。这样，既能合理使用设备，使各类机床的性能特点得到充分发挥，又能获得较高的生产率和加工精度，同时还有利于保持高精度机床的精度稳定性。

③ 便于安排热处理工序。为了充分发挥热处理的作用和满足零件的热处理要求，在机械加工过程中需插入必要的热处理工序，使机械加工工艺过程自然划分为几个阶段。例如：在注射模矩形斜导柱零件的加工中，粗加工后需要有消除应力的时效处理，以减小内应力引起的变形对加工精度的影响；半精加工后进行淬火，既能满足零件的性能要求，又可以使淬火中产生的变形在精加工中得到纠正。

④ 粗加工后可及早发现毛坯中的缺陷。这样可及时报废或修补，以免继续精加工而造成浪费。

⑤ 表面精加工安排在最后，目的是防止或减少损伤，提高表面加工的精度和质量。

应当指出，上述加工阶段的划分并不是绝对的。当零件精度要求不高、结构刚性足够、毛坯质量较高、加工余量较小时，可以不划分加工阶段。

3.4.3　工序的集中与分散

安排零件表面加工顺序时，除了合理划分加工阶段外，还应正确确定工序数目和工序内容。在一个零件的加工过程中，若组成工序的数目较少，则在每一道工序中的加工内容就比较多；若组成工序的数目较多，则每一道工序中的加工内容就比较少。根据组成工序的这一特点，把前者称为工序集中，后者称为工序分散。

1. 工序集中的特点

① 工件装夹次数减少，可在一次装夹中加工多个表面，有利于保证这些表面间的位置精度，其相互位置精度只与机床和夹具的精度有关。同时还可缩短装夹工件的辅助时间，有利于

提高生产效率。

② 需要的机床数目减少，便于采用高生产率的机床，并可相应地减少操作工人，减小生产面积，简化生产计划和组织工作。

③ 专用机床和工艺装备比例增加，调整和维护难度大，因工件刚性不足和热变形等原因而影响加工精度的可能性加大。

2. 工序分散的特点

与工序集中相反，工序分散所用机床和工艺装备比较简单，调整方便，操作容易；产品更换时生产准备较快，技术准备周期较短；设备数量和操作维护人员多，工件加工周期长，设备占地面积也较大。

制定工艺路线时，应针对具体加工对象认真分析比较，合理掌握工序集中与工序分散的程度。例如：对于外形结构较为复杂的模座类零件，因各表面上有尺寸精度和位置精度要求较高的孔系，其加工工序就应相对集中一些，以保证各个孔之间、孔与装配基面之间的相互位置精度；对于批量较大、结构形状简单的模板类零件及导柱导套类零件，一般宜采用工序分散方式加工。此外，由于大多数模具零件属于单件生产的类型，因此，模具零件加工一般宜实行工序集中的方式。

3.4.4 加工顺序的安排

1. 机械加工工序的安排

模具零件的机械加工顺序安排，通常应遵循以下几个原则：

① 先粗后精。当零件需要分阶段进行加工时，先安排各表面的粗加工，中间安排半精加工，最后安排主要表面的精加工和光整加工。由于次要表面精度要求不高，一般在粗、半精加工后即可完成。对于那些与主要表面相对位置关系密切的表面，通常置于主要表面精加工之后完成加工。

② 先主后次。先安排加工零件上的装配基面和主要工作表面等。如紧固用的光孔和螺孔等，由于加工面小，又和主要表面有相互位置的要求，一般都应安排在主要表面达到一定精度之后（例如半精加工之后）进行，但又应在最后精加工之前进行加工。先主后次原则在一道工序内安排各工步的加工顺序时更应很好地贯彻。

③ 基面先行。每一加工阶段总是先安排基面加工，例如：轴类零件加工中常采用双顶尖孔作为统一基准，粗加工结束、半精加工或精加工开始前总是先打两个顶尖孔。作为精基准，应使之足够满足精度和表面粗糙度要求，并常常高于原来图样上的要求。如果精基面不止一个，则应按照基面转换的次序和逐步提高精度的原则安排。例如：精密滚珠保持套零件，其外圆和内孔就要互为基准，反复进行加工。

④ 先面后孔。对于模座、凸凹模固定板、型腔固定板、推板等一般模具零件，平面所占轮廓尺寸较大，用平面定位比较可靠。因此，其工艺过程总是选择平面作为定位精基面，先加工平面，再加工孔。

2. 热处理工序的安排

模具零件常采用的热处理工艺有：退火、正火、调质、时效、淬火、回火、渗碳和氮化等。按照热处理目的的不同，上述热处理工艺可大致分为两大类：预备热处理和最终热处理。

1）预备热处理

预备热处理的目的主要是改善材料的可加工性，消除毛坯制造时的内应力，并为最终热处理做准备。

① 退火：对于含碳量 w_C 超过 0.7% 的碳钢和合金钢一般采用退火降低硬度，便于切削。

② 正火：对于含碳量 w_C 低于 0.3% 的碳钢和低合金钢一般采用正火提高硬度，使切削时切屑不粘刀，有利于获得较小的表面粗糙度。

退火和正火一般均安排在毛坯制造后、机械加工前进行。

③调质：调质处理能获得均匀细致的回火索氏体，为表面淬火和渗氮时减小变形奠定金相组织基础，因此有时作为预备热处理；同时，由于调质处理后的零件综合力学性能较好，对某些硬度和耐磨性要求不高而综合力学性能要求较高的零件，也常作为最终热处理。调质处理一般安排在粗加工后、半精加工前进行。

④时效处理：用于消除毛坯制造和机械加工过程中产生的内应力，对于精度要求不高的零件，一般在粗加工之前安排一次时效处理；对于精度要求较高、形状复杂的零件，则应在粗加工之后再安排一次时效处理；而对于一些精度要求特别高的零件，则需在粗加工、半精加工和精加工之间安排多次时效工序。

2）最终热处理

最终热处理的目的主要是提高零件的表面硬度和耐磨性，一般应安排在精加工阶段前后。

① 淬火与回火：由于淬火后材料的塑性和韧性下降，存在较大的内应力，组织不稳定，表面可能产生微裂纹，工件尺寸有明显变化等，所以淬火后必须进行回火处理。

② 渗碳淬火：渗碳淬火适用于低碳钢零件，主要目的是使零件的表面获得很高的硬度和耐磨性，而心部则仍保持较高的强度、韧性及塑性。由于渗碳淬火变形较大，而渗碳层深度一般仅为 0.5～2 mm，因此渗碳淬火应在半精加工和精加工之间进行，以便通过精加工修正其热变形并保持足够的渗碳层深度。

③ 氮化处理：其主要目的是通过氮原子的渗入使零件表层获得含氮化合物，从而提高零件表面的硬度、耐磨性、抗疲劳和抗腐蚀性。由于渗氮温度低，工件变形小，渗氮层较薄，因此渗氮工序应尽量靠后安排。为减小渗氮时的变形，渗氮前常需安排一道消除应力的工序。

3）辅助工序的安排

辅助工序包括工件检验、去毛刺、清洗和涂防锈漆等。其中检验是辅助工序的主要内容，它对于保证产品质量有着重要作用。除了每道工序结束时必须由操作者按图样和工艺要求自行检验外，在下列情况下还应安排专门的检验工序：

① 粗加工阶段结束之后、精加工之前，一般应对工序尺寸和加工余量进行检验。

② 工件需从一个车间转入另一个车间之前，应进行交接责任检验。

③ 容易产生废品或花费工时较多的工序以及重要工序前后，应安排中间检验，以便及时发现废品，防止继续加工造成浪费，同时也有利于确保产品质量。

④ 工件全部加工结束后，应进行最终检验。由于多数模具零件按“工序集中”原则制定工艺路线，通常检验工序安排在工件加工结束之后进行。各加工阶段之间则由操作者自行检验。除了检验工序之外，一个加工阶段或重要工序结束后还应安排去毛刺、倒棱边、去磁、清洗、涂防锈油等辅助工序或工步。应该充分认识辅助工序和辅助工步的必要性，如果缺少必要的辅助工序或辅助工步，将给后续工序的加工带来困难。例如：零件上未去净的毛刺和锐边，淬火

后硬度很高，难以除去，将给模具的装配造成困难甚至无法装配；导套润滑油道中未去净的铁屑，将影响模具的正常操作甚至损坏模具。

3.5 加工余量及毛坯尺寸的确定

3.5.1 加工余量的基本概念

加工余量是指为使加工表面达到所需要的精度和表面质量而应切除的金属层厚度，可分为工序余量和加工总余量。

1. 工序余量

工序余量是指某一表面在一道工序中所切除的金属层厚度，其数值为上道工序尺寸与本工序尺寸之差。

根据零件的不同结构，工序余量有单面和双面之分。对于平面，工序余量单向分布(见图 3-12(a))，称为单面余量，可表示为

$$Z_i = L_{i-1} - L_i$$

式中：Z_i——本道工序的工序余量；

L_i——本道工序的基本尺寸；

L_{i-1}——上道工序的基本尺寸。

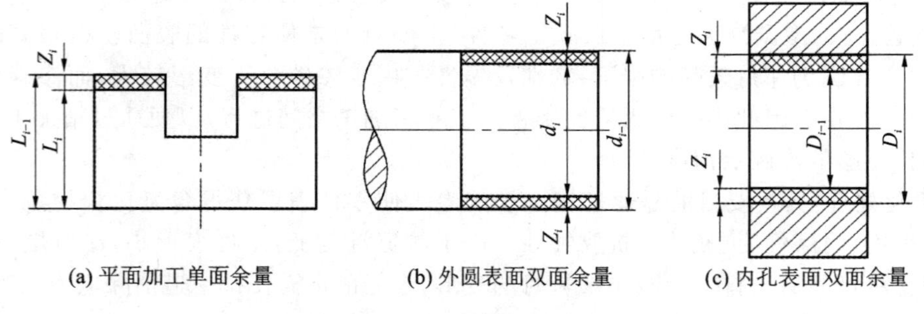

图 3-12 单面余量和双面余量

对于外圆和内孔等回转表面，加工余量在直径方向上是对称分布的，如图 3-12(b)、(c)所示，称为双面余量。

对于外圆表面：$2Z_i = d_{i-1} - d_i$

对于内孔表面：$2Z_i = D_{i-1} - D_i$

由于各工序尺寸都有公差，因而加工余量也必然在某一公差范围内变化。其公差大小等于本道工序尺寸公差与上道工序尺寸公差之和。因此，如图 3-13所示，工序余量有最大余量和最小余量之分。

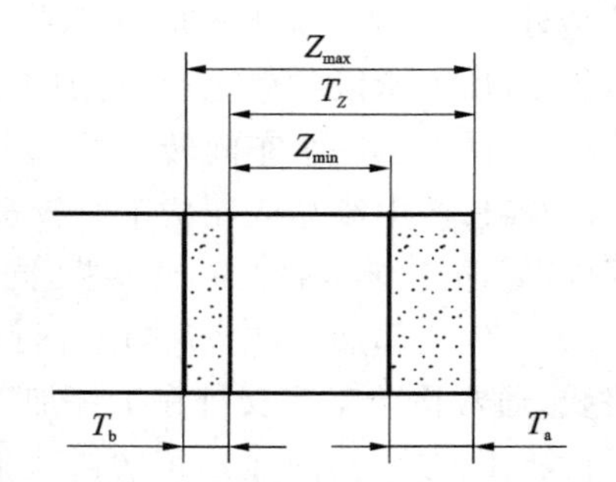

图 3-13 工序余量的最大余量、最小余量及余量公差示意图

从图 3-13 中可知，被包容件的余量公差 T_Z 可表示为

$$T_Z = Z_{\max} - Z_{\min} = T_b + T_a$$

式中：T_Z——本道工序的余量公差；

$Z_{\max}$——本道工序的最大余量；

$Z_{\min}$——本道工序的最小余量；

T_b——本道工序的尺寸公差；

T_a——上道工序的尺寸公差。

一般情况下，工序尺寸的公差规定按“入体原则”标注极限偏差。即：对于轴类零件等被包容面的工序尺寸取上偏差为零(h)，工序基本尺寸等于最大极限尺寸；对于孔类零件等包容面的工序尺寸取下偏差为零(H)，工序基本尺寸等于最小极限尺寸。但对于长度尺寸和毛坯尺寸则取双向对称制，即 JS$\pm T/2$。图 3-14(a)、(b)分别表示被包容面、包容面的工序尺寸、公差与余量之间的关系。

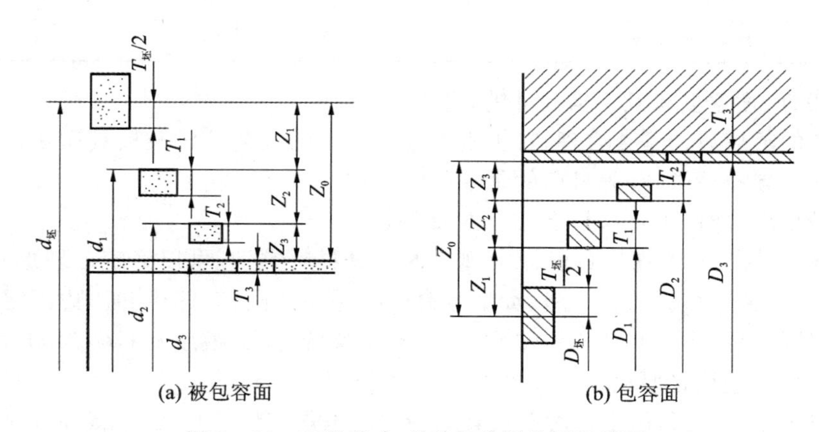

(a) 被包容面　　(b) 包容面

图 3-14　工序尺寸、公差与余量关系示意图

2. 加工总余量

在零件从毛坯到成品的切削加工过程中，某一表面被切除的材料层总厚度，即某一表面的毛坯尺寸与零件设计尺寸之差，称为该表面的加工总余量。显然，某一表面的加工总余量等于该表面各工序余量的总和，即：

$$Z_m = \sum_{i=1}^{n} Z_i$$

式中：Z_m——加工总余量(mm)；

Z_i——第 i 道工序的工序余量(mm)；

n——该表面的工序数目。

3.5.2　加工余量及毛坯下料尺寸的确定

1. 确定加工余量的方法

① 经验估算法：由工艺人员根据经验确定加工余量。模具零件多数属于单件或小批生产，为了确保余量足够，选定的加工余量一般较大。

② 查表修正法：以生产实践和试验研究积累的有关加工余量的资料数据为基础，反复验证，列成表格，使用时按具体加工条件查表修正余量值。此法应用较广，查表时应注意表中数

据的适用条件。表3－8列出了中小尺寸模具的加工余量，可供参考使用。

表3－8　中小尺寸模具零件加工余量

本道工序→下道工序		本道工序 $Ra/\mu m$	本道工序单边余量/mm
锻	车、刨、铣	3.2～12.5	锻圆柱形，2～4； 锻六方，3～6
车、刨、铣	粗磨	0.8～1.6	0.2～0.3
	精磨	0.4～0.8	0.12～0.18
刨、铣、粗磨	外形线切割	0.4～1.6	装夹处：＞10； 非装夹处：5～8
精磨、插、仿铣	钳工锉修打光	1.6～3.2	0.05～0.15
铣、插	电火花	0.8～1.6	0.3～0.5
精铣、钳修、精车、精镗、磨、电火花、线切割	研抛	0.4～1.8	0.005～0.01

2. 毛坯设计、质量要求及下料尺寸的计算

模具零件的毛坯设计是否合理，对于模具零件加工的工艺性以及模具质量和寿命都有很大的影响。在毛坯设计中，首先考虑的是毛坯的形式。

在决定毛坯形式时，主要从以下几个方面考虑：

① 模具材料的类别。在模具设计中规定的模具材料类别，可以确定毛坯形式。例如：精密冲裁模的上、下模座多为铸钢材料，大型覆盖件拉深模的凸模、凹模和压边圈零件为合金铸铁时，这类零件的毛坯形式必然为铸造件；非标准模架的上、下模座材料多为45钢材料，则这类零件的毛坯形式应该是厚钢板的原型材。

② 模具零件的类别和作用。对于模具结构中的工作零件，如精密冲裁模和重载冲压模的工作零件，多为高碳高合金工具钢，其毛坯形式应该为锻造件。对于高寿命冲裁模的工作零件，其材料多为硬质合金材料，毛坯形式为粉末冶金件。对于模具结构中的一般结构件，多选择原型材毛坯形式。

③ 模具零件的几何形状特征和尺寸关系。当模具零件的不同外形表面尺寸相差较大时，如凸缘式模柄零件，为了节省原材料和减少机械加工工作量，则应选择锻件毛坯形式。

模具零件的毛坯形式主要分为原型材、锻件、铸件和半成品件四种。

1）原型材

原型材是指利用冶金材料厂提供的各种截面的棒料、丝料、板料或其他形状截面的型材，经过下料以后直接送往加工车间进行表面加工的毛坯。

原型材的主要下料方式有：

① 剪切法。对于厚度 $t \leqslant 13$ mm 的钢板材可以在机械式剪板机上进行下料，而对于厚度 $t=13 \sim 32$ mm 的厚钢板材则应在液压式剪板机上进行下料。对于圆棒料的剪切，应该在专用棒料剪切设备上进行下料，剪切棒料直径 $D \leqslant 25$ mm。剪切法下圆棒料时，剪切断面质量较差，会出现剪切断面不平整、塌角、端面毛刺和裂纹等现象。如果下料后需要进行锻造，则应该切除上述缺陷后再进行锻造。

② 锯切法。锯切法下料应用最为广泛，下料断面质量好，下料长度尺寸精度高，是锻件毛坯原型材下料的主要方法。按照锯片形状不同，锯床分为卧式带锯床、立式带锯床、圆盘锯床

和卧式弓锯床四类，可以对黑色金属和有色金属的圆棒料、方料、型材等进行下料。卧式带锯床最大锯切直径 $D_{max}=400$ mm，立式带锯床最大锯切直径 $D_{max}=320$ mm，圆盘锯床最大锯切直径 $D_{max}=500$ mm，应用最多的卧式弓锯床系列最大锯切直径 D_{max} 分别为 500 mm、160 mm、220 mm、250 mm、280 mm 和 320 mm。

③ 薄片砂轮切割法。薄片砂轮切割法是在砂轮片锯床上利用高速旋转的薄片砂轮与坯料发生剧烈摩擦而产生高温，使坯料局部变软熔化，在薄片砂轮旋转力作用下形成切口而断开。这种下料方式的优点是设备简单，下料长度尺寸准确，断口平齐，而且不受坯料硬度和形状的限制；缺点是下料时噪声大，而且砂轮片的消耗较大。常见砂轮片锯床最大锯切直径 $D_{max}=80$ mm。

④ 火焰切割法。火焰切割法是利用普通焊枪和专用气割设备的可燃气体与氧气的混合燃烧形成的火焰，对金属坯料的切割部位集中加热到燃烧温度，然后喷射高速氧流，使切割部位金属发生快速燃烧，形成液态金属氧化物，同时依靠高速切割氧流的冲刷作用，吹除金属氧化物，形成切割缝。

火焰切割法的主要特点是：设备简单，生产率高，成本低。主要用于含碳量小于0.7%的碳素结构钢和低合金钢的切割下料，特别适用于切割厚度较大或形状较复杂的坯料；同时能切割任意截面的型材。注意：高碳钢、高合金钢、有色金属材料不宜采用火焰切割法下料。

火焰切割和某些光电跟踪或数控设备结合，可以高效率地切割任何复杂形状的坯料，是一种很有发展前途的下料方式。

火焰切割后的坯料应及时进行退火处理，以防加工时产生裂纹而报废，或由于硬度不均匀而影响机械加工的正常进行。

除以上介绍的四种下料方式外，还有折断法、电机械切割法和阳极机械切割法。

2）锻　件

模具零件毛坯中，对原型材进行下料之后，然后通过锻造的方法获得合理的几何形状和尺寸的坯料，称为锻件毛坯。

锻造目的——模具零件毛坯的材质状态如何，对于模具加工的质量和模具寿命都有较大的影响。特别是模具中的工作零件，大量使用高碳高铬工具钢，这类材料的冶金质量存在严重的缺陷。如大量共晶网状碳化物的存在，由于这种碳化物很硬也很脆，而且分布不均匀，降低了材质的力学性能，恶化了热处理工艺性能，缩短了模具的使用寿命。只有通过锻造，打碎共晶网状碳化物，并使碳化物分布均匀，细化晶粒组织，充分发挥材料的力学性能，才能提高模具零件的加工工艺性，延长其使用寿命。

锻件毛坯——由于模具生产属于单件或小批生产，因此模具零件的锻造方式主要为自由锻造。模具零件锻件的几何形状多为圆柱形、圆板形、矩形，也有少数为 T 形、L 形、Ⅱ形等。

① 锻件加工余量：锻件应保证合理的机械加工余量。如果锻件机械加工的加工余量过大，则不仅浪费了材料，同时造成机械加工工作量过大，增加了机械加工工时；如果锻件机械加工的加工余量过小，会使锻造过程中产生的锻造夹层、表层裂纹、氧化层、脱碳层和锻造不平现象无法消除，则得不到合格的模具零件。

② 锻件下料尺寸的确定：合理地选择圆棒料的尺寸规格和下料方式，对于保证锻件质量和方便锻造操作都有直接的关系。在圆棒料的下料长度 L 和圆棒料的直径 d 的关系上，应满足 $L=(1.25\sim2.5)d$。在满足上述关系的前提下，应尽量选用小规格的圆棒料。关于下料方

式,对于模具钢材料原则上采用锯床切割下料,应避免锯一个切口后打断,这样容易生成裂纹。若采用热切法下料,则应注意将毛刺除尽,否则容易生成折叠而造成锻件废品。

锻件毛坯下料尺寸和锻件坯料尺寸的确定方法如下

首先,计算锻件坯料体积 $V_{坯}$:

$$V_{坯}=V_{锻}K$$

式中:$V_{锻}$——锻件的体积;

K——损耗系数,$K=1.05\sim1.10$。

锻件在锻造过程中的总损耗量包括烧损量、切头损耗、芯料损耗三部分。烧损量包括坯料在加热和锻打时产生的氧化皮而形成的材料损耗,它和坯料加热次数、加热条件有关。经验表明:当锻件质量小于5 kg时,加热1～2次;当锻件质量为5～20 kg时,加热2～3次;当锻件质量为20～60 kg时,加热3～5次。切头损耗指在锻造时由于切除锻件两端不平和裂纹部分而产生的损耗,一般较小锻件不考虑这部分损耗。芯料损耗指锻件需要冲孔而产生的损耗。为了计算方便,总损耗量可按锻件质量的5%～10%选取。当加热1～2次即锻成,且基本无鼓形和切头时,总损耗取5%;当加热次数较多且有一定鼓形时,总损耗取10%。

接下来,就是如何计算锻件坯料尺寸。圆棒料理论直径 $D_{理}$ 为

$$D_{理}=\sqrt[3]{0.637V_{坯}}$$

圆棒料的实际直径尺寸按现有钢材棒料的直径规格选取,当 $D_{理}$ 比较接近实际规格时,$D_{实}\approx D_{理}$。

圆棒料的长度应根据锻件毛坯的质量和选定的坯料直径,并查找圆棒料长度质量表确定。

3) 铸　件

在模具零件中,常见的铸件有冲压模具的上模座和下模座,以及大型塑料模的框架等,材料为灰铸铁HT200和HT250;精密冲裁模的上模座和下模座,材料为铸钢ZG270～500;大、中型冲压成型模的工作零件,材料为球墨铸铁和合金铸铁;吹塑模具和注射模具中,材料为铸造铝合金,如铝硅合金ZL102等。

对于铸件的加工质量要求主要如下:

① 铸件的化学成分和力学性能应符合图样规定的材料牌号标准。

② 铸件的形状和尺寸要求应符合铸件图的规定。

③ 铸件的表面应进行清砂处理,去除砂粒和其他杂物;应去除结疤;去除飞边毛刺,其残留高度应不超过3 mm。

④ 铸件内部,特别是靠近工作面处不得有气孔、砂眼、裂纹等缺陷;非工作面不得有严重的疏松和较大的缩孔。

⑤ 铸件应及时进行热处理,铸钢件依据牌号确定热处理工艺,一般以完全退火为主,退火后硬度≤229HB;铸铁件应进行时效处理,以消除内应力和改善加工性能,铸铁件热处理后的硬度≤269HB。

4) 半成品件

随着模具专业化和专门化的发展以及模具标准化的提高,以商品形式出现了冷冲模模架、矩形凹模板、矩形模板、矩形垫板等零件。塑料注射模标准模架也是如此。采购这些半成品件后,再进行成型表面和相关部位的加工,对于降低模具成本和缩短模具制造周期都是大有好处的。这种毛坯形式也逐渐成为模具零件毛坯的主导方向。

3.6 工序尺寸及其公差的确定

某工序加工应达到的尺寸称为工序尺寸。正确确定工序尺寸及其公差是制定零件工艺规程的重要工作之一。工序尺寸及其公差的大小不仅受到加工余量大小的影响，而且与工序基准的选择密切相关。下面分两种情况进行讨论。

3.6.1 工艺基准与设计基准重合时，工序尺寸及其公差的确定

生产上绝大部分加工面都是在基准重合（工艺基准和设计基准重合）的情况下进行加工的，当定位基准、工序基准、测量基准与设计基准重合时，同一表面经过多次加工才能满足加工精度的要求，此时需确定各道工序的工序尺寸及其公差。像外圆柱面和内孔加工多属这种情况。基准重合情况下，工序尺寸与公差的确定过程如下：

① 确定各加工工序的加工余量；

② 从终加工工序开始，即从设计尺寸开始，到第一道加工工序，逐次加上每道加工工序余量，可分别得到各工序基本尺寸（包括毛坯尺寸）；

③ 除终加工工序以外，其他各加工工序按各自所采用加工方法的加工经济精度确定工序尺寸公差（终加工工序的公差按设计要求确定）；

④ 填写工序尺寸并按“入体原则”标注工序尺寸公差。

例如：某轴直径为 ϕ60 mm，其尺寸精度要求为 IT5，表面粗糙度 Ra 要求为 0.04 μm，并要求高频淬火，毛坯为锻件。其工艺路线为：粗车→半精车→高频淬火→粗磨→精磨→研磨。下面计算各工序的工序尺寸及公差。

首先，用查表法确定加工余量。由工艺手册查得：研磨余量为 0.01 mm，精磨余量为 0.1 mm，粗磨余量为 0.3 mm，半精车余量为 1.1 mm，粗车余量为 4.5 mm，可得加工总余量为 6.01 mm。取加工总余量为 6 mm，把粗车余量修正为 4.49 mm。

接下来，计算各加工工序基本尺寸。研磨后工序基本尺寸为 60 mm（设计尺寸），其他各工序基本尺寸如下：

精磨：60 mm＋0.01 mm＝60.01 mm；

粗磨：60.01 mm＋0.1 mm＝60.11 mm；

半精车：60.11 mm＋0.3 mm＝60.41 mm；

粗车：60.41 mm＋1.1 mm＝61.51 mm；

毛坯：61.51 mm＋4.49 mm＝66 mm。

然后，确定各工序的加工经济精度和表面粗糙度。由有关手册可查得：研磨后为 IT5，Ra 为 0.04 μm（零件的设计要求）；精磨后选定为 IT6，Ra 为 0.16 μm；粗磨后选定为 IT8，Ra 为 1.6 μm；半精车后选定为 IT11，Ra 为 3.2 μm；粗车后选定为 IT13，Ra 为 6.3 μm。

最后，根据上述经济加工精度查公差表，将查得的公差数值按“入体原则”标注在工序基本尺寸上。查工艺手册可得锻造毛坯公差为±2 mm。

为清楚起见，把上述计算和查表结果汇总于表 3－9 中，供参考。

在工艺基准无法同设计基准重合的情况下，确定了工序余量之后，需通过工艺尺寸链进行工序尺寸和公差的换算。具体换算方法将在 3.6.2 小节中介绍。

表 3-9 工序间尺寸、公差、表面粗糙度及毛坯尺寸的确定

工序名称	工序余量/mm	经济精度	工序基本尺寸/mm	工序尺寸及公差	表面粗糙度 Ra/μm
研磨	0.01	h5	60	$60_{-0.013}^{\ 0}$	0.04
精磨	0.1	h6	60.01	$60.01_{-0.019}^{\ 0}$	0.16
粗磨	0.3	h8	60.11	$60.11_{-0.046}^{\ 0}$	1.6
半精车	1.1	h11	60.41	$60.41_{-0.190}^{\ 0}$	3.2
粗车	4.49	h13	61.51	$61.51_{-0.460}^{\ 0}$	6.3
锻造		±2	66	66±2	

3.6.2 工艺基准与设计基准不重合时，工序尺寸及其公差的确定

在模具零件的实际加工中，时常会遇到需要间接保证设计尺寸或需要给后续工序留有足够的加工余量等情况，这时的工序尺寸将与图样标注的设计尺寸有所不同，即工序尺寸及其公差需另行确定。为了正确地确定工序尺寸及其公差，必须掌握尺寸链及其解算的方法。因此，下面先介绍尺寸链的一些基本概念，然后分析工艺尺寸链的应用和解算方法，重点是工序尺寸及其公差的计算。

1. 尺寸链的基本概念

1）尺寸链的定义

现以图 3-15(a)所示的台阶零件为例，图中的标注尺寸 A_1、A_0、A_2形成一个封闭图形，当用调整法最后加工表面 B 时(其他面均已加工完成)，为了使定位稳定可靠，常选面 A 为定位基准，按 A_2对刀加工面 B，间接保证 A_0。这种由相互联系的尺寸按一定的顺序首尾相接排列成的尺寸封闭图就定义为尺寸链。由单个零件在工艺过程中的有关工艺尺寸所形成的尺寸链，称为工艺尺寸链。图 3-15(b)所示就是一个尺寸链图。

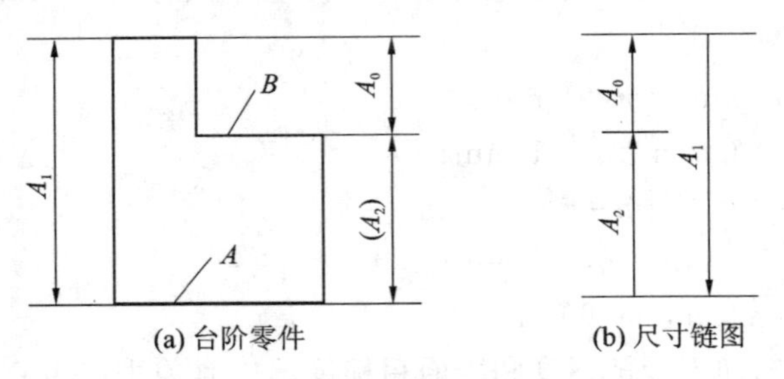

图 3-15 零件加工过程中的尺寸链

2）尺寸链的组成

组成尺寸链的各个尺寸称为尺寸链的环。图 3-15 中的尺寸 A_1、A_0、A_2都是尺寸链的环。这些环又可分为两大类。

封闭环：根据尺寸链的封闭性，最终被间接保证精度的那个环称为封闭环。图 3-15 中 A_0是封闭环。

组成环：尺寸链中对封闭环有影响的全部环，其中任一环的变化必然引起封闭环的变动。

图 3－15 中的 A_1和 A_2均是组成环。组成环又分为增环和减环。

➢ 增环：尺寸链的组成环中，由于该环的变动引起封闭环同向变动。同向变动是指该环增大时，封闭环也增大；该环减小时，封闭环也减小。图 3－15 中 A_1是增环。

➢ 减环：尺寸链的组成环中，由于该环的变动引起封闭环的反向变动。反向变动是指该环增大时，封闭环减小；该环减小时，封闭环增大。图 3－15 中 A_2是减环。

3）工艺尺寸链的特征

封闭性：尺寸链必须是一组有关尺寸首尾相接所形成的尺寸封闭图。不封闭就不成为尺寸链，其中应包含一个间接保证的尺寸和若干对其有影响的直接获得的尺寸。

关联性：尺寸链中，间接保证的尺寸的大小和变化（即精度）是受到这些直接获得的尺寸精度所支配的，彼此间具有特定的函数关系，并且间接保证的尺寸精度必然低于直接获得的尺寸精度。

4）工艺尺寸链图的画法

为了便于分析和解算工艺尺寸链，应画出工艺尺寸链图。如图 3－15(b)所示，将零件图上相关的尺寸用单箭头尺寸首尾相接依次画出相应的尺寸，这种尺寸图称为工艺尺寸链图。利用尺寸链图，能迅速判别组成环的性质，即判别增、减环，凡与封闭环箭头方向相同的环即为减环，与封闭环箭头方向相反的环即为增环。如图 3－15(b)所示，A_2与封闭环 A_0同向为减环，A_1与封闭环 A_0反向即为增环。

2. 尺寸链的基本计算式(极值法)

计算尺寸链的目的是求出链中各环的基本尺寸及其公差，常用的计算方法有极值法和概率法。一般地，当工艺尺寸链的环数不多或环数较多但封闭环的精度不高时，可采用极值法，此法简便可靠，应用较广。为方便起见，尺寸链计算中的常用符号列于表 3－10 中。

表 3－10　尺寸链计算中的常用符号

环　名	基本尺寸	最大尺寸	最小尺寸	上偏差	下偏差	公　差
封闭环	A_0	$A_{0\max}$	$A_{0\min}$	ES_0	EI_0	T_0
增环	A_z	$A_{z\max}$	$A_{z\min}$	ES_z	EI_z	T_z
减环	A_j	$A_{j\max}$	$A_{j\min}$	ES_j	EI_j	T_j

1）封闭环的基本尺寸

根据尺寸链的封闭性，封闭环的基本尺寸等于所有增环基本尺寸的代数和减去所有减环基本尺寸代数和，即

$$A_0 = \sum_{z=1}^{m} A_z - \sum_{j=m+1}^{n-1} A_j$$

式中：n——包括封闭环在内的尺寸链总环数；

m——增环数；

A_z——增环基本尺寸；

A_j——减环基本尺寸。

2）封闭环的极限尺寸

封闭环的最大极限尺寸等于所有增环的最大极限尺寸之和减去所有减环最小极限尺寸之和；封闭环的最小极限尺寸等于所有增环的最小极限尺寸之和减去所有减环最大极限尺寸之

和，即

$$A_{0\max}=\sum_{z=1}^{m}A_{z\max}-\sum_{j=m+1}^{n-1}A_{j\min}$$

$$A_{0\min}=\sum_{z=1}^{m}A_{z\min}-\sum_{j=m+1}^{n-1}A_{j\max}$$

3）封闭环的上偏差与下偏差

封闭环的上偏差等于所有增环上偏差之和减去所有减环下偏差之和；封闭环的下偏差等于所有增环下偏差之和减去所有减环上偏差之和，即

$$ES_0=\sum_{z=1}^{m}ES_z-\sum_{j=m+1}^{n-1}EI_j$$

$$EI_0=\sum_{z=1}^{m}EI_z-\sum_{j=m+1}^{n-1}ES_j$$

4）封闭环的公差

封闭环的公差等于所有组成环的公差之和，即

$$T_0=\sum_{i=1}^{n-1}T_i$$

由上式可知，封闭环的公差比任一组成环的公差都大。在装配尺寸链中，封闭环是装配的最终要求。要减小封闭环的公差，应尽量减小尺寸链的环数，这就是在设计中应遵守的最短尺寸链原则。

正确地分析和计算工艺尺寸链是编制工艺规程的重要手段，而应用尺寸链公式确定工序尺寸和公差是工艺尺寸链应解决的主要问题。解尺寸链的一般步骤如下：

① 画尺寸链图；

② 确定封闭环、增环和减环；

③ 进行尺寸链计算。

下面讨论工艺尺寸链的具体应用。

3. 工艺基准与设计基准不重合时工序尺寸的计算

基准不重合时的尺寸换算，包括测量基准与设计基准不重合时的尺寸换算及定位基准与设计基准不重合时的尺寸换算。

1）测量尺寸的换算

以图3-16所示零件为例，在设计图样上根据装配要求标注轴向尺寸$50_{-0.17}^{\ 0}$ mm和$10_{-0.36}^{\ 0}$ mm，大孔的深度尺寸未标注。图3-16(b)为零件的尺寸链，大孔深度尺寸A_0是最后形成的封闭环，A_1为增环，A_2为减环。由计算公式可得$A_0=40_{-0.17}^{+0.36}$ mm。

加工时，由于尺寸$10_{-0.36}^{\ 0}$ mm测量比较困难，改用深度游标卡尺测量大孔深度。因而$10_{-0.36}^{\ 0}$就成为图3-16(c)所示的工艺尺寸链的封闭环A'_0。其中增环为$A'_1=50_{-0.17}^{\ 0}$ mm，减环为A'_2，由计算公式可得$A'_2=40_{\ 0}^{+0.19}$ mm。

比较大孔深度的测量尺寸$A'_2=40_{\ 0}^{+0.19}$ mm和原设计要求$A_0=40_{-0.17}^{+0.36}$ mm可知，由于测量基准与设计基准不重合，就要进行尺寸换算。换算的结果明显提高了对测量尺寸的精度要求，其公差值减小了(2×0.17)mm，此值恰为另一组成环A_1公差的2倍。

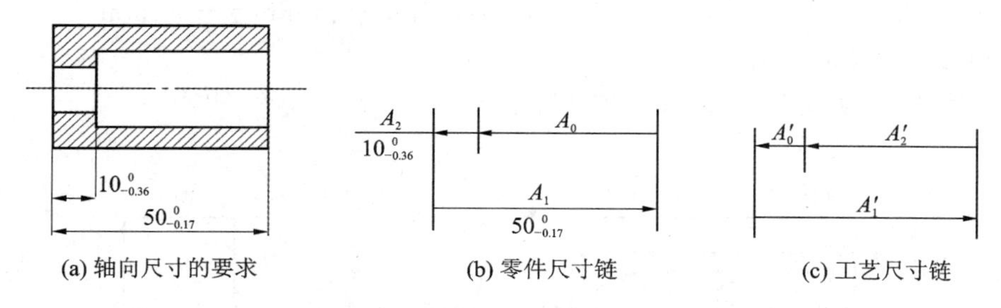

(a) 轴向尺寸的要求　　(b) 零件尺寸链　　(c) 工艺尺寸链

图 3-16　某零件测量尺寸的换算

2）假废品的分析

对零件进行测量，若 A'_2 的实际尺寸在 $40^{+0.19}_{\ \ 0}$ mm 之间，A'_1 的实际尺寸在 $50_{-0.17}^{\ \ 0}$ 之间，则零件 A'_0 必在 $10_{-0.36}^{\ \ 0}$ mm 之间，零件为合格品。

若 A'_2 的实际尺寸超过 $40^{+0.19}_{\ \ 0}$ mm，但仍符合原设计要求 $40^{+0.36}_{-0.17}$ mm，则工序检验时，将认为该零件为不合格品。此时，检验人员将会逐个测量另一组成环 A'_1，再由 A'_1 和 A'_2 的具体数值计算 A'_0 的值，并判断零件是否合格。

假如 A'_2 的实际尺寸比换算后允许的最小值 $A'_{2\min}=40$ mm还小 0.17 mm，即 $A'_{2超}=40\ \text{mm}-0.17\ \text{mm}=39.83$ mm，如果 A'_1 也加工到最小，即 $A'_{1min}=50\ \text{mm}-0.17\ \text{mm}=49.83$ mm，则此时 A'_0 的实际尺寸为

$$A'_0=A'_{1\min}-A'_{2超}=49.83\ \text{mm}-39.83\ \text{mm}=10\ \text{mm}$$

由此可知，零件为合格品。

同样，当 A'_2 的实际尺寸比换算后允许的最大值 $A'_{2\max}=40.19$ mm 还大 0.17 mm，即 $A'_{2短}=40.19\ \text{mm}+0.17\ \text{mm}=40.36$ mm，如果 A'_1 刚巧也做到最大值，即 $A'_{1\max}=50$ mm，则此时 A'_0 的实际尺寸为

$$A'_0=A'_{1\max}-A'_{2短}=50\ \text{mm}-40.36\ \text{mm}=9.64\ \text{mm}$$

由此可知，零件仍为合格品。

综上可知，在实际加工中，由于测量基准与设计基准不重合，因此要换算测量尺寸。如果按零件换算后的测量尺寸测量超差，只要它的超差量小于或等于另一组成环的公差，则该零件就有可能是假废品，应对该零件进行复检，逐个测量并计算出零件的实际尺寸，由零件的实际尺寸来判断合格与否。

3）定位基准与设计基准不重合时，工序尺寸及其公差的换算

以图 3-17 为例，当设计基准与定位基准不重合时，可用调整法加工主轴箱箱体孔的尺寸关系。此时，孔的设计基准是底面 D，设计尺寸为 B；孔的定位基准是顶面 F，工序尺寸为 A。应该怎样确定工序尺寸 A 及其公差 T_A，才能保证设计尺寸 B 及其公差 T_B 的要求呢？

首先要建立设计尺寸 B 和工序尺寸 A 之间的工艺尺寸链，如图 3-18 所示；然后进行尺寸链计算，确定工序尺寸 A 及其公差。

如图 3-18 所示，令 $B=(300\pm0.30)$mm，$C=(600\pm0.20)$mm。由工艺分析可知，在工艺尺寸链中，尺寸 B 为间接获得的，故为封闭环；C 为上道工序尺寸，故为增环；A 是本工序应控制的尺寸，故为减环。由基本公式计算，得

$$A=C-B=600\ \text{mm}-300\ \text{mm}=300\ \text{mm}$$

又 $ES_B = ES_C - EI_A$，故 $EI_A = ES_C - ES_B = 0.2\ \text{mm} - 0.3\ \text{mm} = -0.1\text{mm}$。

同理 $ES_A = +0.1\ \text{mm}$。

综上，尺寸 A 为(300±0.1)mm。

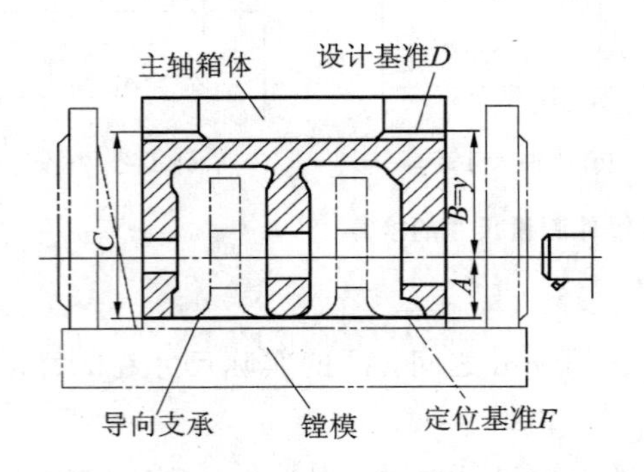

图 3-17　示例:设计基准与定位基准不重合

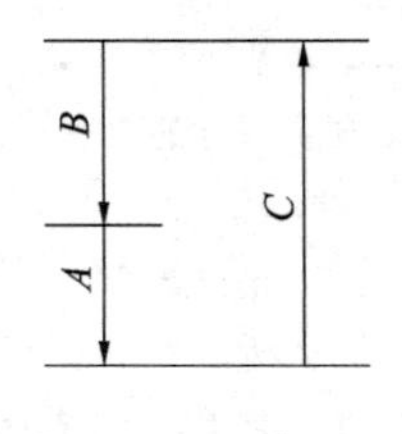

图 3-18　尺寸链图

必须指出，在解工艺尺寸链的过程中，当发现被换算的组成环公差过小，或为零，甚至为负值时，可采取以下措施：

① 提高前道工序尺寸的精度；

② 增大设计尺寸(封闭环)的公差；

③ 采用基准重合原则。

其中措施①与②应与设计部门协商，通过一定的程序审批同意方可实施。

4. 待加工表面的工序尺寸及其公差的确定

例：图 3-19(a)所示为一齿轮基准孔的局部示意图，其中孔径 $85^{+0.035}_{0}$ mm 和键槽尺寸 $89.7^{+0.23}_{0}$ mm 是设计尺寸；图(b)为其尺寸链图。

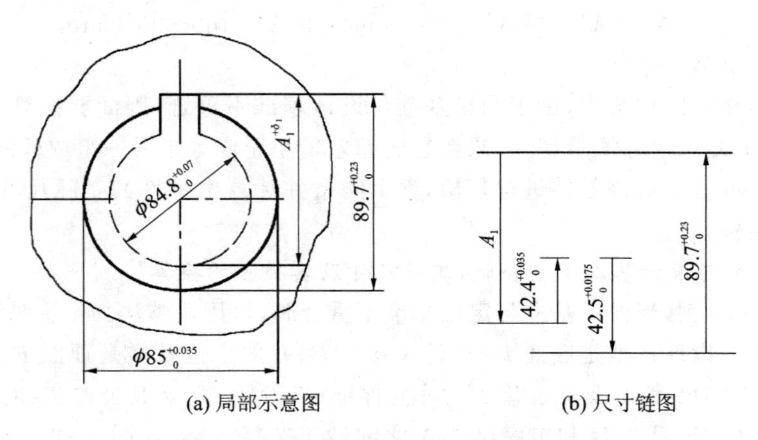

图 3-19　齿轮基准与键槽尺寸的工艺尺寸换算

其加工顺序如下：

工序 1：精镗孔至 $84.8^{+0.07}_{0}$ mm；

工序 2：插键槽，工序尺寸为 A_1；

工序 3：淬火热处理；

工序 4：精磨孔到$85^{+0.035}_{0}$ mm，同时保证$89.7^{+0.23}_{0}$ mm。试求插键槽的工序尺寸及其公差。

解：

① 画工艺尺寸链简图，确定封闭环和增、减环，如图 3-19(b)所示。由工艺过程分析可知，假设磨孔和镗孔的偏心很小，忽略不计。其中工序尺寸A_1是插键槽时直接形成的尺寸，是组成环，而尺寸$89.7^{+0.23}_{0}$ mm 是在磨孔时最后间接得到的，因而是封闭环。由箭头判断可知，A_1和$42.5^{+0.0175}_{0}$ mm 是增环，$42.4^{+0.035}_{0}$ mm 是减环。

② 计算工序尺寸及其公差。由工艺尺寸链的基本计算公式进行计算，得

A_1＝89.7 mm－42.5 mm＋42.4 mm＝89.6 mm；

ES_1＝0.23 mm－0.017 5 mm＋0 mm＝＋0.212 5mm；

EI_1＝0 mm－0 mm＋0.035 mm＝0.035 mm。

综上，工序尺寸A_1为$89.6^{+0.2125}_{+0.035}$ mm。

验算：$T_{89.7}$＝0.23 mm＝T_1＋$T_{42.5}$＋$T_{42.4}$＝0.177 5 mm＋0.017 5 mm＋0.035 mm 计算正确。

从上述分析可知，从待加工的设计基准标注工序尺寸时的尺寸换算和定位基准与设计基准不重合时的工序尺寸换算一样，都是先找出以间接获得的尺寸为封闭环和以工序尺寸为组成环的工艺尺寸链，然后再按尺寸链的基本计算公式确定所求工序尺寸及其公差。

在本例中，没有考虑镗孔和磨孔的偏心（即同轴度误差 t）；但若磨孔时的定位误差较大，则将造成较大的同轴度误差，这时就不能忽略。一般情况下，在零件加工过程中，同轴度误差、对称度误差作为组成环来处理。由于同轴度公差和对称度公差可以用相对于基准要素对称分布而全值为公差带 t 来表示，所以它的基本尺寸为零，而其偏差$\pm t/2$（即 $0\pm t/2$）。为使对称度或同轴度在尺寸链中醒目及便于查找，它们宜以基准要素为起始端的实际的尺寸线段标注在尺寸链中。对称度和同轴度作为实际尺寸线段，标注在基准要素的上方或下方，对尺寸链的计算结果没有影响。

5. 表面处理工序的工艺尺寸链计算

表面处理一般分为两类：一类是渗入类，如渗碳、渗氮、氰化等；另一类是镀层类，如镀铬、镀锌、镀铜等。

1) 渗入类表面处理工序的工艺尺寸链计算

这类工艺尺寸链要解决的问题是，在最终加工前使渗入层（如渗碳层、渗氮层等）达到一定的深度，然后进行最终加工，要求在加工后能保证图纸上规定的渗入层深度，这时图纸上所规定的渗入层深度显然是封闭环。

如图 3-20(a)所示的偏心轴零件，表面 P 的表层要求渗碳处理，渗碳层深度为 0.5～0.8 mm，为了满足对该表面提出的加工精度和表面粗糙度的要求，其工艺顺序如下：

① 精车面 P，保证尺寸$38.4_{-0.1}^{0}$ mm；

② 渗碳处理，控制渗碳层深度 L_2；

③ 精磨面 P，保证尺寸$38_{-0.018}^{0}$ mm，同时保证渗碳层深度 0.5～0.6 mm。

根据上述工艺安排，画出工艺尺寸链如图 3-20(b)所示。因为磨后渗碳层深度为间接保证的尺寸，所以 L_0是封闭环，图中 L_2、L_3为增环，L_1为减环。各环尺寸如下：L_0＝$0.5^{+0.1}_{0}$ mm；L_1＝$19.2_{-0.05}^{0}$ mm；L_2为磨前渗碳层深度（待求）；L_3＝$19_{-0.009}^{0}$ mm。

求解该尺寸链得 L_2＝ $0.7^{+0.050}_{+0.009}$ mm 。

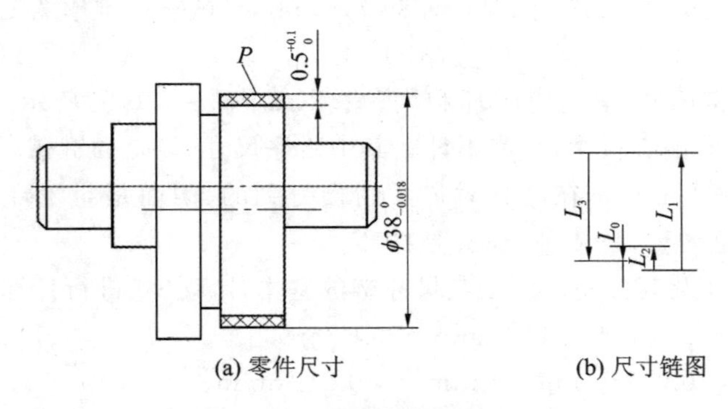

图 3-20　偏心轴渗碳磨削工艺尺寸链

2) 镀层类表面处理工序的工艺尺寸链计算

一般情况下(尤其是大批量生产时),零件表面电镀后不再加工,电镀层的厚度是通过控制电镀工艺参数来直接获得的,所以电镀层的厚度是组成环,而零件电镀后的尺寸则是间接获得的封闭环。

以图 3-21(a)所示轴套零件为例,外表面镀铬,要求尺寸为$28_{-0.045}^{\ 0}$ mm,镀层厚度为 0.025～0.04 mm(双边为 0.05～0.08 mm)。机加工时,控制镀前尺寸 L_1 和镀层厚度 L_2(由电镀液成分及电镀时间决定),而零件尺寸$28_{-0.045}^{\ 0}$是电镀后间接保证的,所以 L_0 是封闭环。画工艺尺寸链图,如图 3-21(b)所示,其中 L_1 待求,$L_2=0.05_{\ 0}^{+0.03}$ mm,$L_0=28_{-0.045}^{\ 0}$ mm。解之得 $L_1=27.95_{-0.045}^{-0.030}$ mm。

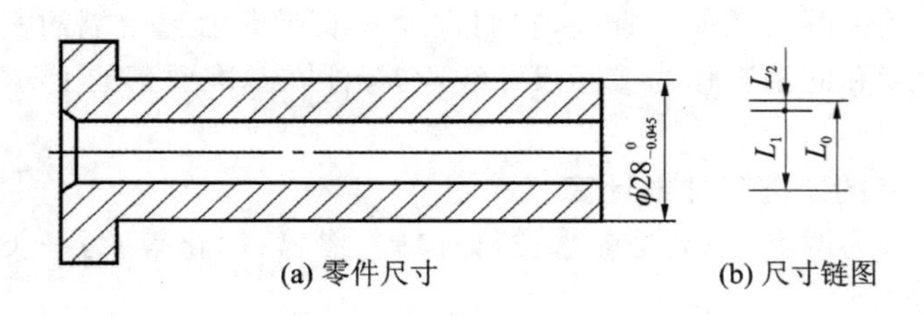

图 3-21　轴套镀铬工艺尺寸链

注意:在单件、小批量生产时,常因电镀参数不易控制,或由于对镀层精度和表面质量要求很高(如直径的公差在 0.01 mm 以下)而难以达到技术要求,需在电镀后安排一道精加工,工艺路线为:车→磨→镀→磨。显然,终磨后镀层的厚度变成了间接保证的封闭环。

3.7　模具零件工艺规程的制定

将零件加工的全部工艺过程及加工方法按一定的格式写成的书面文件,称为工艺规程。

工艺规程的作用如下:

① 它是组织生产和计划管理的重要资料。生产安排和调度,以及规定工序要求、质量检查等都以工艺规程为依据。

② 它是新产品投产前进行生产准备和技术准备的依据。刀、夹、量具的设计、制造或采

购，原材料、半成品及外购件的供应，以及设备、人员的配备等都受工艺规程的影响。

③ 在新建和扩建工厂或车间时必须有产品的全套工艺规程作为决定设备、人员、车间面积和投资预算等的原始资料。

④ 行之有效的先进工艺规程还起着交流和推广先进经验的作用，有利于其他工厂缩短试制过程，提高工艺水平。

3.7.1　模具零件工艺规程的基本要求

编制模具工艺规程的基本原则是保证以低成本和高效率来达到设计图上的全部技术要求。

对模具工艺规程的要求主要包括以下四方面：

1）工艺方面

工艺规程应全面、可靠和稳定地保证达到设计图上所要求的尺寸精度、形状精度、位置精度、表面质量和其他技术要求。

2）经济方面

工艺规程要在保证技术要求和完成生产任务的条件下，使生产成本较低。

3）生产率方面

工艺规程要在保证技术要求的前提下，以较少的工时来完成加工制造。

4）劳动条件方面

工艺规程还必须保证工人具有良好且安全的劳动条件。

3.7.2　制定模具零件工艺规程的步骤

制定模具零件工艺规程时，首先必须认真研究原始资料，包括：

① 产品的整套装配图和零件图；

② 生产纲领和生产类型；

③ 毛坯的情况以及本厂（车间）的生产条件，如机床设备、工艺装备的状况；

④ 研究和学习必要的标准手册和相似产品的工艺规程。

编制工艺规程一般可按以下步骤进行：

① 研究模具装配图和零件图，进行工艺分析；

② 确定毛坯种类、尺寸及其制造方法；

③ 拟定零件加工工艺路线，包括选择定位基准、确定加工方法、划分加工阶段、安排加工顺序和决定工序内容等。

④ 确定各工序的加工余量，计算工序尺寸及其公差。

⑤ 选择机床、工艺装备、切削用量及工时定额。

⑥ 填写工艺文件。

3.7.3　模具零件工艺规程的内容及其确定原则与方法

根据模具零件工艺规程的性质、作用、要求和内容特点，其具体内容和制定步骤见表 3－11。

表 3-11　模具零件工艺规程的内容和步骤

序　号	项　目	内容及其确定原则与方法
1	模具或零件	模具或零件名称； 模具或零件图号，或企业产品号
2	零件坯料的选择与确定	坯料种类和材料； 坯料供货状态、外形尺寸等
3	工艺基准的选择与确定	须遵循工艺基准与设计基准重合的原则；遵循基准统一的法则
4	模具零件加工的工艺路线的设计（主要制订凸、凹模的工艺路线）	①分析零件的结构要素及其工艺性； ②确定工艺方法、加工顺序； ③根据现场装备，确定工序内容集中的程度
5	模具装配工艺路线的确定	①确定装配方法； ②确定装配顺序； ③标准件的补充加工； ④装配与试模； ⑤验收条件与验收检查
6	工序余量的确定	工序余量的确定有计算法、查表修正法和经验估计确定法三种。模具零件工序余量常用后两种方法
7	工序尺寸与公差的计算与确定	模具零件加工的工序尺寸与公差一般采用查表或经验估计方法确定；仅当采用NC、CNC高效精密机床加工且其工序内容集中时需进行计算
8	机床与工装的选择与确定	(1)机床的选择与确定： ①需使机床的加工精度与零件的技术要求相适应； ②需使机床可加工尺寸与零件的尺寸大小相符合； ③机床的生产率和零件的生产规模相一致； ④选择机床时，须考虑现场已有的机床及其状态。 (2)工装的选择与确定： 模具零件加工的所有工装包括夹具、刀具、检具。在模具零件加工中，由于是单件制造，应尽量选用通用夹具和机床附有的夹具以及标准刀具。刀具的类型、规格和精度等级应与加工要求相符合
9	工序或工步切削用量的计算与确定	合理确定切削用量对保证加工质量，提高生产效率，减少刀具的损耗具有重要意义。机械加工的切削用量内容包括：主轴转速(r/min)、切削速度(m/min)、走刀量(mm/r)、背吃刀量(mm)和走刀次数。电火花加工则需合理确定电参数、电脉冲能量与脉冲频率

续表 3－11

序　号	项　目	内容及其确定原则与方法
10	工时定额的计算与确定	在一定生产条件下，规定模具制造周期和完成每道工序所消耗的时间，不仅对提高工作人员的积极性和生产技术水平有很大作用，更对保证按期完成用户合同中规定的交货期，具有重要的经济意义和技术意义。 $T_{定额}=T_{基本}+T_{辅助}+T_{布置}+T_{休息}+(T_{准终}/n)$ 式中：n——加工件数； $T_{准终}/n$——每件所耗的终结时间； $T_{基本}$——机动加工时间； $T_{辅助}$——直接用于机动加工的辅助工作时间； $T_{布置}$——布置工作地（如更换刀具、清理切屑、润滑机床等）所耗时间； $T_{休息}$——休息与生理需要所耗时间； $T_{准终}$——进行准备（如阅读图样、领工具、终结时送交成品、归还工装等）所耗时间

3.7.4　模具零件工艺规程的文件化和格式化

组织生产时，应将模具零件工艺过程及其内容按在制造过程中的不同用途和作用，分别以工艺过程卡、工艺卡和工序卡的表格形式，使工艺规程文件化、格式化，以利于有顺序、有计划地完成模具及其零件制造的全过程，并对其制造过程进行有效控制。

1. 工艺文件的种类和格式

1）模具制造工艺过程卡

模具制造工艺过程卡是以工序为单元，以表格的形式，简要说明模具及其零件（主要是凸、凹模）加工（或装配）过程的工艺文件，从中可以了解并明确制造工艺流程和加工方案。其内容与格式见表 3－12。

表 3－12　模具制造工艺过程卡

				工艺过程卡				
零件名称			模具编号		零件编号			
材料名称			毛坯尺寸		件数			
工序	机号	工种	施工简要说明	定额工时	实作工时	制造人	检验	等级
工艺员		年　月　日		零件质量等级				

2）模具制造工艺卡

模具制造工艺卡是按照模具及其零件的某一工艺阶段的内容而编制的工艺文件。它仍以工序为单元，详细说明某一个工艺阶段中的工序内容、工艺参数（切削用量等）、操作要求和采用的机床与工装等。其内容与格式见表 3 - 13。

表 3 - 13　模具制造工艺卡片

	工艺卡片	产品型号		零件图号			
		产品名称		零件名称		共　页	第　页

材料牌号	毛坯种类	毛坯尺寸	每毛坯件数	零件毛重/kg	零件净重/kg	材料消耗定额/kg	台产品零件数	每批数量

工序	安装	工步	工序内容	机床设备		工艺设备名称及编号			工时	
				名称及型号	编号	夹具	刀具	量具辅具	准终	基本工时

										设计（日期）	校对（日期）	审核（日期）	标准化（日期）	会签（日期）
标记	处数	更改文件号	签字	日期	标记	处数	更改文件号	签字	日期					

3）模具制造工序卡

对于特别重要的、关键的工序，根据模具制造工艺过程卡或工艺卡的内容，按工序及其内容编制成表格形式的工艺文件，称为工序卡。其内容如表 3 - 14 所列，包括：工序简图、该工序的工艺参数（如工序尺寸与公差）、每工步的切削用量、定额工时、操作要求以及所用机床与工装等的说明与规定。

对凸模、凹模的制造来说，在采用高效、精密机床（如 CNC 加工中心或铣、镗（钻）床）加工时，编制详细的工序卡是制定 CNC 机床加工程序的依据。

模具及其零件（主要是凸、凹模）制造工艺过程的工艺阶段划分，与大批量定型产品的零件机加工相比较，由于模具凸、凹模制造工艺过程长，采用的工艺方法（或专业工艺）较多（如表 3 - 15 所列），因此不能单纯以粗加工、半精加工、精加工来划分工艺阶段。凸、凹模的粗加工和半精加工一般在热处理前进行；其精密成型磨削加工、电火花加工、光整加工及表面强化处理，一般在热处理后进行。而且，一般成型模具用坯料，多采用具有三基准面体系的标准板坯，使在高效、精密机床（CNC 加工中心）上进行加工时，其型腔的粗加工、半精加工或精加工可在一道工序中完成。另外，模具企业现场使用工艺方法和拥有的机床与工装，基本上均按工艺类型进行生产组织与管理，且在长期制造过程中积累并形成了丰富的经验与工艺传统或习惯，这对制定模具零件制造工艺过程，确定工艺顺序、工序内容，编制工艺卡，创造了有利的条件和基础。因此，按工艺类型划分工艺阶段，是模具制造工艺过程的特点。

表 3－14　模具制造工序卡

<table>
<tr><td colspan="2">模具</td><td colspan="2"></td><td>模具编号</td><td></td><td colspan="2">工序号</td><td colspan="2"></td><td colspan="2" rowspan="4">工序简图</td></tr>
<tr><td colspan="2">零件</td><td colspan="3"></td><td>零件编号</td><td colspan="4"></td></tr>
<tr><td colspan="2">坯料
材料</td><td colspan="2"></td><td>坯料尺寸</td><td></td><td colspan="2">坯料件数</td><td colspan="2"></td></tr>
<tr><td rowspan="2">序号</td><td rowspan="2">机号</td><td rowspan="2">工种</td><td colspan="3" rowspan="2">工序内容及工艺要求说明</td><td colspan="2">工时</td><td colspan="2"></td></tr>
<tr><td colspan="5">工艺参数
（机加工切削用量、电加工工艺规准）</td><td>工装</td></tr>
<tr><td></td><td></td><td></td><td colspan="3"></td><td colspan="5"></td><td></td></tr>
<tr><td></td><td></td><td></td><td colspan="3"></td><td colspan="5"></td><td></td></tr>
<tr><td></td><td></td><td></td><td colspan="3"></td><td colspan="5"></td><td></td></tr>
<tr><td></td><td></td><td></td><td colspan="3"></td><td colspan="5"></td><td></td></tr>
<tr><td></td><td></td><td></td><td colspan="3"></td><td colspan="5"></td><td></td></tr>
<tr><td></td><td></td><td></td><td colspan="3"></td><td colspan="5"></td><td></td></tr>
<tr><td></td><td></td><td></td><td colspan="3"></td><td colspan="5"></td><td></td></tr>
<tr><td colspan="3">工艺员</td><td colspan="3">年　月　日</td><td>制造者</td><td colspan="5">年　月　日</td></tr>
<tr><td colspan="3">检验员</td><td colspan="3">年　月　日</td><td colspan="3">检验记要</td><td colspan="3"></td></tr>
</table>

表 3－15　模具凸、凹模制造的专业工艺

<table>
<tr><td>序　号</td><td>工艺类型</td><td colspan="2">专业工艺方法</td><td>备　注</td></tr>
<tr><td rowspan="2">1</td><td rowspan="2">金属
切削
加工
工艺</td><td>传统
切削
加工</td><td>刨削加工工艺
钻、铰、攻丝加工工艺
车削工艺
普通铣削工艺
靠模铣削工艺
镗削工艺（坐标镗等）
雕刻工艺</td><td rowspan="2">凸、凹模制造工艺过程的切削加工或成型铣削加工，一般均属于粗加工和半精加工，若采用 NC 铣、镗、钻加工工艺或采用 CNC 机床（加工中心），则工序内容集中</td></tr>
<tr><td>高效
精密
加工</td><td>NC 仿型铣削工艺
NC 铣、镗、钻加工工艺
CNC 机床加工工艺</td></tr>
<tr><td>2</td><td>热处理工艺</td><td colspan="2">回火、调质、淬火工艺
氮化处理工艺
渗碳处理工艺
冷处理工艺等</td><td>冷处理宜在精加工后进行</td></tr>
<tr><td>3</td><td>精密磨削与成型磨削工艺</td><td colspan="2">平面磨削工艺
内、外圆磨削工艺
成型磨削工艺
坐标磨削工艺
NC、CNC 坐标磨削工艺
CNC 成型磨削工艺</td><td></td></tr>
<tr><td>4</td><td>特种加工工艺</td><td colspan="2">电火花成型加工工艺
电火花线切割成型工艺
电火花成型磨削工艺
电解成型加工工艺
电解磨削工艺</td><td>一般在热处理后进行电火花成型和线切割加工，均为 NC、CNC 机床加工</td></tr>
</table>

续表 3-15

序　号	工艺类型	专业工艺方法	备　注
5	光整加工工艺	孔的研磨工艺 挤珩工艺 风、电动工具研、抛工艺 电化学抛光工艺 波纹加工工艺	采用研磨机研磨
6	强化工艺	电火花强化工艺 喷砂强化工艺 超声强化工艺 等离子渗钛强化工艺 镀铬工艺	

2. 模具成型零件制造工艺过程典型实例

衔铁片连续模落料凸模(见图 3-22)的制造工艺过程卡见表 3-16。

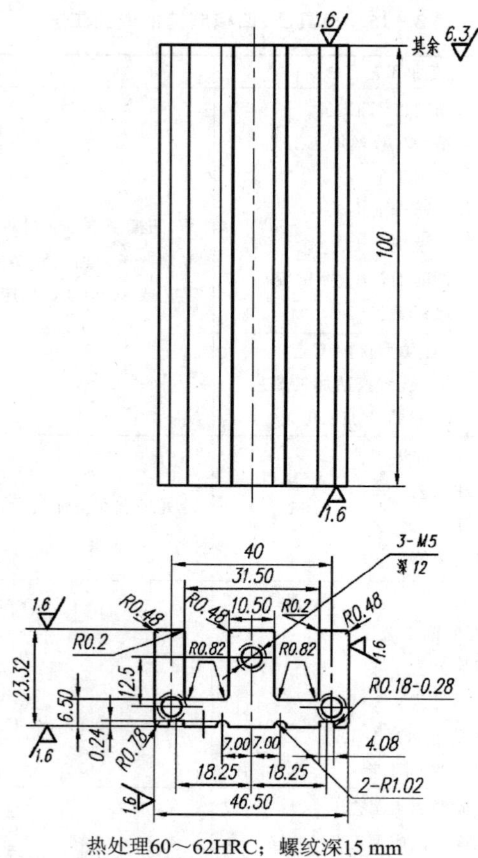

图 3-22　衔铁片连续模落料凸模

表 3－16　衔铁片连续模落料凸模的制造工艺过程卡

				工艺过程卡				
零件名称		衔铁片连续模落料凸模	模具编号	B9	零件编号	B9048C24		
材料名称		Cr12	毛坯尺寸	110×30×65	件数	1		
工序	机号	工种	施工简要说明	定额工时/min	实作工时	制造人	检验	等级
1		下料	ϕ55×150	50				
2		锻造	110×30×65	40				
3		热处理	退火					
4	B665	刨削	进行六面加工，均留淬火磨余削量和线切割余量	5				
5		划线	螺孔位置	25				
6	Z512	钻	钻、攻螺孔	30				
7		热处理	按热处理工艺，保证 58～60HRC					
8	M7130	磨削	磨两端面 100	20				
9		线切割	切割凸模外形达图样尺寸和形状要求	1 200				
10		检验		20				
工艺员			年　　月　　日	零件质量等级				

模具导套零件(见图 3－23)的车和磨工序的制造工序卡见表 3－17 和表 3－18。

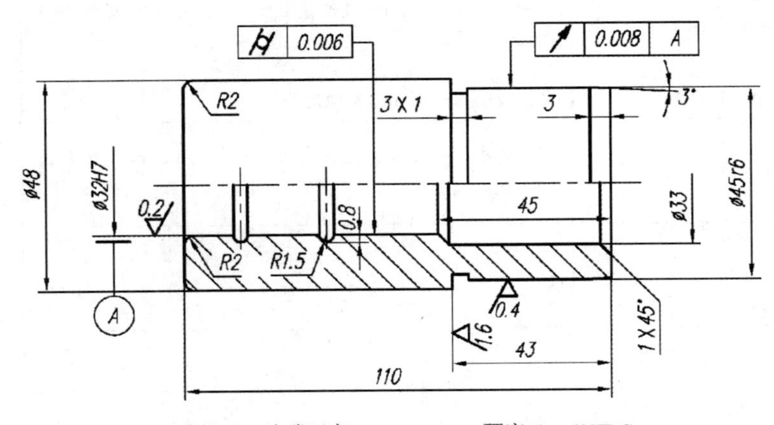

热处理：渗碳深度0.8～1.2 mm；硬度58～62HRC

图 3－23　模具导套零件图

表 3－17　模具导套零件的制造工序卡(车)

模具	冷冲压模	模具编号		工序号	20(车)
零件	导套	零件编号			
坯料材料	20 钢热轧圆钢	坯料尺寸	$\phi52\times115$	坯料件数	1
				工时	
序号	机号	工种	工序内容及工艺要求说明	工艺参数（机加工切削用量、电加工工艺规准）	工装
1		车	夹外圆，车端面见光	CA6140 车床，主轴转速 760 r/min，进给量 0.4～0.15 mm/r，背吃刀量 1～0.5 mm	三爪卡盘
2		车	初钻通孔 $\phi15$、扩孔至 $\phi30$	主轴转速 400 r/min，手动进给	麻花钻头
3		车	镗 $\phi33$ 孔成，倒孔口角	主轴转速 400 r/min；进给量 0.3～0.15 mm/r，背吃刀量 1.5～0.3 mm	镗孔刀 游标卡尺
4		车	车 $\phi45$r6 外圆至 $\phi45.4$(留磨削余量 0.4)，倒 3°角	主轴转速 760 r/min，进给量 0.4～0.18 mm/r，背吃刀量 1.5～0.3 mm	外圆车刀 游标卡尺
5		车	切槽 3×1	主轴转速 400 r/min，手动进给	切槽刀 游标卡尺
6		车	调头夹外圆，车另一端面，保证总长 110	主轴转速 760 r/min，进给量 0.4～0.15 mm/r，背吃刀量 1～0.5 mm	端面车刀 游标卡尺
7		车	粗、半精镗内孔至 $\phi31.6$(留磨削余量)，孔口倒圆角	主轴转速 400 r/min，进给量 0.3～0.15 mm/r，背吃刀量 1.5～0.3 mm	镗孔刀 游标卡尺
8			挖 2 个 $R1.5$ 油槽	主轴转速 400 r/min，手动进给	挖槽刀
9		车	车 $\phi48$ 外圆，倒 $R2$ 角	主轴转速 760 r/min，进给量 0.7～0.3 mm/r，背吃刀量 1.5～0.3 mm	外圆车刀 游标卡尺
10		检验			
工艺员	年　月　日	制造者	年　月　日		
检验员	年　月　日	检验记要			

表 3 - 18　模具导套零件的制造工序卡(磨)

模具	冷冲压模	模具编号		工序号	50(磨)
零件	导套		零件编号		
坯料材料	20 钢渗碳淬火	坯料尺寸	$\phi48\times110$	坯料件数	1
				工时	

序号	机号	工种	工序内容及工艺要求说明	工艺参数(机加工切削用量、电加工工艺规准)	工装
1		磨	夹 $\phi45$ 段外圆，磨 $\phi32$H7 内孔尺寸如图所示，留研磨余量 0.01 mm	万能外圆磨床 MA1420A，工件速度 30～50 m/min	三爪卡盘 内径千分表
2		磨	以心轴装夹，以 $\phi32$H7 内孔定位，磨 $\phi45$r6 外圆		心轴、顶尖 外径千分尺
3		检验	按图要求检验		

工艺员	年　月　日	制造者	年　月　日
检验员	年　月　日	检验记要	

思考题

1. 什么是工序、安装、工步、工位和走刀？
2. 模具制造的生产类型一般有哪几类？各有什么工艺特征？
3. 模具零件的毛坯主要有哪些类型？哪些模具零件必须进行锻造？
4. 模具零件的工艺分析主要有哪些方面的内容？
5. 什么是加工余量、工序余量和总余量？
6. 锻件下料尺寸如何确定？
7. 什么是基准？基准一般分成哪几类？
8. 粗、精定位基准的选择原则有哪些？
9. 工艺尺寸链有哪些特征？在什么情况下要进行工艺尺寸解算？
10. 经济精度和经济粗糙度的含义是什么？它们在工艺规程设计中起什么作用？
11. 编制工艺规程时，为什么要划分加工阶段？在什么情况下可以不划分加工阶段？
12. 工序集中和工序分散各有什么特点？
13. 机械加工工序顺序的安排原则是什么？
14. 热处理工序的安排主要考虑哪些方面的问题？

15. 常用的模具工艺卡片包括哪些内容?

16. 图 3-24 所示的零件,$A_1=70_{-0.07}^{-0.02}$ mm,$A_2=60_{-0.04}^{0}$ mm,$A_3=20_{0}^{+0.19}$ mm。因 A_3 不便测量,试重新标出测量尺寸及其公差。

17. 图 3-25 所示的零件在车床上已经加工好外圆、内孔及各面,现需在铣床上铣削端槽,并保证尺寸 $8_{-0.06}^{0}$ mm 及(36±0.2) mm,求试切调刀的度量尺寸 H、A 及上、下偏差。

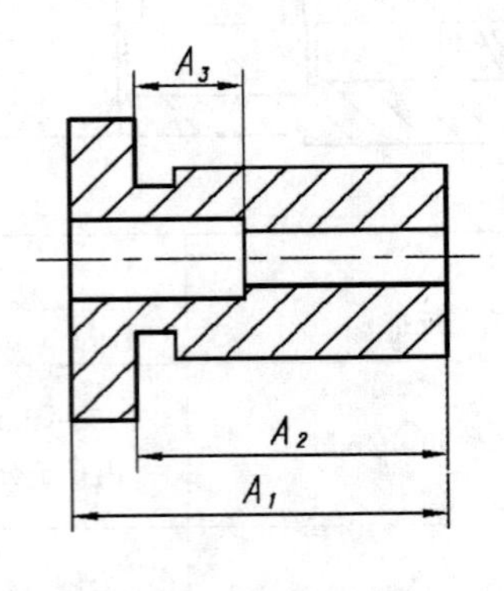

图 3-24　题 16 零件

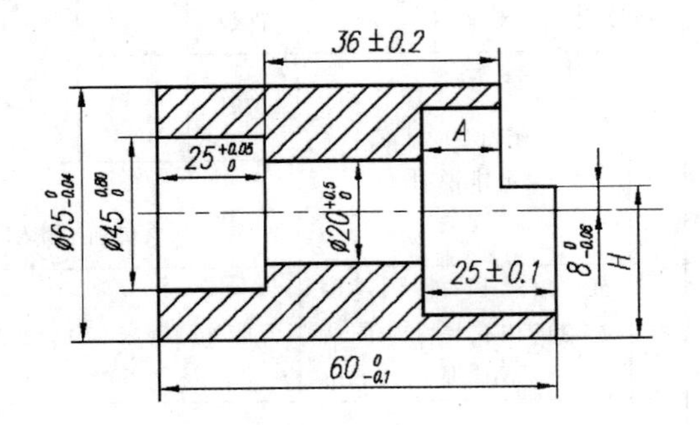

图 3-25　题 17 零件

第4章 模具零件的机械加工

4.1 概 述

目前，机械加工方法仍广泛用于制造模具零件。对凸模、凹模等模具的工作零件，即使采用其他工艺方法（如特殊加工）加工，也仍然有部分工序要由机械加工方法来完成。根据模具设计的结构要求不同和工厂的设备条件，模具的机械加工大致有以下几种情况：

① 用车、铣、刨、钻、磨等通用机床加工模具零件，然后进行必要的钳工修配，装配成各种模具。这种加工方式，工件上被加工表面的形状、尺寸多由钳工划线来保证，对工人的技术水平要求较高，劳动强度大，生产效率低，模具制造周期长，成本高。一般在设备条件较差、模具精度要求低的情况下采用。

② 对精度要求高的模具零件，只用普通机床加工难以保证高的加工精度，因而需要采用精密机床进行加工。用于模具加工的精密机床有坐标镗床、坐标磨床等，这些设备多用于加工固定板上的凸模固定孔，模座上的导柱和导套孔，以及某些凸模和凹模的刃口轮廓。对形状复杂的空间曲面，则采用数控铣床进行加工，它们是提高模具精度不可缺少的加工手段。

③ 为了使模具零件特别是形状复杂的凸模、凹模型孔和型腔的加工更趋自动化，减小钳工修配的工作量，需采用数控机床（如数控铣床、加工中心、数控磨床等设备）加工模具零件。由于数控加工对工人的操作技能要求低，成品率高，加工精度高，生产率高，节省工装，便于工程管理，对设计更改的适应性强，可以实现多机床管理等一系列优点，因此，对实现机械加工自动化，使模具生产更加合理、省力，改变模具机械加工的传统方式具有十分重要的意义，是模具加工的必然发展方向。

用机械加工方法制造模具，在工艺上要充分考虑模具零件的材料、结构形状、尺寸、精度和使用寿命等方面的不同要求，采用合理的加工方法和工艺路线，尽可能通过加工设备来保证模具的加工质量，提高生产效率，降低成本。要特别注意，在设计和制造模具时，不能盲目追求模具的加工精度和使用寿命，应根据模具所加工制件的质量要求和产量，确定合理的模具精度和寿命，否则就会使制造费用增加，经济效益下降。

4.2 冲模模架的加工

冲模模架大都为标准件，在专卖店可直接购得，但一些特殊的冲件需要自制模架。模架的主要作用是把模具的其他零件连接起来，并保证模具的工作部分在工作时具有正确的相对位置。图4-1所示为常见的滑动导向模架。

尽管这些模架的结构各不相同，但它们的主要组成都是平板状零件，在工艺上主要是进行平面和孔系的加工。模架中的导套和导柱是机械加工中常见的套类和轴类零件，主要是进行内外圆柱表面的加工。下面仅以后侧导柱的模架为例，讨论模架类零件的加工工艺。

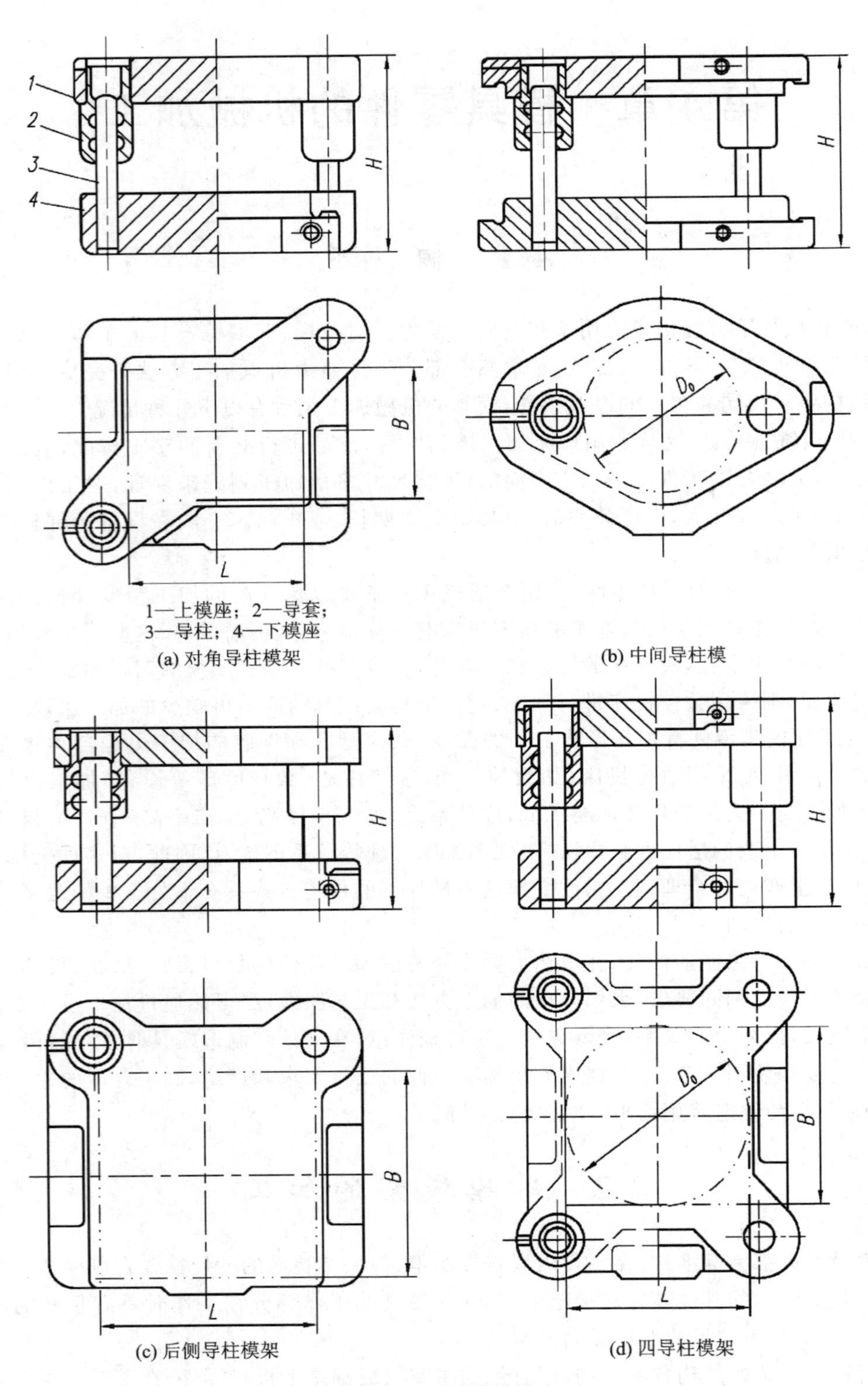

(a) 对角导柱模架

(b) 中间导柱模

(c) 后侧导柱模架

(d) 四导柱模架

图 4-1　冲模模架

4.2.1　导柱和导套的加工

图 4－2(a)、(b)所示分别为冷冲模标准导柱和导套。这两种零件在模具中起导向作用，以保证凸模和凹模在工作时具有正确的相对位置。为了保证良好的导向，导柱和导套装配后应保证模架的活动部分移动平稳，无滞阻现象。因此，在加工中除了保证导柱、导套配合表面的尺寸和形状精度外，还应保证导柱、导套各自配合面之间的同轴度要求。

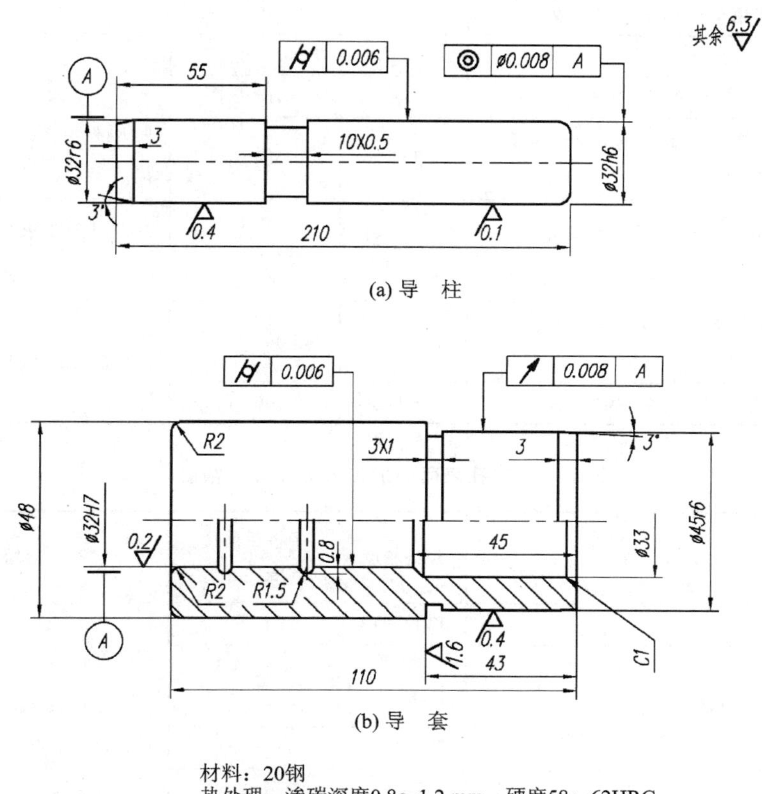

(a) 导　柱

(b) 导　套

材料：20钢
热处理：渗碳深度0.8～1.2 mm，硬度58～62HRC

图 4－2　导柱和导套

构成导柱和导套的基本表面都是回转体表面，按照图 4－2 中所示的结构尺寸和设计要求，可以直接选用适当尺寸的热轧圆钢作为毛坯。

为获得所要求的精度和表面粗糙度，外圆柱面和孔的加工方案可参考表 4－1 和表 4－2，导柱、导套的加工工艺路线见表 4－3 和表 4－4。

在导柱的加工过程中，外圆柱面的车削和磨削都是以两端的中心孔定位的，这样可使外圆柱面的设计基准与工艺基准重合，并使各主要工序的定位基准统一，易于保证外圆柱面间的位置精度，并使各磨削表面都有均匀的磨削余量。由于要用中心孔定位，因此在外圆柱面进行车削和磨削之前总是先加工中心孔，以便为后续工序提供可靠的定位基准。

表 4-1　外圆柱表面的加工方案及加工精度

序　号	加工方案	经济精度	经济粗糙度 *Ra*/μm	适用范围
1	粗车	IT11～13	12.5～50	适用于淬火钢以外的各种金属
2	粗车→半精车	IT8～10	3.2～6.3	
3	粗车→半精车→精车	IT7～8	0.8～1.6	
4	粗车→半精车→精车→滚压(或抛光)	IT7～8	0.025～0.2	
5	粗车→半精车→磨削	IT7～8	0.4～0.8	主要用于淬火钢,也可用于未淬火钢,但不宜加工有色金属
6	粗车→半精车→粗磨→精磨	IT6～7	0.1～0.4	
7	粗车→半精车→粗磨→精磨→超精加工(或轮式超精磨)	IT5	0.012～0.1	
8	粗车→半精车→精车→精细车(金刚车)	IT6～7	0.025～0.4	主要用于要求较高的有色金属加工
9	粗车→半精车→粗磨→精磨→超精磨(或镜面磨)	IT5 以上	0.006～0.025	极高精度的外圆加工
10	粗车→半精车→粗磨→精磨→研磨	IT5 以上	0.006～0.1	

表 4-2　内孔表面的加工方案及加工精度

序　号	加工方案	经济精度	经济粗糙度 *Ra*/μm	适用范围
1	钻	IT11～13	12.5	加工未淬火钢及铸铁的实心毛坯,也可用于加工有色金属。孔径大于 20 mm
2	钻→铰	IT8～10	1.6～6.3	
3	钻→粗铰→精铰	IT7～8	0.8～1.6	
4	钻→扩	IT10～11	6.3～12.5	
5	钻→扩→铰	IT8～9	1.6～3.2	
6	钻→扩→粗铰→精铰	IT7	0.8～1.6	
7	钻→扩→机铰→手铰	IT6～7	0.2～0.4	
8	钻→扩→拉	IT7～9	0.1～1.6	大批量生产(精度由拉刀精度而定)
9	粗镗(粗扩)	IT11～13	6.3～12.5	除淬火钢外的各种材料,毛坯有铸出孔或锻出孔
10	粗镗(粗扩)→半精镗(精扩)	IT9～10	1.6～3.2	
11	粗镗(粗扩)→半精镗(精扩)→精镗(铰)	IT7～8	0.8～1.6	
12	粗镗(粗扩)→半精镗(精扩)→精镗→浮动镗刀精镗	IT6～7	0.4～0.8	

续表 4－2

序　号	加工方案	经济精度	经济粗糙度 $Ra/\mu m$	适用范围
13	粗镗(粗扩)→半精镗→磨孔	IT7～8	0.2～0.8	主要用于淬火钢，也可用于未淬火钢，但不宜用于有色金属
14	粗镗(粗扩)→半精镗→磨孔→粗磨→精磨	IT6～7	0.1～0.2	
15	粗镗→半精镗→精镗→精细镗(金刚镗)	IT6～7	0.05～0.4	主要用于精度要求高的有色金属加工
16	钻→(扩)→粗铰→精铰→珩磨；钻→(扩)→拉→珩磨；粗镗→半精镗→精镗→珩磨	IT6～7	0.025～0.2	精度要求很高的孔
17	以研磨代替上述方法中的珩磨	IT5～6	0.006～0.1	

表 4－3　导柱的加工工艺路线

工　序	工序名称	工序内容	设　备	工序简图
1	下料	按尺寸 ϕ35 mm×215 mm 切断	锯床	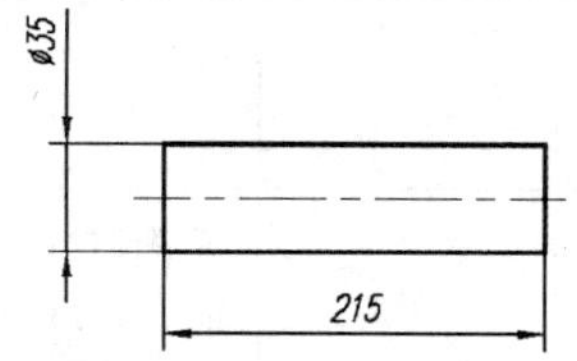 ø35; 215
2	车端面钻中心孔	车端面保证长度 212.5 mm 钻中心孔 调头车端面保证 210 mm 钻中心孔	卧式车床	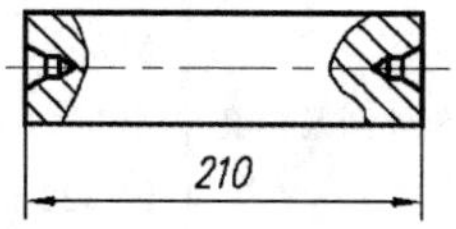 210
3	车外圆	车外圆至 ϕ32.4 mm 切 10 mm×0.5 mm 槽到所要求的尺寸 车端部 调头车外圆至 ϕ32.4 mm 车端部	卧式车床	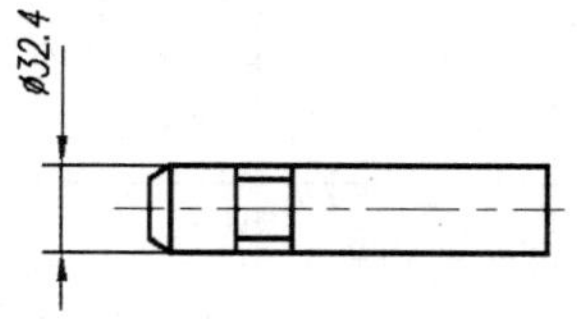 ø32.4
4	检验			
5	热处理	按热处理工艺进行，保证渗碳层深度 0.8～1.2 mm，表面硬度 58～62HRC		
6	研中心孔	研中心孔 调头研另一端中心孔	卧式车床	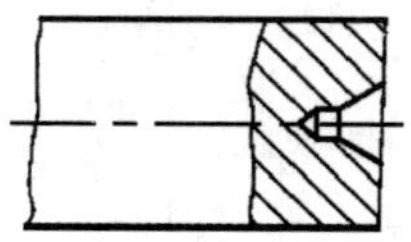
7	磨外圆	磨 ϕ32h6 外圆，留研磨量 0.01 mm 调头磨 ϕ32r6 外圆到所要求的尺寸	外圆磨床	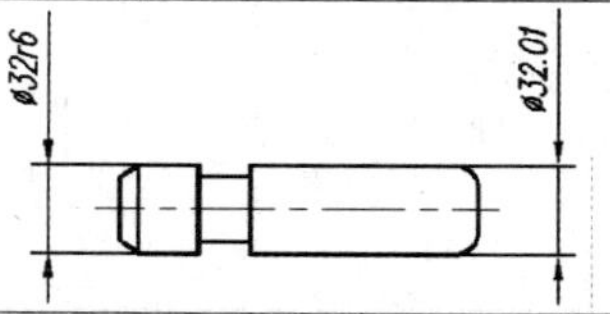 ø32r6; ø32.01

续表 4-3

工　序	工序名称	工序内容	设　备	工序简图
8	研磨	研磨外圆 ϕ32h6 至所要求的抛光圆角	卧式车床	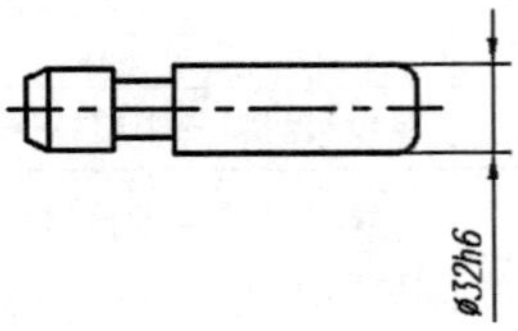 ϕ32h6
9	检验			

注：表中的工序简图是为直观地表示零件的加工部位而绘制的，除专业模具厂外，一般模架生产属单件小批生产，工艺文件多采用工艺过程卡片，不绘制工序图。

表 4-4　导套的加工工艺路线

工　序	工序名称	工序内容	设　备	工序简图
1	下料	按尺寸 ϕ52 mm×115 mm 切断	锯床	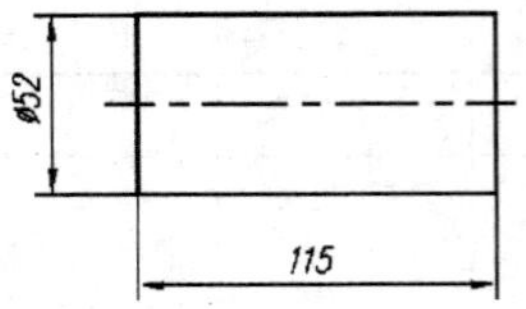 ϕ52 115
2	车外圆及内孔	车端面保证长度 113 mm 钻 ϕ32 mm 孔至 ϕ30 mm 车 ϕ45 mm 外圆至 ϕ45.4 mm 倒角 车 3×1 退刀槽至所要求的尺寸 镗 ϕ32 mm 孔至 ϕ31.6 mm 镗油槽 镗 ϕ33 mm 孔至所要求的尺寸 倒角	卧式 车床	113 ϕ31.6 ϕ33 ϕ45.4
3	车外圆倒角	车 ϕ48 mm 外圆至所要求的尺寸 车端面保证长度 110 mm 倒内外圆角	卧式 车床	110 ϕ48
4	检验			
5	热处理	按热处理工艺进行，保证渗碳层深度 0.8～1.2 mm，硬度 58～62HRC		
6	磨内外圆	磨 45 mm 外圆达图样要求 磨 32 mm 内孔，留研磨量 0.01 mm	万能外 圆磨床	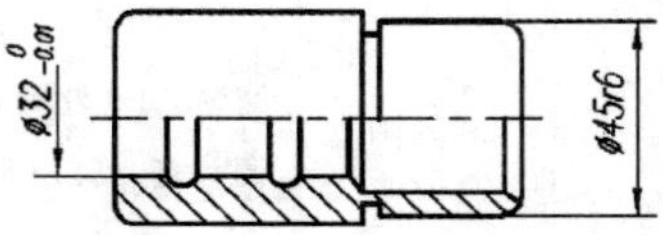 $\phi32^{\ 0}_{-0.01}$ ϕ45r6

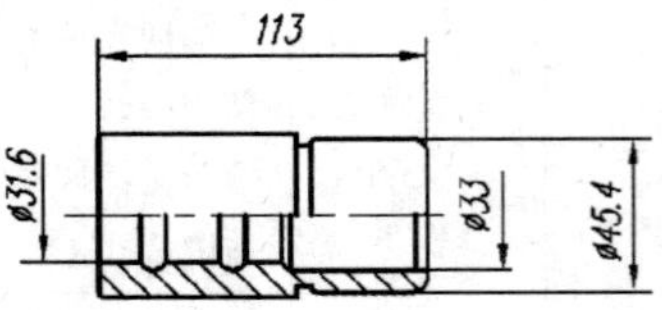

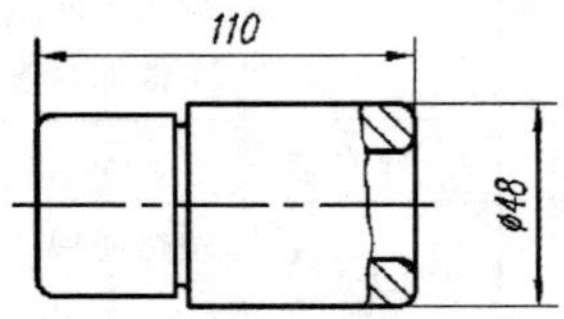

续表 4-3

工　序	工序名称	工序内容	设　备	工序简图
7	研磨内孔	研磨 ϕ32 mm 孔达图样要求 研磨圆弧	卧式 车床	ϕ32H7
8	检验			

中心孔的形状精度、同轴度对加工质量有直接影响。特别是当加工精度要求高的轴类零件时，保证中心孔与顶尖之间的良好配合是十分重要的。导柱在热处理后修正中心孔，目的在于消除中心孔在热处理过程中可能产生的变形和其他缺陷，使磨削外圆柱面时能获得精确定位，以保证外圆柱面的形状和位置精度要求。

修正中心孔可以采用磨、研磨和挤压等方法，可以在车床、钻床或专用机床上进行。

图 4-3 所示为在车床上用磨削方法修正中心孔。可在被磨削的中心孔处加入少量煤油或机油，手持工件进行磨削。用这种方法修正中心孔，效率高、质量较好；但砂轮磨损快，需要经常修整。

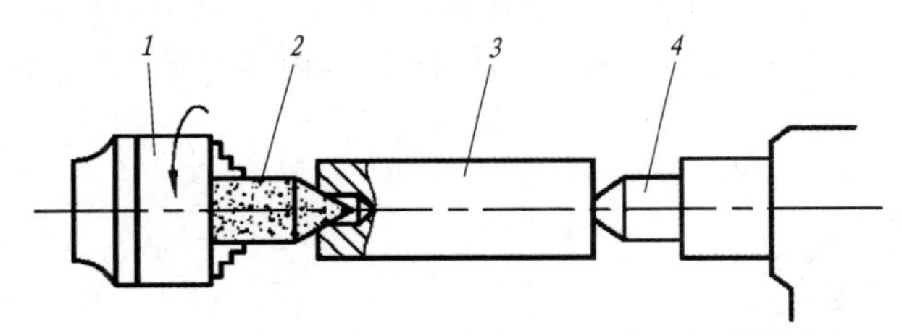

1—三爪自定心卡盘；2—砂轮；3—工作；4—尾顶尖

图 4-3　磨中心孔

用研磨法修正中心孔，也就是用锥形的铸铁研磨头代替锥形砂轮，在被研磨的中心孔表面加研磨剂进行研磨。如果用一个与磨削外圆的磨床顶尖相同的铸铁顶尖作为研磨工具，将铸铁顶尖和磨床顶尖一起磨出 60°锥角后研磨出中心孔，则可保证中心孔和磨床顶尖达到良好配合，能磨削出圆度和同轴度误差不超过 0.002 mm 的外圆柱面。

图 4-4 所示为挤压中心孔的硬质合金多棱顶尖。挤压时多棱顶尖装在车床主轴的锥孔内，其操作和磨顶尖孔相类似，利用车床的尾顶尖将工件压向多棱顶尖，通过多棱顶尖的挤压作用来修正中心孔的几何误差。此法生产效率极高(只需几秒钟)，但质量稍差，一般用于修正精度要求不高的顶尖孔。

磨削导套时正确选择定位基准，对保证内、外圆柱面的同轴度要求是十分重要的。例如：表 4-4 中工件热处理后，在万能外圆磨床上，利用三爪自定心卡盘夹持 ϕ48 mm 外圆柱面，一次装夹后磨出 ϕ32H7 和 ϕ45r6 的内、外圆柱面，可以避免由于多次装夹所带来的误差，容易保证内、外圆柱面的同轴度要求。但每磨一件都要重新调整机床，所以这种方法只适合在单件生产的情况下采用。如果加工数量较多的同一尺寸的导套，可以先磨好内孔，再把导套装在专门设计的锥度心轴上(如图 4－5 所示),以心轴两端的中心孔定位(使定位基准和设计基准重合),借心轴和导套间的摩擦力带动工件旋转,从而实现磨削外圆柱面。这种操作能满足较高的同轴度要求,并可使操作过程简化,生产效率提高。这种心轴应具有高的制造精度,其锥度在 1/1 000～1/5 000 的范围内选取,硬度在 60HRC 以上。

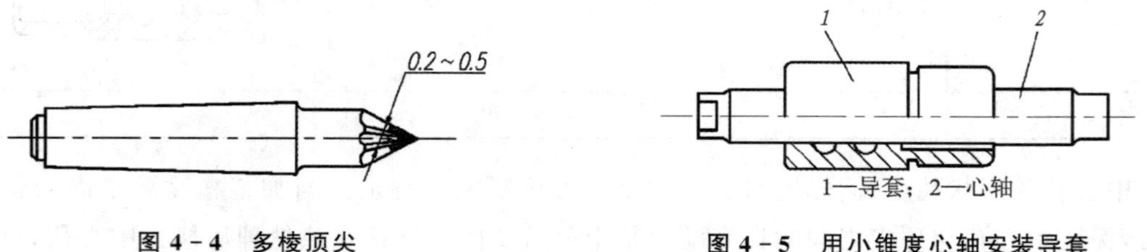

图 4－4　多棱顶尖

1—导套；2—心轴

图 4－5　用小锥度心轴安装导套

导柱和导套的研磨加工,其目的在于进一步提高被加工表面的质量,以达到设计要求。在生产数量大的情况下(如专门从事模架生产),可以在专用研磨机床上研磨;单件小批生产,可以采用简单的研磨工具(如图 4－6 和图 4－7 所示),在普通车床上进行研磨。研磨时将导柱安装在车床上,由主轴带动旋转,在导柱表面均匀涂上一层研磨剂,然后套上研磨工具并用手将其握住,做轴线方向的往复直线运动。研磨导套与研磨导柱相类似,由主轴带动研磨工具旋转,手握套在研具上的导套,做轴线方向的往复直线运动。调节研磨工具上的调整螺钉和螺母,可以调整研磨套的直径,以控制研磨量的大小,详细内容参见 4.7.5 小节。

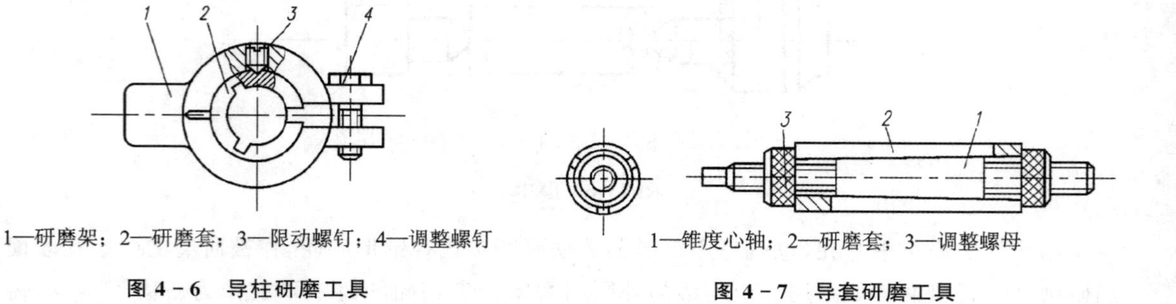

1—研磨架；2—研磨套；3—限动螺钉；4—调整螺钉

图 4－6　导柱研磨工具

1—锥度心轴；2—研磨套；3—调整螺母

图 4－7　导套研磨工具

磨削和研磨导套孔时常见的缺陷是“喇叭口”(孔的尺寸两端大,中间小)。造成这种缺陷的原因来自以下两方面:

① 磨削内孔时,若砂轮完全处在孔内(如图 4－8 中实线所示),则砂轮与孔壁的轴向接触长度最大,磨杆所受的径向推力也最大;由于刚度原因,它所产生的径向弯曲位移使磨削深度减小,孔径相应变小。当砂轮沿轴向往复运动到两端孔口部位时,砂轮必将超越两端口,径向推力减小,磨杆产生回弹,使孔径增大。要减小“喇叭口”,就要合理控制砂轮相对孔口端面的超越距离,以使孔的加工精度达到规定的技术要求。

② 研磨时工件的往复运动使磨料在孔口处堆积,是固孔口处切削作用增强所致。所以,在研磨过程中应及时清除堆积在孔口处的研磨剂,以防止和减轻这种缺陷的产生。

研磨导柱和导套用的研磨套和研磨棒一般用铸铁制造。研磨剂用氧化铝或氧化铬(磨料)

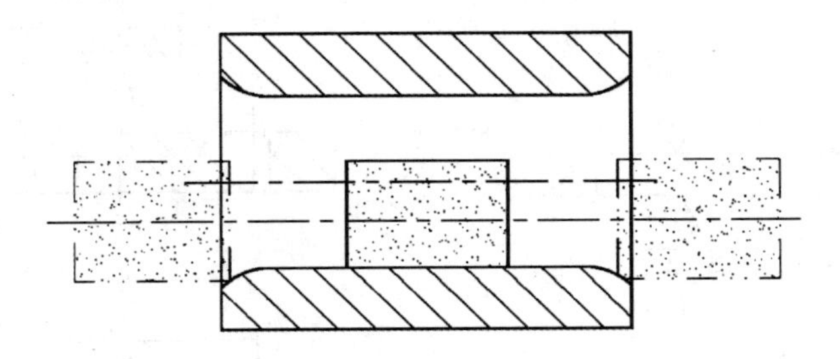

图 4－8　磨孔时“喇叭口”的产生

与机油或煤油(磨液)混合而成。磨料粒度一般在 220 号～W7 范围内选用。

根据被研磨表面的尺寸大小和要求,一般导柱、导套的研磨余量为 0.01～0.02 mm。

将导柱、导套的工艺过程适当归纳,大致可划分成如下几个加工阶段:备料(获得一定尺寸的毛坯)→粗加工和半精加工(去除毛坯的大部分余量,使其接近或达到零件的最终尺寸)→热处理(达到需要硬度)→精加工→光整加工(使某些表面的粗糙度达到设计要求)。

在各加工阶段中应划分多少工序,零件在加工中应采用什么工艺方法和设备等,应根据生产类型、零件的形状、尺寸大小、零件的结构工艺性以及工厂的设备技术状况等条件综合考虑。在不同的生产条件下,对同一零件加工所采用的加工设备、工序的划分也不一定相同。

4.2.2　上、下模座的加工

冷冲模的上、下模座用来安装导柱、导套,连接凸、凹模固定板等零件,其结构、尺寸已标准化。

图 4－9 所示为中间导柱的标准模座,多用铸铁或铸钢制造。为保证模架的装配要求,使模架工作时上模座沿导柱上、下移动平稳,无阻滞现象,加工后应保证:模座的上、下平面保持平行,对于不同尺寸的模座,其平行度公差见表 4－5;上、下模座上导柱、导套安装孔的孔间距离尺寸应保持一致;孔的轴心线应与模座的上、下平面垂直,对安装滑动导柱的模座,其垂直度公差不超过 100∶0.01。

表 4－5　模座上、下平面的平行度公差

mm

基本尺寸		公差等级		基本尺寸		公差等级	
		4	5			4	5
＞	⩽	公差值		＞	⩽	公差值	
40	63	0.008	0.012	250	400	0.020	0.030
63	100	0.010	0.015	400	630	0.025	0.040
100	160	0.012	0.020	630	1 000	0.030	0.050
160	250	0.015	0.025	1 000	1 600	0.040	0.060

注:①基本尺寸是指被测表面的最大长度尺寸或最大宽度尺寸。

②公差等级按 GB/T 1184－1996《形状和位置公差未注公差的规定》。

③公差等级 4 级,适用于 0Ⅰ、Ⅰ级模架。

④公差等级 5 级,适用于 0Ⅱ、Ⅱ级模架。

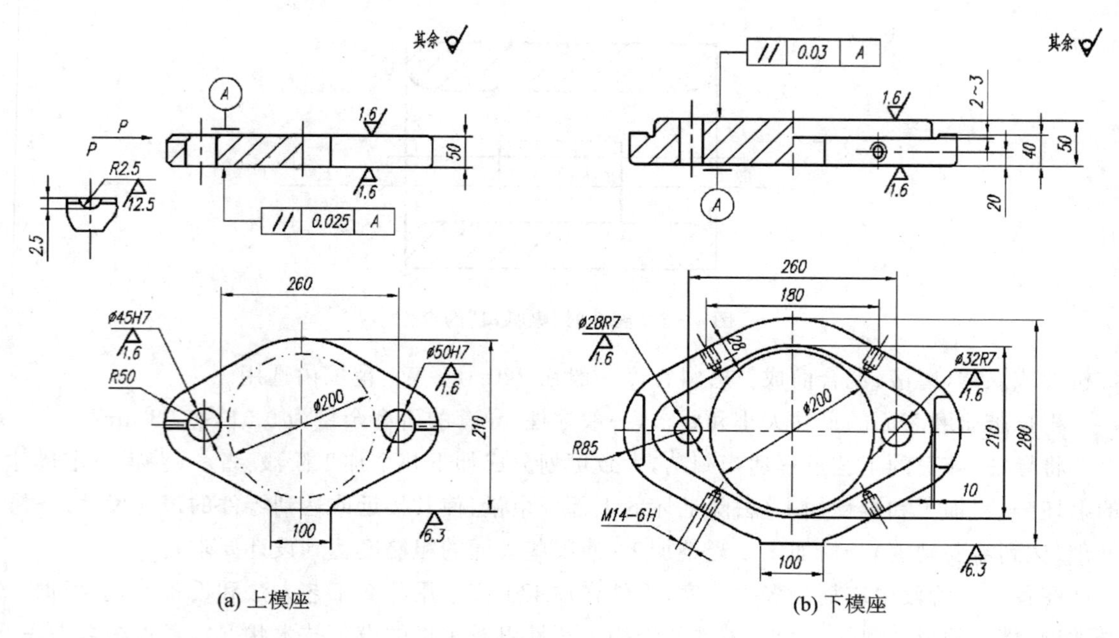

(a) 上模座　　(b) 下模座

图 4-9　冷冲模座

模座加工主要是平面加工和孔系加工。为了加工方便和保证加工技术要求，在各工艺阶段应先加工平面，再以平面定位加工孔系（先面后孔）。平面的加工方案及加工精度见表 4-6。

表 4-6　平面的加工方案及加工精度

序　号	加工方案	经济精度	经济粗糙度 Ra/μm	适用范围
1	粗车	IT11～13	12.5～50	端面
2	粗车→半精车	IT8～10	3.2～6.3	
3	粗车→半精车→精车	IT7～8	0.8～1.6	
4	粗车→半精车→磨削	IT6～8	0.2～0.8	
5	粗刨（或粗铣）	IT11～13	6.3～50	一般不淬硬平面（端铣表面粗糙度 Ra 值较小）
6	粗刨（或粗铣）→精刨（或精铣）	IT8～10	1.6～6.3	
7	粗刨（或粗铣）→精刨（或精铣）→刮研	IT6～7	0.1～0.8	精度要求较高的不淬硬平面，批量较大时宜采用宽刃精刨方案
8	以宽刃精刨代替上述刮研	IT7	0.2～0.8	
9	粗刨（或粗铣）→精刨（或精铣）→磨削	IT7	0.2～0.8	精度要求高的淬硬平面或不淬硬平面
10	粗刨（或粗铣）→精刨（或精铣）→磨削→精磨	IT6～7	0.025～0.4	
11	粗铣→拉	IT7～9	0.2～0.8	大量生产，较小平面（精度视拉刀精度而定）
12	粗铣→精铣→磨削→研磨	IT5 以上	0.006～0.1	高精度平面

上、下模座的加工工艺路线见表 4－7 和表 4－8。

表 4－7　上模座的加工工艺路线

工序号	工序名称	工序内容	设　备	工序简图
1	备料	铸造毛坯		
2	刨平面	刨上、下平面，保证尺寸 50.8 mm	牛头刨床	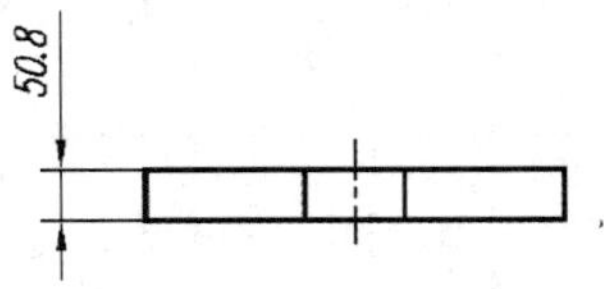 50.8
3	磨平面	磨上、下平面，保证尺寸 50 mm	平面磨床	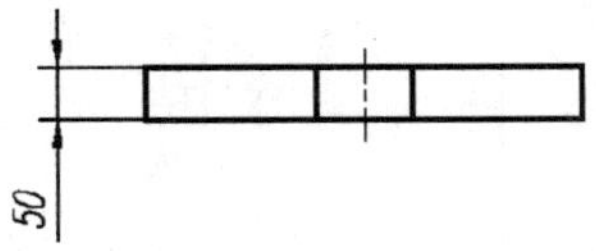 50
4	钳工划线	划前部和导套孔线		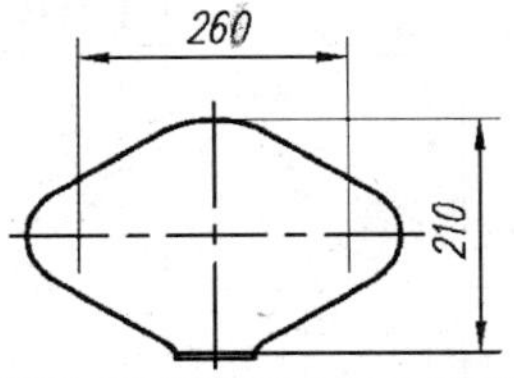 260　210
5	铣前部	按线铣前部	立式铣床	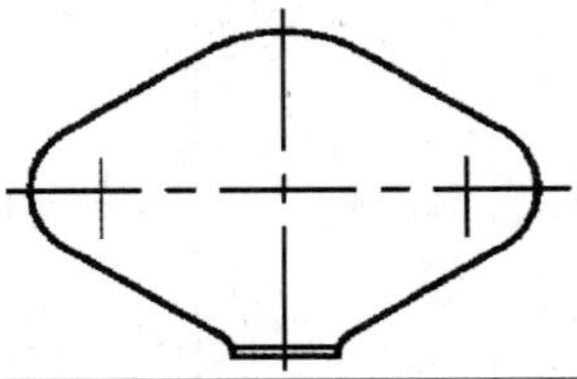
6	钻孔	按线钻导套孔至 ϕ43 mm、ϕ48 mm	立式铣床	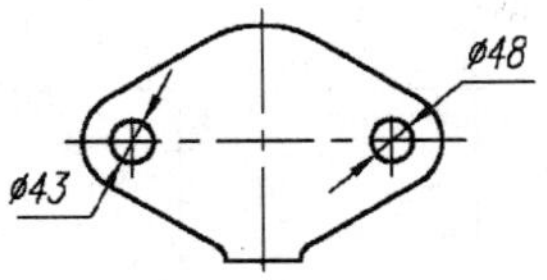 ø48　ø43
7	镗孔	和下模座重叠，一起镗孔至 ϕ45H7、ϕ50H7	镗床或铣床	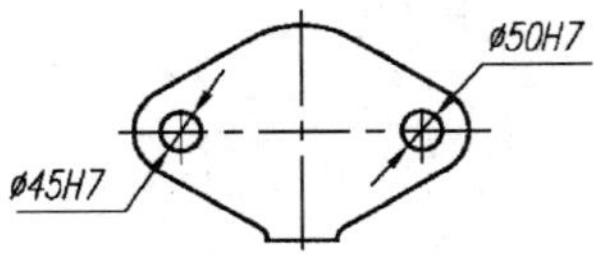 ø50H7　ø45H7
8	铣槽	按线铣 R2.5 mm 的圆弧槽	卧式铣床	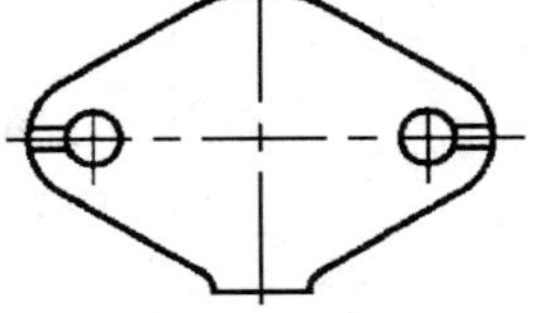
9	检验			

表 4-8 下模座的加工工艺路线

工序号	工序名称	工序内容	设 备	工序简图
1	备料	铸造毛坯		
2	刨平面	刨上、下平面，保证尺寸 50.8 mm	牛头刨床	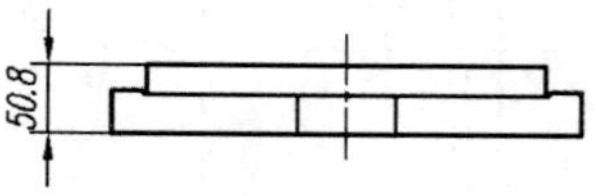 50.8
3	磨平面	磨上、下平面，保证尺寸 50 mm	平面磨床	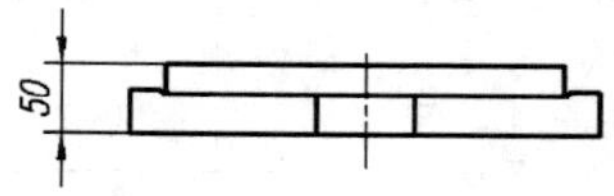 50
4	钳工划线	划前部线 划导柱孔和螺纹孔		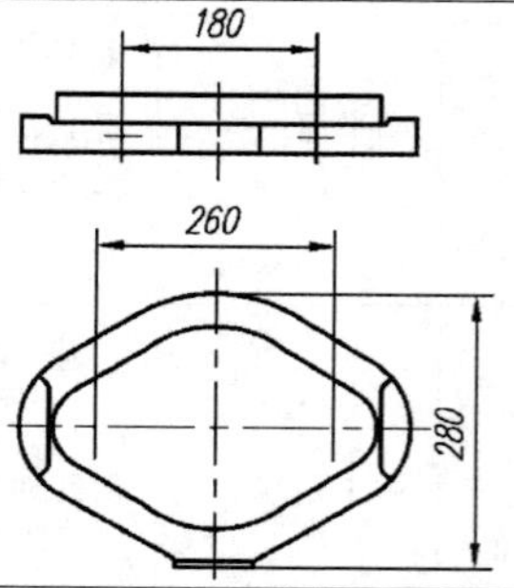 180 260 280
5	铣前部	按线铣前部肩台至要求尺寸	立式铣床	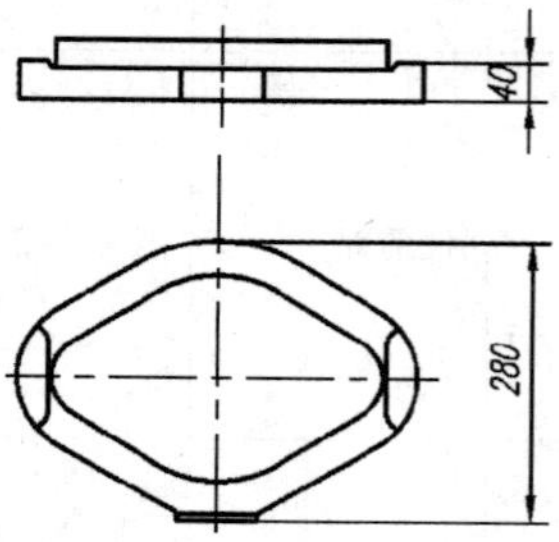 40 280
6	钻床加工	按线钻导套孔至 $\phi30$ mm、$\phi26$ mm，钻螺纹底孔并攻螺纹	立式钻床	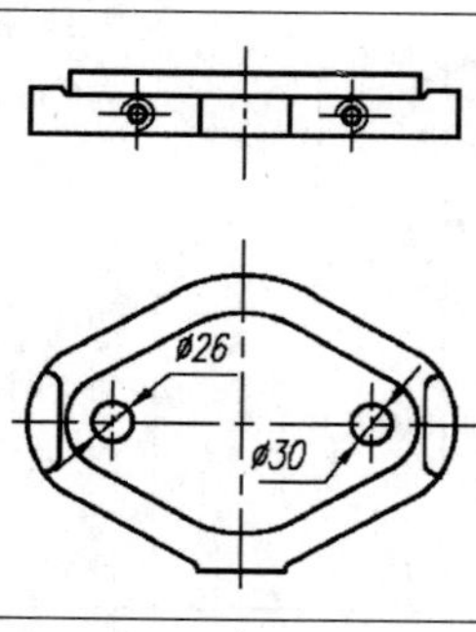 $\phi26$ $\phi30$
7	镗孔	和上模座重叠，一起镗孔至 $\phi32R7$、$\phi28R7$	镗床或铣床	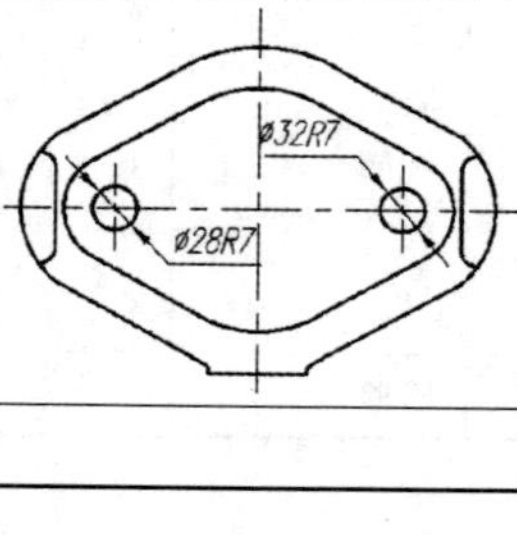 $\phi32R7$ $\phi28R7$
8	检验			

模座毛坯经过铣(或刨)削加工后,可以提高磨削平面的平面度和上、下平面的平行度。再以平面作为主定位基准加工孔,容易保证孔的垂直度要求。

上、下模座的镗孔工序根据加工要求和生产条件,可以在专用镗床(批量较大时)、坐标镗床、双轴镗床上进行,也可以在铣床或摇臂钻等机床上采用坐标法或利用引导元件进行。为了保证导柱和导套的孔间距离一致,在镗孔时常将上、下模座重叠在一起,一次装夹,同时镗出导套和导柱的安装孔。

4.3　注射模模架的加工

4.3.1　注射模的结构组成

注射模的结构与塑料种类、制品的结构形状、制品的产量、注射工艺条件、注射机的种类等多项因素有关,因此其结构可以有多种变化。无论各种注射模结构之间差异有多大,在基本结构组成方面都有许多共同的特点。在图 4－10 所示的注射模中,根据各零(部)件与塑料的接

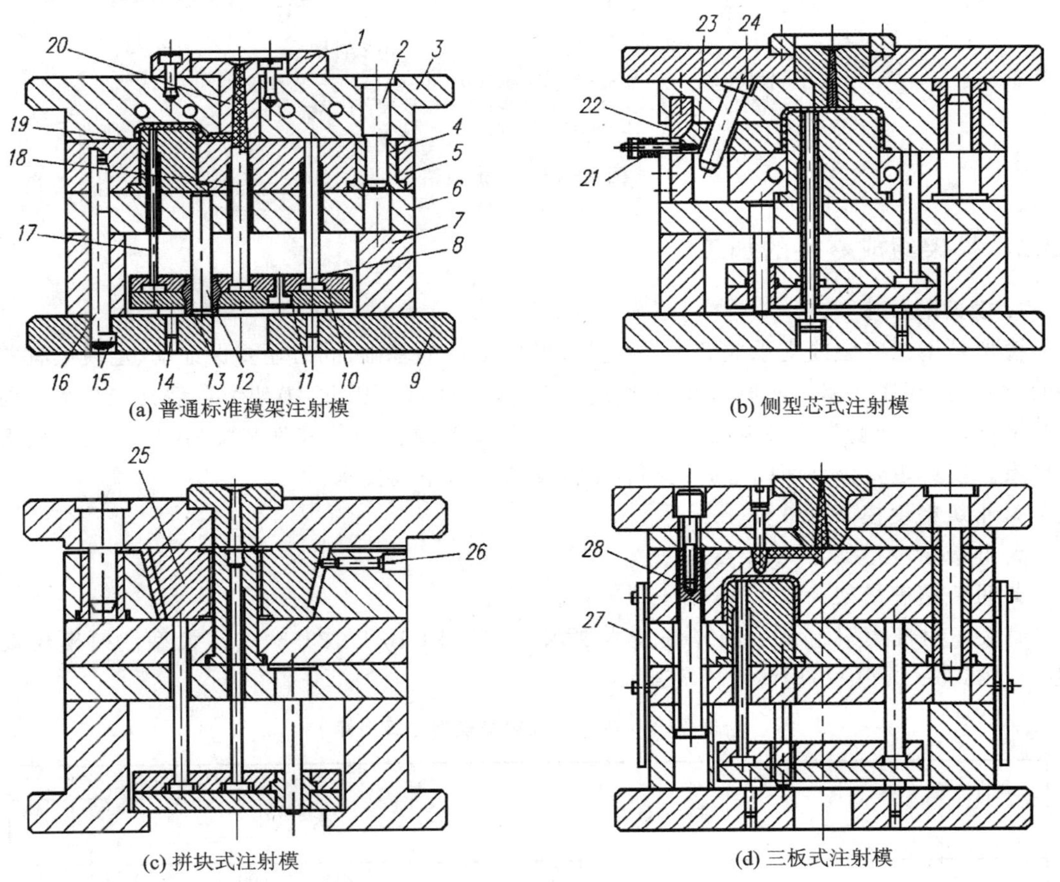

1—定位圈;2—导柱;3—凹模;4—导套;5—型芯固定板;6—支承板;7—垫块;8—复位杆;9—动模座板;10—推杆固定板;11—推板;12—推板导柱;13—推板导套;14—限位钉;15—螺钉;16—定位销;17—推杆;18—拉料杆;19—型芯;20—浇口套;21—弹簧;22—楔紧块;23—侧型芯滑块;24—斜销;25—斜滑块;26—限位螺钉;27—定距拉板;28—定距拉杆

图 4－10　不同结构形式的注射模

触情况，可以将模具的组成零件分为以下两类：

成型零件：指与塑料接触并构成模腔的那些零件。它们决定着塑料制品的几何形状和尺寸，如凸模（型芯）形成制件的内形，而凹模（型腔）形成制件的外形。

结构零件：指除成型零件以外的模具零件。这些零件具有支承、导向、排气、顶出制品、侧向抽芯、侧向分型、温度调节、引导塑料熔体向模腔流动等功能。

在结构零件中，合模导向装置与支承零部件的组合构成注射模模架，如图 4－11 所示。

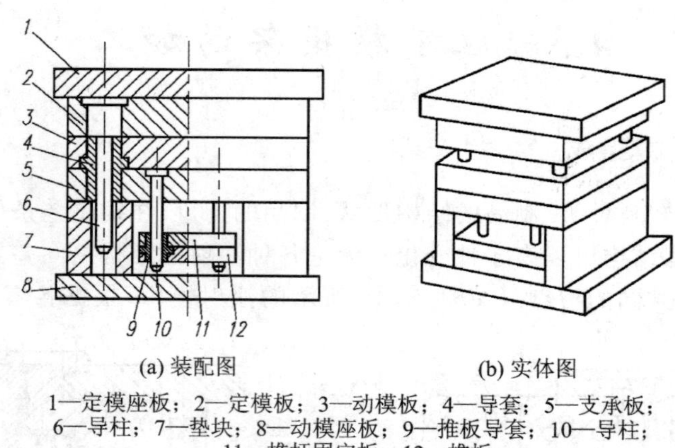

(a) 装配图　　(b) 实体图

1—定模座板；2—定模板；3—动模板；4—导套；5—支承板；6—导柱；7—垫块；8—动模座板；9—推板导套；10—导柱；11—推杆固定板；12—推板

图 4－11　注射模架

4.3.2　模架组成零件的加工

1. 模架的技术要求

模架是用来安装或支承成型零件和其他结构零件的基础，同时还要保证动、定模上有关零件的准确对合（如凸模和凹模），并避免模具零件间的干涉。因此，模架组合后其安装基准面应保持平行，其平行度公差等级见表 4－9。导柱、导套和复位杆等零件装配后要运动灵活、无阻滞现象。模具主要分型面闭合时的贴合间隙值应符合下列要求：

- Ⅰ级精度模架为 0.02 mm；
- Ⅱ级精度模架为 0.03 mm；
- Ⅲ级精度模架为 0.04 mm。

有关注射模模架组合后的详细技术要求，可参阅 GB/T 12555—90（大型注射模模架）、GB/T 12556—90（中小型注射模模架）。

表 4－9　中小型注射模模架分级指标

<table>
<tr><th rowspan="3">项目序号</th><th rowspan="3">检查项目</th><th rowspan="3" colspan="2">主参数</th><th colspan="3">精度分级</th></tr>
<tr><th>Ⅰ</th><th>Ⅱ</th><th>Ⅲ</th></tr>
<tr><th colspan="3">公差等级</th></tr>
<tr><td rowspan="2">1</td><td rowspan="2">定模座板的上、下平面对动模板的下平面的平行度</td><td rowspan="2">周界</td><td>≤400</td><td>5</td><td>6</td><td>7</td></tr>
<tr><td>>400～900</td><td>6</td><td>7</td><td>8</td></tr>
<tr><td>2</td><td>模板导柱孔的垂直度</td><td>厚度</td><td>≤200</td><td>4</td><td>5</td><td>6</td></tr>
</table>

2. 模架零件的加工

从零件结构和制造工艺考虑，图 4－11 所示模架的基本组成零件有三种类型：导柱、导套及各种模板（平板状零件）。导柱、导套的加工主要是内、外圆柱面加工。针对不同精度要求的内、外圆柱面的工艺方法、工艺方案及基准选择等在 4.2 节中已经讲过，这里不再重述。支承零件（各种模板、支承板）都是平板状零件，在制造过程中主要进行平面加工和孔系加工，在平面加工中要特别注意防止变形，保证装配时有关结合平面的平面度和平行度要求。特别是在粗加工后，若模板有弯曲变形，则在磨削加工时电磁吸盘会把这种变形矫正过来，而磨削后加工表面的形状误差并不会得到矫正。为此，应在电磁吸盘未接通电流的情况下，用适当厚度的垫片垫入模板与电磁吸盘之间的间隙中，再进行磨削。上、下两面用同样的方法交替进行，可获得 0.02/300 以下的平面度。若需要精度更高的平面，则应采用刮研方法加工。

为了保证动、定模板上导柱、导套安装孔的位置精度，根据实际加工条件，可采用坐标镗床、双轴坐标镗床或数控坐标镗床进行加工。若无上述设备且精度要求较低，也可在卧式镗床或铣床上，将动、定模板重叠在一起，一次装夹，同时镗出相应的导柱和导套的安装孔。在对模板进行镗孔加工时，应在模板平面精加工后，以模板的大平面及两相邻侧面作为定位基准，将模板放置在机床工作台的等高垫铁上。各等高垫铁的高度应严格保持一致，对于精密模板，等高垫铁的高度差应小于 3 μm。工作台和垫铁应用净布擦拭，彻底清除切屑粉末，模板的定位面应用细油石打磨，以去掉模板在搬运过程中产生的划痕。在使模板大致达到与等高垫铁平行后，轻轻夹住，然后以长度方向的前侧面为基准，用百分表找正后将其压紧，最后将工作台再移动一次，进行检验并加以确认。模板用螺栓加垫圈紧固，压板着力点不应偏离等高垫铁中心，以免模板产生变形，如图 4－12 所示。

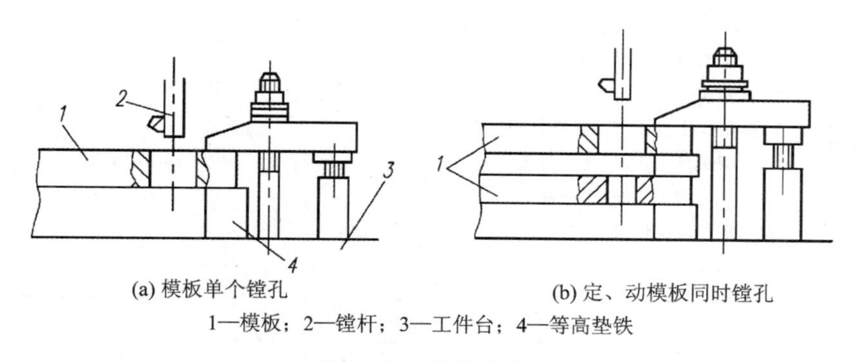

(a) 模板单个镗孔　　(b) 定、动模板同时镗孔

1—模板；2—镗杆；3—工作台；4—等高垫铁

图 4－12　模板的装夹

4.3.3　其他结构零件的加工

1. 浇口套的加工

常见的浇口套有两种类型，即图 4－13 所示的 A 型和 B 型，其中 B 型结构在模具装配时，用固定在定模上的定位环压住左端台阶面，防止注射时浇口套在塑料熔体的压力作用下退出定模。d 与定模上相应孔的配合为 H7/m6；D 与定位环内孔的配合为 H10/f9。由于注射成型时浇口套要与高温塑料熔体和注射机喷嘴反复接触和碰撞，因此浇口套一般采用碳素工具钢 T8A 制造，局部热处理，硬度为 57HRC 左右。

与一般套类零件相比，浇口套锥孔小（其小端直径一般为 3～8 mm），加工较难，同时还应保证浇口套锥孔与外圆同轴，以便在模具安装时通过定位环使浇口套与注射机的喷嘴对准。

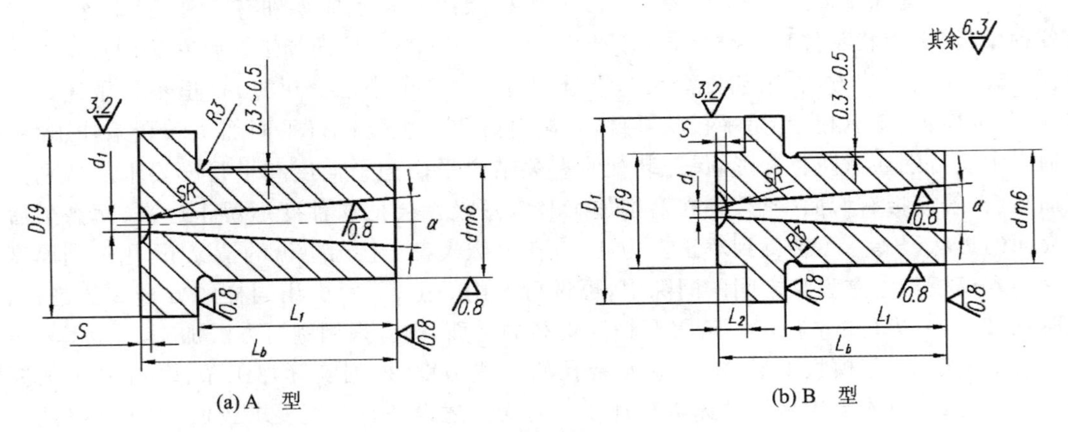

(a) A 型　　(b) B 型

图 4-13　浇口套

加工图 4-13 所示浇口套的工艺路线见表 4-10。

表 4-10　加工浇口套的工艺路线

工序号	工序名称	工艺说明
1	备料	① 按零件结构及尺寸大小选用热轧圆钢或锻件作为毛坯； ② 保证直径和长度方向上足够的加工余量； ③ 若浇口套凸肩部分长度不能可靠夹持，则应将毛坯长度适当加长
2	车削加工	① 车外圆 d 及端面，留磨削余量； ② 车退刀槽达设计要求； ③ 钻孔； ④ 用锥度绞刀加工锥孔达设计要求； ⑤ 调头车 D_1 外圆达设计要求； ⑥ 车外圆 D，留磨削余量； ⑦ 车端面保证尺寸 L_b； ⑧ 车球面凹坑达设计要求
3	检验	
4	热处理	
5	磨削加工	以锥孔定位，磨外圆 d 及 D 达设计要求
6	检验	

2. 侧型芯滑块的加工

当注射成型带有侧凹或侧孔的塑料制品时，模具必须带有侧向抽芯机构或侧向分型，如图 4-10(b)、(c)所示。图 4-14 所示为某斜导柱抽芯机构的结构图，其中图(a)为合模状态，图(b)为开模状态。在侧型芯滑块上装有侧向型芯或成型镶块。侧型芯滑块与滑槽可采用不同的结构组合，如图 4-15 所示。

从以上结构可以看出，侧型芯滑块是侧向抽芯机构的重要组成零件，注射成型和抽芯的可靠性需要它的运动精度保证。滑块与滑槽的配合特性常选用 H8/g7 或 H8/h8，其余部分应留

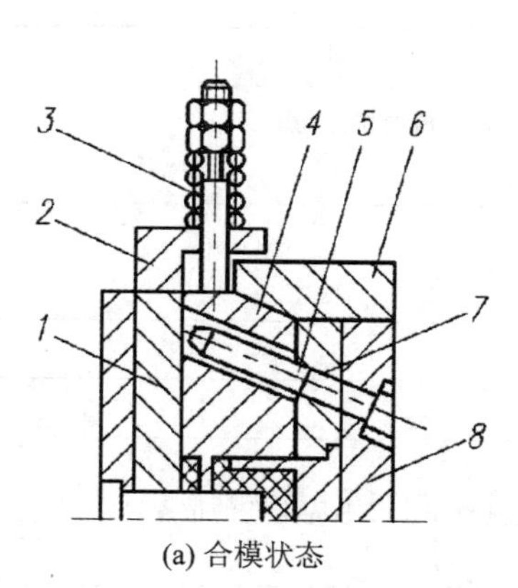

(a) 合模状态

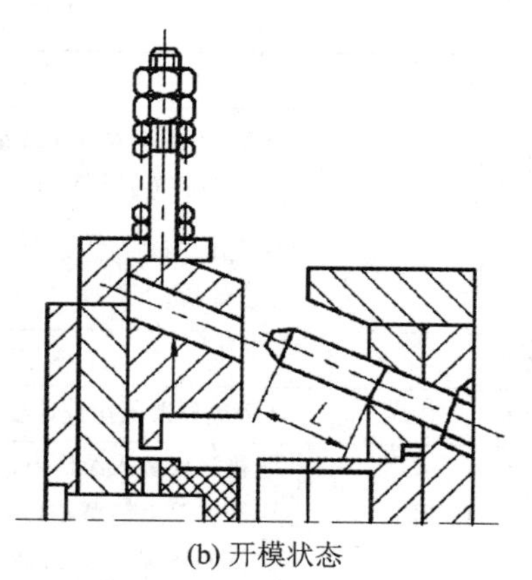

(b) 开模状态

1—推件板；2—挡块；3—弹簧；4—侧型芯滑块；
5—斜导柱；6—楔紧块；7—定模板；8—定模座板

图 4-14　斜导柱抽芯机构

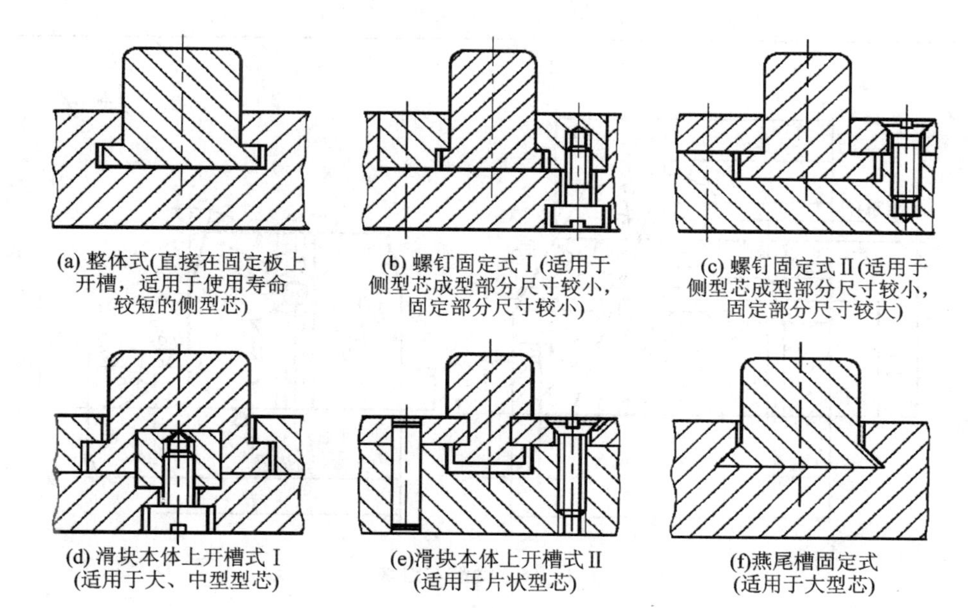

(a) 整体式(直接在固定板上开槽，适用于使用寿命较短的侧型芯)

(b) 螺钉固定式 I (适用于侧型芯成型部分尺寸较小，固定部分尺寸较小)

(c) 螺钉固定式 II (适用于侧型芯成型部分尺寸较小，固定部分尺寸较大)

(d) 滑块本体上开槽式 I (适用于大、中型型芯)

(e)滑块本体上开槽式 II (适用于片状型芯)

(f)燕尾槽固定式 (适用于大型芯)

图 4-15　侧型芯滑块与滑槽的常见结构

有较大的间隙，两者配合面的粗糙度 Ra 一般取 0.63～1.25 μm。滑块材料常采用 45 钢或碳素工具钢，导滑部分可局部或全部淬硬，硬度为 40～45HRC。

图 4-16 所示为侧型芯滑块，其工艺路线见表 4-11。

表 4-11　加工侧型芯滑块的工艺路线

工序号	工序名称	工序说明
1	备料	将毛坯锻成平行六面体，保证各面有足够的加工余量
2	铣削加工	铣六面
3	钳工划线	

续表 4-11

工序号	工序名称	工序说明
4	铣削加工	① 铣滑导部，$Ra=0.8\ \mu m$ 及以上，表面留磨削余量； ② 铣各斜面达设计要求
5	钳工加工	去毛刺、倒钝锐边； 加工螺纹孔
6	热处理	
7	磨削加工	磨滑块导滑面达设计要求
8	镗型芯固定孔	① 将滑块装入滑槽内； ② 按型腔上侧型芯孔的位置确定侧滑块上型芯固定孔的位置尺寸； ③ 按上述位置尺寸镗滑块上的型芯固定孔
9	镗斜导柱孔	① 动模板、定模板组合，楔紧块将侧型芯滑块锁紧(在分型面上用 0.02 mm 金属片垫实)； ② 将组合的动、定模板装夹在卧式镗床的工作台上； ③ 按斜销孔的斜角偏转工作台，镗孔

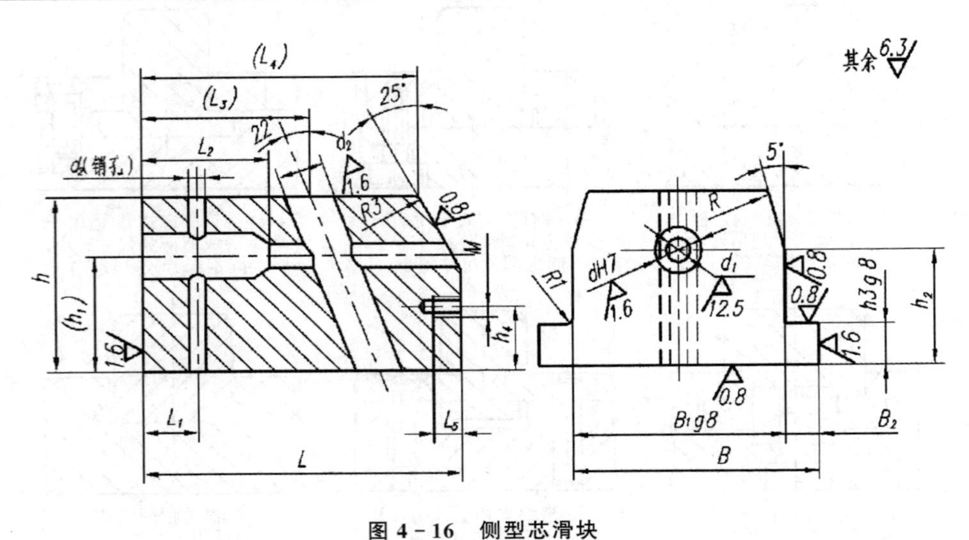

图 4-16　侧型芯滑块

4.4　冲裁凸模与凹模的加工

4.4.1　冲裁凸模与凹模的加工原则

① 落料时，落料零件的尺寸与精度取决于凹模刃口的尺寸。因此，在加工制造落料凹模时，应使凹模尺寸与制品零件最小极限尺寸相近。凸模刃口的公称尺寸则应在凹模刃口的公称尺寸的基础上减去一个最小间隙值。

② 冲孔时，冲孔零件的尺寸取决于凸模尺寸。因此，在制造及加工冲孔凸模时，应使凸模尺寸与孔的最大尺寸相近，而凹模公称尺寸，则应在凸模刃口尺寸的基础上加上一个最小间隙值。

③ 对于单件生产的冲模或复杂形状零件的冲模，其凸、凹模应用配制法制作与加工。即先按图样尺寸加工凸模（凹模），然后以此为准，配作凹模（凸模），并适当加上间隙值。落料时，先制造凹模，凸模以凹模配制加工；冲孔时，先制造凸模，凹模以凸模配制加工。

④ 由于凸模、凹模长期工作受磨损而使间隙加大，因此，在制造新冲模时，应采用最小合理间隙值。

⑤ 在制造冲模时，同一副冲模的间隙应在各方向力求均匀一致。

⑥ 凸模与凹模的精度（公差值）应随制品零件的精度而定。一般情况下，圆形凸模与凹模应按 IT5～6 精度加工，而非圆形凸、凹模，可取制品公差的 25%来加工。

4.4.2　冲裁凹模制作分析及注意事项

以图 4－17 为例，冲裁凹模制作分析及注意事项见表 4－12。

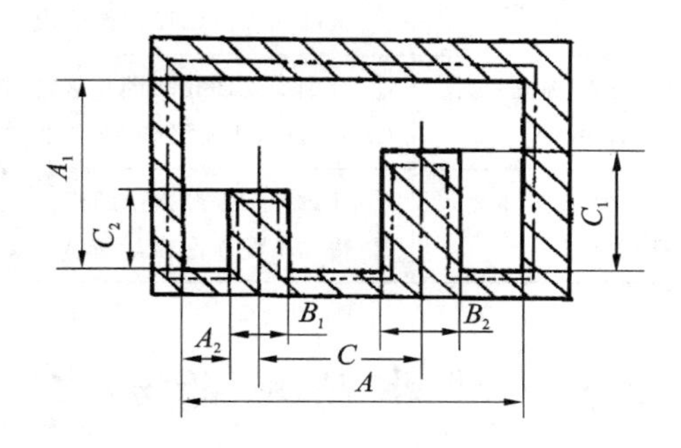

图 4－17　某冲裁凹模

表 4－12　冲裁凹模制作的分析及注意事项

尺寸类型		磨损后尺寸变化情况	加工时的注意事项
A 类尺寸	A、A_1、A_2	增大	保证凹模尺寸与冲裁件对应的最小尺寸相近
B 类尺寸	B、B_1、B_2	减小	制造与加工时，B 类尺寸应与冲裁件槽宽的最大尺寸相接近
C 类尺寸	C、C_1、C_2	不变	制造与加工时，C 类尺寸应与冲裁件相对应的中间尺寸相接近

4.4.3　凸模与凹模精加工顺序选择

凸模与凹模精加工方案的选择方法见表 4－13。

表 4－13　凸模与凹模精加工方案的选择方法

序　号	方　案	适用范围
第一方案	按照图样要求的尺寸，分别加工凸模与凹模并保证间隙值	在所采用的加工方法中，能够保证凸模和凹模有足够的精度，如直径大于 5 mm 的单孔圆形凹模与凸模
第二方案	先加工好凸模，然后按此凸模配作凹模，并保证凸、凹模规定的间隙值	外圆形冲孔模或直径小于 5 mm 的冲孔模

续表 4－13

序　号	方　案	适用范围
第三方案	先加工好凹模，然后按凹模配合加工凸模，并保证规定的间隙值	适用于非圆形的落料模

凸模与凹模配合加工顺序的选择方法见表 4－14。

表 4－14　凸模与凹模配合加工顺序的选择方法

冲裁模类型	尺寸特点	配合加工顺序
有间隙的冲孔模	制品孔的尺寸等于凸模工作部位刃口尺寸	① 先加工好凸模； ② 按加工好的凸模精加工配作凹模，保证一定的间隙值
有间隙的落料模	制品的外缘尺寸等于凹模孔尺寸	① 先加工好凹模； ② 按已加工的凹模配作凸模并保证一定的间隙值
有间隙的复合模	制品的外形尺寸等于凹模孔尺寸，内孔尺寸等于凸模尺寸	① 分别加工冲孔凸模及落料凹模； ② 按凸模、凹模配作凸凹模的内孔及外形，并保证一定的间隙值
无间隙的冲裁模	制品的尺寸等于凸模工作部分尺寸，也等于凹模孔尺寸	① 任意先加工凸模或凹模； ② 精加工配作凹模与凸模

4.5　冲裁凸模的加工

冲裁凸模的刃口形状种类繁多，从工艺角度考虑，可将其分为圆形和非圆形两种。

4.5.1　圆形凸模的加工

图 4－18 所示为圆形凸模的典型结构。这种凸模加工比较简单，热处理前毛坯经车削加工，表面粗糙度 Ra 为 1.6～0.4 μm，表面留适当磨削余量；热处理后，经磨削加工即可获得较理想的工作型面及配合表面。

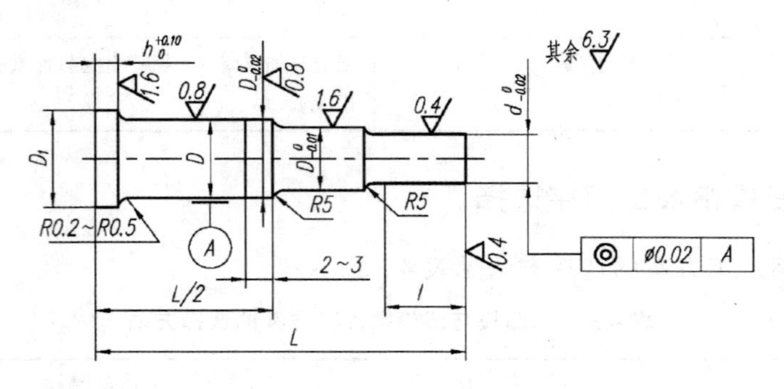

图 4－18　圆形凸模的典型结构

4.5.2　非圆形凸模的加工

非圆形凸模的工作型面，大致分为平面结构和非平面结构两种。加工主要由平面构成的凸模型面比较容易，可采用铣削或刨削方法对各表面逐次进行加工，如图 4－19 所示。

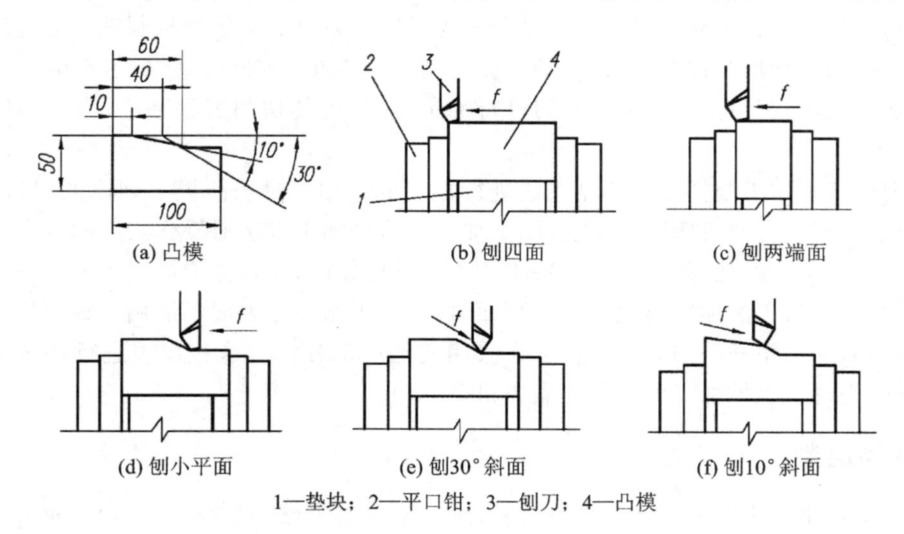

(a) 凸模　(b) 刨四面　(c) 刨两端面

(d) 刨小平面　(e) 刨30°斜面　(f) 刨10°斜面

1—垫块；2—平口钳；3—刨刀；4—凸模

图 4－19　平面结构凸模的刨削加工

采用铣削方法加工平面结构的凸模时，多采用立铣和万能工具铣床进行加工。对于这类模具中某些倾斜平面的加工方法有以下几种：

① 工件斜置：装夹工件时使被加工斜面处于水平位置进行加工，如图 4－20 所示。

② 刀具斜置：使刀具相对于工件倾斜一定的角度对被加工表面进行加工，如图 4－21 所示。

③ 将刀具制成一定的锥度对斜面进行加工，这种方法一般较少使用。

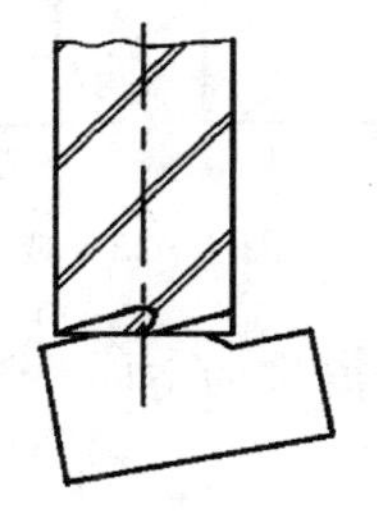

图 4－20　工件斜置铣削

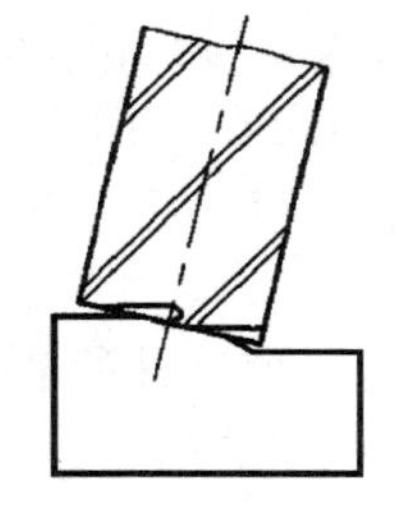

图 4－21　刀具斜置铣削

加工非平面结构的凸模（如图 4－22 所示）时，可根据凸模形状、结构特点和尺寸大小采用车床、仿形铣床、数控铣床或通用铣（刨）床等进行加工。

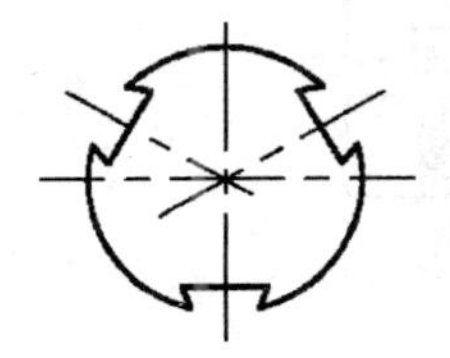
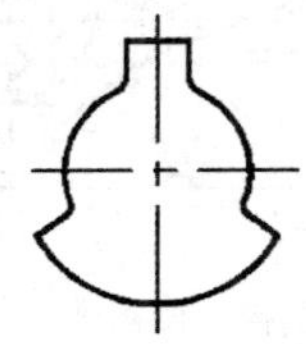
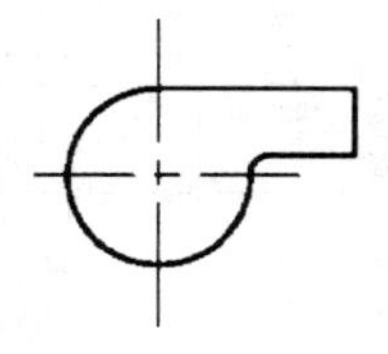
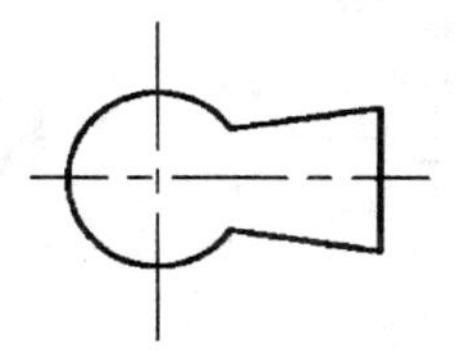
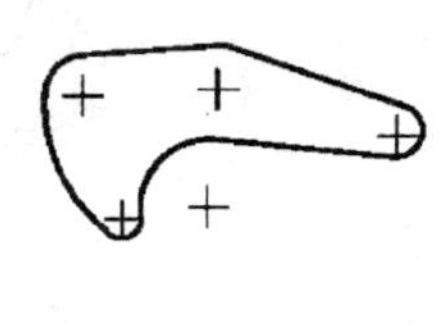

图 4－22　非平面结构的凸模

采用仿形铣床或数控铣床加工,可以减轻劳动强度,容易获得所要求的形状尺寸。数控铣削的加工精度比仿形铣削高。仿形铣削是利用仿形销和靠模的接触来控制铣刀的运动,因此,仿形销和靠模的尺寸形状误差、仿形运动的灵敏度等会直接影响零件的加工精度。无论仿形铣削还是数控铣削,都应采用螺旋齿铣刀进行加工,这样可使切削过程平稳,容易获得较低的粗糙度。

在普通铣床上加工凸模是采用划线法进行加工的。加工时按凸模上划出的刃口轮廓线,手动操作机床工作台(或机床附件)进行切削加工。这种加工方法对操作工人的技术水平要求高,劳动强度大,生产率低,加工质量取决于工人的操作技能,而且会增加钳工的工作量。

当采用铣、刨削方法加工凸模的工作型面时,若由于结构原因而不能用一种方法加工出全部型面(如凹入的尖角和小圆弧),则应考虑采用其他加工方法对这些部位进行补充加工。在某些情况下,为便于机械加工而将凸模做成组合结构。

4.5.3 成型磨削

成型磨削用来对模具的工作零件进行精加工,不仅用于加工凸模,也可加工镶拼式凹模的工作型面。采用成型磨削加工模具零件可获得高精度的尺寸、形状;可以加工淬硬钢和硬质合金,能获得良好的表面质量。根据工厂的设备条件,成型磨削可在通用平面磨床上采用专用夹具或成型砂轮进行,也可在专用的成型磨床上进行。

成型磨削的方法有以下两种:

(1) 成型砂轮磨削法

这种方法是将砂轮修整成与工件被磨削表面完全吻合的形状进行磨削加工,以获得所需要的成型表面,如图 4-23 所示。此法一次所能磨削的表面宽度不能太大。为获得一定形状的成型砂轮,可将金刚石固定在专门设计的修整夹具上对砂轮进行修整。

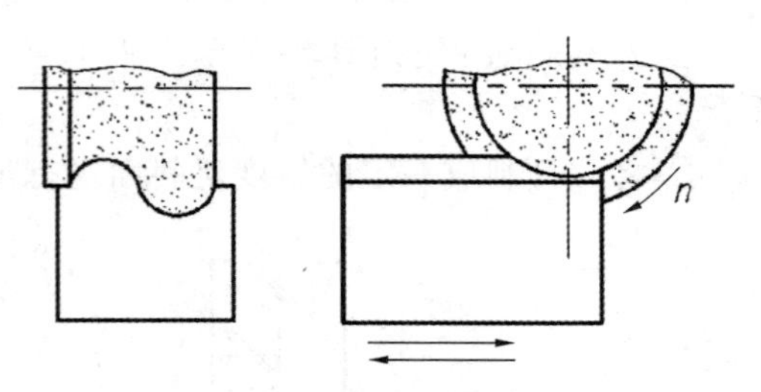

图 4-23 成型砂轮磨削法

(2) 夹具磨削法

这种方法是借助夹具,使工件的被加工表面处在所要求的空间位置上(如图 4-24(a)所

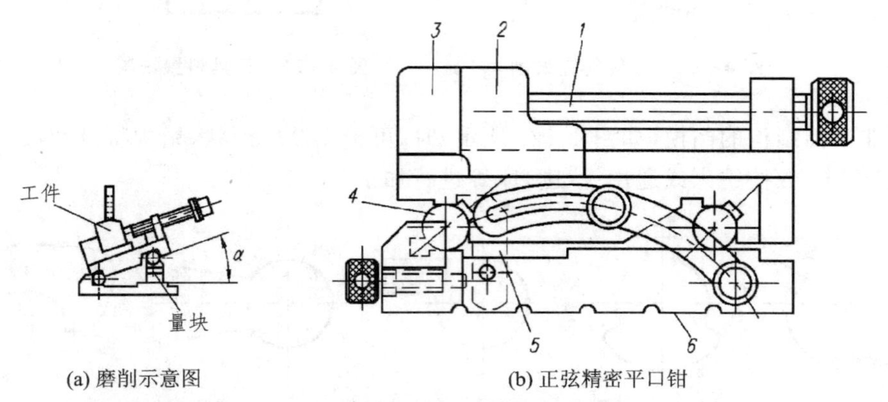

(a) 磨削示意图　(b) 正弦精密平口钳

1—螺柱;2—活动钳口;3—虎钳体;4—正弦圆柱;5—压板;6—底座

图 4-24 正弦精密平口钳的结构及磨削示意图

示),或使工件在磨削过程中获得所需的进给运动,从而磨削出成型表面。图 4-25 所示为用夹具磨削圆弧面的加工示意图。工件除做纵向进给(由机床提供)外,还可以借助夹具使工件做断续的圆周进给,这种磨削圆弧的方法称为回转法。

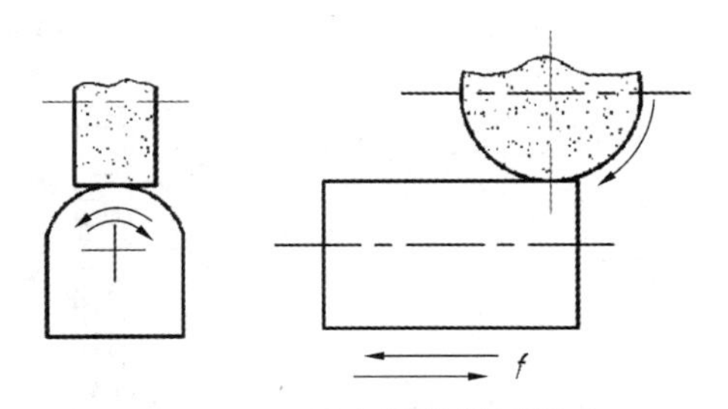

图 4-25　用夹具磨削圆弧面

常见的成型磨削夹具有以下两种:

① 正弦精密平口钳。如图 4-24(b)所示,该夹具由带正弦规的虎钳和底座 6 组成。正弦圆柱 4 被固定在虎钳体 3 的底面,用压板 5 使其紧贴在底座 6 的定位面上。在正弦圆柱和底座间垫入适当尺寸的量块,可使虎钳倾斜成所需要的角度,以磨削工件上的倾斜表面,如图 4-24(a)所示。量块尺寸可按下式计算:

$$h_1 = L \cdot \sin \alpha$$

式中:h_1——垫入的量块尺寸(mm);

L——正弦圆柱的中心距(mm);

α 工件需要倾斜的角度(°)。

正弦精密平口钳的最大倾斜角度为 45°,为了保证磨削精度,应使工件在夹具内正确定位,工件的定位基面应预先磨平并保证垂直。

② 正弦磁力夹具。正弦磁力夹具的结构和应用情况与正弦精密平口钳相似,两者的区别在于正弦磁力夹具是用磁力代替平口钳夹紧工件,如图 4-26 所示。电磁吸盘能倾斜的最大角度也是 45°。

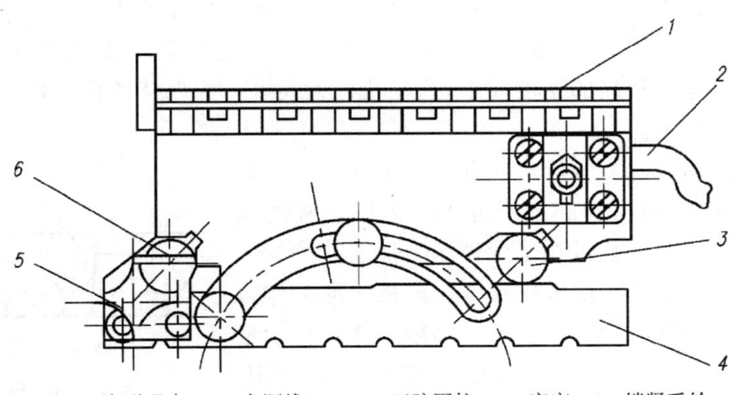

1—电磁吸盘;2—电源线;3、6—正弦圆柱;4—底座;5—锁紧手轮

图 4-26　正弦磁力夹具

以上磨削夹具若配合成型砂轮,也能磨削平面与圆弧面组成的形状复杂的成型表面。进行成型磨削时,被磨削表面的尺寸常采用测量调整器、量块和百分表进行比较测量。测量调整器的结构如图 4-27 所示。量块座 2 能在三角架 1 的斜面上沿 V 形槽上、下移动,当移动到适当位置后,用滚花螺帽 3 和螺钉 4 固定。为了保证测量精度,要求当量块座沿斜面移至任何位置时,量块支承面 A、B 应分别与测量调整器的安装基面 D、C 保持平行,其误差不大于 0.005 mm。

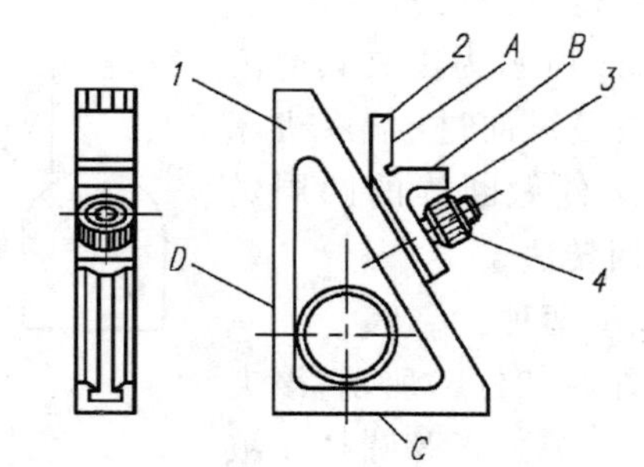

1—三角架；2—量块座；3—滚花螺母；4—螺钉

图 4-27 测量调整器

4.6 凹模型孔加工

凹模型孔按其形状特点可分为圆形和非圆形两种，其加工方法随其形状而定。

4.6.1 圆形型孔

具有圆形型孔的凹模有以下两种情况：

① 单型孔凹模。这类凹模制造工艺比较简单，毛坯经锻造、退火后进行车削(或铣削)及钻、镗型孔，并在上、下平面和型孔处留适当磨削余量，再由钳工划线、钻所有固定用孔、攻螺纹、铰销孔，然后进行淬火、回火，热处理后磨削上、下平面及型孔即成。

② 多型孔凹模。其典型代表有冲裁模中的连续模和复合模，它们的凹模有一系列圆孔，各孔尺寸及相互位置有较高的精度要求，这些孔称为孔系。为保持各孔的相互位置精度要求，常采用坐标法进行加工。

镶入式凹模如图 4-28 所示。固定板 1 不进行淬火处理。凹模镶件经淬火、回火和磨削后分别压入固定板的相应孔内。固定板上的镶件孔可在坐标镗床上加工。

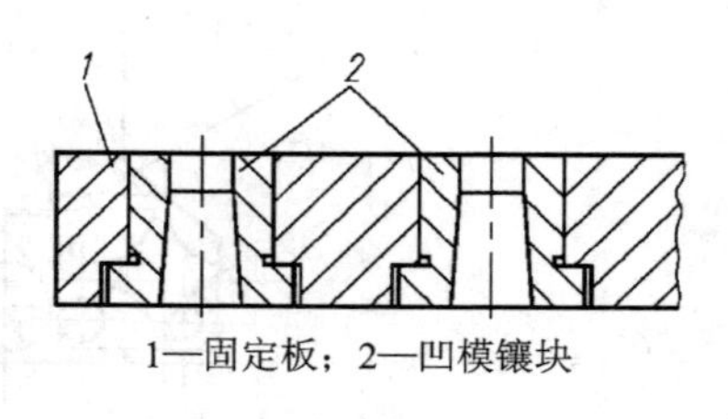

1—固定板；2—凹模镶块

图 4-28 镶入式凹模

图 4-29 所示为立式双柱坐标镗床。该机床的工作台能在纵、横移动方向上进行精确调整，大多数工作台移动量的读数值最小单位为 0.001 mm；定位精度一般可达 ±(0.002～0.0025) mm。工作台移动值的读取方法可采用光学式或数字显示式。

在坐标镗床上按坐标法镗孔，是将各孔间的尺寸转化为直角坐标尺寸，如图 4-30 所示。加工时将工件置于机床的工作台上，用百分表找正相互垂直的基准面 a、b，使其分别和工作台的纵、横运动方向平行后夹紧。使基准 a 与主轴的轴线对准，将工作台横向移动 x_1；再使基准 b 与主轴的轴线对准，将工作台纵向移动 y_1。此时，主轴的轴线与孔Ⅰ的轴线重合，可将孔加工到所要求的尺寸。孔Ⅰ加工好后，按坐标尺寸 x_2、y_2 及 x_3、y_3 调整工作台，使孔Ⅱ和孔Ⅲ的轴线依次与机床主轴的轴线重合，镗出孔Ⅱ和孔Ⅲ。

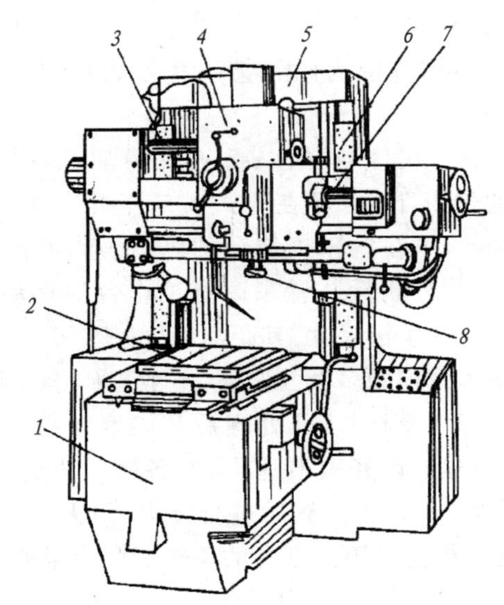

1—床身；2—工作台；3、6—立轴；4—主轴箱；
5—顶梁；7—横梁；8—主轴

图 4－29　立式双柱坐标镗床

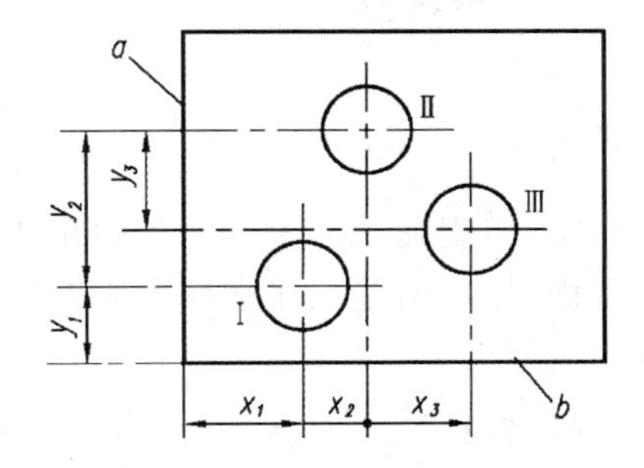

图 4－30　孔系的直角坐标尺寸

在工件的安装调整过程中，为使工件上的基准面 a 或 b 对准主轴的轴线，可以采用多种方法。图 4－31 所示为用定位角铁和光学中心测定器进行找正。中心测定器 2 以其锥柄定位，安装在镗床主轴的锥孔内，在目镜 3 的视场内有两对十字线。定位角铁 1 的两个工作表面互成 90°，在它的上平面上固定着一个直径约 7 mm 的镀铬钮，钮上有一条与角铁垂直工作面重合的刻线。使用时将角铁的垂直工作面紧靠工件 4 的基准面（a 或 b），移动工作台从目镜观察，使镀铬钮上的刻线恰好落在目镜视场内的两对十字线之间，如图 4－32 所示。此时，工件的基准面已对准机床主轴的轴线。

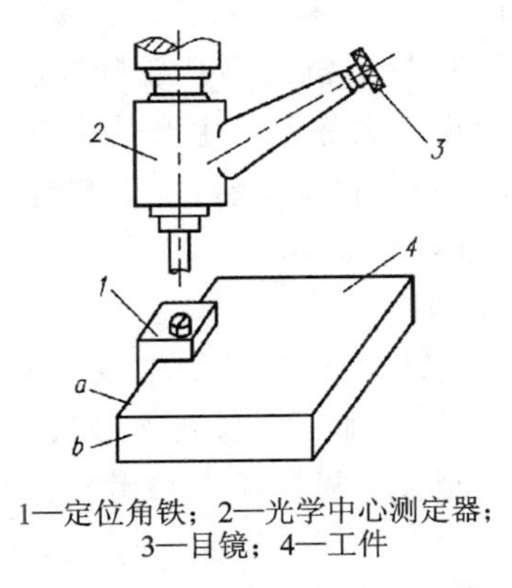

1—定位角铁；2—光学中心测定器；
3—目镜；4—工件

图 4－31　用定位角铁和光学中心测定器找正

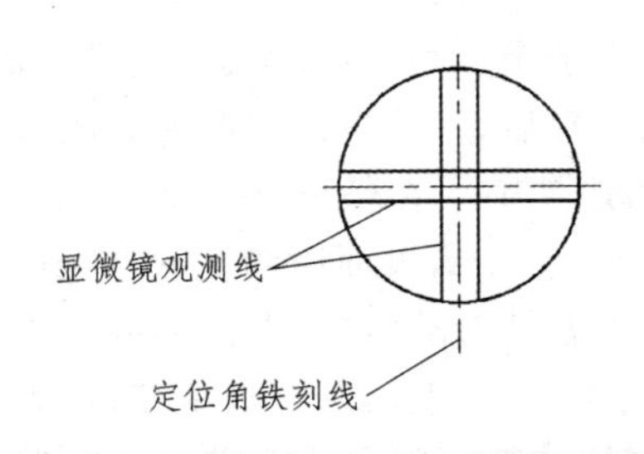

图 4－32　定位角铁刻线在显微镜中的位置

加工分布在同一圆周上的孔，可以使用坐标镗床的机床附件——万能回转工作台，如图 4－33 所示。转动手轮 3，转盘 1 可绕垂直轴旋转 360°，旋转的读数精度为 1″，使用时将转台置于坐标镗床的工作台上。当加工同一圆周上的孔时应调整工件，使各孔所在圆的圆心与转

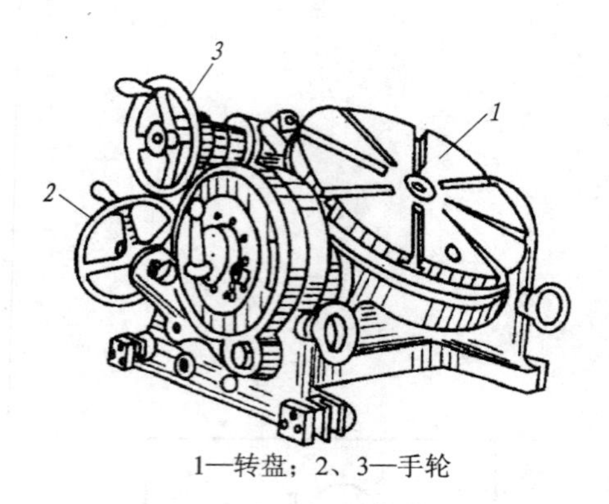

1—转盘；2、3—手轮

图4-33　万能回转工作台

盘1的回转轴线重合。转动手轮2能使转盘1绕水平轴在0～90°范围内倾斜某一角度，以加工工件上的斜孔。

对具有镶件结构的多型孔凹模加工，在缺少坐标镗床的情况下，也可在立式铣床上用坐标法加工孔系。为此，可在铣床工作台的纵、横运动方向上附加量块、百分表测量装置来调整工作台的移动距离，以控制孔间的坐标尺寸，其距离精度一般可达0.02 mm。

整体结构的多型孔凹模，一般以碳素工具钢或合金工具钢为原材料，热处理后其硬度常在60HRC以上，制造时毛坯经锻造退火，对各平面进行粗加工和半精加工，钻、镗型孔；上、下平面及型孔处留适当磨削余量，然后进行淬火、回火，热处理后磨削上、下平面，以平面定位在坐标磨床上对型孔进行精加工。型孔的单边磨削余量通常不超过0.2 mm。

在对型孔进行镗孔加工时，必须使孔系的位置尺寸达到一定的精度要求，否则会给坐标磨床加工造成困难。最理想的方法是用加工中心进行加工，它不仅能保证各型孔相互间的位置尺寸精度要求，而且凹模上的所有螺纹孔、定位销孔的加工都可在一次安装中全部完成，极大地简化了操作，有利于提高劳动生产率。

4.6.2　非圆形型孔

非圆形型孔的凹模如图4-34所示，其机械加工难度高。由于数控线切割加工技术的发展及其在模具制造中的广泛应用，许多传统的型孔加工方法都被该技术取代。机械加工主要用于线切割加工受到尺寸大小限制或缺少线切割加工设备的情况下。

非圆形型孔的凹模通常是将毛坯锻造成矩形，加工各平面后进行划线，再将型孔中心的余料去除而成的。图4-35所示是沿型孔轮廓线内侧顺次钻孔后，将孔两边的连接部凿断，去除余料。如果工厂有带锯机，可先在型孔的转折处钻孔后，用带锯机沿型孔轮廓线将余料切除，并按后续工序要求沿型孔轮廓线留适当加工余量。用带锯机去除余料生产效率较高。

当凹模尺寸较大时，也可用氧-乙炔焰气割方法去除型孔内部的余料。切割时型孔应留有足够的加工余量。切割后的模坯应进行退火处理，以便进行后续加工。

切除余料后，可采用以下两种方法对型孔进行进一步加工：

① 仿形铣削　在仿形铣床上采用平面轮廓仿形，对型孔进行半精加工或精加工，其加工精度可达0.05 mm，表面粗糙度$Ra=2.5\sim1.5\ \mu m$。仿形铣削加工容易获得形状复杂的型孔，可减轻操作者的劳动强度，但需要制造靠模，使生产周期延长。靠模通常都用容易加工的木材制造，因受温度、湿度的影响极易变形，影响加工精度。

② 数控加工　用数控铣床加工型孔，容易获得比仿形铣削更高的加工精度。不需要制造靠模，通过数控指令使加工过程实现自动化，可降低对操作工人的技能要求，而且可提高生产效率。此外，还可采用加工中心对凹模进行加工。在加工中心上经一次装夹不仅能加工非圆形型孔，还能同时加工固定螺孔和销孔。

若无仿形铣床和数控铣床，则可在立铣或万能工具铣床上加工型孔。铣削时，按型孔轮廓线手动操作铣床工作台纵、横运动进行加工。对操作者的技术水平要求高，劳动强度大，加工精度低，生产效率低，加工后钳工的修正工作量大。

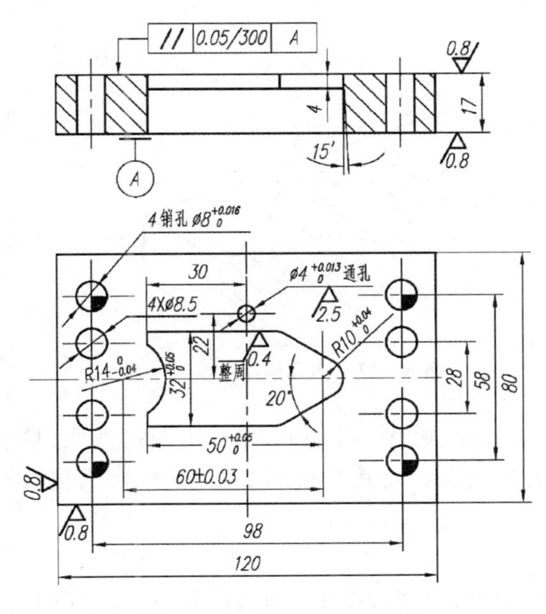

图 4-34　非圆形型孔凹模

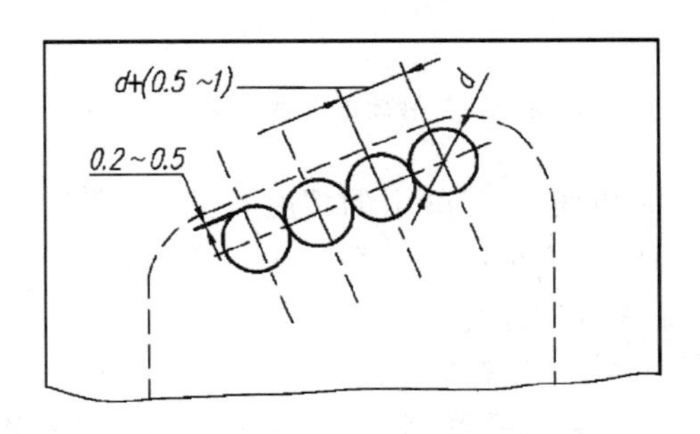

图 4-35　型孔轮廓线钻孔

用铣削方法加工型孔时，铣刀半径应小于型孔转角处的圆弧半径才能将型孔加工出来。对于转角半径特别小的部位或尖角部位，只能用其他加工方法（如插削）或钳工进行修整以获得型孔。加工完毕后再加工落料斜度。

4.6.3　坐标磨床加工

坐标磨床主要用于对淬火后的模具零件进行精加工，不仅能加工圆孔，也能对非圆形型孔进行加工；不仅能加工内成型表面，也能加工外成型表面。它是淬火后进行孔加工的机床中精度最高的一种。

坐标磨床和坐标镗床相类似，也是用坐标法对孔系进行加工，其坐标精度可达±(0.002～0.003) mm，只是坐标磨床用砂轮作为切削工具。机床的磨削机构能完成三种运动，即砂轮的高速自转（主运动）、行星运动（砂轮回转轴线的圆周运动）及砂轮沿机床主轴轴线方向的直线往复运动，如图 4-36 所示。

在坐标磨床上进行磨削加工的基本方法有以下几种：

1）内孔磨削

利用砂轮的高速自转、行星运动和轴向的直线往复运动，即可进行内孔磨削（如图 4-37 所示），利用行星运动直径的增大实现径向进给。

进行内孔磨削时，由于砂轮直径受孔径限制，同时为降低磨头的转速，应使砂轮直径尽可能接近磨削的孔径，一般可取砂轮直径为孔径的 80%～90%。砂轮高速回转（主运动）的线速度，一般比普通磨削的线速度低。行星运动（圆周进给）的速度大约是主运动线速度的 0.15 倍。低的行星运动速度将减小磨削量，但对表面加工质量有利。砂轮的轴向往复运动（轴向进

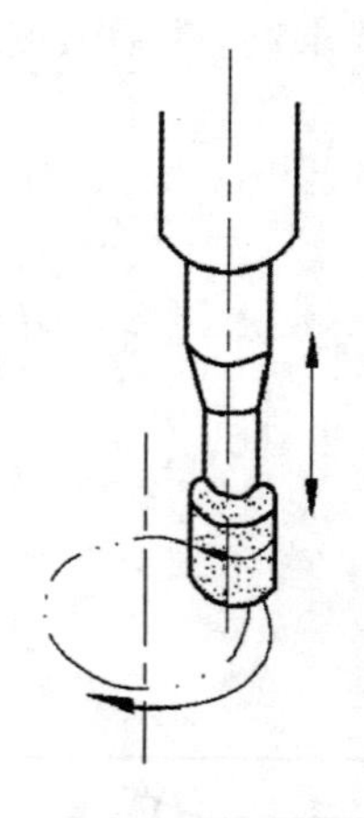

图 4-36　砂轮的三种运动

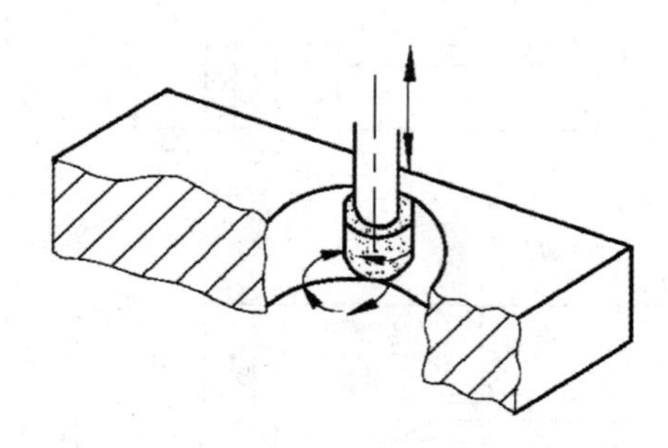

图 4-37　内孔磨削

给)的速度与磨削的精度有关:粗磨时,往复运动速度可在 0.5～0.8 mm/min 范围内选取;精磨时,往复运动速度可在 0.05～0.25 mm/min 范围内选取。尤其在精加工结束时,要用很低的行程速度。

2) 外圆磨削

和内孔磨削一样,外圆磨削也是利用砂轮的高速自转、行星运动和轴向往复运动实现的,如图 4-38 所示。利用行星运动直径的缩小,实现径向进给。

3) 锥孔磨削

锥孔磨削是由机床上的专门机构使砂轮在轴向进给的同时,连续改变行星运动的半径。锥孔的锥顶角大小取决于两者变化的比值,所磨锥孔的最大锥顶角为 12°。

锥孔磨削的砂轮应修出相应的锥角,如图 4-39 所示。

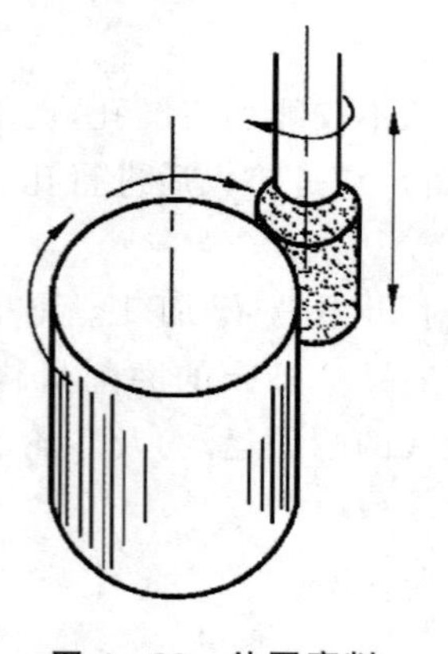

图 4-38　外圆磨削

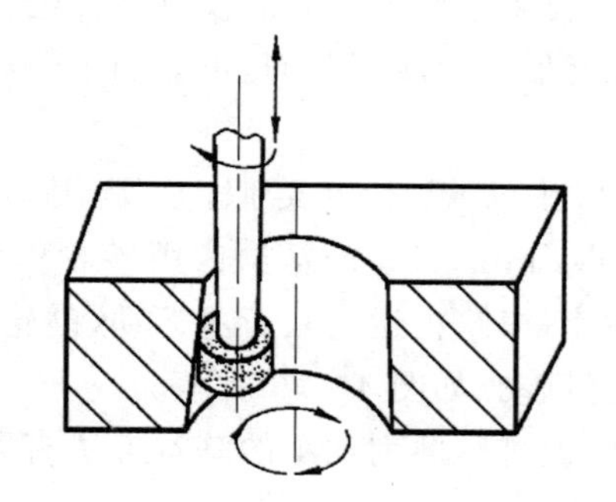

图 4-39　锥孔磨削

4) 平面磨削

平面磨削时,砂轮仅自转而不做行星运动,工作台进给,如图 4-40 所示。平面磨削适用于平面轮廓的精密加工。

5) 侧　磨

这种加工方法是使用专门的磨槽附件进行的,砂轮在磨槽附件上的装夹和运动情况,如

图 4－41 所示。该方法可以对槽及带清角的内表面进行加工。

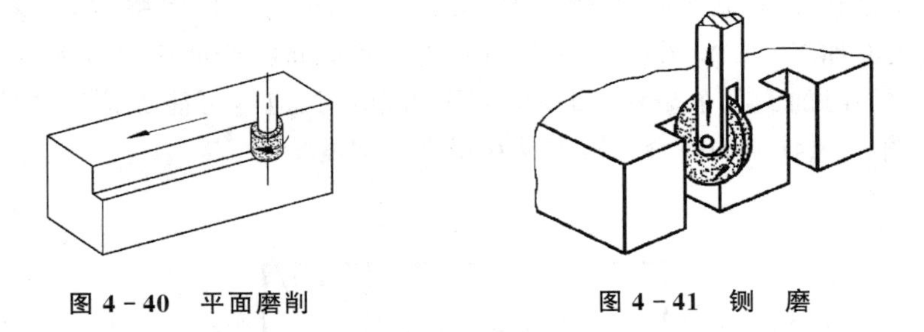

图 4－40　平面磨削　　　　图 4－41　铡　磨

将基本磨削方法综合运用，可以对一些形状复杂的型孔进行磨削加工，如图 4－42 所示。磨削该凹模型孔时，可先将平转台固定在机床工作台上，用平转台装夹工件，经找正使工件的对称中心与转台回转中心重合。调整机床使孔 O_1 的轴线与主轴线重合，用内孔磨削方法磨出 O_1 的圆弧段。再调整工作台使工件上的 O_2 与主轴中心重合，磨削该圆弧到要求尺寸。利用圆形转台将工件同转 180°，磨削 O_3 的圆弧至所要求的尺寸。

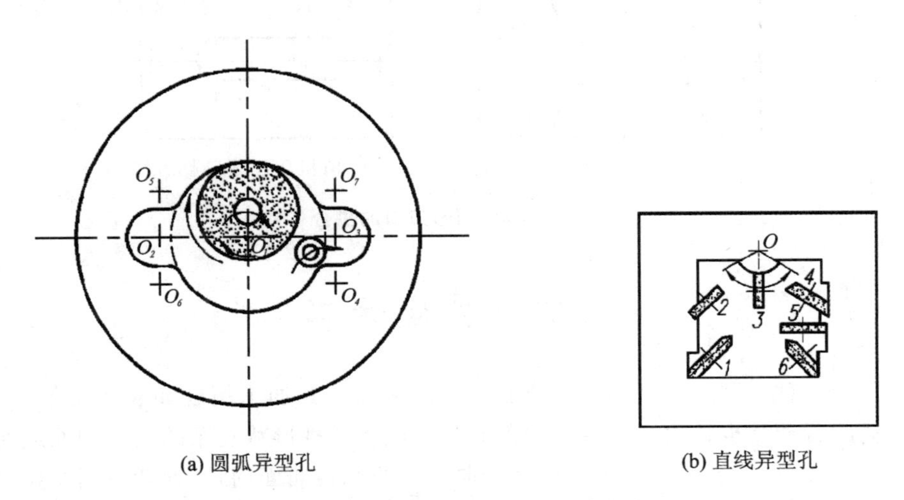

(a) 圆弧异型孔　　(b) 直线异型孔

图 4－42　对形状复杂的型孔进行磨削加工

使 O_4 与机床主轴轴线重合，磨削时使行星运动停止，操纵磨头来回摆动磨削 O_4 的凸圆弧。砂轮的径向进给方向与磨削外圆相同。注意使凸、凹圆弧在连接处平整光滑。利用圆形转台换位逐次磨削 O_5、O_6、O_7 的圆弧，其磨削方法与 O_4 相同。

图 4－42(b)是利用磨槽附件对型孔轮廓进行磨削加工，对位置 1、4、6 采用成型砂轮进行磨削，对位置 2、3、5 采用平砂轮进行磨削。工作时使中心 O 与主轴重合，操纵磨头来回摆动磨削中心 O 的圆弧。要注意保证圆弧与平面在交点处的衔接准确。

随着数控技术在坐标磨床上的不断应用，出现了点位控制坐标磨床和计算机数控连续轨迹坐标磨床。前者适合加工尺寸和位置精度要求高的多型孔凹模零件，后者特别适用于加工某些精度要求高、形状复杂的内外轮廓面。我国生产的数控坐标磨床，如 MK2945 和 MK2932B 的数控系统均可做二坐标(x、y)联动连续轨迹磨削。MK2932B 在磨削过程中，还能同时控制砂轮轴线绕着行星运动的回转中心转动，并与 x、y 轴联动，使砂轮处在被磨削表面的法线方向，砂轮的工作母线始终处于磨床主轴的中心线上。使用连续轨迹坐标磨床可以提高模具的生产效率。

当型孔形状复杂，使用机械加工方法无法实现时，凹模可采用镶拼结构，这时可将内表面加工转变成外表面加工。凹模采用镶拼结构时，应尽可能将拼合面选在对称线上（如图 4－43 所示），以便一次同时加工几个镶块；凹模的圆形刃口部位应尽可能保持完整的圆形。例如：图 4－44(a)比图 4－44(b)的拼合方式更易获得高的圆度精度。

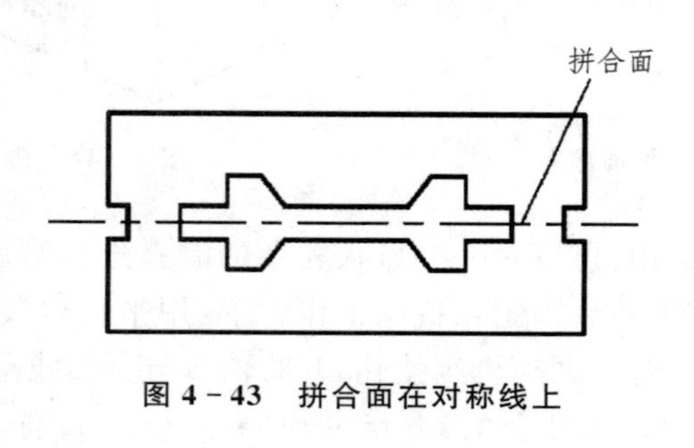

图 4－43　拼合面在对称线上

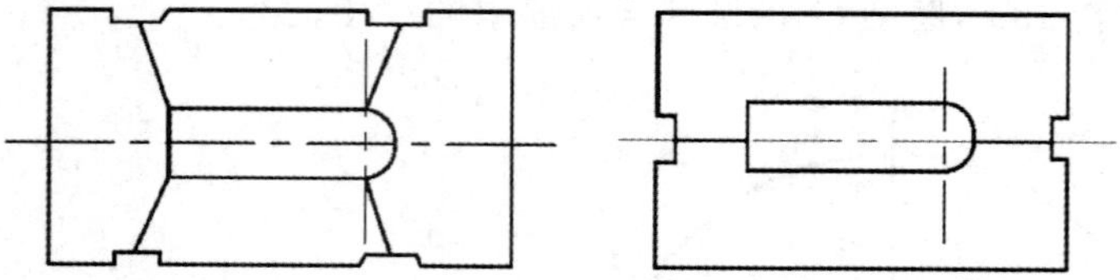

(a) 拼合面保持圆形　　(b) 拼合面破坏圆形

图 4－44　圆形刃口的拼合

4.7　型腔加工

在各类型腔模中，型腔的作用是形成制件外形表面。其加工精度和表面质量一般都要求较高，所消耗的劳动量也较大。型腔常常需要加工成为各种形状复杂的内成型面或花纹，工艺过程复杂。常见的型腔形状大致可分成回转曲面和非回转曲面两种：前者可用车床、内圆磨床或坐标磨床进行加工，工艺过程一般都比较简单；而后者的型腔加工要困难得多，常常需要使用专门的加工设备或进行大量的钳工加工，劳动强度大，生产效率低。生产中应充分利用各种设备的加工能力和附属装置，尽可能减小钳工的工作量。

4.7.1　车削加工

车削加工主要用于加工回转曲面的型腔或型腔的回转曲面部分。图 4－45 所示为对拼式压塑模型腔，可用车削方法加工 $\phi 44.7$ mm 的圆球面和 $\phi 21.71$ mm 的圆锥面。

保证对拼式压塑模型上两拼块的型腔相互对准是十分重要的。为此在车削前对坯料应预先完成下列加工，并为车削加工准备可靠的工艺基准：

① 将坯料加工为平行六面体，5°斜面暂不加工。

② 在拼块上加工出导钉孔和工艺螺孔（见图 4－46），为车削时装夹用。

③ 将分型面磨平，在两拼块上装导钉，一端与拼块 A 过盈配合，一端与拼块 B 间隙配合。

④ 将两拼块拼合后，磨平四侧面及一端面，保证垂直度（用 90°角尺检查），要求两拼块厚

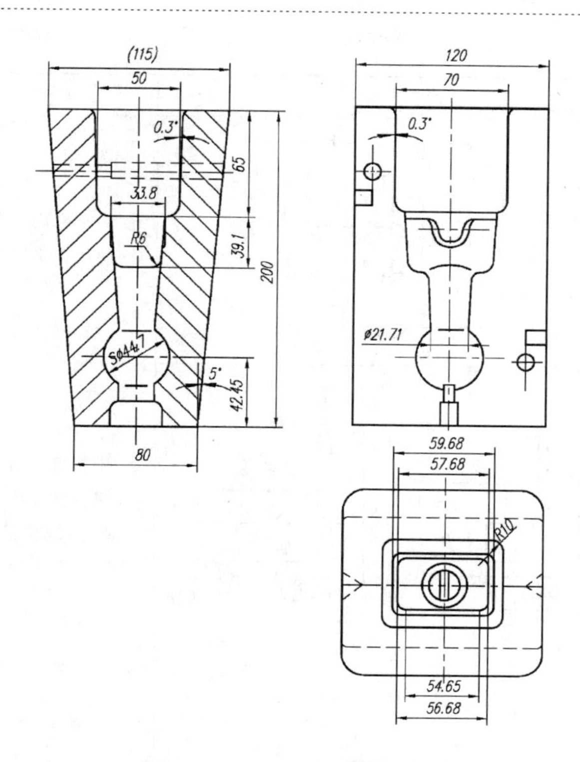

图 4-45　对拼式压塑模型腔

度保持一致。

⑤ 在分型面上以球心为圆心、以 44.7 mm 为直径划线，保证 $H_1=H_2$，如图 4-47 所示。

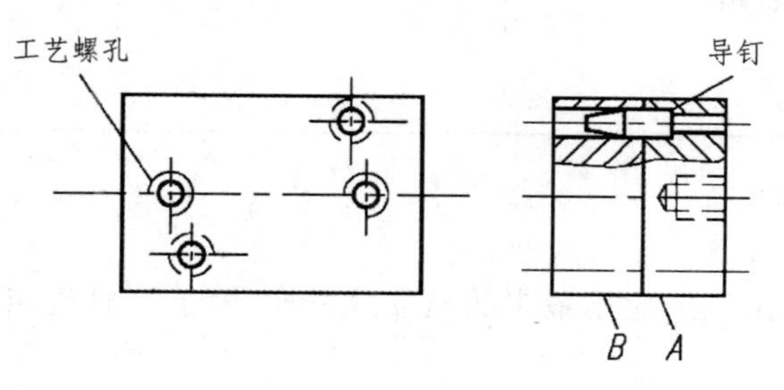

图 4-46　拼块上的工艺螺孔和导钉孔

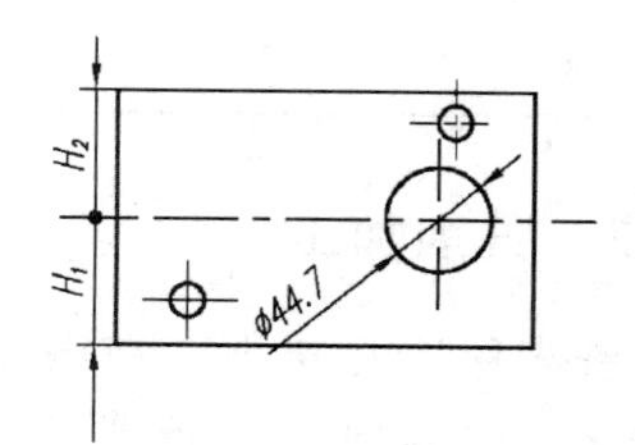

图 4-47　划　线

对拼式压塑模型腔的车削过程见表 4-15。

表 4-15　对拼式压塑模型腔的车削过程

顺　序	工艺内容	简　图	说　明
1	装夹		① 将工件压在花盘上，按 ϕ44.7 mm 的线找正后，再用百分表检查两侧面，使 H_1、H_2保持一致； ②靠紧工件的一对垂直面压上两块定位块，以备车另一工件时定位

续表 4－15

顺　序	工艺内容	简　图	说　明
2	车球面		① 粗车球面； ② 使用弹簧刀杆和成型车刀精车球面
3	装夹工件	花盘 薄纸 B A 角铁	① 用花盘和角铁装夹工件； ② 用百分表按外形找正工件后，将工件和角铁压紧（在工件与花盘之间垫一张薄纸的作用是便于卸下拼块）
4	车锥孔	B A	① 钻、镗孔至 ϕ21.71 mm（松开压板，卸下拼块 B 检查尺寸）； ②车削锥度（同样卸下拼块 B 观察并检查）

4.7.2　铣削加工

铣床种类很多，加工范围较广，在模具加工中应用最多的是立式铣床、万能工具铣床和数控铣床，其中数控铣床得到了广泛的应用。

当用普通铣床加工型腔时，使用最广泛的是立式铣床和万能工具铣床，它们对各种模具（如压缩模、注射模、压铸模、锻模等）的型腔，大都可以进行加工。由于模具生产多为单件生产，因此加工时常常是按模坯上划出的型腔轮廓线，手动操作机床工作台（或机床附件）进行切削加工。加工表面的粗糙度 Ra 一般为 1.6 μm 左右，所以加工时需要在被加工表面留出适当的修磨、抛光余量，由钳工进行修整和抛光后才能成为合格的型腔。当采用普通铣床加工型腔时，工人的劳动强度大，生产效率低，对工人的操作技术水平要求也比较高。

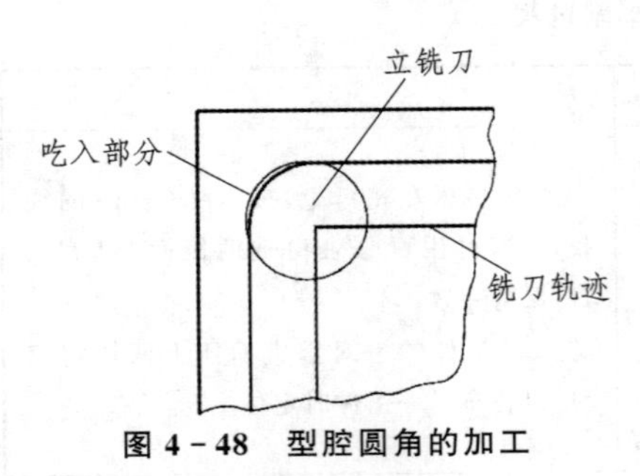

图 4－48　型腔圆角的加工

加工型腔时，常因铣刀加长，当进给至型腔的转角处时由于切削力波动导致刀具倾斜变化而造成误差。如图 4－48 所示，当刀具半径与型腔圆角半径 R 相吻合时，刀具在圆角上的倾斜变化将导致加工部位的斜度和尺寸改变。为防止此种现象的发生，应选用比型腔圆弧半径 R 小的铣刀半径进行加工。

为了能加工出各种特殊形状的表面，必须准备各种不同形状和尺寸的铣刀。图 4－49 所示为适合不同用途的单刃指形铣刀。这种铣刀制造方便，能用较短的时间制造出来，可及时满足加工的需要。刀具的几何参数应根据型腔和刀具材料、刀具强度、耐用度以及其他切削条件合理进行选择，以获得较理想的生产效率和加工质量。

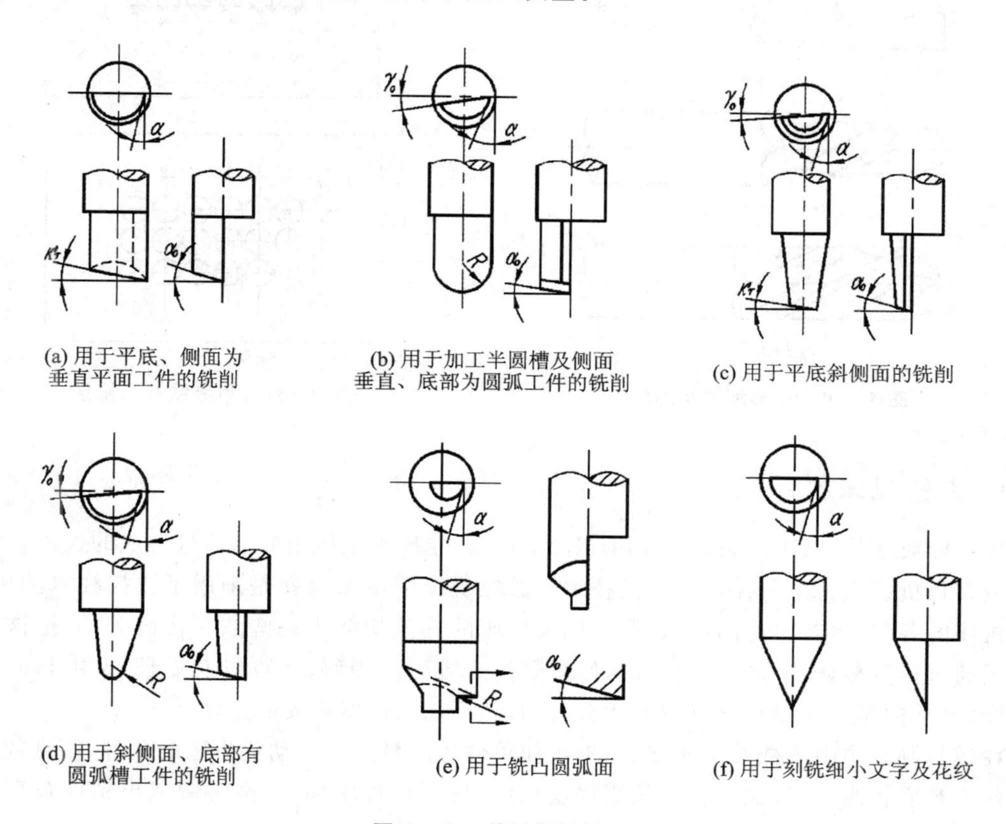

(a) 用于平底、侧面为垂直平面工件的铣削　(b) 用于加工半圆槽及侧面垂直、底部为圆弧工件的铣削　(c) 用于平底斜侧面的铣削

(d) 用于斜侧面、底部有圆弧槽工件的铣削　(e) 用于铣凸圆弧面　(f) 用于刻铣细小文字及花纹

图 4－49　单刃指形铣刀

根据不同的加工条件还可采用双刃立铣刀(如图 4－50 所示)来铣削型腔。这种铣刀切削时受力平衡，铣削精度较高，能比单刃铣刀承受更大的切削量。双刃立铣刀有标准产品，可直接从市场获得。此外，在某些特殊情况下进行粗加工时也可以采用多刃的标准立铣刀进行加工。

为了提高铣削效率，对某些铣削余量较大的型腔，铣削前可在型腔轮廓线的内部连续钻孔，孔的深度和型腔的深度接近。如图 4－51 所示，先用圆柱立铣刀粗铣，去除大部分加工余量后，再采用特型铣刀精铣。特型铣刀的斜度和端部形状应与型腔侧壁和底部转角处的形状相吻合。

铣削形状简单的型腔，其加工尺寸可采用普通游标卡尺和游标深度尺进行测量。形状复杂的型腔需要设计专用的截形样板来检验型腔的断面形状。

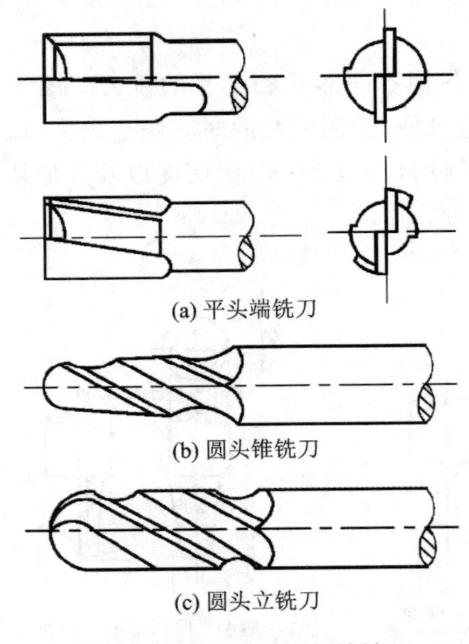

(a) 平头端铣刀

(b) 圆头锥铣刀

(c) 圆头立铣刀

图 4-50　仿形加工用的铣刀

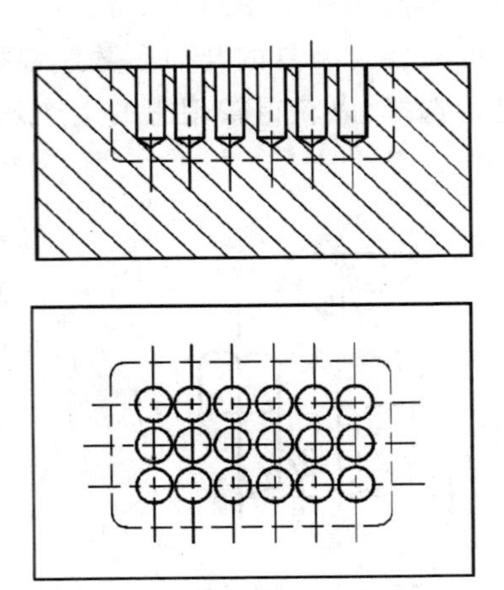

图 4-51　型腔钻孔示意图

4.7.3　数控机床加工

数控即数字控制(Numerical Control,NC)。数控技术是指用数字信号形成的控制程序对一台或多台机械设备进行控制的一门技术。数控机床简单来说就是采用了数控技术的机床，即将机床的各种动作、工件的形状、尺寸以及机床的其他功能用一些数字代码表示，把这些数字代码通过信息载体输入给数控系统，然后数控系统经过译码、运算以及处理，发出相应的动作指令，自动控制机床刀具与工件的相对运动，从而加工出所需要的工件。

在模具制造中引入数控机床之后，不仅使单件生产具备了自动化生产的条件，而且数控机床的加工精度较高，不管操作者的熟练程度如何，只要按程序加工，都能制造出精度较高的零件来。这给模具制造带来了极其方便的条件。

数控机床与普通机床加工零件的区别在于数控机床是按照程序自动加工零件，而普通机床由工人手工操作来加工零件。在数控机床上只要改变控制机床动作的程序，就可以达到加工不同零件的目的。

由于是一种程序控制过程，数控机床加工的特点如下：

① 采用数控机床可以提高零件的加工精度，稳定产品的质量。因为数控机床按照预定的加工程序进行加工，加工过程中消除了操作者人为的操作误差，所以零件加工的一致性好，而且加工精度还可以利用软件来进行校正补偿，因此可以获得比机床本身所能达到的精度还要高的加工精度及重复定位精度。

② 数控机床可以完成普通机床难以完成或根本不能加工的具有复杂曲面的零件的加工。因此它在航空航天、造船、模具等行业中得到广泛应用。

③ 数控机床比采用普通机床可将生产效率提高 2～3 倍，尤其是对某些复杂零件的加工，生产效率可以提高十几倍甚至几十倍。

④ 可以实现一机多用。一些数控机床将几种普通机床功能合一,加上刀库与自动换刀装置构成加工中心,如果能配置数控转台或分度转台,则可以实现一次安装、多面加工。

⑤ 采用数控机床有利于向计算机控制与生产管理方面发展,为实现生产过程自动化创造了条件。

当前,由于计算机功能的提高及模具标准化的实施,数控机床在模具加工中正发挥着越来越多的作用。

1. 数控铣床加工

数控铣床的功能及加工型腔的方法见表 4－16。

表 4－16　数控铣床的功能及加工型腔的方法

项　目		加工说明
数控铣床的功能	刀具偏置的功能	能由设计程序编制的切削轨迹向内侧或外侧自由变化。这对调整冲模的凸、凹模及卸料板的间隙很方便
	对称功能	机床的对称功能是指 x、y 坐标按数控指令的方向运动,或按相反方向运动,即铣床的任意轴(单轴或多轴)都能自由反转,但指令方向以外的其他数控指令仍然不变。如果装有自动工具交换装置,则效率会更高
数控加工条件	设计程序	数控铣床在加工前,首先需要设计程序: ① 根据图样判断加工尺寸、加工顺序、工具移动量和进给速度,按一定的规程编制程序; ② 可采用手工编程和计算机编程
	数控装置的程序设计	数控装置有定位控制装置和轮廓控制装置。定位装置是控制最后位置的装置,它只给出工具的最后加工位置。轮廓控制装置要求连续控制工具的移动轨迹,不仅有直线,也有弧线,因此必须计算始点与终点,将信号输入计算机
加工方法	二轴加工	用双轴控制,如在 xOy 平面上加工轮廓,z 轴用手动进给,借助于刀具偏置的功能,重复加工缩小、放大轮廓
	三轴加工	三轴 x、y、z 同时控制,可以加工各种曲面

2. 数控磨床加工

1) 数控普通磨床

平面磨床、外圆磨床加上数控装置后,可以改造成数控磨床。如平面磨床可仅用数字开关就可以规定总磨削余量、粗磨削余量、精磨削余量和这些磨削的自动切量及砂轮的修整工具、自动切深量等,并能自动加工。在工作时,只要规定好以上参数,就可以一直到加工完毕,完全不需要人工参与,从而大大简化加工过程,减轻工人的体力劳动。这种磨床主要适用于冲模零件的标准化生产及标准件加工,现已在生产中普遍应用。

2) 数控成型磨床

利用数控成型磨床加工模具零件,其所需的操作过程完全是以数值控制。在加工中,只要制作出规定加工程序,即可进行自动成型加工。

数控成型磨床的类型、功能、使用要求见表 4－17。

表 4-17　数控成型磨床的类型、功能、使用要求

项　目	工艺说明
类型	① 卧式数控成型磨床：工作台做左、右往复运动； ② 立式数控成型磨床：砂轮做上、下运动
功能	① 控制砂轮进给量； ② 控制工作台进给量； ③ 砂轮能自动修正； ④ 加工角度能自动分度
磨削方式	① 对砂轮的形状做自行成型处理，并对模块进行与砂轮形状相同的成型磨削； ② 用简单形状的砂轮，按所要求的形状成型磨削（仿形磨削）工件轮廓； ③ 复合成型砂轮及仿形两种磨削加工形式进行磨削
磨削要求	① 模具零件设计时，应设计成带有柄部的形式，以方便装夹，一次成型； ② 对上道工序的加工精度要有一定要求

3. 连续轨迹坐标磨床

连续轨迹坐标磨床可以连续进行高精度的轮廓加工，其加工范围及特点见表 4-18。

表 4-18　连续轨迹坐标磨床的加工范围及特点

项　目	工艺说明
加工范围	① 凸轮形状的凸模及高精度零件加工； ②曲面组成的各种型槽
加工特点	① 能加工最高精度曲线形状零件，并能保证凸、凹模间隙； ② 可连续不断加工，缩短工时； ③ 可进行无人化运行，自动操作

4. 加工中心机床

加工中心机床是把许多相关工序集中在一起，形成了一个以工件为中心的多工序自动加工机床。

加工中心机床的特点及应用见表 4-19。

表 4-19　加工中心机床的特点及应用

项　目	工艺说明
类型	①主轴垂直的立式加工中心机床，加工精度高，工件装夹方便，并可进行多件加工； ②主轴横置的卧式加工中心机床，可实现多件一次加工，但排屑较困难
特点	① 加工中心机床实质是多工序可自动换刀的数控镗铣床。它有多个坐标控制系统，可实现点位控制进给钻削、铰削或连续控制铣削； ② 加工中心机床具有刀具库。各种刀具装在一个刀具库中，工件在机床上一次装夹后，机床自动更换刀具，依次对工件各表面（除底面以外）自动完成钻削、扩孔、铰削、镗削、攻螺纹等多种加工； ③ 能自动更换主轴箱和工作台（有的没有）
数控功能	最新的加工中心机床采用计算机控制，不仅能指令动作，还可以存储、记录一定的加工方式（旋转数及进给量），在加工时，只要取出这些资料，就可以对一系列工件进行处理加工

续表 4-19

项　目	工艺说明
在模具制造中的应用	①可进行多孔加工； ②可进行无人自动操作； ③可进行三维(x、y、z)加工； ④加工速度快，可提高机床的利用率

从发展方向上看，加工中心机床将逐渐成为模具零件切削加工方面的关键设备。但要推广这种高新加工技术，必须实现模具标准化和自动编程装置的普及，才能更好地发挥加工中心机床的效率。

5. 机床的合理选用

根据国内外数控机床技术应用实践，当零件不太复杂、生产批量不太大时，宜采用通用机床；当复杂程度提高时，数控机床就显得更为适用了。图 4-52 所示为随生产批量的不同，采用三种机床加工时，综合费用的比较。由图可知，在多品种、小批量(100 件以下)的生产情况下，使用数控机床可获得较好的经济效益。零件批量的增大，对选用数控机床是不利的。

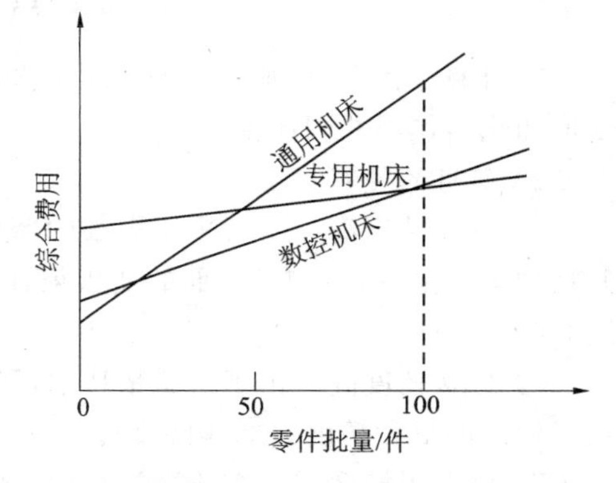

图 4-52　零件批量与综合费用的关系

综上分析说明，数控机床通常适合加工具有以下特点的零件：

① 多品种、小批量生产的零件或新产品试制中的零件。

② 轮廓形状复杂，对加工精度要求较高的零件。

③ 用普通机床加工时，需要用到昂贵的工艺装备(工具、夹具和模具)的零件。

④ 需要多次改型的零件。

⑤ 价格高昂，加工中不允许报废的关键零件。

⑥ 需要最短生产周期的急需零件。

数控加工的缺点是设备费用较高。尽管如此，由于模具制造的主要特点是单件小批量生产、品种多、技术要求高，随着机电产品更新换代的加快和需求的多样化，用户对模具的交货期、质量和成本提出了越来越高的要求，其中交货期的长短已成为决定竞争成败的重要条件，因此，为了满足模具制造技术的特定要求，数控机床的应用已成为模具加工的重要手段。

4.7.4　光整加工

光整加工是模具零件继精加工之后的工序，其以降低零件表面粗糙度、提高表面形状精度和增加表面光泽为主要目的。在模具加工中，光整加工主要用于模具的成型表面，它对于提高模具寿命和形状精度，以及保模具证顺利成型都起着重要的作用。

1. 研磨和抛光的机理

1) 研磨的机理

研磨是使用研具、游离磨料对被加工表面进行微量加工的精密加工方法。研磨时在被加工表面和研具之间置以游离磨料和润滑剂，使被加工表面和研具之间产生相对运动并施以一定压力，磨料产生切削、挤压等作用，从而去除表面凸起处，使被加工表面精度提高、表面粗糙度降低。研磨加工过程如图 4－53 所示。

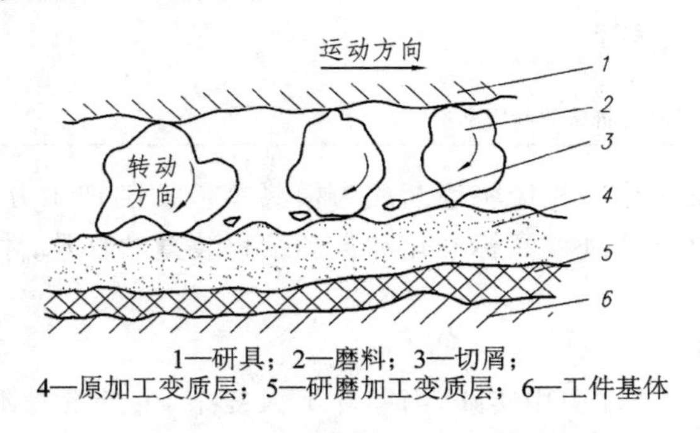

1—研具；2—磨料；3—切屑；
4—原加工变质层；5—研磨加工变质层；6—工件基体

图 4－53　研磨加工过程示意图

在研磨过程中，被加工表面发生复杂的物理变化和化学变化，主要由微刃切削、挤压塑性变形和化学作用共同产生。

2）研磨的特点

① 尺寸精度高。研磨采用极细的磨粒，在低速、低压作用下，逐次磨掉表面的凸峰金属，并且加工热量少，被加工表面的变形很轻微、变质层薄，可稳定获得高精度表面。尺寸精度可达 0.025 μm。

② 形状精度高。由于是微量切削，研磨运动轨迹复杂，并且不受运动精度的影响，因此可获得较高的形状精度。球体圆度可达 0.025 μm，圆柱体圆柱度可达 0.1 μm。

③ 表面粗糙度低。在研磨过程中，磨粒的运动轨迹不重复，有利于均匀磨掉被加工表面的凸峰，从而降低表面粗糙度。表面粗糙度可达 0.1 μm。

④ 表面耐磨性提高。由于研磨使表面质量提高，摩擦系数减小，且有效接触表面积增大，从而使耐磨性提高。

⑤ 耐疲劳强度提高。由于研磨表面存在着残余压应力，这种应力有利于提高零件表面的疲劳强度。

⑥ 不能提高各表面之间的位置精度。

⑦ 多为手工作业，劳动强度大。

3）抛光的机理

抛光加工过程与研磨加工基本相同。抛光加工过程如图 4－54 所示。

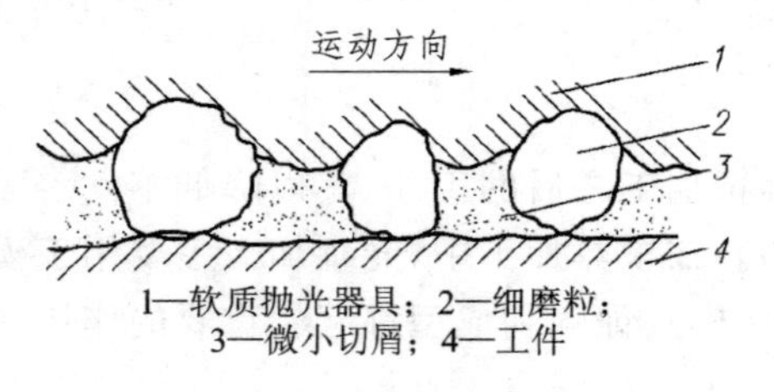

1—软质抛光器具；2—细磨粒；
3—微小切屑；4—工件

图 4－54　抛光加工过程示意图

抛光是一种比研磨更细微磨削的精密加工。研磨时研具较硬，其微切削作用和挤压塑性变形作用较强，在尺寸精度和表面粗糙度两方面都有明显的加工效果。在抛光过程中也存在着微切削作用和化学作用。由于抛光所用研具较软，因此运动方向还存在塑性流动作用，这是由于抛光过程中的摩擦现象使抛光接触点温度上升，从而引起热塑性流动。抛光的作用是进一步降低表面粗糙度，并获得光滑表面，但不提高表面的形状精度和位置精度，而研磨却能提高零件的尺寸精度、位置精度及表面质量。

抛光加工是在研磨之后进行的，经抛光加工后的表面粗糙度 Ra 可降至 0.4 μm 以下。模具成型表面的最终加工，大部分都需要进行研磨和抛光。

2. 光整加工在模具中的作用

目前，对模具成型表面的精度和表面粗糙度要求越来越高，特别是高寿命、高精密模具，已发展到微米级精度。除了在加工中选用高精度、自动化的加工设备外，研磨抛光加工也是实现高精度的重要一环。

冲压模具、塑料模具和金属压铸模具的成型表面，除了一部分可以采用超精磨削加工达到设计要求外，多数成型表面和高精度表面都需要研磨抛光加工，而且大部分需要模具钳工手工作业完成。研磨抛光工作量占模具整个工作量的 1/3 左右。

模具成型表面的粗糙度对模具寿命和制件质量都有较大影响。采用磨削方法加工成型表面时，加工表面不可避免地会出现微细磨痕、裂纹和伤痕等缺陷，这些缺陷对于某些精密模具的影响尤为突出。

另外，各种中小型冷冲压模和型腔模的型腔、型孔成型表面的精加工手段主要为电火花成型加工和电火花线切割加工方法，在电加工之后成型表面形成一层薄薄的变质层。对于变质层上的许多缺陷，除几何形状规则表面可以采用高精度的坐标磨削加工外，多数情况需要依靠研磨抛光来去除变质层，以保证成型表面的精度和表面粗糙度要求。

3. 研磨抛光分类

按研磨抛光过程中操作者参与的程度可分为：

① 手工作业研磨抛光：特别是型腔中窄缝、盲孔、深孔和死角部位的加工，仍然是手工研磨抛光方法占主导地位。

② 机械设备研磨抛光：即主要依靠机械设备进行的研磨抛光。它包括一般研磨抛光设备和智能自动抛光设备，这是研磨抛光发展的主要方向。机械设备研磨抛光质量不依赖于操作者的个人技艺，而且工作效率比较高，如挤压研磨抛光、电化学研磨抛光等。

按磨料在研磨抛光过程中的运动轨迹可分为：

① 游离磨料研磨抛光：在研磨抛光过程中，利用研磨抛光工具系统给游离状态的研磨抛光剂以一定压力，使磨料以不重复的轨迹运动进行微切削作用和微塑性挤压变形。

② 固定磨料研磨抛光：是指研磨抛光工具本身含有磨料，在加工过程中研磨抛光工具以一定的压力直接和被加工表面接触，磨料与工具的运动轨迹一致。

按研磨抛光的机理可分为：

① 机械式研磨抛光：是利用磨料的机械能量和切削力对被加工表面进行以微切削为主的研磨抛光。

② 非机械式研磨抛光：主要依靠电能、化学能等非机械能形式进行的研磨抛光。

按研磨抛光剂的使用条件可分为：

① 湿研：将磨料和研磨液组成的研磨抛光剂连续加注或涂敷于研具表面，磨料在研具和

被加工表面之间滚动或滑动，形成对被加工表面的切削运动。其加工效率较高，但加工表面的几何形状和尺寸精度不如干研，多用于粗研或半精研。

② 干研：将磨料均匀地压嵌在研具表层中，施以一定压力使嵌砂进行研磨加工。可获得很高的加工精度和低的表面粗糙度，但加工效率低。一般用于精研。

③ 半干研：类似湿研，使用糊状研磨膏。粗研、精研均适用。

4. 研磨抛光的加工要素

研磨抛光的加工要素见表 4-20。

表 4-20　研磨抛光的加工要素

项　目		内　容
加工方式	驱动方式	手动、机动、数字控制
	运动形式	回转、往复
	加工面数	单面、双面
研具	材料	硬质(淬火钢、铸铁)，软质(木材、塑料)
	表面状态	平滑、沟槽、孔穴
	形状	平面、圆柱面、球面、成型面
磨料	材料	金属氧化物、金属碳化物、氮化物、硼化物
	粒度	数十微米～0.01 μm
	材质	硬度、韧性
研磨液	种类	油性、水性
	作用	冷却、润滑、活性化学作用
加工参数	相对运动	1～100 m/min
	压力	0.001～3.0 MPa
	时间	视加工条件而定
环境	温度	视加工要求而定，超精密型为(20±1)℃
	净化	视加工要求而定，超精密型为净化间 1 000～100 级

5. 手工研磨抛光

1) 研磨抛光剂

研磨抛光剂是由磨料和研磨抛光液组成的均匀混合剂。

(1) 磨　料

磨料在机械式研磨抛光加工中对被加工表面起着微切削的作用和微挤压塑性变形的作用。磨料选择正确与否对加工质量起着重要作用。磨料的选择主要有磨料的种类和粒度两方面。

磨料的种类有氧化铝磨料、碳化硅磨料、金刚石磨料、氧化铁磨料和氧化铬磨料等。常用磨料的主要物理机械性能见表 4-21。

一般根据被加工材料的软硬程度和表面粗糙度，以及研磨抛光的质量要求选择不同种类的磨料。

常用磨料及其适用范围见表 4-22。

表 4-21　常用磨料的主要物理机械性能

磨　料		显微硬度/HV	抗弯强度/MPa	抗压强度/MPa	热稳定性/℃
氧化铝		1 800～2 450	87.2	757	1 200
碳化硅		3 100～3 400	155	1 500	1 300～1 400
碳化硼		4 150～9 000	300	1 800	700～800
立方氮化硼		7 300～9 000	300	800～1 000	1 250～1 350
金刚石	天然	8 600～10 600	210～490	2 000	700～800
	人造		300		

表 4-22　常用磨料及其适用范围

磨　料		适用范围
系列	名称	
刚玉系(氧化铝系)	棕刚玉	粗、精研磨钢、铸铁和硬青铜
	白刚玉	粗研淬火钢、高速钢和有色金属
	铬刚玉	研磨钢件、低粗糙度表面
	单晶刚玉	研磨不锈钢等强度高、韧性大的工件
碳化物系	黑碳化硅	研磨铸铁、黄铜、铝
	绿碳化硅	研磨硬质合金、硬铬、玻璃、陶瓷、石材
	碳化硼	研磨和抛光硬质合金、陶瓷、人造宝石等高硬度材料，为金刚石的代用品
超硬磨料系	天然金刚石	研磨硬质合金、人造宝石、玻璃、陶瓷、半导体材料等高硬难切材料
	人造金刚石	
	立方氮化硼	研磨高硬度淬火钢、高钒高钼、高速钢、镍基合金
软磨料系	氧化铁	精细研磨和抛光钢、淬硬钢、铸铁、光学玻璃及单晶硅。氧化铈的研磨、抛光效率是氧化铁的 1.5～2 倍
	氧化铬	
	氧化铈	

磨料粒度的选择，主要依据研磨抛光前被加工表面的粗糙度情况以及研磨抛光后的质量要求，粗加工时选择颗粒尺寸较大的粒度，精加工时选择颗粒尺寸较小的粒度。

(2) 研磨抛光液

研磨抛光液在研磨抛光过程中起着调和磨料、使磨料均匀分布和冷却润滑的作用，通过改变磨料和研磨抛光液之间的比例来控制磨料在研磨抛光剂中的含量。

研磨抛光液有矿物油、动物油和植物油三类。矿物油中，10# 机油应用最普遍，煤油在粗、精加工中都可使用；动物油中含有油酸活性物质，在研磨抛光过程中与被加工表面发生化学反应，可加速研抛过程，又能增加零件表面光泽度；植物油的应用相对较少，主要用于淬火钢和不锈钢的研磨抛光。

常用研磨抛光液及其用途见表 4-23。

表 4-23 常用研磨抛光液及其用途

工件材料		研磨抛光液
钢	粗研	煤油 3 份、全损耗系统用油 1 份，透平油或锭子油少量、轻质矿物油（如 10# 机油）适量
	精研	全损耗系统用油
铸铁		煤油
铜		动物油（熟油与磨料拌成糊状，后加 30 倍煤油）、适量锭子油和植物油
淬火钢，不锈钢		植物油、透平油或乳化油
硬质合金		航空汽油

（3）研磨抛光膏

研磨抛光膏是由磨料和研磨抛光液组成的一类研磨抛光剂。研磨抛光膏分硬磨料研磨抛光膏和软磨料研磨抛光膏两种。

硬磨料研磨抛光膏中的磨料有氧化铝、碳化硅、碳化硼和金刚石等，常用粒度为 200#、240#、W40 等磨粉和微粉，磨料硬度应高于工件硬度。

软磨料研磨抛光膏中的磨料多为氧化铝、氧化铁和氧化铬等，粒度为 W20 及以下的微粉。软磨料研磨抛光膏中含有油质活性物质，使用时根据需要可以用煤油或汽油稀释。

2）研磨抛光工具

（1）研具材料

研磨抛光时直接和被加工表面接触的研磨抛光工具称为研具。研具的材料很广泛，原则上研具材料硬度应比被加工材料硬度低。若研具材料过软，则会使磨粒全部嵌入研具表面而使切削作用降低。

一般研具材料有低碳钢、灰铸铁、黄铜和紫铜，硬木、竹片、塑料、皮革和毛毡也是常用材料。灰铸铁中含有石墨，所以耐磨性、润滑性及研磨效率都比较理想，灰铸铁研具用于淬硬钢、硬质合金和铸铁材料的研磨。低碳钢强度比灰铸铁高，用于较小孔径的研磨。黄铜和紫铜用于研磨余量较大的情况，加工效率也比较高。但铜质研具加工后表面光泽度低，因此常用于粗研磨，再用灰铸铁研具进行精研磨。硬木、竹片、塑料和皮革等材料常用于窄缝、深槽及非规则几何形状的精研磨和抛光。

精密固定磨料研磨抛光研具的材料是低发泡氨基甲（乙）酸酯油石，可进行精密加工，其研磨抛光机理也是微切削作用，当加工压力增大时，油石与加工表面接触压强增大，参加微切削的磨粒增多，从而加速研磨抛光过程。

（2）普通油石

普通油石一般用于粗研磨，它由氧化铝、碳化硅磨料和黏结剂压制烧结而成。使用时，根据型腔形状磨成需要的形状，并根据被加工表面的粗糙度和材料硬度选择相应的油石。当被加工零件材料较硬时，应该选择较软的油石，否则反之。当被加工零件表面粗糙度要求较高时，油石要细些，组织要致密些。

（3）研磨平板

研磨平板主要用于单一平面及中小镶件端面的研磨抛光，如冲裁凹模端面、塑料模中的单一平面分型面等。研磨平板采用灰铸铁材料，并在平面上开设相交成 60°或 90°、宽为 1～3 mm、距离为 15～20 mm 的槽。研磨抛光时在研磨平板上放些微粉和抛光液进行。

(4) 外圆研磨环

外圆研磨环是在车床或磨床上对外圆表面进行研磨的一种研具。外圆研磨环有固定式和可调式两类。固定式研磨环的研磨内径不可调节;而可调式研磨环的研磨内径可以在一定范围内调节,以适应环磨外圆不同或外圆变化的需要,参见图 4-6。

(5) 内圆研磨芯棒

内圆研磨芯棒是研磨内圆表面的一种研具,根据研磨零件的外形和结构不同,分别在钻床、车床或磨床上进行。内圆研磨芯棒有固定式和可调式两类。固定式内圆研磨芯棒的外径不可调节,芯棒外圆表面有螺旋槽,以容纳研磨抛光剂。固定式内圆研磨芯棒一般由模具钳工在钻床上进行较小尺寸圆柱孔的研磨加工。可调式内圆研磨芯棒参见图 4-7,芯棒长度应为研磨零件长度的 2～3 倍。

6. 机械抛光

由于手工抛光要消耗很长的加工时间,劳动消耗大,因此对抛光的机械化、自动化要求非常高。随着现代技术的发展,在抛光加工中相继出现了电动抛光、电解抛光、超声波抛光以及机械-超声抛光、电解-机械-超声抛光等复合工艺。应用这些工艺可以减轻劳动强度,提高抛光的速度和质量。

1) 圆盘式磨光机

图 4-55 所示为一种常见的电动抛光工具,用手握住对一些大型模具去除数控加工后的走刀痕迹及倒角,其抛光精度不高,抛光程度接近粗磨。

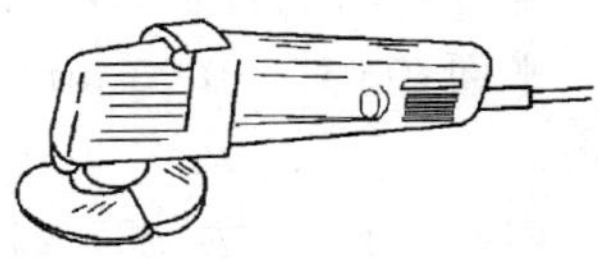

图 4-55　圆盘式磨光机

2) 电动抛光机

电动抛光机主要由电动机、传动软轴及手持式研抛头组成。使用时传动电机挂在悬挂架上,电机启动后通过软轴传动手持抛头产生旋转或往复运动。

电动抛光机备有三种不同的研抛头,以适应不同的研抛工作。

① 手持往复研抛头。这种研抛头工作时一端连接软轴,另一端安装研具或油石、锉刀等。在软轴传动下,研抛头产生往复运动,可适应不同的加工需要。研抛头工作端还可按加工需要在 270°范围内调整,这种研抛头装上球头杆,配上圆形或方形铜(塑料)环作为研具,手持研抛头沿研磨表面不停地均匀移动,可对某些小曲面或复杂形状的表面进行研磨,如图 4-56 所示。研磨时常采用金刚石研磨膏作为研磨剂。

② 手持直式旋转研抛头。这种研抛头可装夹直径为 2～12 mm 的特形金刚石砂轮,在软轴传动下做高速旋转运动,加工时就像握笔一样握住研抛头进行操作,可对型腔的细小部位进行精加工,如图 4-57 所示。取下特形砂轮,装上打光球用的轴套,用塑料研磨套可研抛圆弧部位。装上各种尺寸的羊毛毡抛光头,可进行抛光工作。

③ 手持角式旋转研抛头。与手持直式研抛头相比,手持角式旋转研抛头的砂轮回转轴与研抛头的直柄部成一定夹角,便于对型腔的凹入部分进行加工。与相应的抛光及研磨工具配合,可进行相应的研磨和抛光工序。

使用电动抛光机进行抛光或研磨时,应根据被加工表面的原始粗糙度和加工要求,选用适当的研抛工具和研磨剂,由粗到细逐步进行加工。在进行研磨操作时,移动要均匀,在整个表面不能停留;研磨剂涂布不宜过多,要均匀散布在加工表面上,若采用研磨膏则必须添加研磨液;每次换用不同粒度的研磨剂时,都必须将研具及加工表面清洗干净。

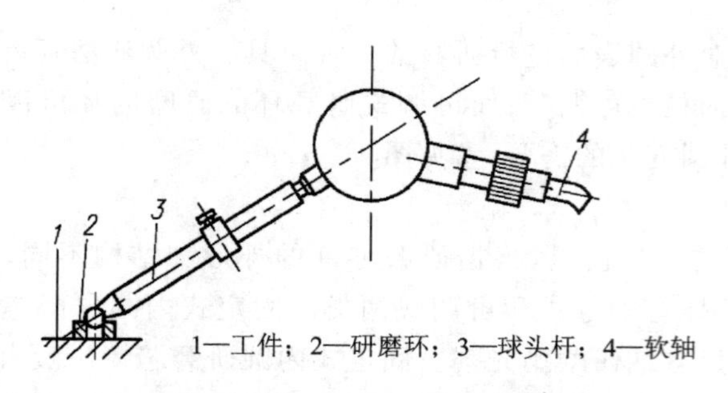

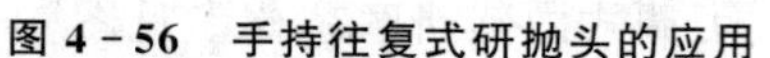
1—工件；2—研磨环；3—球头杆；4—软轴

图 4－56　手持往复式研抛头的应用

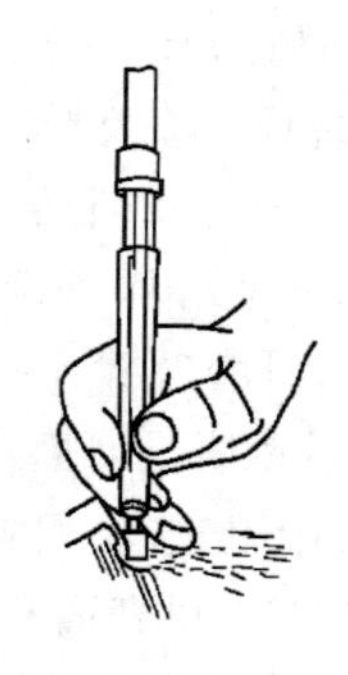

图 4－57　手持直式研抛头的应用

7. 研磨抛光工艺过程

1）研抛余量

研抛余量的大小取决于零件尺寸、原始表面粗糙度、精度和最终的质量要求，原则上研抛余量要能去除表面加工痕迹和变质层即可。研抛余量过大，将使加工时间延长，研抛工具和材料消耗增多，加工成本增大；研抛余量过小，则加工后达不到要求的表面粗糙度和精度。

淬硬后的成型表面由 $Ra=0.8\ \mu m$ 提高到 $Ra=0.4\ \mu m$ 时的研抛余量如下：

平面：0.015～0.03 mm。当零件的尺寸公差较大时，研抛余量可以在零件尺寸公差范围以内。

内圆：当尺寸为 ϕ25～125 mm 时，取 0.04～0.08 mm。

外圆：当 d 为≤10 mm 时，取 0.03～0.04 mm；

当 d 为 10～30 mm 时，取 0.03～0.05 mm；

当 d 为 31～60 mm 时，取 0.04～0.06 mm。

2）研抛步骤及注意事项

研磨抛光加工一般要经过粗研磨→细研磨→精研磨→抛光四个阶段。四个阶段中总的研抛次数应依据研抛余量以及初始和最终的表面粗糙度和精度而定。磨料的粒度从粗到细，每次更换磨料都要清洗工具和零件。

研磨抛光过程中磨料的运动轨迹要保证被加工表面各点均有相同或近似的切削条件和磨削条件。磨料的运动轨迹可以往复、交叉，但不应该重复。要根据被加工表面的大小和形状特点选择适当的运动轨迹形式，可以有直线式、正弦曲线式、无规则圆环式、摆线式和椭圆线式等。

此外，研磨还应根据被加工表面的形状特点选择合适的研抛器具和材料，根据整个被加工表面的具体情况确定各部位的研磨顺序。

4.8　模具制造工艺过程及分析

模具制造工艺是把模具设计转化为模具产品的过程。模具制造工艺的任务就是研究探讨模具制造的可能性和如何制造的问题，进而研究如何以低成本、短周期制造出高质量模具的问题。

图 4－58 所示为一套典型冷冲压模具结构图，图 4－59 所示为一套典型的注塑成型模具

结构图。下面先来了解这两种模具的结构组成。

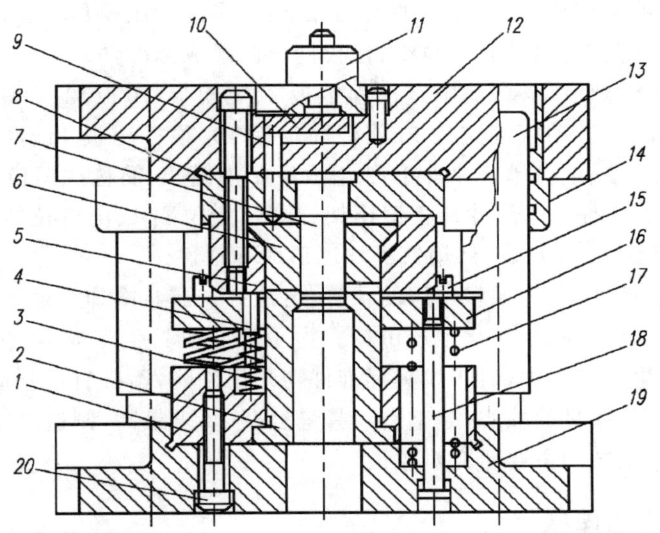

1—凸凹模固定板；2—凸凹模；3—弹簧；4—活动挡料销；5—凹模；6—打料板；7—凸模；8—凸模固定板；9—打料杆；10—打板；11—模柄；12—上模座；13—导柱；14—导套；15—导料螺钉；16—卸料板；17—卸料弹簧；18—卸料螺钉；19—下模座；20—紧固螺钉

图 4-58　落料冲孔复合模结构图

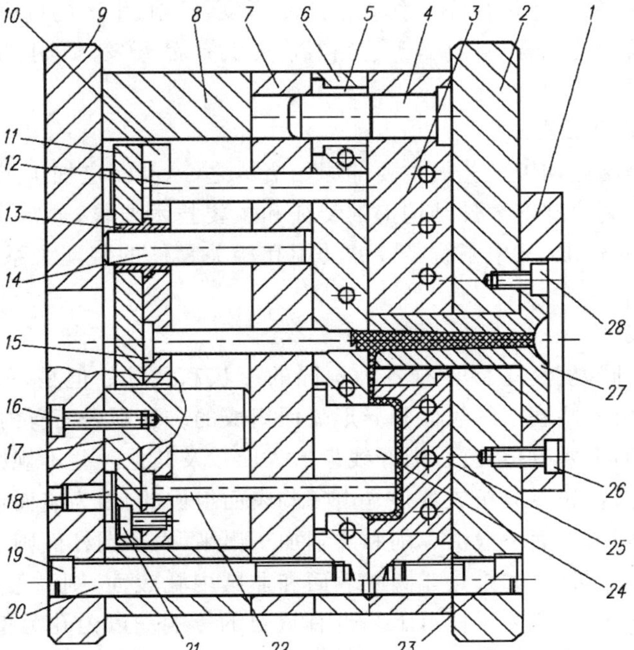

1—定位圈；2—定模固定板；3—定模板(A板)；4—导柱；5—导套；6—动模板(B板)；7—支承（托）板；8—垫块；9—动模固定板；10—顶杆固定板；11—顶杆压板；12—复位杆；13—顶板导套；14—顶板导柱；15—浇口拉料杆；16、19、21、23、26、28—螺钉；17—支承柱；18—限位钉；20—定位销；22—顶杆；24—凸模(型芯)；25—定模(凹模)；27—浇口套

图 4-59　注塑成型模结构图

图 4-58 所示为一套落料冲孔复合模,其中上模座 12、导柱 13、导套 14 和下模座 19 组成冷冲压模模架,简称冷冲模架;凸凹模 2、凹模 5、凸模 7 是冷冲压模具的工作部件。冷冲模架、弹簧、紧固螺钉、卸料螺钉、挡料销、导料螺钉、模柄等已形成标准件。

图 4-59 所示为注塑成型模,其中定模固定板 2、定模板(A 板)3、导柱 4、导套 5、动模板(B 板)6、支承板 7、垫块 8、动模固定板 9、顶杆固定板 10、顶杆压板 11、复位杆 12、顶板导套 13、顶板导柱 14、螺钉 19、定位销 20、螺钉 23 组成注塑模模架,简称注塑模架;凸模(型芯)24、定模(凹模)25 是注塑模的工作部件。注塑模架、弹簧、定位圈 1、浇口拉料杆 15(适当补加工钩头)、顶杆 22、浇口套 27 以及螺钉、销钉等均已形成标准件。

除上述模具标准件外,还有很多常用的顶管、定位钉、拉钩、冷却水道接头和一些标准尺寸凸模等标准件,在我国已形成专业化生产市场。为了降低模具生产成本、缩短模具生产周期、提高生产率,在模具生产过程中,对于模具标准件均采用外购,不必自行制造。

模具的工作部件是模具的核心,是整套模具最复杂、要求最高、制造难度也最大的部分,所以把它作为模具制造工艺的主要研究对象。

4.8.1 模具制造工艺路线

1. 模具制造工艺路线的类别

工艺路线是指进行产品开发、研制、生产所涉及的各个环节,模具制造是该系统工程各个环节中的一环。然而,一套模具,从其使用性质来看是服务于上述产品的开发、研制、生产过程的一套工具装置,但模具制造过程完全独立于产品开发、研制、生产的过程,使其成为另外的一项系统工程——模具制造工程。因此,工艺路线应分为产品开发、研制、生产工艺路线和模具制造工艺路线。

2. 模具零件加工的工艺分析

模具的零件图是制定加工工艺最主要的原始资料之一,在制定加工工艺时,必须首先对其认真分析。为了更深刻地理解零件结构上的特征和主要技术要求,通常还要研究模具的总装图、部件装配图及验收标准,从中了解零件的功用和相关零件的装配关系,以及主要技术要求制定的依据等。

1) 零件的结构分析

由于使用要求不同,模具零件具有各种不同的形状和尺寸。但是,如果从外形上加以分析,则各种零件都是由一些基本的表面和异形表面组成的。基本表面有内外圆柱表面、圆锥表面和平面等;异形表面主要有螺旋面、渐开线齿形表面以及其他一些不规则曲面等。在研究具体零件的结构特点时,首先要分析该零件是由哪些表面组成的,因为表面形状是选择加工方法的基本因素。例如:外圆表面一般由车削和磨削加工出来,内孔圆柱面则多通过钻、扩、铰、镗、磨削和电蚀等加工方法获得;如果是非圆外表面和非圆内孔表面,则一般用铣削、磨削和电蚀加工出来。除表面形状外,表面尺寸对工艺也有重要的影响。以内孔为例,大孔与小孔、深孔与浅孔、通孔与盲孔在工艺上均有不同的特点。大孔和浅孔的加工方法有很多,而小孔加工的方法却不多,模具的小孔加工多采用钻孔、电火花打孔和电火花线切割加工。

2) 零件的技术要求分析

零件的技术要求包括以下几方面:

➢ 主要加工表面的尺寸精度;

➢ 主要加工表面的形状精度；

➢ 主要加工表面之间的相互位置精度；

➢ 各加工表面的粗糙度，以及表面质量方面的其他要求；

➢ 热处理要求及其他要求。

根据零件结构的特点，在认真分析了零件主要表面的技术要求之后，对零件的加工工艺即有了初步的认识。首先，根据零件主要表面的精度和表面质量的要求，可初步确定为达到这些要求所需的加工方法，再确定相应的中间工序及粗加工工序所需的加工方法。例如：对于孔径不大的IT7级精度的内孔，最终加工方法取精铰时，精铰孔之前通常要经过钻孔、扩孔和粗铰孔等加工工序；其次，要分析加工表面之间的相对位置关系，包括表面之间的尺寸联系和相对位置精度。认真分析零件图上尺寸的标注及主要表面的位置精度，即可初步确定各加工表面的加工顺序。

零件的热处理要求影响加工方法和加工余量的选择，同时对零件加工工艺路线的安排也有很大的影响。例如：要求渗碳淬火的零件，热处理后一般变形较大。对于零件上精度要求较高的表面，工艺上要安排精加工工序（磨削加工或电蚀加工，通孔则多用电火花线切割加工），而且要适当加大精加工工序的加工余量。

在研究零件图时，如发现图样上的视图、尺寸标注、技术要求有错误或遗漏，或零件的结构工艺性不好时，应提出修改意见。但修改时必须征得设计人员的同意，并经过一定的批准手续，必要时应与设计者协商进行改进分析，以确保在保证产品质量的前提下，更方便地将零件制造出来。

3. 模具零件加工的工艺过程

模具由各种零件组成，其制造过程包括零件的加工、钳工装配以及模具的试模和调整。毛坯经过车、铣、刨、磨、热处理和钳工等加工，改变其形状、尺寸和材料性能，使之变为符合图样要求的零件的过程，称为工艺过程。对于同一个零件，由毛坯制成零件的途径是多种多样的，也就是说，一个零件可以有几种不同的工艺过程。工艺过程不同，则生产率、成本以及加工精度往往也有显著的差别。为了保证零件质量、提高生产率和降低成本，在制定工艺过程时，应根据零件图样的要求和工厂的实际生产条件，制定出一种最合理的工艺过程。若将其内容以一定的格式写成文件，用于指导生产，则此文件称为该零件的工艺规程。

模具制造属于单件或小批生产。模具零件的工艺规程一般都制定得比较简单，而且往往与零件的工艺路线卡结合在一起，以表格的形式写在卡片上，此卡片称为工艺路线卡。卡片的格式和内容根据各工厂的具体情况而定。模具零件工艺卡的内容大致包括工种、施工说明及工时定额等，但通常将加工（或装配）内容及要求简要地编写在工艺路线卡上。

必须指出的是，工艺规程并不是一成不变的。随着模具制造技术的发展和提高，它也必须进行相应的修改，以把新的技术成果反映到工艺规程中，不断完善。

4. 模具制造工艺路线的编制

在模具制造过程中有必要编制如下有关工艺文件：模具制造的基本工艺路线、模具零件制造的工艺路线和模具制造工艺规程等。

1）模具制造的基本工艺路线

模具制造的基本工艺路线如图4-60所示。在接受模具制造委托时，首先根据制品零件图样或实物，分析研究后确定模具制造过程中所需要涉及的相关部门及其所承担的任务。

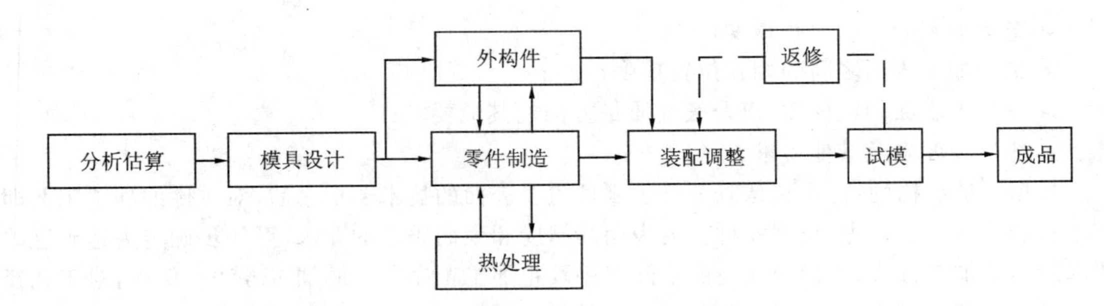

图 4-60　模具制造的基本工艺路线

2）模具零件制造的工艺路线

模具零件制造的工艺路线是指根据模具零件设计要求，确定模具零件在加工过程中所需要的加工工序、使用的设备及所需协作的相关部门。模具零件制造的工艺路线是指导模具零件加工流程的工艺文件，一般用卡片的形式标明模具零件加工过程中所需要的每一道工序、顺序及完成的加工内容。不同模具零件在制造过程中，因模具零件形状、技术要求、加工手段等不同，而具有不同的工艺路线。

图 4-61 所示为落料凹模。

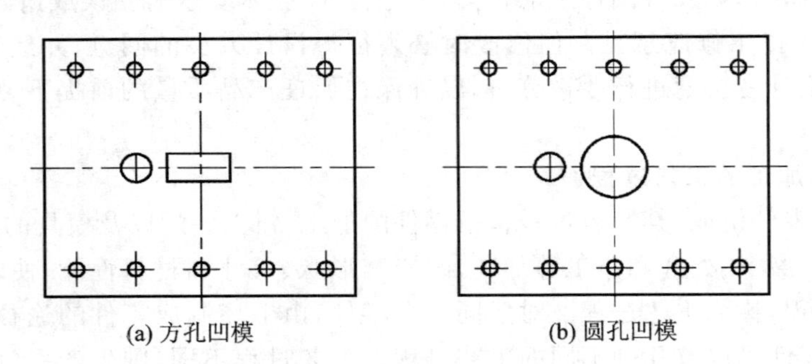

(a) 方孔凹模　　(b) 圆孔凹模

图 4-61　落料凹模

落料凹模的工艺路线如下：

方案一：备料→外形加工→平磨、磨基准平面→钳工：划线、钻孔、攻螺纹→粗、精铣/车/镗加工型孔→热处理→平磨→钳修。

方案二：备料→外形加工→平磨、磨基准平面→钳工：划线、钻孔、攻螺纹→粗铣/车/镗加工型孔→热处理→平磨、磨基准平面→精磨销孔、修磨型孔。

方案三：备料→外形加工→平磨、磨基准平面→钳工：划线、钻孔、攻螺纹→热处理→平磨、磨基准平面→线切割型孔、销孔→修磨型孔、销孔。

从以上三种工艺路线方案中可以看到：

① 模具型孔形状不同，其所采用加工手段也不同。方案一、二的方孔采用铣削加工（若方孔较大则可插削），圆孔则可采用车床镗孔或铣床镗孔。

② 采用加工手段不同，其工艺路线不同。

③ 方案一的型孔避免不了热处理造成的变形，所以只适用于要求不高的小型模具。

④ 方案二、方案三的型孔、销孔的加工均在热处理之后，避免了热处理造成的变形，使模具能获得较高的加工精度。

方案二获得的模具质量最高；方案三的加工工艺最为简单，而且适用于任何形状的冲裁模，这是目前采用最多的一种工艺方案。

综上可知，编制模具零件加工工艺路线必须考虑如下因素：

- 模具的种类不同，其制造工艺不同；
- 模具结构复杂程度及模型的形状；
- 模具的精度；
- 模具的使用要求；
- 模具的加工条件；
- 模具材料。

3）模具制造工艺规程

模具制造工艺规程是指导在模具制造过程中每一道工序如何保证模具制造质量的工艺文件。一般配有工艺简图，并详细说明该工序的每个工步的加工（或装配）内容、工艺参数、操作要求以及所用设备和工艺装备等。模具制造工艺规程通常包括模具零件加工工艺规程、模具热处理工艺规程、模具装配调试工艺规程等文件。模具制造工艺规程多用于成批生产中的重要零件。

4.8.2　冷冲压模制造工艺

1. 冲裁模的主要技术要求

① 组成模具的各零件的材料、尺寸公差、形位公差、表面粗糙度和热处理等均应符合相应图样的要求。

② 模架的三项技术指标（上模座上平面对下模座下平面的平行度、导柱轴心线对下模座下平面的垂直度、导套孔轴心线对上模座上平面的垂直度）均应达到规定的精度等级要求。

③ 模架的上模沿导柱的上、下移动应平稳且无阻滞现象。

④ 装配好的冲裁模的封闭高度应符合图样规定的要求。

⑤ 模柄的轴心线对上模座上平面的垂直度要符合图样规定的要求。

⑥ 凸模和凹模之间的配合间隙应符合图样要求，周围的间隙应均匀一致。

⑦ 模具应在生产条件下进行检验，冲出的零件应符合图样规定的要求。

2. 冲裁模的凸模和凹模的主要技术要求

1）尺寸精度

凸模和凹模的尺寸是根据冲件尺寸和公差的大小、凸模与凹模之间的间隙及制造公差计算而得。

2）表面形状和位置精度

对凸模和凹模的表面形状的要求是：侧壁应该平行或稍有斜度。对凸模和凹模的位置精度要求是：圆形凸模的工作部分对装合部分的同轴度误差不得超过工作部分公差的一半；凸模的端面应与中心线垂直；级进模、复合模和冲裁模的多孔凹模都有位置精度要求，其公差的大小根据冲件的位置精度而定。图 4－62 所示为模具的工作零件。

3）表面光洁、刃口锋利

要求刃口部分的表面粗糙度 $Ra<0.4\ \mu m$，装配表面的粗糙度 $Ra<0.8\ \mu m$，其余为 $Ra=6.3\ \mu m$。

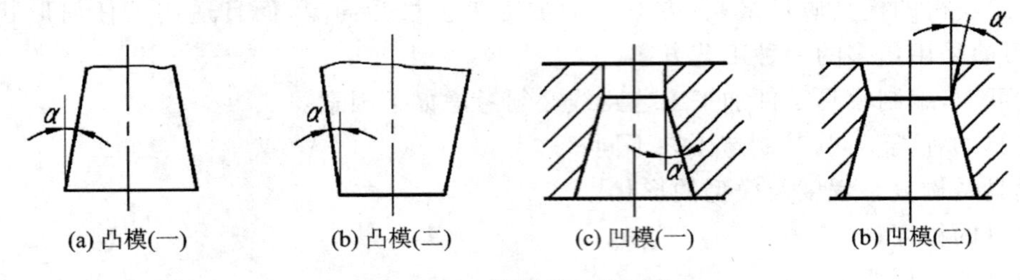

图 4－62　模具的工作零件

刃口部分表面光洁有利于获得锋利的刃口，并且可以提高冲件质量。如果刃口不锋利，则冲件就会产生毛刺，甚至可能发生显著的弯曲。

4）硬　度

为了使冲压工作顺利进行，凸模和凹模的工作部分应具有较高的硬度和较强的耐磨性以及良好的韧性，通常要求凹模工作部分的热处理硬度在 60HRC 以上，凸模的热处理硬度在 58HRC 以上。

3. 零件加工的工艺过程

凸模和凹模是冷冲模的主要零件，其技术要求较高，制造时应注意保证质量。由于凸模和凹模的形状是多种多样的，且各工厂的生产条件也各不相同，因此不可能列出适合于任何形状的凸模和凹模的工艺过程。现以图 4－58 所示的落料冲孔复合模的凹模、凸凹模和凸模为例，说明其制造的工艺过程。

1）凹模的工艺过程

凹模的零件尺寸如图 4－63 所示。

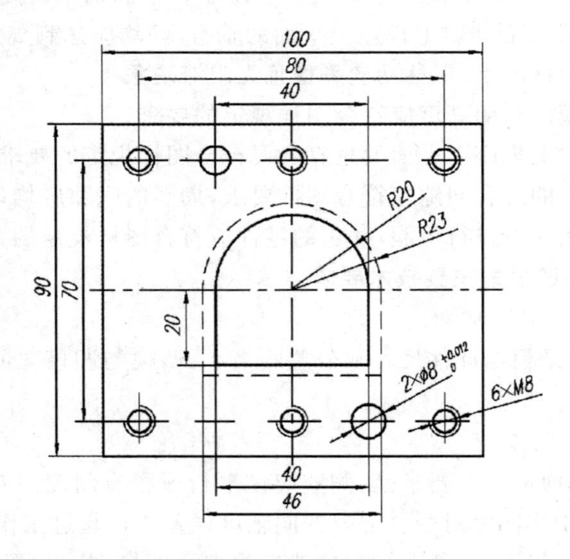

图 4－63　凹　模

① 备料：材料为 Cr12，毛坯尺寸为 105 mm×105 mm×35 mm。

➢ 下料：将轧制的棒料在锯床上切断，其尺寸为毛坯尺寸（重量）＋7％烧损量。

➢ 锻造：锻造到毛坯尺寸。锻造后应进行退火处理以消除内应力。

② 铣削六面：铣周边，保证四角垂直。两平面留磨余量，取 0.3～0.5 mm。

③ 平磨：磨削两平面并将其磨光。

④ 钳工：划线、钻 6×M8 底孔、攻螺纹；钻、铰 $2\times\phi8^{+0.012}_{0}$ mm 销孔和型腔线切割穿丝孔（ϕ5 mm）。

⑤ 铣削：按划线铣出打料板肩台的支承型孔，尺寸要符合图样。

⑥ 热处理：淬火、回火，保证硬度为 58～62HRC。说明：对于模具的热处理，有其专门的热处理工艺规程，使用的加热设备与热处理工艺中的有所不同。但为了充分消除模具淬火应力，回火次数必须在两次以上。

⑦ 平磨：平磨两面符合图样；平磨四周，保证四角垂直（定位基准、精密模具加工时采用）。

⑧ 线切割：线切割型孔符合图样。说明：线切割机有快走丝线切割机和慢走丝线切割机两种，根据零件的精度要求和表面要求，选择适合的线切割机种。

⑨ 精加工：手工精研刃口。说明：对于快走丝切割的表面，要通过研磨才能达到使用要求；对于慢走丝线切割的表面，虽然能达到使用要求，但研磨能去除加工表面的变质层，有利于提高模具的使用寿命。

⑩ 检验：检验工件尺寸，对工件进行防锈处理，入库。

2）凸凹模的工艺过程

凸凹模的零件尺寸如图 4－64 所示。

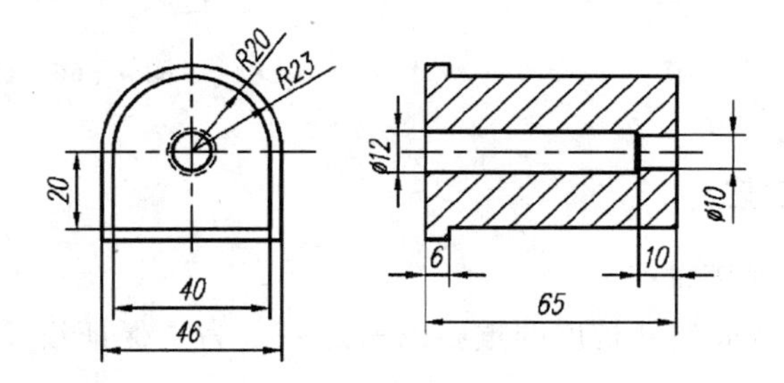

图 4－64　凸凹模

① 备料：材料为 Cr12，毛坯尺寸为 50 mm×50 mm×65 mm。

➢ 下料：将轧制的棒料在锯床上切断，其尺寸为毛坯尺寸（重量）＋7％烧损量。

➢ 锻造：锻造到毛坯尺寸，应进行退火处理，以消除锻造后的内应力。

② 铣削：铣削六面。每面留磨削余量，取 0.2 mm。

③ 平磨：磨削六面，两端面磨光，其余面要符合图样尺寸，保证六面垂直。

④ 划线：按图样划线。

⑤ 铣削：

➢ 以四周边为基准，钻 ϕ10 mm 型孔到 ϕ9.5 mm，钻 ϕ12 mm 漏料孔使其符合图样要求。

➢ 粗铣型面，周边留磨削余量，取 0.2 mm，肩台圆弧面铣至尺寸。

⑥ 热处理：淬火、回火，保证硬度 58～62HRC。

⑦ 平磨：平磨两端面使其符合图样要求。

⑧ 用坐标磨床磨孔：以 ϕ9.5 mm 为基准找正，磨孔，磨孔尺寸要符合图样要求。

说明：ϕ10 mm 型孔也可以用内孔磨床磨削，以 ϕ9.5 mm 为基准找正、找平端面，磨孔至符合图样要求。

⑨ 平磨：以 ϕ10 mm 型孔为基准，磨削三个型面和三个配合平面，磨至符合图样要求。

⑩ 工具磨：以 ϕ10 mm 型孔为基准，磨削圆弧型面和配合圆弧面，磨至符合图样要求。

⑪ 检验：检验工件尺寸，对工件进行防锈处理，入库。

3）凸模的工艺过程

凸模的零件尺寸如图 4-65 所示。

① 备料：材料为 Cr12，毛坯尺寸为 ϕ20 mm×55 mm。将轧制的圆棒在锯床上切断。

② 车削：粗车，留磨削余量，取 0.5 mm，如图 4-66 所示。

③ 热处理：淬火、回火，保证硬度在 58～60HRC。

④ 磨外圆：用顶尖顶两端磨外圆，刃口端磨光并保留工艺顶针凸台，其余磨至符合图样要求。

⑤ 去除工艺顶针凸台：去除工艺顶针凸台并磨平，保证总长度符合图样要求。

⑥ 检验：检验工件尺寸，对工件进行防锈处理，入库。

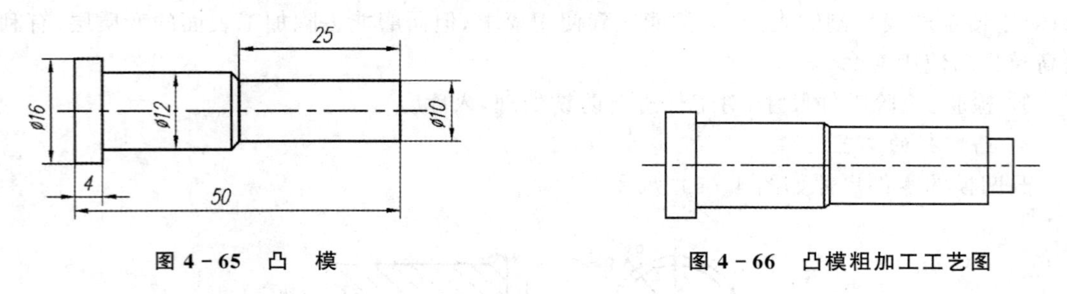

图 4-65 凸 模

图 4-66 凸模粗加工工艺图

4.8.3 注塑模制造工艺

1. 注塑模的主要技术要求

模具精度是影响塑料成型件精度的重要因素之一。为了保证模具精度，制造时应达到如下主要技术要求：

① 组成注塑模具的所有零件在材料、加工精度和热处理质量等方面均应符合相应图样的要求。

② 组成模架的零件应达到规定的加工要求（见表 4-24），装配成套的模架应活动自如，并达到规定的平行度和垂直度等要求：

➢ 浇口板上平面对底板下平面的平行度为 0.05/300。

➢ 导柱、导套的轴线对模板的垂直度为 0.02/100。

➢ 分型面闭合时的贴合间隙小于 0.03 mm。

表 4-24 模架零件的加工要求

零件名称	加工部位	条 件	要 求
动、定模板	厚度	平行度	0.02/300 以内
	基准面	垂直度	0.02/300 以内
	导柱孔	孔径公差	H7
	导柱孔	孔距公差	±0.02 mm

续表 4－24

零件名称	加工部位	条　件	要　求
导柱	压入部分直径	精磨	k6
	滑动部分直径	精磨	f7
	直线度	无弯曲变形	0.02/100
	硬度	淬火、回火	55HRC 以上
导套	外径	磨削加工	k6
	内径	磨削加工	H7
	内、外径关系	同轴度	0.01 mm
	硬度	淬火、回火	55HRC 以上

③ 模具的功能必须达到设计要求：

➢ 抽芯滑块和推出装置的动作要正常。

➢ 加热和温度调节部分能正常工作。

➢ 冷却水路畅通且无漏水现象。

④ 为了检验模具塑料成型件的质量，装配好的模具必须在生产条件下（或用试模机）试模，并根据试模存在的问题进行修整，直至试出合格的成型件为止。

上述技术要求是注塑模制造的基本保证。不同要求的模具，其技术要求不同，而且相差甚远，如精密、长寿命的注塑模，滑动配合的孔和轴都要求用磨削加工，圆度要求 $t<0.005$ mm，顶套、导套的内外径同轴度要求小于 0.005 mm，装配成成套模具的技术要求也要相应提高，这样才能保证模具的使用寿命。制造高精密的模具，能有效地提高模具的使用寿命，但其造价也会相应地提高很多。所以，模具的技术要求不要定得太高，必须根据模具使用要求综合考虑，特别是批量产品，可以根据产品批量的大小来确定模具的技术要求。当产品批量较大时，可以考虑用高精密的模具，因为高精密的模具所需的维修量小、生产效率高，能大大降低模具的使用成本。

2. 注塑模成型零件的主要技术要求

1）尺寸精度

注塑模成型零件的工作尺寸是根据塑件尺寸和公差大小、制造公差计算而得。模具在加工过程中必须保证加工尺寸符合图样要求，有些要求高的尺寸，待试模后还应予以调整。

2）表面形状和位置精度

模具的位置精度和尺寸精度一样，直接影响到产品的位置精度。模具的表面形状精度除直接影响到产品表面形状精度外，还会影响到模具的正常工作，如出模不顺利、表面拉毛等。所以，型腔或型芯侧边的工作表面均应设有脱模斜度，以防出现倒扣现象。

3）表面粗糙度

注塑模的表面粗糙度是由塑件表面的要求来决定的。塑件根据使用要求，按其表面粗糙度不同一般分为皮纹面、沙面、亚光面、光面、镜面和超镜面六类。为了保证塑件的表面粗糙度要求，模具表面粗糙度必须要高于塑件表面粗糙度 1～2 级。

4）硬　度

注塑模成型零件的硬度是保证模具使用寿命的重要技术指标之一。注塑模在工作中每注射一次，模具型腔就要经受一次高压、高速的塑料流冲刷，经过长期反复工作，型腔表面会失去光泽、型腔的磨蚀会造成尺寸超差，特别是浇口附近，磨蚀最为严重。所以，提高模具成型零件的硬度能提高模具的耐磨性，从而有效地提高模具的使用寿命。

模具成型零件的硬度根据其使用要求，通常分为调质模（硬度 28～35HRC）和硬模（硬度 50～62HRC）两种。

5）排　气

分型面和型腔深处或塑料流最后充满处必须设置排气槽。

3. 注塑模成型零件加工的工艺分析

现以图 4-67 所示的塑料盒体注射模具为例，介绍塑料注射模具典型零件加工。塑料盒体的注射模具为单型腔注射模，采用直浇口进料，推杆推出制品。

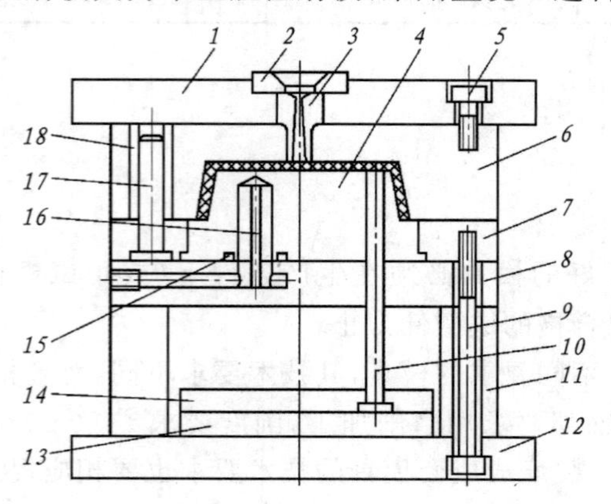

1—定模座板；2—定位圈；3—浇口套；4—型芯；
5—紧固螺钉；6—定模板；7—型芯固定板；
8—支承板；9—紧固螺钉；10—推杆；
11—垫块；12—动模座板；13—推板；
14—推杆固定板；15—密封圈；16—隔水板；
17—导柱；18—导套

图 4-67　塑料盒体注射模

1）型腔加工

模具定模板的型腔加工尺寸如图 4-68 所示。

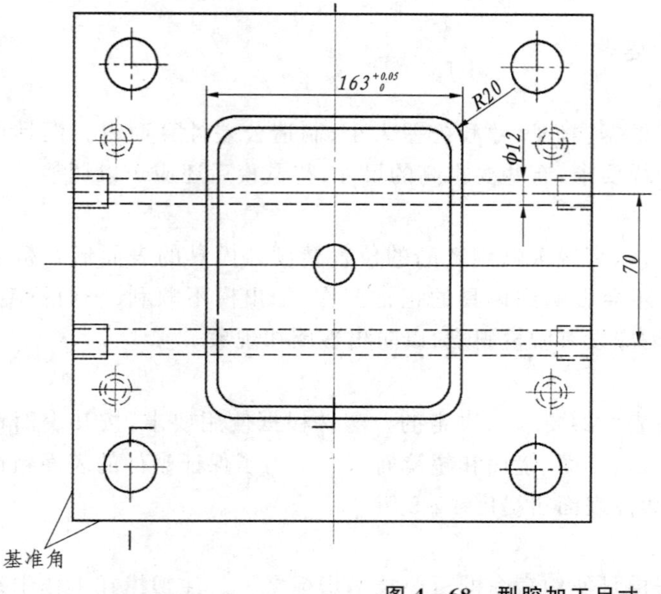

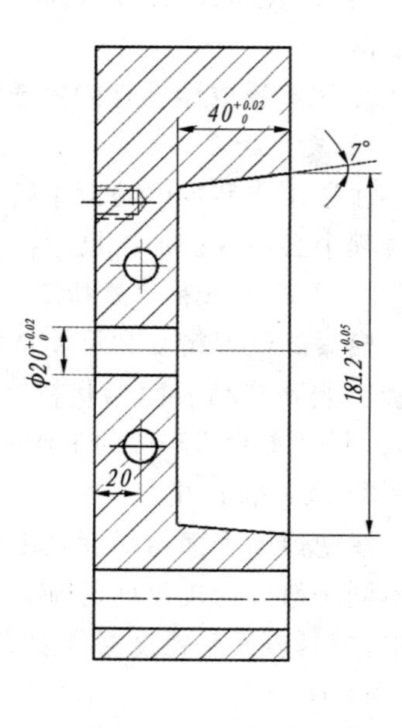

图 4-68　型腔加工尺寸

其加工工艺过程如下：

① 划线：以定模板基准角面为基准，划各加工线位置。

② 粗铣：粗铣出型腔形状，各加工面留余量。

③ 精铣：精铣型腔，达到制品要求的外形尺寸。

④ 钻、铰孔：钻、铰出浇口套安装孔。

⑤ 抛光：将型腔表面抛光，以满足制品表面质量要求。

⑥ 钻孔：钻出定模板上的冷却水孔。

2）型芯加工

型芯采用镶的方法安装于型芯固定板上，其加工尺寸如图 4－69 所示。

其加工工艺过程如下：

① 下料：根据型芯的外形尺寸下料。

② 粗加工：采用刨床或铣床粗加工为六面体。

③ 磨平面：将六面体磨平。

④ 划线：在六面体上画出型芯的轮廓线。

⑤ 精铣：精铣出型芯的外形。

⑥ 钻孔：加工出推杆孔。

⑦ 钻孔：加工出型芯上的冷却水孔。

⑧ 抛光：将成型表面抛光。

⑨ 研配：钳工研配，将型芯装入型芯固定板。

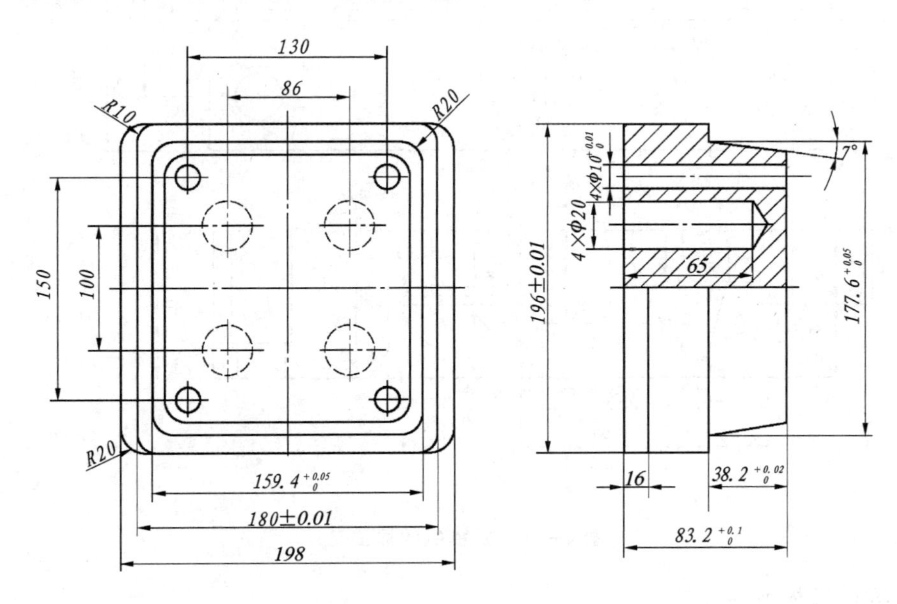

图 4－69　型芯加工尺寸

3）定模板（中间板）加工

定模板的加工尺寸如图 4－70 所示。

其加工工艺过程如下：

① 以基准角定位，加工 $\phi\ 52^{+0.02}_{0}$ mm 和 $\phi\ 40.31^{+0.09}_{0}$ mm 的型腔孔，可以采用坐标镗床或加

工中心完成。

② 以基准角定位，加工宽 32 mm、长 40 mm、深 25 mm 及宽 10 mm、深$20.66_{-0.23}^{\ 0}$ mm 的装配侧滑块孔，可以采用铣床或加工中心完成。

③ 以基准角定位，加工宽 32 mm、长 20 mm、深 40 mm 的斜楔装配孔及其上 M8 螺钉沉孔，可以采用铣床和钻床完成。

④ 钳工研配侧滑块和斜楔。

⑤ 将侧滑块装入定模板侧滑块孔内锁紧固定，共同加工 ϕ15 mm 的斜导柱孔，可以采用铣床或钻床完成。

⑥ 以基准角定位，加工 4×ϕ16 mm 孔，可以采用钻床或铣床完成。

⑦ 加工 2×ϕ10 mm 冷却水孔，由钻床或深孔钻床完成。

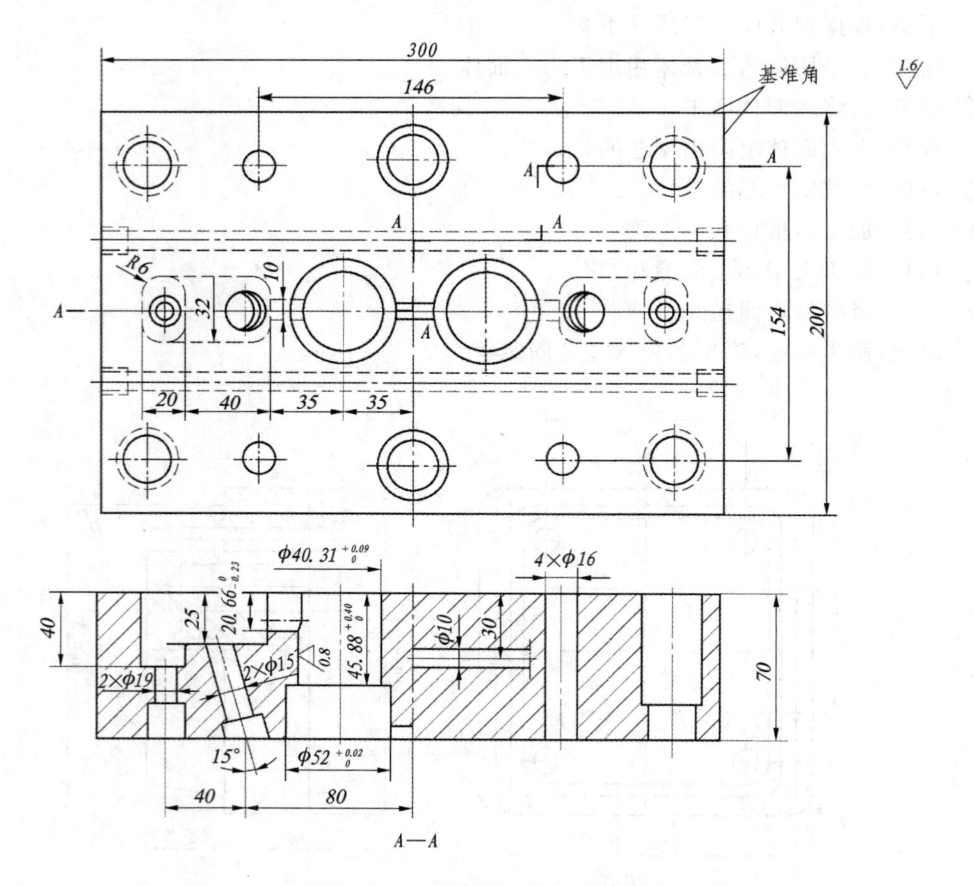

图 4-70　定模板的加工尺寸

4）型芯固定板加工

型芯固定板的作用是安装、固定型芯，其加工尺寸如图 4-71 所示。

其加工工艺过程如下：

① 划线：以与定模板相同的基准角为基准，划出各加工线的位置。

② 粗铣：粗铣出安装固定槽，各面留加工余量。

③ 精铣：精铣出安装固定槽。

④ 研配:将安装固定槽与型芯研配,保证型芯的安装精度。

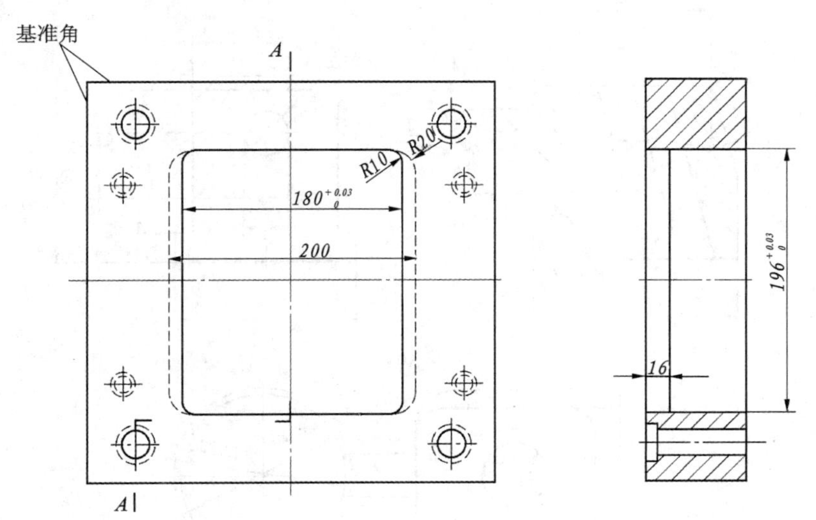

图 4－71　型芯固定板加工尺寸

5）动模板加工

动模板加工尺寸如图 4－72 所示。其加工工艺过程如下:

① 以基准角定位,加工 $\phi50^{+0.02}_{0}$ mm 和 $\phi60$ mm 的型芯固定孔,可以采用坐标镗床或加工中心完成。

② 以基准角定位,加工 $4\times\phi21$ mm 孔,可采用镗床或钻床完成。

③ 钳工装配型芯。

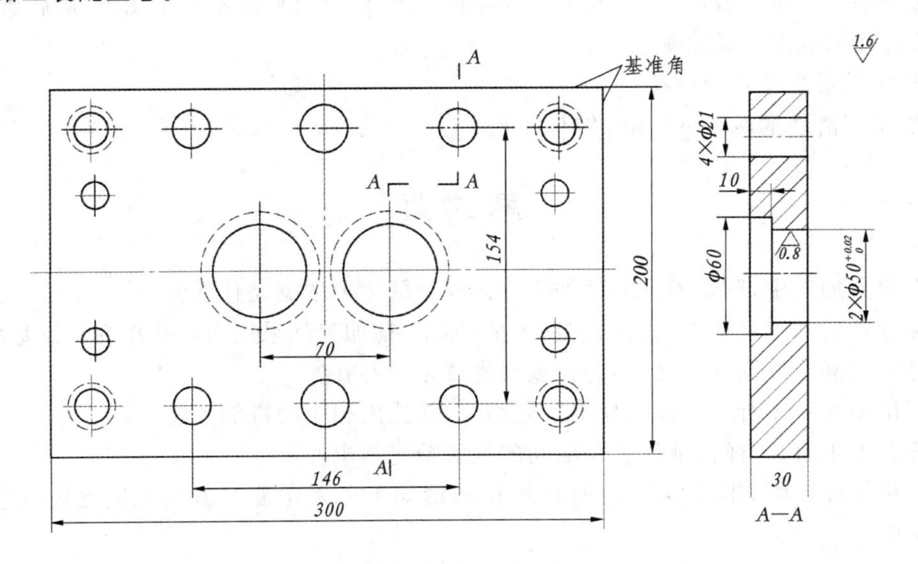

图 4－72　动模板加工尺寸

6）侧滑块加工

侧滑块加工尺寸如图 4－73 所示。

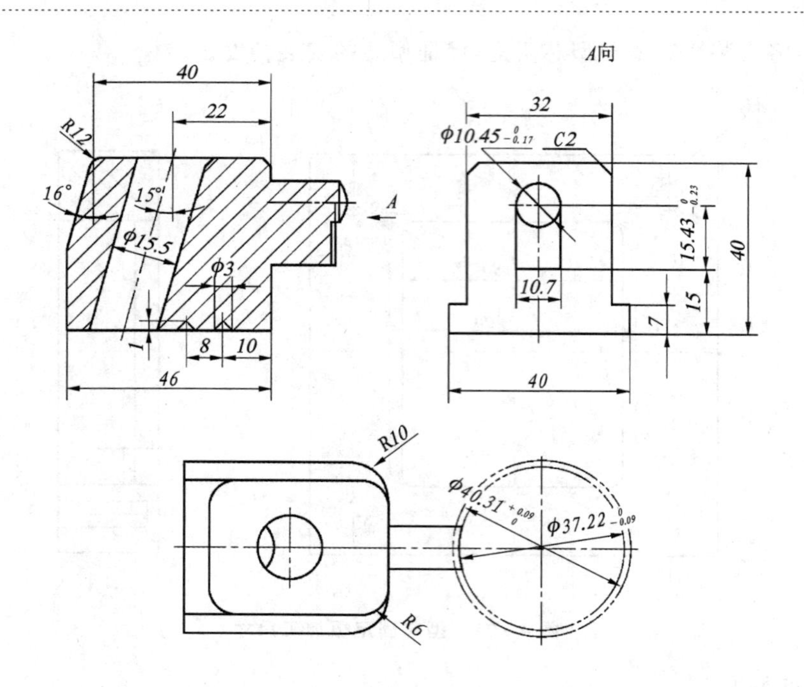

图 4-73 侧滑块加工尺寸

其加工工艺过程如下：

① 加工外形尺寸，由铣床或加工中心完成。

② 钳工研配，首先与推件板研配侧滑块的滑道部分，要求滑动灵活，无晃动间隙；其次研配侧滑块与型芯及定模板的配合，要求配合接触紧密，注射成型时不产生飞边；最后研配斜楔，要求斜楔在注射成型时锁紧侧滑块。

③ 与定模板配钻斜导柱孔。

④ 加工侧滑块的两个 $\phi 3$ mm 定位凹孔。

思考题

1. 在模具加工中，制定模具零件加工工艺规程的主要依据是什么？

2. 在导柱的加工过程中，为什么粗(半精)加工、精加工都采用中心孔作为定位基准？

3. 导柱在磨削外圆柱面之前，为什么要先修正中心孔？

4. 拟出图 4-74 所示导柱的加工工艺路线，并选出相应的机加工设备。

5. 导套加工时，怎样保证配合表面间的位置精度要求？

6. 在机械加工中，非圆形凸模的粗(半精)、精加工可采用哪些方法？试比较这些加工方法的优缺点。

7. 成型磨削适于加工哪些模具零件？常采用哪些磨削方法？

8. 对具有圆形型孔的多型孔凹模，在机械加工时怎样保证各型孔间的位置精度？

9. 对具有非圆形型孔的凹模和型腔，在机械加工时常采用哪些方法？试比较其优缺点。

10. 拟出图 4-75 所示凸模和凹模的加工工艺路线，并选出相应的加工设备。

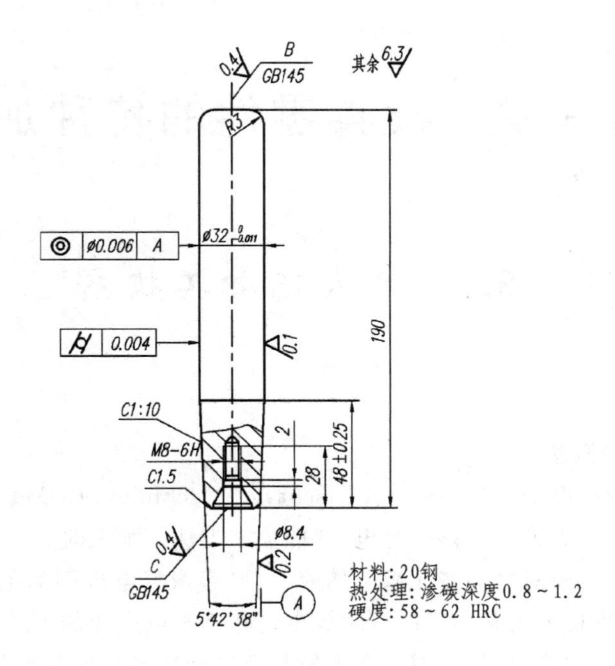

图 4－74　可卸导柱

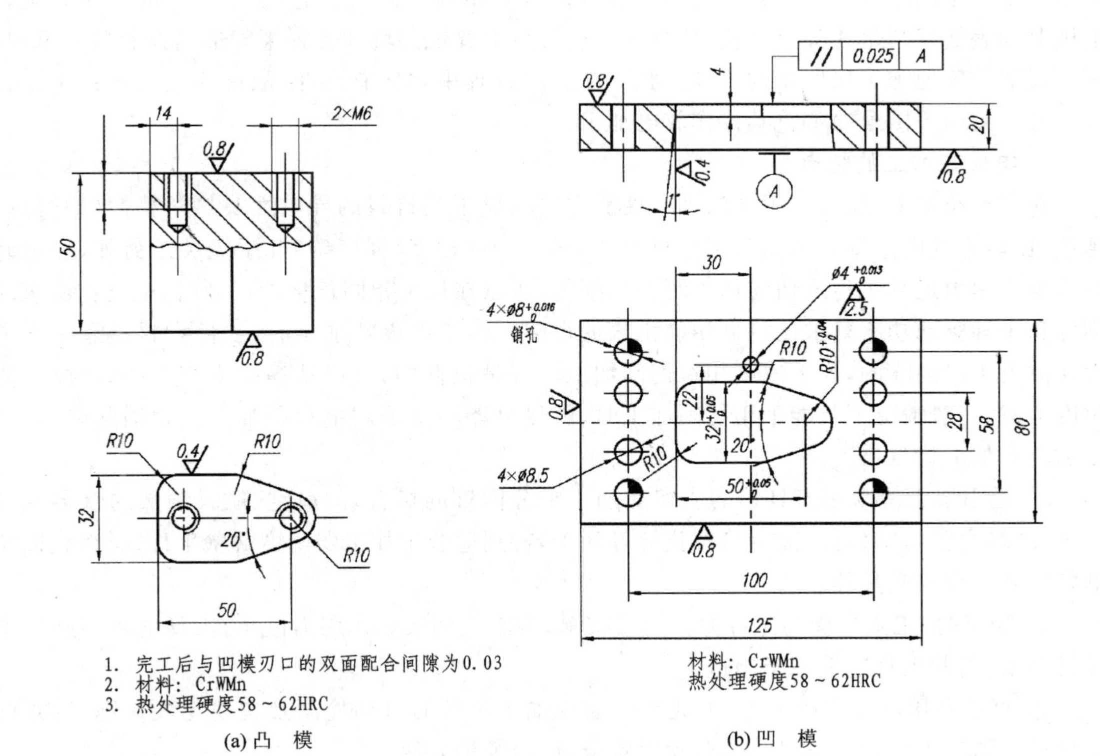

(a) 凸　模　　　　(b) 凹　模

图 4－75　凸模和凹模

第5章　模具零件的特种加工

5.1　电火花加工技术

5.1.1　概　述

1. 电火花加工的概念

电火花加工又称放电加工(Electrical Discharge Machining,EDM),其加工过程与传统的机械加工完全不同。电火花加工是一种电、热能加工方法。加工时,工件与加工所用的工具为极性不同的电极对。电极对之间多充满工作液,主要起恢复电极间的绝缘状态及带走放电时产生热量的作用,以维持电火花加工的持续放电。在正常电火花加工过程中,电极与工件并不接触,而是保持一定的距离(称为间隙),在工件与电极间施加一定的脉冲电压,当电极向工件进给至某一距离时,两极间的工作液介质被击穿,局部产生火花放电,放电产生的瞬时高温将电极对的表面材料熔化甚至汽化,使材料表面形成电腐蚀的坑穴。如果能适当控制这一过程,那么就能准确地加工出所需的工件形状。在放电过程中常伴有火花,故称为电火花加工。日本、美国、英国等国家通常将其称作放电加工。

2. 电火花加工的特点

在电火花加工过程中,工件的加工性能主要取决于其材料的导电性及热学特性(如熔点、沸点、比热容及电阻率等),而与工件材料的力学特性(硬度、强度等)几乎无关。另外,加工时的宏观作用力远小于传统切削加工时的切削力,所以在加工相同规格的尺寸时,电火花机床的刚度和主轴驱动功率要求比机械切削机床低得多。由于电火花加工时,工件材料是靠一个个火花放电予以蚀除的,加工速度相对切削加工而言是很低的,所以从提高生产率、降低成本的角度考虑,一般情况下凡能采用切削加工时,就尽可能不要采用电火花加工。归纳起来,电火花加工有如下特点:

① 适用于无法采用刀具切削或切削加工十分困难的场合,如航空、航天领域的众多发动机零件、蜂窝密封结构件、深窄槽及狭缝等加工,特别适合于加工弱刚度薄壁工件、异型孔以及形状复杂的型腔模具等。

② 加工时,工具电极与工件并不直接接触,两者之间宏观作用力极小,工具电极不必比工件材料硬,因此工具电极易于制造。

③ 直接利用电能进行加工,因此易于实现加工过程的自动控制及实现无人化操作;并可减少机械加工工序,加工周期短,劳动强度低,使用维护方便。

④ 由于火花放电时工件与电极均会被蚀除,因此电极的损耗对加工形状及尺寸精度的影响比切削加工时刀具的影响要大。电火花成型加工时电极损耗的影响又比线切割加工时大,这点在选择加工方式时应予以充分考虑。

3. 发展概况

20 世纪 40 年代后期，苏联科学家鲍·拉扎连科针对插头或电器开关在闭合与断开时经常发生电火花烧蚀这一现象，经过反复试验研究，终于发明了电火花加工技术，把对人类有害的电火花烧蚀转化为对人类有益的一种全新工艺方法；20 世纪 50 年代初，他研制出的电火花加工装置采用双继电器作为控制元件，控制主轴头电动机的正、反转，达到调节电极与工件间隙的目的。这台装置只能加工出形状简单的工件，自动化程度很低。

我国是国际上开展电火花加工技术研究较早的国家之一，由中国科学院电工研究所牵头，到 20 世纪 50 年代后期先后研制出了电火花穿孔机床和线切割机床。同时，一些先进工业国（如瑞士、日本）也加入电火花加工技术研究行列，使电火花加工工艺在世界范围内取得巨大的发展，应用范围日益广泛。

我国电火花成型机床经历了双机差动式主轴头、电液压主轴头、力矩电动机或步进电动机主轴头、直流伺服电动机主轴头、交流伺服电动机主轴头，到直线电动机主轴头的发展历程；控制系统也由单轴简易数控逐步发展到对双轴、三轴联动乃至更多轴的联动控制；脉冲电源也以最初的 RC 张弛式电源及脉冲发电机，逐步发展出电子管电源、闸流管电源、晶体管电源、晶闸管电源及 RC－RLC 电源复合的脉冲电源。成型机床的机械部分也以滑动导轨、滑动丝杠副逐步发展为滑动贴塑导轨、滚珠导轨、直线滚动导轨及滚珠丝杠副，机床的机械精度达到了微米级，最佳加工表面粗糙度 Ra 值已由最初的 3.2 μm 提高到目前的 0.02 μm，从而使电火花成型加工步入镜面、精密加工技术领域，与国际先进水平的差距逐步缩小。

电火花成型加工的应用范围从单纯的穿孔加工冷冲模具、取出折断的丝锥与钻头，逐步扩展到加工汽车、拖拉机零件的锻模、压铸模及注塑模具，近几年又大踏步跨进精密微细加工技术领域，为航空、航天及电子、交通、无线电通信等领域解决了切削加工无法胜任的一大批零部件的加工难题，如心血管的支架、陀螺仪中的平衡支架、精密传感器探头、微型机器人用的直径仅 1 mm 的电动机转子等的加工，充分展示了电火花加工工艺作为常规机械加工“配角”的重要作用。

4. 应用前景

伴随现代制造技术的快速发展，传统切削加工工艺也有了长足的进步，四轴、五轴甚至更多轴的数控加工中心先后面世，其主轴最高转速已达$(7\sim8)\times10^5$ r/min。机床的精度与刚度也大大提高，再配上精密超硬材料刀具，切削加工的加工范围、加工速度与精度均有了大幅度提高。

面对现代制造业的快速发展，电火花加工技术在“一特二精”方面具有独特的优势。

“一特”即特殊材料加工（如硬质合金、聚晶金刚石以及其他新研制的难切削材料），在这一领域，切削加工难以完成，但这一领域也是电加工的最佳研究开发领域。

“二精”是精密模具及精密微细加工。如整体硬质合金凹模或其他凸模的精细补充加工，可获得较高的经济效益。微精加工是切削加工的一大难题，而电火花加工由于作用力小，对加工微细零件非常有利。

随着计算机技术的快速发展，将以往的成功工艺经验进行归纳总结，建立数据库，开发出专家系统，使电火花成型加工及线切割加工的控制水平及自动化、智能化程度大大提高。新型脉冲电源的不断研究开发，使电极损耗大幅度降低，再辅以低能耗新型电极材料的研究开发，有望将电火花成型加工的成型精度及线切割加工的尺寸精度再提高一个数量级，达到亚微米级,则电火花加工技术在精密微细加工领域可进一步扩大其应用范围。

5.1.2 电火花加工的原理与机理

1. 电火花加工的原理

电火花加工的原理是基于工具和工件(正、负电极)之间脉冲性火花放电时的电腐蚀现象来蚀除多余的金属,以达到对零件的尺寸、形状及表面质量预定的加工要求。研究结果表明,电火花腐蚀的主要原因是:电火花放电时火花通道中瞬时产生大量的热,能达到很高的温度,足以使任何金属材料局部熔化、汽化而被蚀除掉,形成放电凹坑。要利用电腐蚀现象对金属材料进行尺寸加工应具备以下三个条件:

① 必须使工具电极和工件加工表面之间经常保持一定的放电间隙,这一间隙由加工条件而定,通常为几微米至几百微米。如果间隙过大,则极间电压不能击穿极间介质,因而不会产生火花放电;如果间隙过小,则很容易形成短路接触,同样也不能产生火花放电。为此,在电火花加工过程中必须具有工具电极的自动进给和调节装置,使其和工件保持某一放电间隙。

② 两极之间应充入具有一定绝缘性能的介质。对导电材料进行加工时,两极间为液体介质;进行材料表面强化时,两极间为气体介质。

液体介质又称工作液,它们必须具有较高的绝缘强度($10^3 \sim 10^7$ $\Omega \cdot cm$),如煤油、皂化液或去离子水等,以有利于产生脉冲性的火花放电。同时,液体介质还能把电火花加工过程中产生的金属小屑、碳黑等电蚀产物从放电间隙中悬浮排除出去,并且对电极和工件表面有较好的冷却作用。

③ 火花放电必须是瞬时的脉冲性放电,放电延续一段时间后(1~1 000 μs),需停歇一段时间(50~100 μs)。这样才能使放电所产生的热量来不及传导扩散到其余部分,把每一次的放电蚀除点分别局限在很小的范围内;否则,会形成电弧放电,使工件表面烧伤而无法用作尺寸加工。为此,电火花加工必须采用脉冲电源。图 5-1 所示为脉冲电源的空载电压波形。

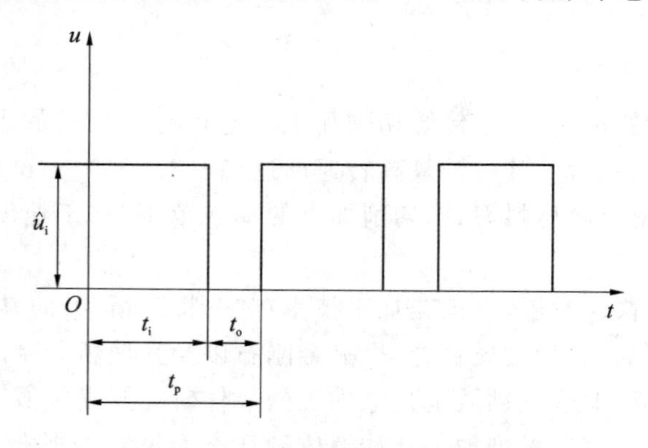

图 5-1 脉冲电源电压波形

以上这些问题的综合解决,是通过图 5-2 所示的电火花加工系统来实现的。工件 1 与工具 4 分别与脉冲电源 2 的两输出端相连接。自动进给调节装置 3(此处为电动机及丝杆螺帽机构)使工具和工件间经常保持一个很小的放电间隙,当脉冲电压加到两极之间,便在当时条件下相对某一间隙最小处或绝缘强度最低处击穿介质,在该局部产生火花放电,瞬时高温使工具和工件表面都蚀除掉一小部分金属,各自形成一个小凹坑,如图 5-3 所示。其中左图表示单个脉冲放电后的电蚀坑，右图表示多次脉冲放电后的电极表面。脉冲放电结束后，经过一段间隔时间（即脉冲间隔 t_o），使工作液恢复绝缘后，第二个脉冲电压又加到两极上，又会在当时极间距离相对最近或绝缘强度最弱处击穿放电，又电蚀出一个小凹坑。就这样以相当高的频率，连续不断地重复放电，工具电极不断地向工件进给，即可将工具的形状复制在工件上，加工出所需要的零件，整个加工表面将由无数个小凹坑组成。

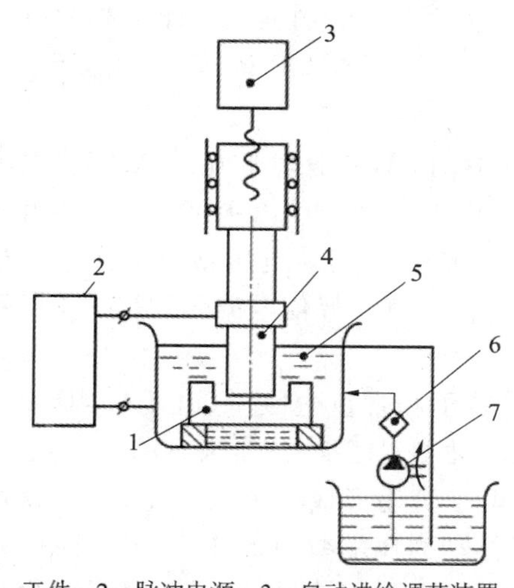

1—工件；2—脉冲电源；3—自动进给调节装置；4—工具；5—工作液；6—过滤器；7—工作液泵

图 5-2　电火花加工系统原理示意图

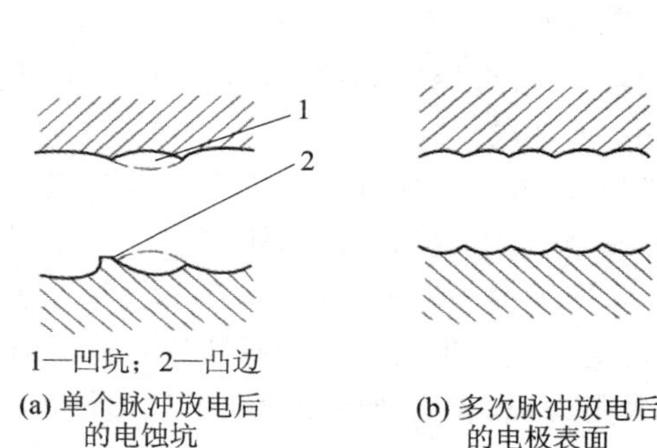

1—凹坑；2—凸边

(a) 单个脉冲放电后的电蚀坑　　(b) 多次脉冲放电后的电极表面

图 5-3　电火花加工表面局部放大图

2. 电火花加工的机理

火花放电时，电极表面的金属材料被蚀除下来的这一微观物理过程即所谓的电火花加工机理，也就是电火花加工的物理本质。了解这一微观过程，有助于掌握电火花加工的基本规律，从而对脉冲电源、进给装置、机床设备等提出合理的要求。每次电火花腐蚀的微观过程是电场力、磁力、热力、流体动力、电化学和胶体化学等综合作用的过程。这一过程大致可分为以下四个连续的阶段：极间介质的电离、击穿，形成放电通道；介质热分解、电极材料熔化、汽化热膨胀；蚀除产物的抛出；极间介质的消电离。

1）极间介质的电离、击穿，形成放电通道

图 5-4 所示为矩形波脉冲放电时的电压波形和电流波形。当约 80 V 的脉冲电压施加于工具电极与工件之间时（见图 5-4中 0～1 段和 1～2 段），两极之间立即形成一个电场。电场强度与电压成正比，与距离成反比，即随着极间电压的升高或是极间距离的减小，极间电场强度也将随之增大。由于工具电极和工件的微观表面是凹凸不平的，极间距离又很小，因而极间电场强度是很不均匀的，两极间离得最近的突出点或尖端处的电场强度一般为最大。

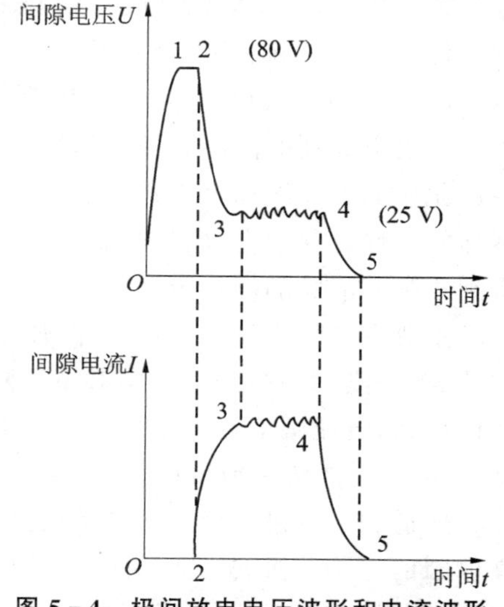

图 5-4　极间放电电压波形和电流波形

液体介质中不可避免地含有某种杂质(如金属微粒、碳粒子、胶体粒子等),也有一些自由电子,使介质呈现一定的电导率。在电场作用下,这些杂质将使极间电场更不均匀。当阴极表面某处的电场强度增加到 10^5 V/mm 即 100 V/μm 左右时,就会由阴极表面向阳极逸出电子。在电场作用下电子高速向阳极运动并撞击工作液介质中的分子或中性原子,产生碰撞电离,形成带负电的粒子(主要是电子)和带正电的粒子(正离子),导致带电粒子雪崩式增多;在电场加速的作用下,带电粒子使介质击穿而形成放电通道。这种由于电场强度高而引起的电子发射形成的间隙介质击穿,称为场致发射击穿。同时由于负极表面温度升高,局部过热而引起大量电子发射形成的间隙介质击穿,称为热击穿。

从雪崩电离开始,到建立放电通道的过程非常迅速,时间一般短于 0.1 μs,间隙电阻从绝缘状况迅速降低到几分之一欧(Ω),间隙电流迅速上升到最大值(几安到几百安)。由于通道直径很小,所以通道中的电流密度可高达 10^3～10^4 A/mm²。间隙电压则由击穿电压迅速下降到火花维持电压(一般约为 25 V),电流则由 0 A 上升到某一峰值电流(如图 5－4 所示电流波形中 2～3 段)。

放电通道是由数量大体相等的带正电(正离子)粒子和带负电粒子(电子)以及中性粒子(原子或分子)组成的等离子体构成。带电粒子高速运动相互碰撞,产生大量的热,使通道温度相当高,通道中心温度可高达 10 000 ℃以上。由于电子流动形成电流而产生磁场,磁场又反过来对电子流产生向心的磁压缩效应和周围介质惯性动力压缩效应的作用,通道瞬间扩展受到很大阻力,故放电开始阶段通道截面很小,电流密度高达 10^5～10^7 A/cm²,通道内由瞬时高温热膨胀形成的初始压力可达数十兆帕(MPa)。高压高温的放电通道以及随后瞬时汽化形成的气体(以后发展成气泡)急速扩展,并产生一个强烈的冲击波向四周传播。在放电过程中,同时还伴随着一系列派生现象,其中有热效应、电磁效应、光效应、声效应及频率范围很宽的电磁波辐射和局部爆炸冲击波等。

2) 能量的转换——介质热分解、电极材料熔化、汽化热膨胀

极间介质一旦被击穿、电离,形成放电通道,电场便使通道间的电子高速奔向正极,正离子奔向负极。电能变成动能,动能通过碰撞又转变为热能。于是在通道内,正极和负极表面分别成为瞬时热源,温度急剧升高。放电通道在高温作用下,首先把工作液介质汽化,进而热裂分解汽化(如煤油等碳氢化合物工作液),高温后裂解为 H_2(约占 40%)、C_2H_2(约占 30%)、CH_4(约占 15%)、C_2H_4(约占 10%)和游离碳等,水基工作液则热分解为 H_2、O_2 的分子甚至原子等。正负极表面的高温除使工作液汽化、热分解汽化外,也使金属材料熔化直至沸腾汽化。这些汽化后的工作液和金属蒸气,瞬时间体积猛增,迅速热膨胀,就像火药、爆竹点燃后那样具有爆炸的特性。观察电火花加工过程,可以见到放电间隙间冒出很多小气泡,工作液逐渐变黑,听到轻微而清脆的爆炸声。

主要靠热膨胀和局部微爆炸,使熔化、汽化了的电极材料抛出而形成蚀除,相当于图 5－4 中的 3～4 段,此时 80 V 的空载电压降为 25 V 左右的火花维持电压,由于它含有高频成分而呈锯齿状,电流则上升为锯齿状的放电峰值电流。

3) 蚀除产物的抛出

通道和正负极表面放电点瞬时高温使工作液汽化,金属材料熔化、汽化和热膨胀,产生很高的瞬时压力。通道中心的压力最高,使汽化了的气体体积不断向外膨胀,形成一个扩张的"气泡"。气泡上下、内外的瞬时压力并不相等,压力高处的熔融金属液体和蒸气,就被排挤、抛

出而进入工作液中。由于表面张力和内聚力的作用,使抛出的材料具有最小的表面积,冷凝时凝聚成细小的圆球颗粒(直径为0.1～300 μm,随脉冲能量而异)。图5-5(a)、(b)、(c)、(d)所示为放电过程中四个阶段放电间隙状态的示意图。

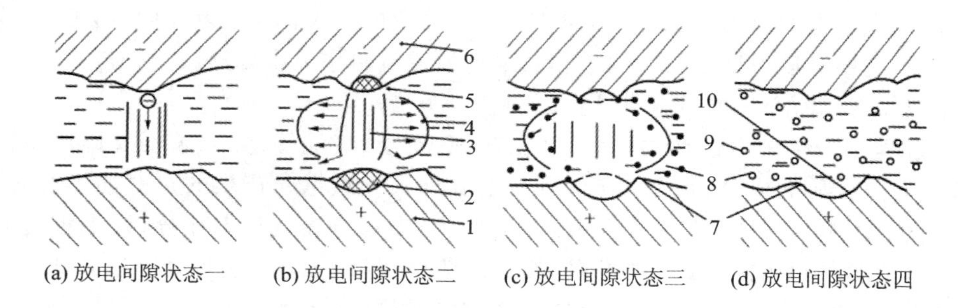

1—正极；2—从正极上熔化并抛出金属的区域；3—放电通道；4—气泡；5—在负极上熔化并抛出金属的区域；6—负极；7—翻边凸起；8—在工作液中凝固的微粒；9—工作液；10—放电形成的凹坑

图5-5　放电间隙状况示意图

实际上,熔化和汽化了的金属在抛离电极表面时,向四处飞溅,除绝大部分抛入工作液中收缩成小颗粒外,还有一小部分飞溅、镀覆、吸附在对面的电极表面上。这种互相飞溅、镀覆以及吸附的现象,在某些条件下可以用来减少或补偿工具电极在加工过程中的损耗。半裸在空气中的电火花加工时,可以见到橘红色甚至蓝白色的火花四溅,它们就是被抛出的金属高温熔滴、小屑。

观察铜加工钢电火花加工后的电极表面,可以看到钢上粘有铜,铜上粘有钢的痕迹。进一步分析电火花加工后的产物,在显微镜下可以看到除了游离碳粒以及大小不等的铜和钢的球状颗粒之外,还有一些钢包铜、铜包钢、互相飞溅包容的颗粒,此外还有少数由气态金属冷凝成的中心带有空泡的空心球状颗粒产物。

放电结束后,气泡温度不再升高,但由于液体介质惯性作用使气泡继续扩展,致使气泡内压力急剧降低,甚至降到大气压以下,形成局部真空,再加上材料本身在低压下再沸腾的特性,使在高压下溶解在熔化和过热材料中的气体析出。由于压力骤降,使得熔融金属材料及其蒸气从小坑中再次爆沸飞溅而被抛出。

熔融材料抛出后,在电极表面形成单个脉冲的放电痕,其剖面放大示意图如图5-6所示。熔化区未被抛出的材料冷凝后残留在电极表面,形成熔化凝固层,在四周形成稍凸起的翻边。熔化凝固层下面是热影响层,再往下才是无变化的材料基体。

总之,材料的抛出是热爆炸力、电动力、流体动力等综合作用的结果。目前对这一复杂的抛出机理的认识还在不断深化中。

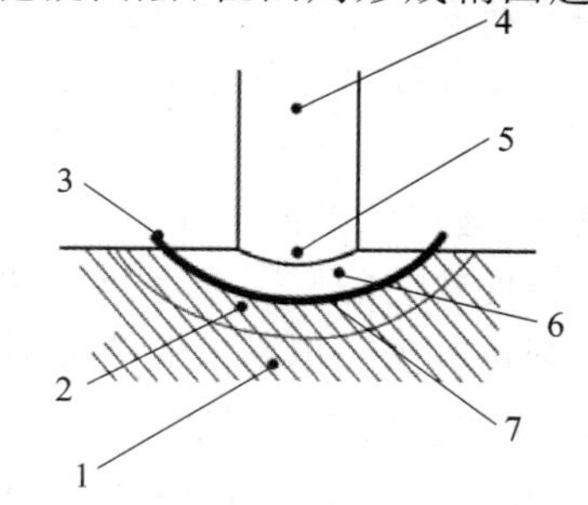

1—无变化区；2—热影响层；3—翻边凸起；4—放电通道；5—气化区；6—熔化区；7—熔化凝固层

图5-6　单个脉冲放电痕剖面放大示意图

4）极间介质的消电离

随着脉冲电压的下降，脉冲电流也迅速降为0（即图5-4中4～5段），标志着一次脉冲放电结束。但此后仍应有一段间隔时间，使间隙介质消电离，即放电通道中的带电粒子复合为中性粒子，恢复本次放电通道处间隙介质的绝缘强度，以免下一次总是重复在同一处发生放电而导致电弧放电，这样可以保证在其他两极相对最近处或电阻率最小处形成下一击穿放电通道，这就是电火花加工时所必需的放电点转移原则。

在加工过程中产生的电蚀产物（如金属微粒、碳粒子、气泡等）如果来不及排除而扩散出去，则会改变间隙介质的成分，并降低绝缘强度。脉冲火花放电时产生的热量如不及时传出，带电粒子的自由能不易降低，将大大减小复合的概率，使消电离过程不充分，结果将使下一个脉冲放电通道不能顺利地转移到其他部位，而始终集中在某一部位，使该处介质局部过热而破坏消电离过程，脉冲火花放电将转变为有害的稳定电弧放电，同时工作液局部高温分解后可能积碳，在该处聚集成焦粒而在两极间搭桥，使加工无法进行下去，并烧伤电极。

由此可见，为了保证电火花加工过程正常进行，在两次脉冲放电之间一般都应有足够的脉冲间隔时间 t_o。其最小脉冲间隔时间的确定，不仅要考虑介质本身消电离所需的时间（与脉冲能量有关），还要考虑电蚀产物排离出放电区域（与脉冲爆炸力大小、放电间隙大小、抬刀及加工面积有关）的时间。

到目前为止，人们对于电火花加工微观过程的了解还是很不够的，诸如工作液成分作用、间隙介质的击穿，放电间隙内的状况，正、负电极间能量的转换与分配，材料的抛出，电火花加工过程中热场、流场、力场的变化，通道结构及其振荡等，都还需要进一步研究。

5.1.3 电火花加工中的一些基本规律

1. 影响材料放电腐蚀的主要因素

电火花加工过程中，材料被放电腐蚀的规律是十分复杂的综合性问题。研究影响材料放电腐蚀的因素，对于应用电火花加工方法，提高电火花加工的生产率，降低工具电极的损耗是极为重要的。这些因素主要有以下几个方面。

1）极性效应

在电火花加工过程中，无论是正极还是负极，都会受到不同程度的电蚀。即使是相同材料（例如钢加工钢），正、负电极的电蚀量也是不同的。这种单纯由于正、负极性不同而彼此电蚀量不一样的现象叫作极性效应。如果两电极材料不同，则极性效应更加复杂。在生产中，我国通常把工件接脉冲电源的正极（工具电极接负极）时，称为正极性加工；反之，工件接脉冲电源的负极（工具电极接正极）时，称为负极性加工，又称为反极性加工。在电火花加工中极性效应越显著越好，这样可以把电蚀量小的一极作为工具电极，以减少工具电极的损耗。

产生极性效应的原因很复杂，对这一问题的笼统解释是：在火花放电过程中，正、负电极表面分别受到负电子和正离子的撞击和瞬时热源的作用，在两极表面所分配到的能量不一样，因而熔化、汽化抛出的电蚀量也不一样。这是因为电子的质量和惯性均小，容易获得很高的加速度和速度，在击穿放电的初始阶段就有大量的电子奔向正极，把能量传递给正极表面，使电极材料迅速熔化和汽化；而正离子则由于质量和惯性较大，启动和加速较慢，在击穿放电的初始阶段，大量的正离子来不及到达负极表面，而到达负极表面并传递能量的只有一小部分离子。所以在用窄脉冲（即放电持续时间较短）加工时，电子的撞击作用大于离子的撞击作用，正极的蚀除速度大于负极的蚀除速度，这时工件应接正极。当采用长脉冲（即放电持续时间较长）加工时，质量和惯性大的正离子将有足够的时间加速，到达并撞击负极表面的离子数将随放电时间的延长而增多；由于正离子的质量大，对负极表面的撞击破坏作用强，同时自由电子挣脱负极时要从负极获取逸出功，而正离子到达负极后与电子结合释放位能，故负极的蚀除速度将大于正极，这时工件应接负极。因此，当采用窄脉冲（例如纯铜电极加工钢时，$t_i<10\ \mu s$）精加工时，应选用正极性加工；当采用长脉冲（例如纯铜加工钢时，$t_i>80\ \mu s$）粗加工时，应采用负极性加工，可以得到较高的蚀除速度和较低的电极损耗。

能量在两极上的分配对两个电极电蚀量的影响是一个极为重要的因素，而电子和正离子对电极表面的撞击则是影响能量分布的主要因素，因此，电子撞击和离子撞击无疑是影响极性效应的重要因素。但是，近年来的生产实践和研究结果表明，正的电极表面能吸附工作液中分解游离出来的碳微粒，形成碳黑膜（覆盖层）减小电极损耗。例如：纯铜电极加工钢工件，当脉宽为 8 μs 时，通常的脉冲电源必须采用正极性加工，但在用分组脉冲进行加工时，虽然脉宽也为 8 μs，却需采用负极性加工，这时在正极纯铜表面明显地存在着吸附的碳黑膜，保护了正极，因而使钢工件负极的蚀除速度大大超过了正极。在普通脉冲电源上的实验也证实了碳黑膜对极性效应的影响。当采用脉宽为 12 μs 时，脉间为 15 μs，往往正极的蚀除速度大于负极，应采用正极性加工。当脉宽不变时，逐步把脉间减小，将有利于碳黑膜在正极上的形成，从而使负极的蚀除速度大于正极而可以改用负极性加工。实际上是极性效应和正极吸附碳黑之后对正极有保护作用的综合效果。但是，在电火花加工过程中，碳黑层不断形成又不断破坏。为了实现电极损耗低、加工精度高的目的，应使覆盖层的形成与破坏的程度达到动态平衡。

由此可见，极性效应是一个较为复杂的问题。除了脉宽、脉间的影响外，还有脉冲峰值电流、放电电压、工作液以及电极对材料等都会影响到极性效应。

从提高加工生产率和减少工具损耗的角度来看，极性效应越显著越好，加工中必须充分利用极性效应，最大限度地降低工具电极的损耗，并合理选用工具电极的材料，根据电极对材料的物理性能、加工要求选用最佳的电规准，正确地选用加工极性，达到工件的蚀除速度最高而工具损耗尽可能小的目的。当用交变的脉冲电流加工时，单个脉冲的极性效应便相互抵消，增加了工具的损耗。因此，电火花加工一般都采用单向脉冲电源。

2）电参数

电参数主要是指电压脉冲宽度 t_i、电流脉冲宽度 t_e、脉冲间隔 t_o、脉冲频率 f、峰值电流 $\hat{i}_e$、峰值电压 $\hat{u}$ 和极性等。

在电火花加工过程中，无论正极或负极都存在单个脉冲的蚀除量与单个脉冲能量在一定范围内成正比的关系。某一段时间内的总蚀除量约等于这段时间内各单个有效脉冲蚀除量的总和，所以正、负极的蚀除速度，与单个脉冲能量、脉冲频率成正比。用公式表示为

$$q = KW_M f\varphi t$$

$$v = \frac{q}{t} = KW_M f\varphi$$

式中：q——在 t 时间内的总蚀除量（g 或 mm^3）；

v——蚀除速度（g/min 或 mm^3/min），即工件生产率或工具损耗速度；

W_M——单个脉冲能量（J）；

f——脉冲频率（Hz）；

t——加工时间(s)；

K——与电极材料、脉冲参数、工作液等有关的工艺系数；

φ——有效脉冲利用率。

单个脉冲放电所释放的能量取决于极间放电电压、放电电流和放电持续时间，所以单个脉冲放电能量为

$$W_{\mathrm{M}}=\int_{0}^{t_{\mathrm{e}}}u(t)i(t)\mathrm{d}t$$

式中：t_{e}——单个脉冲实际放电时间(s)；

$u(t)$——放电间隙中随时间而变化的电压(V)；

$i(t)$——放电间隙中随时间而变化的电流(A)；

W_{M}——单个脉冲放电能量(J)。

由于火花放电间隙的电阻的非线性特性，击穿后间隙上的火花维持电压是一个与电极对材料及工作液种类有关的数值(如在煤油中用纯铜加工钢时约为 25 V，用石墨加工钢时约为 30 V)。火花维持电压与脉冲电压幅值、极间距离以及放电电流大小等的关系不大，因而正负极的电蚀量正比于平均放电电流的大小和电流脉宽；对于矩形波脉冲电流，实际上正比于放电电流的幅值。在通常的晶体管脉冲电源中，脉冲电流近似为矩形波，故当纯铜电极加工钢时的单个脉冲能量为

$$W_{\mathrm{M}}=(20\sim 25)\hat{i}_{\mathrm{e}}t_{\mathrm{e}}$$

式中：$\hat{i}_{\mathrm{e}}$——脉冲电流幅值(A)；

t_{e}——电流脉宽(μs)。

因此提高电蚀量和生产率的途径在于：提高脉冲频率，增加单个脉冲能量或者说增加平均放电电流(对矩形脉冲即为峰值电流)和脉冲宽度；减小脉冲间隔并提高有关的工艺参数。当然，实际生产时要考虑到这些因素之间的相互制约关系和对其他工艺指标的影响，例如：脉冲间隔时间过短，将产生电弧放电；随着单个脉冲能量的增加，加工表面粗糙度值也随之增大，等等。

3) 金属材料热学常数

所谓热学常数，是指熔点、沸点(汽化点)、热导率、比热容、熔化热、汽化热等。常见材料的热学常数可查相关手册。

每次脉冲放电时，通道内及正、负电极放电点都瞬时获得大量热能；而正、负电极放电点所获得的热能，除一部分由于热传导散失到电极其他部分和工作液中外，其余部分将依次消耗在以下几方面：

① 使局部金属材料温度升高至熔点，而每克金属材料升高 1 ℃(或 1 K)所需的热量即为该金属材料的比热容；

② 每熔化 1 g 材料所需的热量即为该金属的熔化热；

③ 使熔化的金属液体继续升温至沸点，每克材料升高 1 ℃所需的热量即为该熔融金属的比热容；

④ 使熔融金属汽化，每汽化 1 g 材料所需的热量称为该金属的汽化热；

⑤ 使金属蒸气继续加热成过热蒸气，每克金属蒸气升高 1 ℃所需的热量为该蒸气的比热容。

显然，当脉冲放电能量相同时，金属的熔点、沸点、比热容、熔化热、汽化热越高，电蚀量将越少，越难加工；另外，热导率较大的金属会将瞬时产生的热量传导散失到其他部位，因而减小了本身的蚀除量。而且当单个脉冲能量一定时，脉冲电流幅值越小，脉冲宽度越长，散失的热量也越多，从而使电蚀量减小；相反，脉冲宽度越短，脉冲电流幅值越大，由于热量过于集中而来不及传导扩散，虽使散失的热量减少，但抛出的金属中汽化部分比例增大，多耗用了汽化热，电蚀量也会减小。因此，电极的蚀除量与电极材料的热导率以及其他热学常数、放电持续时间、单个脉冲能量等有密切关系。

由此可见，当脉冲能量一定时，对不同材料的工件都会各有一个使工件电蚀量最大的最佳脉宽。另外，获得最大电蚀量的最佳脉宽还与脉冲电流幅值有相互匹配的关系，它将随脉冲电流幅值的不同而变化。

图 5-7 所示为在相同放电电流的情况下，铜和钢两种材料的电蚀量与脉宽的关系。图 5-7 表明，当采用不同的工具电极和工件材料时，选择脉冲宽度在 t_i 附近时，再加以正确选择极性，既可以获得较高的生产率，又可以获得较低的工具损耗，有利于实现高效低损耗加工。

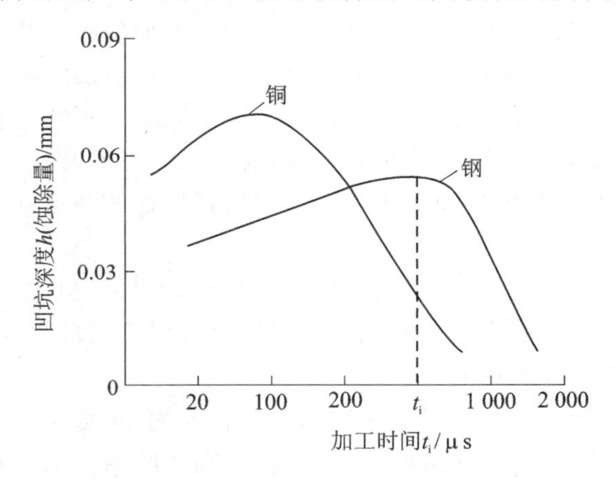

图 5-7　不同材料加工时电蚀量与脉宽的关系

4）工作液

电火花加工一般在液体介质中进行，介质液面通常高出加工工件几十毫米。液体介质通常称为工作液，其作用如下：

① 形成火花击穿放电通道，并在放电结束后迅速恢复间隙的绝缘状态；

② 对放电通道产生压缩作用；

③ 帮助电蚀产物的抛出和排除；

④ 对工具和工件具有冷却作用。

工作液性能对加工质量的影响很大。介电性能好、密度和黏度大的工作液有利于压缩放电通道，提高放电的能量密度，强化电蚀产物的抛出效应；但黏度过大不利于电蚀产物的排出，影响正常放电。目前工作液有三种：第一种工作液是油类有机化合物；第二种工作液是乳化液，其优点是成本低，配置简便，也有补偿工具电极损耗的作用，且不腐蚀机床和零件，目前乳化液多用于电火花线切割加工；第三种工作液是水，其优点是流动性好、散热性好，不易起弧，不燃、无味，价格低廉。

电火花成型加工主要采用油类工作液。粗加工时的脉冲能量大，加工间隙也较大，爆炸排屑抛出能力强，故往往选用介电性能好、黏度较大的全损耗系统用油（即机油），且全损耗系统用油的燃点较高，大能量加工时着火燃烧的可能性小；而在中、精加工时放电间隙比较小，排屑比较困难，故一般均选用黏度小、流动性好、渗透性好的煤油作为工作液。

由于油类工作液有味、容易燃烧，尤其在大能量粗加工时工作液高温分解产生的烟气很大，故寻找一种像水那样流动性好、不产生碳黑、不燃烧、无色无味、价廉的工作液介质一直是努力的目标。水的绝缘性能和黏度较低，在同样的加工条件下，和煤油相比，水的放电间隙较大、对通道的压缩作用差、蚀除量较小、易锈蚀机床，但经过采用各种添加剂，可以改善其性能，且最新的研究成果表明，水基工作液在粗加工时的加工速度可大大高于煤油，但在大面积精加工中取代煤油还有一段距离。在电火花高速加工小孔、深孔的机床上，已广泛使用蒸馏水、去离子水或自来水工作液。

5）其他因素

影响电蚀量的还有其他一些因素。

首先是加工过程的稳定性。加工过程不稳定将干扰以致破坏正常的火花放电，使有效脉冲利用率降低。随着加工深度、加工面积的增加，或加工型面复杂程度的增加，都将不利于电蚀产物的排出，影响加工稳定性和降低加工速度，严重时将造成结碳拉弧，使加工难以进行。为了改善排屑条件，提高加工速度和防止拉弧，常采用强迫冲油和工具电极定时抬刀等措施。

其次是加工面积。如果加工面积较小，而采用的加工电流较大，也会使局部电蚀产物浓度过高，放电点不能分散转移，放电后的余热来不及传播扩散而积累起来，造成过热，形成电弧，破坏加工的稳定性。

再次是电极材料。电极材料对加工稳定性也有影响。用钢电极加工钢时不易稳定，用纯铜、黄铜电极加工钢时则比较稳定。脉冲电源的波形及其前后沿陡度影响着输入能量的集中或分散程度，对电蚀量也有很大影响。

最后，电火花加工过程中电极材料瞬时熔化或汽化而抛出，如果抛出速度很高，就会冲击另一电极表面而使其蚀除量增大；如果抛出速度较低，则当喷射到另一电极表面时，会反粘和涂覆在电极表面，减小其蚀除量。此外，正极上碳黑膜的形成将起“保护”作用，大大降低正电极的蚀除量（损耗量）。

2. 电火花加工的加工速度和工具的损耗速度

电火花加工时，工具和工件同时受到不同程度的电蚀，单位时间内工件的电蚀量称为加工速度，即生产率；单位时间内工具的电蚀量称为损耗速度，它们是一个问题的两个方面。

1）影响加工速度的主要因素

加工速度一般采用体积加工速度 v_w（mm^3/min）表示如下：

$$v_w = V/t$$

根据前面对电蚀量的讨论，提高加工速度的途径在于提高脉冲频率 f，增加单个脉冲能量 W_M，设法提高工艺系数 K。同时还应考虑这些因素间的相互制约关系和对其他工艺指标的影响。

提高脉冲频率，可通过减少脉冲停歇时间实现，但脉冲停歇时间过短，会使加工区工作液来不及消电离和排除电蚀产物及气泡，阻碍恢复其介电性能，以致形成破坏性的稳定电弧放电，使电火花加工过程不能正常进行。

增加单个脉冲能量主要靠加大脉冲电流和增加脉冲宽度。单个脉冲能量的增加可以提高加工速度，但同时会使表面粗糙度变坏和降低加工精度，因此一般只用于粗加工和半精加工的场合。

提高工艺系数 K 的途径很多。例如合理选用电极材料、电参数和工作液，改善工作液的循环过滤方式等，从而提高有效脉冲利用率 φ，达到提高工艺系数 K 的目的。

电火花成型加工的加工速度，粗加工（加工表面粗糙度 Ra 为 10～20 μm）时可达 200～1 000 mm^3/min，半精加工（Ra 为 2.5～10 μm）时降低到 20～100 mm^3/min，精加工（Ra 为 0.32～2.5 μm）时一般都在 10 mm^3/min 以下。随着表面粗糙度值的降低，加工速度显著下降。

2）工具相对损耗

加工中的工具相对损耗是产生加工误差的主要原因之一。在生产实际中用来衡量工具电极是否耐损耗，不只是看工具损耗速度 v_E，还要看同时能达到的加工速度 v_w，因此，采用相对损耗（或称损耗比）θ 作为衡量工具电极耐损耗的指标，即

$$\theta = v_E / v_w \times 100\%$$

若上式中的加工速度 v_E 和损耗速度 v_w 均以 mm^3/min 为单位计算，则 θ 为体积相对损耗；若以 g/min 为单位计算，则 θ 为质量相对损耗。若为等截面的穿孔加工，则 θ 也可理解为长度损耗比。

在电火花加工过程中，降低工具电极的损耗一直是人们努力追求的目标。为了降低工具电极的相对损耗，要正确处理好电火花加工过程中的各种效应。这些效应主要包括极性效应、吸附效应、传热效应等。

（1）极性效应（正确选择极性和脉宽）

电火花加工时，由于传递和分配到正、负电极上的能量不同，使一个极的蚀除量比另一极的蚀除量大，这种现象称为极性效应。一般在短脉冲精加工时采用正极性加工（即工件接电源正极），长脉冲粗加工时则采用负极性加工。

在如下试验条件下：工具电极为 ϕ6 mm 的纯铜，加工工件为钢，工作液为煤油，矩形波脉冲电源，加工电流峰值为 10 A，得出了如图 5－8 所示的试验曲线。由图 5－8 可知，当峰值电流一定时，无论是正极性加工还是负极性加工，随着脉冲宽度的增加，电极相对损耗都在下降。负极性加工时，纯铜电极的相对损耗随脉冲宽度的增加而减小，当脉冲宽度大于 120 μs 后，电极相对损耗将小于 1%，可以实现低损耗加工。如果采用正极性加工，则不论采用哪一挡脉冲宽度，电极的相对损耗都很难低于 10%。然而在脉宽小于 15 μs 的窄脉宽范围内，正极性加工的工具电极相对损耗比负极性加工小。但当电极材料不同时，情况也不同，如："钢打钢"时，无

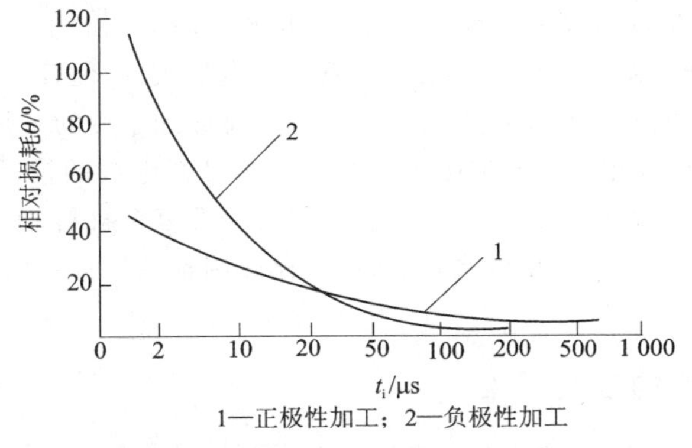

1—正极性加工；2—负极性加工

图 5－8　脉冲宽度和极性与电极相对损耗的关系（图中横坐标取值为电火花机床常用脉冲宽度）

论脉宽大小,均需采用负极性加工,电极损耗才能小。

(2) 吸附效应

当采用煤油等碳氢化合物作为工作液时,在放电过程中将发生热分解而产生大量的碳,碳可和金属结合形成金属碳化物的微粒——胶团。中性的胶团在电场作用下可能与其可动层(胶团的外层)脱离,而成为带电荷的碳胶粒。电火花加工中的碳胶粒一般带负电荷,因此,在电场作用下会向正极移动,并吸附在正极表面。如果电极表面瞬时温度为400 ℃左右,且能保持一定时间,则能形成一定强度和厚度的化学吸附碳层,通常称为碳黑膜,由于碳的熔点和汽化点很高,可对电极起到保护和补偿作用,从而实现低损耗加工。

由于碳黑膜只能在正极表面形成,因此,要利用碳黑膜的补偿作用来实现电极的低损耗,必须采用负极性加工。为了保持合适的温度场和吸附碳黑有足够的时间,增加脉冲宽度是有利的。实验表明,当峰值电流、脉冲间隔一定时,碳黑膜厚度随脉宽的增加而增厚;而当峰值电流和脉冲宽度一定时,碳黑膜厚度随脉冲间隔的增大而变薄。这是由于脉冲间隔加大,电极为正的时间相对变短,引起放电间隙中介质消电离作用增强,放电通道分散,电极表面温度降低,使吸附效应减弱。反之,随着脉冲间隔的减小,电极损耗降低。但过小的脉冲间隔将使放电间隙来不及消电离和使电蚀产物扩散,因而造成拉弧烧伤。

影响吸附效应的除上述电参数外,还有冲、抽油的影响。采用强迫冲、抽油,有利于间隙内电蚀产物的排除,使加工过程稳定;但强迫冲、抽油使吸附、镀覆效应减弱,因而增加了电极的损耗。因此,在加工过程中采用冲、抽油时,其压力、流速不宜过大。

(3) 传热效应

对电极表面温度场分布的研究表明,电极表面放电点的瞬时温度不仅与瞬时放电的总热量(与放电能量成正比)有关,而且与放电通道的截面面积有关,还与电极材料的导热性能有关。因此,在放电初期限制脉冲电流的增长率,可使电流密度的增速不致太高,也就使得电极表面温度不致过高,这将有利于降低电极损耗。脉冲电流增长率过高时,对在热冲击波作用下易脆裂的工具电极(如石墨)的损耗,影响尤为显著。因此一般采用导热性能比工件好的工具电极,配合使用较大的脉冲宽度和较小的脉冲电流进行加工,使工具电极表面温度较低而损耗小,工件表面温度较高而蚀除速度快。

(4) 材料的选择

为了减小工具电极损耗,还应选用合适的工具材料,一般应考虑经济成本、加工性能、耐腐蚀性能、导电性能等几方面的因素。钨、钼的熔点和沸点较高,损耗小,但其机械加工性能不好,价格又高,所以除线切割加工外很少采用。铜的熔点虽较低,但其导热性好,因此损耗也较小,又比较容易制成各种精密、复杂电极,常用作中、小型腔加工用的工具电极。石墨电极不仅热学性能好,而且在长脉冲粗加工时能吸附游离的碳来补偿电极的损耗,所以相对损耗很低,目前已广泛用作型腔加工的电极。铜碳、铜钨、银钨合金等复合材料,不仅导热性好,而且熔点高,因而电极损耗小,但由于其价格较高,制造成型比较困难,因而一般只在精密电火花加工时采用。

5.1.4 影响加工精度的主要因素

与通常的机械加工一样,机床本身的各种误差,工件和工具电极的定位、安装误差都会影响到加工精度,本小节主要讨论与电火花加工工艺有关的因素。

影响加工精度的主要因素有:放电间隙的大小及其一致性,工具电极的损耗及其稳定性。电火花加工时,工具电极与工件之间存在着一定的放电间隙,因此工件的尺寸、形状与工具并不一致。如果加工过程中放电间隙能保持不变,则可以通过修正工具电极的尺寸对放电间隙引起的误差进行补偿,以获得较高的加工精度。然而,放电间隙的大小实际上是变化的,从而影响了加工精度。

除了间隙能否保持一致性外,间隙大小对加工精度也有影响,尤其是对复杂形状的加工表面,棱角部位电场强度分布不均,间隙越大,仿形的逼真度越差,影响越严重。因此,为了减小尺寸加工误差,应该采用较小的加工规准,缩小放电间隙,这样不但能提高仿形精度,而且放电间隙越小,可能产生的间隙变化量也越小;另外,还必须尽可能使加工过程稳定。精加工的放电间隙一般为 0.01 mm(单面),而在粗加工时可达 0.5 mm 以上。

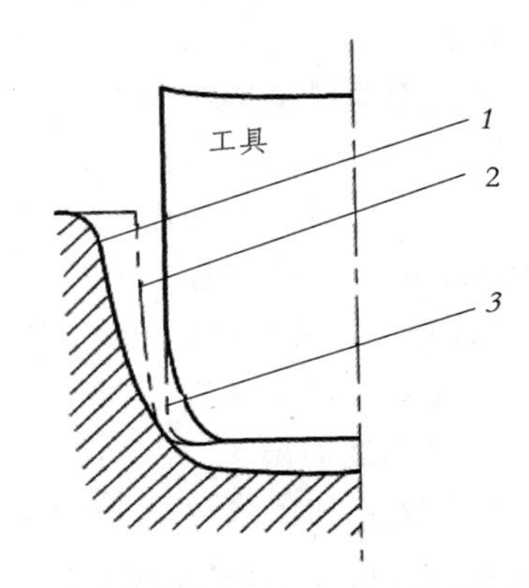

1—工件实际轮廓线;2—工件理论轮廓线;3—电极无损耗时的轮廓线

图 5-9　电火花加工时的加工斜度

工具电极的损耗对尺寸精度和形状精度都有影响。电火花穿孔加工时,电极可以贯穿型孔而补偿电极的损耗,型腔加工时则无法采用这一方法,精密型腔加工时可采用更换电极的方法。

影响电火花加工形状精度的因素还有二次放电。二次放电是指已加工表面上由于电蚀产物等的介入而再次进行的非正常放电,集中反映在加工深度方向的侧面产生斜度和加工棱角或棱边的变钝。产生加工斜度的情况如图 5-9 所示,由于工具电极下端部加工时间长,绝对损耗大,而电极入口处的放电间隙则由于电蚀产物的存在随二次放电的概率增大而逐渐扩大,因而产生了加工斜度。

另外,工具的尖角或凹角很难精确地复制在工件上。当工具为尖角时,一来由于放电间隙的等距性,工件上只能加工出以尖角顶点为圆心,放电间隙 S 为半径的圆弧;二来工具上的尖角本身因尖端放电蚀除的概率大而损耗成圆角,如图 5-10(a)所示。当工具为凹角时,工件上对应的尖角处放电蚀除的概率大,容易遭受腐蚀而成为圆角,如图 5-10(b)所示。采用高频窄脉宽精加工,放电间隙小,圆角半径可以明显减小,因而提高了仿形精度,可以获得圆角半

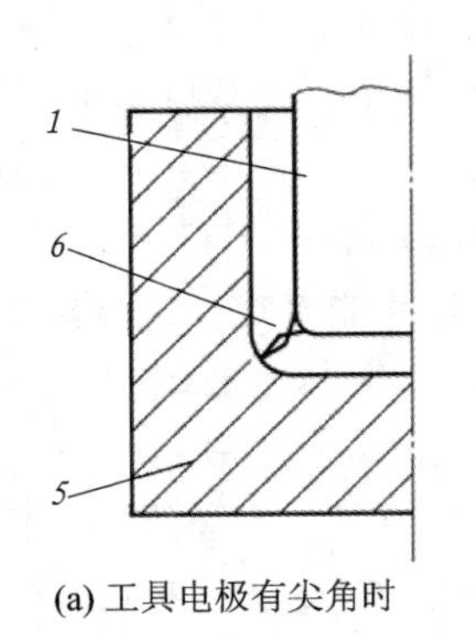

(a) 工具电极有尖角时

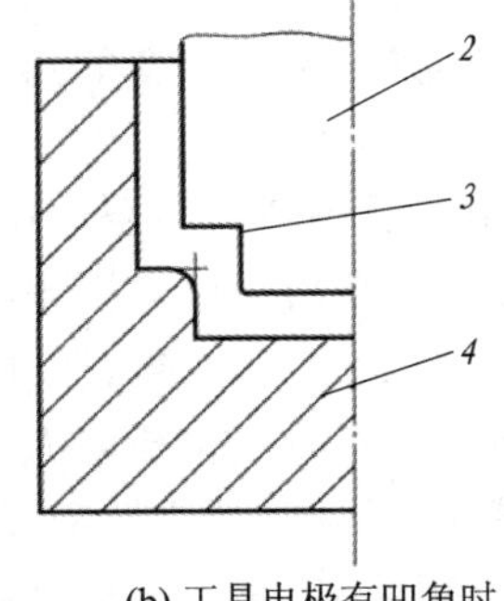

(b) 工具电极有凹角时

1、2—工具电极;3—凹角;4、5—工件电极;6—尖角

图 5-10　电火花成型加工时圆角的形成

径小于 0.01 mm 的尖棱。目前，电火花加工的精度可达 0.01～0.05 mm。

5.1.5 电火花加工的表面质量

电火花加工的表面质量主要包括表面粗糙度、表面变质层和表面力学性能三部分。

1. 表面粗糙度

电火花加工表面粗糙度的形成与切削加工不同，它是由无方向性的无数电蚀小凹坑所组成的，特别有利于保存润滑油；而机械加工表面则存在着切削或磨削刀痕，具有方向性。两者相比，在相同的表面粗糙度和有润滑油的情况下，表面的润滑性能和耐磨损性能均比机械加工表面好。

对表面粗糙度影响最大的是单个脉冲能量，因为脉冲能量大，每次脉冲放电的蚀除量也大，放电凹坑既大又深，从而使表面粗糙度增大。

工件材料对加工表面粗糙度也有影响，熔点高的材料（如硬质合金）在相同能量下加工的表面粗糙度要比熔点低的材料（如钢）小。当然，加工速度会相应下降。

精加工时，工具电极的表面粗糙度也将影响到加工粗糙度。由于石墨电极切削性能差，加工后的表面一般不光滑，因此用石墨电极的加工表面粗糙度较大。

2. 表面变质层

在电火花加工过程中，由于放电的瞬时高温和工作液的快速冷却作用，材料的表面层发生了很大的变化，可粗略地把它分为熔化凝固层和热影响层（参见图 5-6）。

1）熔化凝固层

熔化凝固层位于工件表面最上层，它被放电时瞬时高温熔化而又滞留下来，受工作液快速冷却作用而凝固。对于碳钢来说，熔化层在金相照片上呈现白色，故又称之为白层。它与基体金属完全不同，是一种树枝状的淬火铸造组织，与内层的结合也不甚牢固。熔化层的厚度随脉冲能量的增大而变厚，为 1～2 倍的 R_{max}，但一般不超过 0.1 mm。

2）热影响层

热影响层介于熔化层和基体之间。在加工过程中其金属材料并没有熔化，只是受到高温的影响，使材料的金相组织发生了变化，它与基体材料并没有明显的界限。由于温度场分布和冷却速度的不同，对淬火钢，热影响层包括再淬火区、高温回火区和低温回火区；对未淬火钢，热影响层主要为淬火区。因此，淬火钢的热影响层厚度比未淬火钢大。不同金属材料的热影响层金相组织结构是不同的，耐热合金的热影响层与基体组织差异不大。

3）显微裂纹

电火花加工表面由于受到瞬时高温作用并迅速冷却而产生残余拉应力，往往出现显微裂纹。实验表明，一般裂纹仅在熔化层内出现，只有在脉冲能量很大的情况下（粗加工时）才有可能扩展到热影响层。脉冲能量对显微裂纹的影响是非常明显的，能量越大，显微裂纹越宽越深。当脉冲能量很小时，加工表面粗糙度 Ra 小于 1.25 μm，一般不会出现显微裂纹。工件材料不同，对裂纹的敏感性也不同，硬质合金等硬脆材料容易产生裂纹。工件加工前的热处理状态对裂纹产生的影响也很明显，加工淬火材料要比加工淬火后回火或退火的材料更容易产生裂纹，这是因为淬火材料脆硬，原始残余拉应力也较大。

3. 表面力学性能

1）显微硬度及耐磨性

电火花加工后表面层的硬度一般比较高，但对某些淬火钢，也可能稍低于基体硬度。对未淬火钢，特别是原来含碳量低的钢，热影响层的硬度都比基体材料高；对淬火钢，热影响层中的再淬火区硬度稍高或接近于基体硬度，而回火区的硬度比基体低，高温回火区又比低温回火区的硬度低。因此，一般来说，电火花加工表面最外层的硬度比较高，耐磨性好。但对于滚动摩擦，尤其是干摩擦，由于是交变载荷，因熔化凝固层和基体的结合不牢固，产生疲劳破坏，故容易剥落而磨损。

2）残余应力

电火花加工表面由于存在着瞬时先热后冷作用而形成了残余应力，而且大部分表现为拉应力。残余应力的大小和分布，主要和材料在加工前的热处理状态及加工时的脉冲能量有关。因此，对表面层质量要求较高的工件，应注意工件预备热处理的质量，并尽量避免使用较大的加工规准。

3）耐疲劳性能

电火花加工后，表面存在着较大的拉应力，还可能存在显微裂纹，因此其耐疲劳性能比机械加工表面低许多倍。采用回火处理、喷丸处理等，有助于降低残余应力，或使残余拉应力转变为压应力，从而提高其耐疲劳性能。实验表明，当表面粗糙度 Ra 在 0.32～0.08 μm 范围内时，电火花加工表面的耐疲劳性能将与机械加工表面相近，这是因为电火花精微加工表面所使用的加工规准很小，熔化凝固层和热影响层均非常薄，不会出现显微裂纹，而且表面残余拉应力也较小。

5.1.6 电火花加工机床

1. 机床型号、规格及分类

电火花加工机床的型号没有采用统一标准，由各个生产企业自行确定，如：日本沙迪克(Sodick)公司生产的 A3R、A10R，瑞士夏米尔(Charmilles)技术公司的 ROBOFORM20/30/35，中国台湾乔懋机电工业股份有限公司的 JM322/430，北京阿奇工业电子有限公司的 SF100 等。

我国国家标准规定，电火花成型机床均用 D71 加上机床工作台面宽度的 1/10 表示。例如 D7132 中，D 表示电加工成型机床（若该机床为数控电加工机床，则在 D 后加 K，即 DK），71 表示电火花成型机床，32 表示机床工作台的宽度为 320 mm。电火花加工工艺及机床设备的类型较多，但按工艺过程中工具与工件相对运动的特点和用途等来分，大致可以分为六大类，其中应用最广、数量较多的是电火花穿孔成型加工机床和电火花线切割机床。

电火花加工机床按其大小可分为小型(D7125 以下)、中型(D7125～D7163)和大型(D7163 以上)；按数控程度可分为非数控、单轴数控和三轴数控。随着科学技术的进步，三坐标数控电火花机床以及带有工具电极库、能按程序自动更换电极的电火花加工中心已经能实现大批生产。

目前，我国生产的数控电火花机床有单轴数控（主轴 z 方向，为垂直方向）、三轴数控（主轴 z 方向，水平轴 x、y 方向）和四轴数控（主轴能数控回转及分度，称为 C 轴，以及 z、x、y 三轴），如果在工作台上加双轴数控回转台附件（绕 x 轴转动的称为 A 轴，绕 y 轴转动的称为 B 轴），则称为六轴数控机床。

电火花加工机床主要由机床主体、脉冲电源、自动进给调节系统、工作液过滤和循环系统、数控系统等部分组成，如图 5－11 所示。

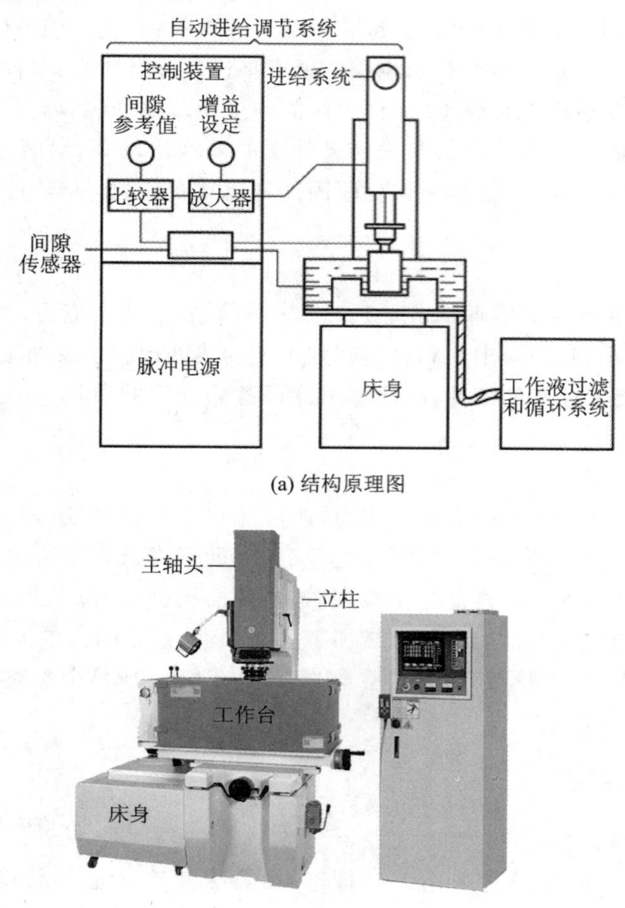

(a) 结构原理图

(b) 实物图

图 5－11　电火花加工机床

2. 机床主体部分

1）结构形式

电火花成型机床主体部分有多种结构形式，根据加工对象的不同，通用的有如下几种：立柱式、龙门式、滑枕式、悬臂式、台式、便携式等，如图 5－12 所示。

机床主体由床身、立柱、主轴头及附件、工作台等部分组成，是用以实现工件和工具电极的装夹固定和运动的机械系统。床身、立柱、坐标工作台是电火花机床的骨架，起着支撑、定位和便于操作的作用。因为电火花加工宏观作用力极小，所以对机械系统的强度无严格要求，但为了避免变形和保证精度，要求具有必要的刚度。

坐标工作台安装在床身上，主轴头安装在立柱上，要求机床的工作面与立柱导轨面具有一定的垂直度，导轨应耐磨并充分消除内应力。

2）机床主轴头

主轴头是电火花成型机床中最关键的部件，是自动调节系统中的执行机构，对加工工艺指标的影响极大。对主轴头的要求是：结构简单、传动链短、传动间隙小、热变形小且具有足够的

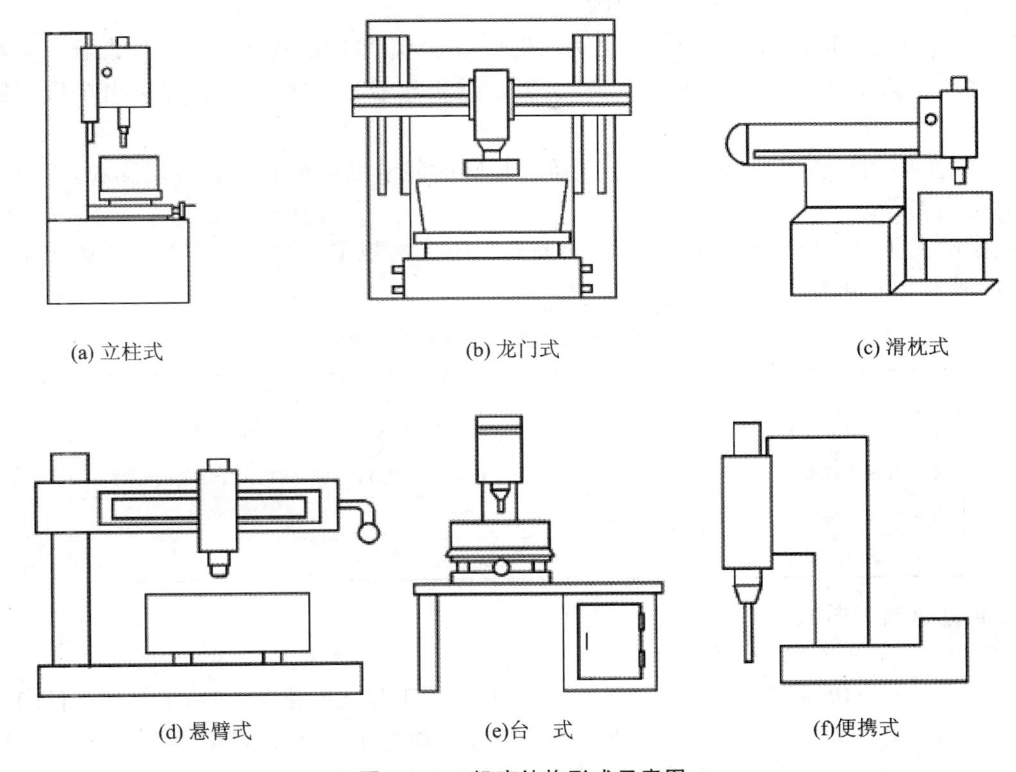

图 5－12　机床结构形式示意图

精度和刚度，以适应自动调节系统惯性小、灵敏度高、能承受一定负载的要求。主轴头主要由进给系统、上下移动导向和水平面内防扭机构、电极装夹及其调节环节组成。随着步进电动机、力矩电动机和数控直流、交流伺服电动机的出现和技术进步，电火花机床中已越来越多地采用电-机械式主轴头。

3）工具电极夹具

工具电极的装夹及其调节装置的形式很多，常用的有十字铰链式和球面铰链式。其作用是调节工具电极和工作台的垂直度以及调节工具电极在水平面内微量的扭转角。

3. 脉冲电源

电火花加工用的脉冲电源的作用是把工频交流电流转换成一定频率的单向脉冲电流，以供给电极放电间隙所需要的能量来蚀除金属。脉冲电源对电火花加工的生产率、表面质量、加工精度、加工过程的稳定性和工具电极损耗等技术经济指标有很大的影响。

脉冲电源输入为 380 V、50 Hz 的交流电，其输出应满足如下要求：

① 要有一定的脉冲放电能量，否则不能使工件金属汽化。

② 火花放电必须是短时间的脉冲性放电，这样才能使放电产生的热量来不及扩散到其他部分，从而有效地蚀除金属，提高成型性和加工精度。

③ 所产生的脉冲应该是单向的，没有负半波或负半波很小，这样才能最大限度地利用极性效应，提高加工速度并降低工具电极的损耗。

④ 脉冲波形的主要参数（峰值电流、脉冲宽度、脉冲间歇等）有较宽的调节范围，以满足

粗、中、精加工的要求。

⑤ 脉冲电压波形的前后沿应该较陡，这样才能减少电极间隙的变化及电蚀产物污染程度等对脉冲放电宽度和能量等参数的影响，使工艺过程较稳定。因此一般常采用矩形波脉冲电源。

⑥ 有适当的脉冲间隔时间，使放电介质有足够时间消除电离并冲去金属颗粒，以免引起电弧而烧伤工件。

关于电火花加工用脉冲电源的分类，目前尚无统一的规定。按其作用原理和所用主要元件、脉冲波形等可分为多种类型，见表 5-1。

表 5-1　电火花加工用脉冲电源分类

分类依据	分　类
按主回路中主要元件种类	RC 线路弛张式、晶体管式、大功率集成器件式
按输出脉冲波形	矩形波、梳状波分组脉冲、阶梯波、高低压复合脉冲
按间隙状态对脉冲参数的影响	非独立式、独立式
按工作回路数目	单回路、多回路

4. 自动进给调节系统

1）自动进给调节系统的作用、技术要求和分类

电火花加工与切削加工不同，属于“不接触加工”。正常电火花加工时，工具和工件间必须保持一定的放电间隙。间隙过大，脉冲电压击不穿间隙间的绝缘工作液，则不会产生火花放电；必须使电极工具向下进给，直到间隙 S 小于或等于某一值（一般 $S=0.1\sim0.01$ mm，具体取值与加工规准有关），才能击穿并火花放电。间隙过小，则会引起拉弧烧伤或短路。在正常的电火花加工时，工件不断被蚀除，电极也有一定的损耗，间隙将逐渐扩大，这就要求电极工具不但要随着工件材料的不断蚀除而进给，以形成工件要求的尺寸和形状，而且还要不断地调节进给速度，有时甚至要停止进给或回退以调节到所需的放电间隙。这是正常电火花加工所必须解决的问题。

由于火花放电间隙 S 很小，且与加工规准、加工面积、工件蚀除速度等有关，因此很难靠人工进给，也不能像钻削那样采用“机动”等速进给，而必须采用自动进给调节系统。这种不等速的自动进给调节系统也称为伺服进给系统。

自动进给调节系统的任务在于维持一定的平均放电间隙 S，保证电火花加工正常而稳定地进行，以获得较好的加工效果。具体可用间隙蚀除特性曲线和进给调节特性曲线来说明，如图 5-13 所示。

图 5-13 中，横坐标的放电间隙 S 值与纵坐标的蚀除速度 v_w 有密切的关系。当间隙太大时（例如在 A 点及 A 点之右，$S\geqslant 60\ \mu m$ 时），极间介质不易击穿，使火花放电率和蚀除速度 $v_w=0$，只有在 A 点之左，$S<60\ \mu m$ 后，火花放电概率和蚀除速度 v_w 才逐渐增大。当间隙太小时，又因电蚀产物难以及时排除，火花放电率减小、短路率增加，蚀除速度也将明显下降。当间隙短路，即 $S=0\ \mu m$ 时，火花放电率和蚀除速度都为零。因此，必有一个最佳放电间隙 S_B 对应于最大蚀除速度 B 点。图 5-13 中上凸的曲线 Ⅰ 即间隙蚀除特性曲线。

如果粗、精加工采用的规准不同，则 S 和 v_w 的对应值也不同。例如：精加工时，放电间隙 S 变小，最佳放电间隙 S_B 移向左边，最高点 B 移向左下方，曲线变低，成为另外一条间隙蚀除

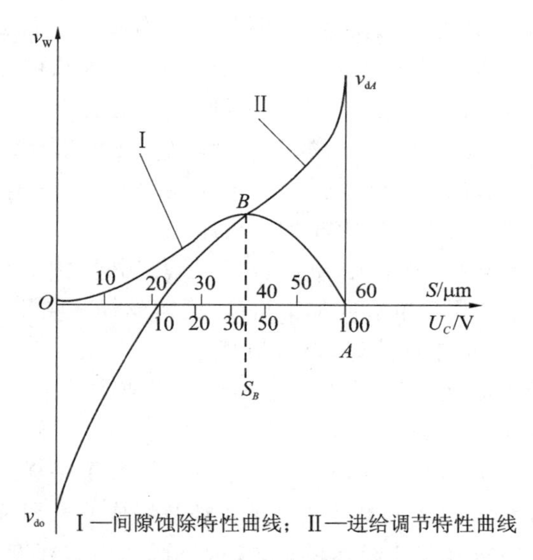

图 5-13　间隙蚀除特性与进给调节特性曲线

特性曲线，但走向是大体相同的。

自动进给调节系统的进给调节特性曲线见图 5-13 中倾斜曲线Ⅱ，纵坐标为电极进给(左下为回退)速度。当间隙过大时(例如大于等于 60 μm，为 A 点的开路电压)，电极工具将以较大的空载速度 v_{dA} 向工件进给。随着放电间隙减小和火花率的提高，向下进给速度 v_d 也逐渐减小，直至为零。当间隙短路时，工具将反向以 v_{do} 高速回退。理论上，希望进给调节特性曲线Ⅱ相交于间隙蚀除特性曲线Ⅰ的最高点 B 处(如图 5-13 中所示)，因为只有在此交点上，进给速度等于蚀除速度，才是稳定的工作点和稳定的放电间隙。因此只有自适应控制系统才能自动使曲线Ⅱ交曲线Ⅰ于最高处 B 点，处于最佳放电状态。

理解上述间隙蚀除特性曲线和调节特性曲线的概念和工作状态，对合理选择加工规准、正确操作使用电火花机床和设计自动进给调节系统，都是非常必要的。

以上对调节特性的分析，没有考虑进给系统在运动时的惯性滞后和外界的各种干扰，因此只是静态的。实际进给系统的质量、电路中的电容、电感都具有惯性、滞后现象，往往产生“欠进给”和“过进给”，甚至出现振荡。

对自动进给调节系统的一般要求如下：

(1) 有较宽的速度调节跟踪范围

在电火花加工过程中，加工规准、加工面积等条件的变化都会影响其进给速度，调节系统应有较宽的调节范围，以适应加工的需要。

(2) 有足够的灵敏度和快速性

放电加工的频率很高，放电间隙的状态瞬息万变，要求进给调节系统根据间隙状态的微弱信号能相应快速调节。为此整个系统的不灵敏区、时间常数、可动部分的质量惯性要求要小，放大倍数应足够，过渡过程应短。

(3) 有必要的稳定性

电蚀速度一般不高，加工进给量也不必过大，一般每步 1 μm。因此，应有很好的低速性能，均匀、稳定地进给，避免低速爬行，超调量要小，传动刚度应高，传动链中不得有明显间隙，抗干扰能力要强。此外，自动进给装置还要求体积小，结构简单可靠及维修操作方便等。目前电火花加工用的自动进给调节系统的种类很多，按执行元件，大致可分为以下几种：

① 电液压式(喷嘴-挡板式)：企业中仍有应用，但已停止生产。

② 步进电动机：价廉，调速性能稍差，用于中小型电火花机床及数控线切割机床。

③ 宽调速力矩电动机：价高，调速性能好，用于高性能电火花机床。

④ 直流伺服电动机：用于大多数电火花加工机床。

⑤ 交流伺服电动机：无电刷，力矩大、寿命长，用于大、中型电火花加工机床。

⑥ 直线电动机：近年来才用于电火花加工机床，无需丝杆螺帽副，直接带动主轴或工作台做直线运动，速度快、惯性小、伺服性能好，但价格高。

虽然它们的类型构造不同，但都是由几个基本环节组成的。

2）自动进给调节系统的基本组成部分

电火花加工用的进给调节和其他任何一个完善的调节装置一样，也是由测量环节、比较环节、放大驱动环节、执行环节和调节对象等几个主要环节组成的。图 5-14 所示为其基本组成部分方框图。实际上根据电火花加工机床的简、繁或不同的完善程度，基本组成部分可能有所不同。

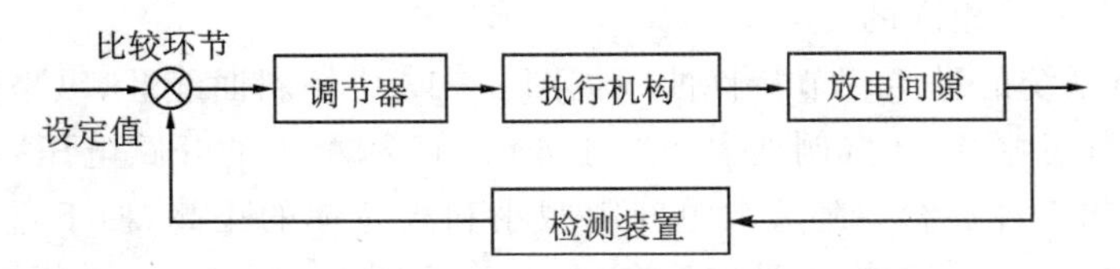

图 5-14　自动进给调节系统的基本组成部分方框图

(1) 测量环节

直接测量电极间隙及其变化是很困难的，一般都是采用测量与放电间隙成比例关系的电参数来间接反映放电间隙的大小。这是因为：当间隙较大、开路时，间隙电压最大或接近脉冲电源的峰值电压；当间隙为零、短路时，间隙电压为 0，虽不成正比，但有一定的正相关性。

(2) 比较环节

比较环节用于根据设定值(伺服参考电压)来调节进给速度，以适应粗、中、精不同的加工规准。实质上是把从测量环节得来的信号和设定值的信号进行比较，再按此差值来控制加工过程。大多数比较环节包含或合并在测量环节之中。

(3) 放大驱动器

由测量环节获得的信号一般都很小，难以驱动执行元件，必须要有一个放大环节，通常称它为放大器。为了获得足够的驱动功率，放大器要有一定的放大倍数。然而，放大倍数过大也不好，它将会使系统产生过大的超调，即出现自激现象，使工具电极时进时退，调节不稳定。

常用的放大器主要是各类晶体管放大器件。以前液压主轴头的电液压放大器现在虽仍有应用，但已不再生产。

(4) 执行环节

执行环节也称执行机构，常采用不同类型的伺服电动机，它能根据控制信号的大小及时调节工具电极的进给速度，以保持合适的放电间隙，从而保证电火花加工正常进行。由于它对自动调节系统有很大影响，通常要求它的机电时间常数尽可能小，以便能够快速地反映间隙状态变化;机械传动间隙和摩擦力应当尽量小,以减小系统的不灵敏区;具有较宽的调速范围,以适应各种加工规准和工艺条件的变化。

5. 工作液循环过滤系统

工作液循环过滤系统包括工作液箱、电动机、泵、过滤装置、工作液槽、油杯、管道、阀门以及测量仪表等。放电间隙中的电蚀产物排除除了靠自然扩散、定期抬刀以及使工具电极附加振动等,常采用强迫循环的办法加以排除,以免间隙中电蚀产物过多,引起已加工过的侧表面间“二次放电”,影响加工精度,此外也可带走一部分热量。图 5－15 所示为工作液强迫循环的两种方式。图 5－15(a)、(b)所示为冲油式,较易实现,排屑冲刷能力强,一般常采用,但由于电蚀产物仍通过已加工区,故会影响加工精度;图 5－15(c)、(d)所示为抽油式,在加工过程中,分解出来的气体(H_2、C_2H_2等)易积聚在抽油回路的死角处,遇电火花引燃会发生爆炸“放炮”,因此一般用得较少,常用于要求小间隙、精加工的场合。

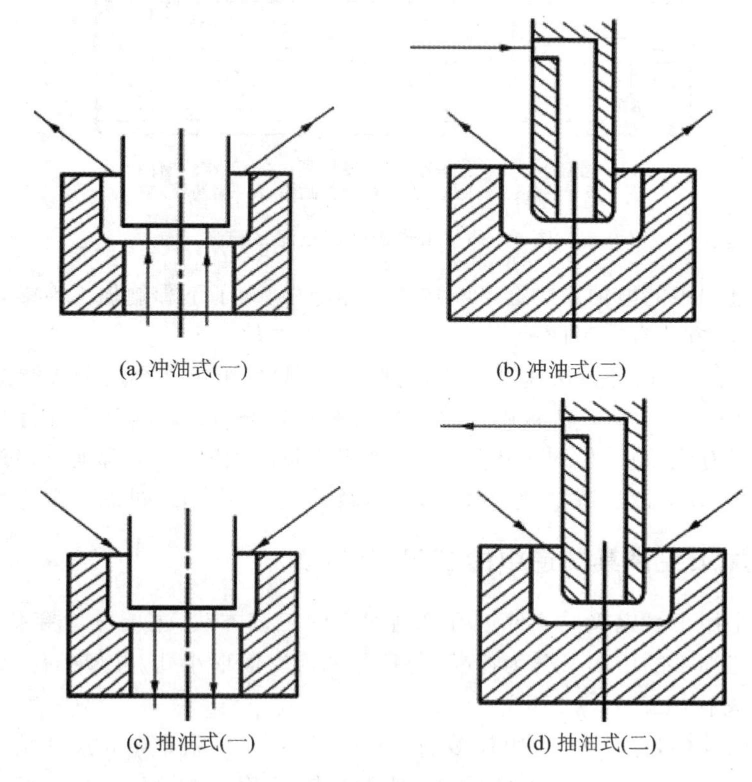

图 5－15　工作液强迫循环方式

目前生产上应用的循环系统形式很多,图 5－16 所示为常用的循环过滤系统的一种方式。它可以冲油,也可以抽油,由阀Ⅰ和阀Ⅱ来控制。冲油时,液压泵 1 把工作液打入过滤器 2,然后经管道(3)到阀Ⅰ,工作液分两路:一路经管道(5)到工作液槽 4 的侧面孔;另一路经管道(6)到阀Ⅱ再经管道(7)进入油杯 5。冲油时的流量和油压靠阀Ⅰ和阀Ⅱ来调节。抽油时,转动阀Ⅰ和阀Ⅱ,使进入过滤器的工作液分两路:一路经管道(3)、阀Ⅰ进入管道(5)至工作液槽 4 的侧面孔;另一路经管道(4)、阀Ⅰ进入管道(9),经射流管 7 及管道(10)进入储油箱 8。由射流管的射流作用将工作液从工作台油杯 5 中抽出,经管道(7)、阀Ⅱ、管道(8)到射流管 7 进入储油箱 8。转动阀Ⅰ和阀Ⅱ还可以停油和放油。

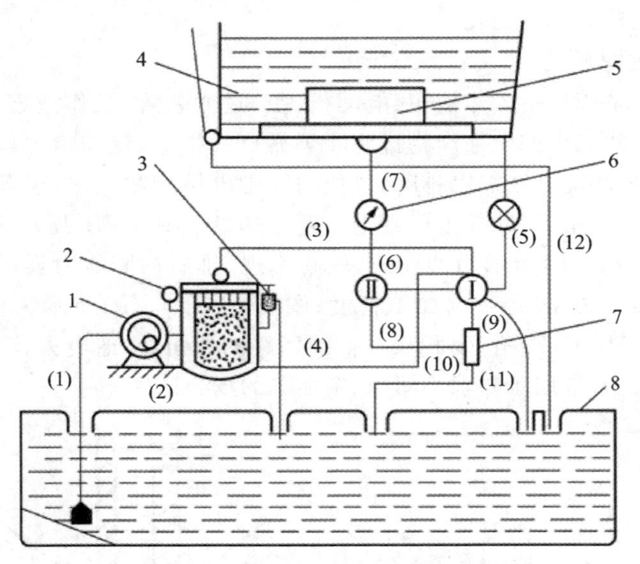

1—液压泵；2—过滤器；3—溢流阀；4—工作液槽；
5—油杯；6—压力表；7—射流管；8—储油箱

图 5-16　工作液循环过滤系统

电火花加工过程中的电蚀产物会不断进入工作液中，为了不影响加工性能，必须将其加以净化、过滤。其具体方法有以下两种：

① 自然沉淀法——这种方法速度太慢，周期太长，只用于单件小用量或精微加工。

② 介质过滤法——这种方法常用黄砂、木屑、棉纱头、过滤纸、硅藻土、活性炭等作为过滤介质。这些介质各有优缺点，但对中小型工件、加工用量不大时，一般都能满足过滤要求，可就地取材，因地制宜。其中以过滤纸效率较高，性能较好，已有专用纸过滤装置生产供应。

5.1.7　电火花加工在模具制造中的应用

电火花加工是用工具电极对工件进行复制加工的工艺方法，主要分为穿孔加工和型腔加工两大类。电火花加工的应用又分为冲模（包括凸凹模）、圆形小孔、异型小孔、型腔模等。

1. 冲模的电火花加工

电火花加工的冲模是生产上应用较多的一种模具，由于形状复杂和尺寸精度要求高，所以它的制造已成为生产上的关键技术之一。特别是凹模，采用一般的机械加工是困难的，在某些情况下甚至不可能，而靠钳工加工则劳动量大，质量不易保证，还常因淬火变形而报废，采用电火花加工或线切割加工能较好地解决这些问题。相比于采用机械加工方法，冲模采用电火花加工工艺具有如下优势：

① 可以在工件淬火后进行加工，避免了热处理变形的影响；

② 冲模的配合间隙均匀，刃口耐磨，提高了模具质量；

③ 不受材料硬度的限制，可以加工硬质合金等冲模，扩大了模具材料的选用范围；

④ 对于中、小型复杂的凹模可以不用镶拼结构，而采用整体式，简化了模具的结构，提高了模具强度。

对一副凹模来说，主要质量指标是尺寸精度，冲头与凹模的配合间隙 δ_p，刃口斜度 β 和落料角 α（见图 5－17）。根据模具的使用要求，凹模的材料一般为 T10A、T8A、Cr12、GCr15 等。

1）冲模的电火花加工工艺方法

凹模的尺寸精度主要靠工具电极来保证，因此，对工具电极的精度和表面粗糙度都应有一定的要求。如凹模的尺寸为 L_2，工具电极相应的尺寸为 L_1（见图 5－18），单面火花间隙值为 S_L，则有

$$L_2 = L_1 + 2S_L$$

其中火花间隙值 S_L 主要取决于脉冲参数与机床的精度。当加工规准选择恰当，并能保证加工过程的稳定性时，火花间隙值 S_L 的误差是很小的。因此，只要工具电极的尺寸精确，用它加工出的凹模也是比较精确的。

对冲模，配合间隙是一个很重要的质量指标，它的大小与均匀性都直接影响冲片的质量及模具的寿命，在加工中必须给予保证。达到配合间隙的方法有很多种，电火花穿孔加工常用"钢打钢"的直接配合法和间接配合法。

（1）直接配合法

直接配合法是直接用加长的钢凸模作为电极直接加工凹模，加工后把电极损耗部分切除。加工时将凹模刃口端朝下形成向上的"喇叭口"，加工后将工件翻过来使"喇叭口"（此"喇叭口"有利于冲模落料）向下作为凹模。配合间隙靠调节脉冲参数、控制火花放电间隙来保证。这样，电火花加工后的凹模就可以不经任何修正而直接与凸模（冲头）配合。这种方法可以获得均匀的配合间隙，具有模具质量高、电极制造方便以及钳工工作量小的优点。

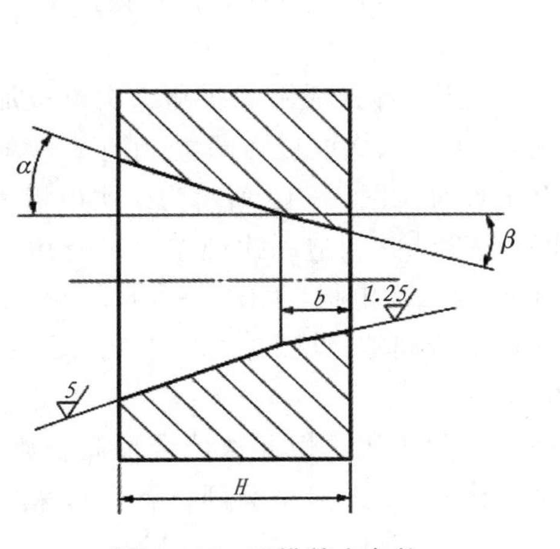

图 5－17　凹模基本参数

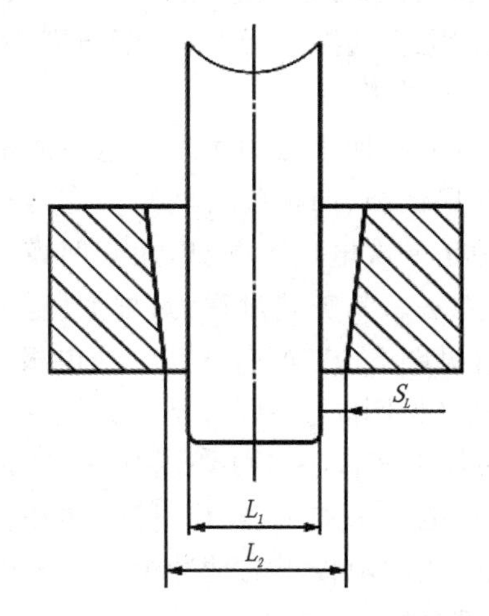

图 5－18　冲模尺寸参数

当"铸铁打"钢或"钢打钢"时，工具电极和工件都是磁性材料，在直流分量的作用下易产生磁性，电蚀下来的金属屑被吸附在电极放电间隙的磁场中而形成不稳定的二次放电，使加工过程很不稳定。近年来由于采用了具有附加 300 V 高压击穿（高低压复合回路）的脉冲电源，情况有了很大改善。目前，电火花加工冲模时的单边间隙可小到 0.02 mm，甚至达到 0.01 mm，所以对一般的冲模加工，采用控制电极尺寸和火花间隙的方法可以保证冲模配合间隙的要求，故直接配合法在生产中已得到广泛的应用。

(2) 间接配合法

间接配合法是将冲头和电极黏结在一起,用成型磨削同时磨出。加工情况和使用情况与直接配合法相同,电极材料同样只能采用铸铁或钢,而不能采用性能较好的非铁(有色)金属或石墨。

值得指出的是,由于线切割加工机床性能不断提高和完善,可以很方便地加工出任何配合间隙的冲模,一次编程,可以加工出凹模、凸模、卸料板和固定板等,而且在有锥度切割功能的线切割机床上还可以切割出刃口斜度 β 和落料角 α。因此近年来绝大多数凸、凹冲模都已采用线切割加工。

上述加工方法是靠调节放电间隙来保证配合间隙的。当凸、凹模配合间隙很小时,必须保证放电间隙也很小,但过小的放电间隙使加工困难。在这种情况下,可将电极的工作部分用化学浸蚀法蚀除一层金属,使断面尺寸均匀缩小 $S_L-\dfrac{Z}{2}$(Z 为凸、凹模双边配合间隙;S_L 为单边放电间隙),以利于放电间隙的控制。反之,当凸、凹模的配合间隙较大时,可以用电镀法将电极工作部位的断面尺寸均匀扩大 $S_L-\dfrac{Z}{2}$,以满足加工时的间隙要求。

(3) 修配凸模法

修配凸模法是将凸模和工具电极分别制造,在凸模上留一定的修配余量,按电火花加工好的凹模型孔修配凸模,达到所要求的凸、凹模配合间隙。这种方法的优点是电极可以选用电加工性能好的电极材料。由于凸、凹模的配合间隙是靠修配凸模来保证的,因此,不论凸、凹模的配合间隙多大,均可采用这种方法。其缺点是增加了制造电极和钳工修配的工作量,而且不易得到均匀的配合间隙。因此,修配凸模法只适合于加工形状比较简单的冲模。

(4) 二次电极法

二次电极法加工是利用一次电极制造出二次电极,再分别用一次和二次电极加工出凹模和凸模,并保证凸、凹模配合间隙。有两种情况:一种是一次电极为凹型,用于凸模制造有困难时;另一种是一次电极为凸型,用于凹模制造有困难时。图 5-19 所示为二次电极为凸型电极时的加工方法。其工艺过程为:根据模具尺寸要求设计并制造一次凸型电极→用一次电极加工出凹模(见图 5-19(a))→用一次电极加工出凹型二次电极(见图 5-19(b))→用二次电极加工出凸模(见图 5-19(c))→凸、凹模配合,保证配合间隙(见图 5-19(d))。图 5-19 中,δ_1、δ_2、δ_3别为加工凹模、二次电极和凸模时的放电间隙。

用二次电极法加工,操作过程较为复杂,一般不常采用。但此法能合理调整放电间隙,可加工无间隙或间隙极小的精冲模。对于硬质合金模具,在无成型磨削设备时可采用二次电极法加工凸、凹模。

由于电火花加工要产生加工斜度,型孔加工后其孔壁要产生倾斜,为防止型孔的工作部分产生反向斜度而影响模具正常工作,因此,在穿孔加工时应将凹模的底面向上,如图 5-19(a)所示。加工后,将凸模、凹模按照图 5-19(d)所示的方式进行装配。

2) 工具电极

(1) 电极材料的选择

凸模一般选优质高碳钢 T8A、T10A 或铬钢 Cr12、GCr15 或硬质合金等。应注意凸、凹模不要选用同一种钢材型号,否则电火花加工时更不易稳定。常用电极材料的种类和性能见

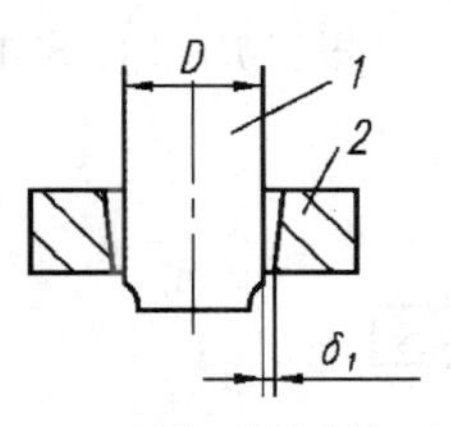

(a) 用一次电极加工出凹模

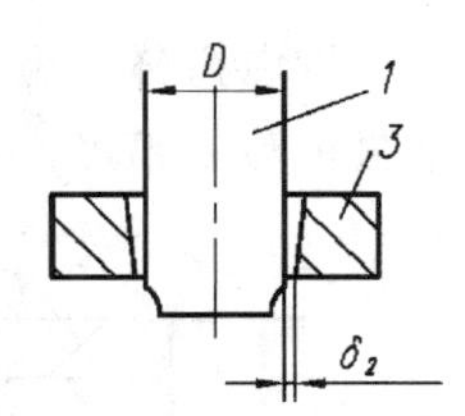

(b) 用一次电极加工出凹型二次电极

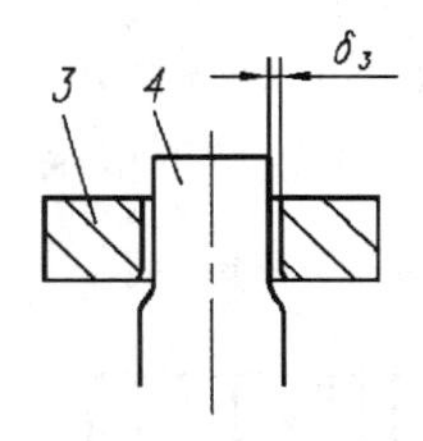

(c) 用二次电极加工出凸模

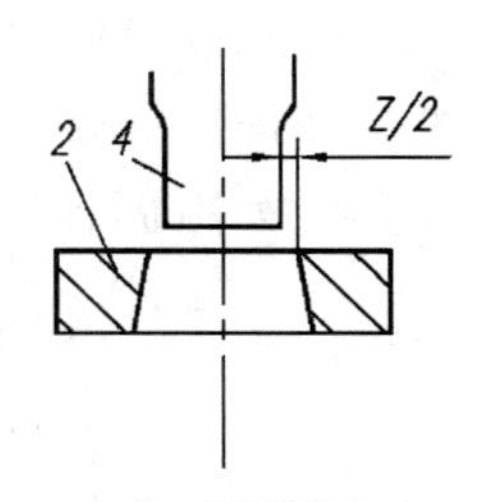

(d) 凸、凹模配合

1— 一次电极；2—凹模；3—二次电极；4—凸模

图 5-19　二次电极法

表 5-2,选择时应根据加工对象、工艺方法、脉冲电源的类型等因素综合考虑。目前用得最多的电极材料是石墨和纯铜。

表 5-2　常用电极材料的种类和性能

电极材料	电火花加工性能		机械加工性能	说　明
	加工稳定性	电极损耗		
钢	较差	中等	好	在选择电参数时应注意加工的稳定性,可以凸模作电极
铸铁	一般	中等	好	
石墨	好	较小	好	机械强度较差,易崩角
黄铜	好	大	尚好	电极损耗太大
纯铜	好	较小	较差	磨削困难
铜钨合金	好	小	尚好	价格高,多用于深孔、直壁孔、硬质合金穿孔
银钨合金	好	小	尚好	价格高,用于精密及有特殊要求的加工

(2) 电极的设计

由于凹模的精度主要决定于工具电极的精度,因而对它有较为严格的要求,一般工具电极的尺寸精度和表面粗糙度比凹模高一级,精度不低于 IT7,表面粗糙度 Ra 小于 1.25 μm,且直线度、平面度和平行度在 100 mm 长度上不大于 0.01 mm。

工具电极应有足够的长度。当加工硬质合金时,由于电极损耗较大,电极还应适当加长。工具电极的截面轮廓尺寸除考虑配合间隙外,还要比预定加工的型孔尺寸均匀地缩小一个加工时的火花放电间隙。

(3) 电极的制造

冲模电极的制造,一般先经过普通机械加工,然后成型磨削。对于不易磨削加工的材料,可在机械加工后,由钳工精修。现在直接用电火花线切割加工冲模电极已获得广泛应用。

(4) 电极的结构

电极的结构形式应根据电极的外形尺寸、复杂程度、结构工艺性等因素综合考虑。

① 整体式电极。整体式电极是用一块整体材料加工而成的,是最常用的结构形式。对于横断面积及质量较大的电极,可在电极上开孔以减轻质量,但孔不能开通,孔口向上,如图 5-20 所示。

② 组合式电极。当同一凹模上有多个型孔时，在某些情况下可以把多个电极组合在一起（如图 5－21 所示），一次穿孔可完成各型孔的加工，这种电极称为组合式电极。用组合式电极加工，生产效率高，各型孔间的位置精度取决于各电极的位置精度。

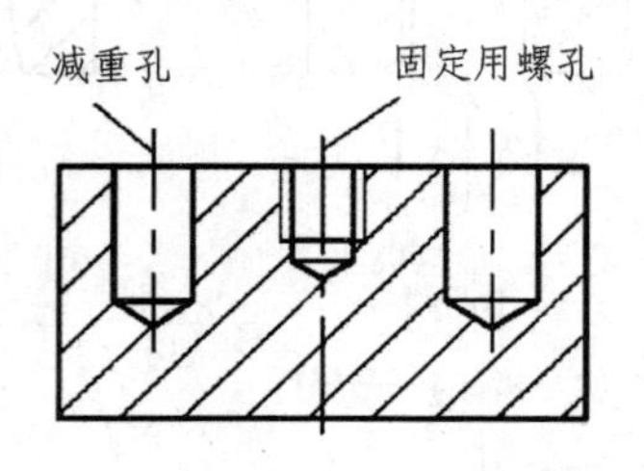

图 5－20　整体电极

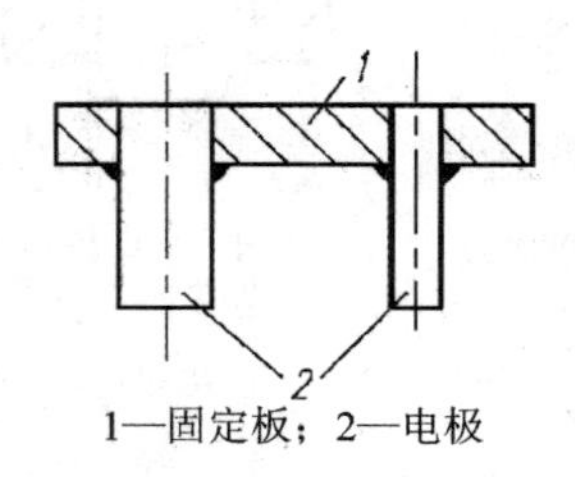

图 5－21　组合式电极

③ 镶拼式电极。当对形状复杂的电极整体加工有困难时，常将其分成几块，分别加工后再镶拼成整体，这样既节省材料又便于电极制造。

无论采用哪种结构，电极都应有足够的刚度，以利于提高加工过程的稳定性。对于体积小、易变形的电极，可将电极工作部分以外的截面尺寸增大以提高刚度。对于体积较大的电极，要尽可能减轻电极的质量，以减小机床的变形。电极与主轴连接后，其重心应位于主轴中心线上，这对于较重的电极尤为重要；否则会产生附加偏心力矩，使电极轴线偏斜，影响模具的加工精度。

（5）电极尺寸

● 电极横截面尺寸的确定

垂直于电极进给方向的电极截面尺寸称为电极的横截面尺寸。在凸、凹模图样上的公差有不同的标注方法：当凸模与凹模分开加工时，在凸、凹模图样上均标注公差；当凸模与凹模配合加工时，落料模将公差标注在凹模上，冲孔模将公差标注在凸模上，另一个只标注基本尺寸。因此，电极横截面尺寸分别按下述两种情况计算。

① 当按凹模型孔尺寸和公差确定电极的横截面尺寸时，电极的轮廓应比型孔均匀地缩小一个放电间隙值。如图 5－22 所示，与型孔尺寸相对应的电极尺寸如下：

$$a = A - 2\delta,\quad b = B + 2\delta,\quad c = C$$

$$r_1 = R_1 + \delta,\quad r_2 = R_2 - \delta$$

式中：A、B、C、R_1、R_2——型孔基本尺寸（mm）；

a、b、c、r_1、r_2——电极横截面基本尺寸（mm）；

δ——单边放电间隙（mm）。

② 当按凸模尺寸和公差确定电极的横截面尺寸时，随凸模、凹模配合间隙 Z（双面）的不同，分为三种情况：

- 配合间隙等于放电间隙（$Z = 2\delta$）时，电极与凸模截面基本尺寸完全相同。
- 配合间隙小于放电间隙（$Z < 2\delta$）时，电极轮廓应比凸模轮廓均匀地缩小一个数值，但形状相似。

➢ 配合间隙大于放电间隙($Z>2\delta$)时,电极轮廓应比凸模轮廓均匀地放大一个数值,但形状相似。

电极单边缩小或放大的数值可用下式计算:

$$a_1=\frac{|Z-2\delta|}{2}$$

式中:a_1——电极横截面轮廓的单边缩小量或放大量;

Z——凸、凹模双边配合间隙;

δ——单边放电间隙。

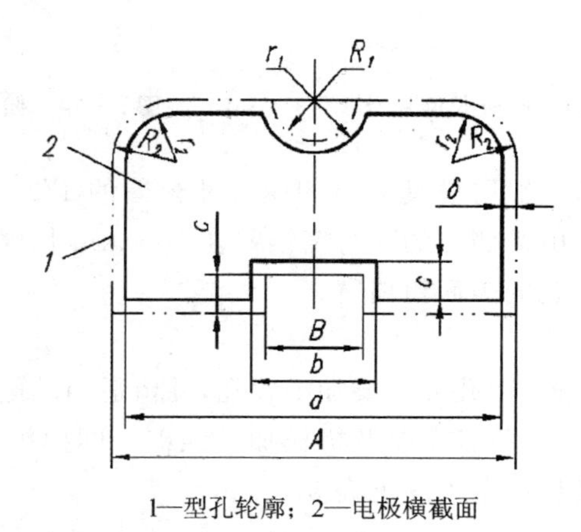

1—型孔轮廓；2—电极横截面

图 5-22　按型孔尺寸确定电极的横截面尺寸

● 电极长度尺寸的确定

电极的长度取决于凹模结构形式、型孔的复杂程度、加工深度、电极材料、电极使用次数、装夹形式及电极制造工艺等一系列因素,可按下式进行计算(参见图 5-23):

$$L=Kt+h+l+(0.4\sim0.8)(n-1)Kt$$

式中:t——凹模有效厚度(电火花加工的深度,mm);

h——当凹模下部挖空时,电极需要加长的长度(mm);

l——为夹持电极而增加的长度(10~20 mm);

n——电极的使用次数;

K——与电极材料、型孔复杂程度等因素有关的系数。

K 值选用的经验数据:紫铜为 2~2.5,黄铜为 3~3.5,石墨为 1.7~2,铸铁为 2.5~3,钢为 3~3.5。当电极材料损耗小、型孔简单、电极轮廓无尖角时,K 取小值;反之取大值。

加工硬质合金时,由于电极损耗较大,因此电极长度应适当加长些,但其总长不宜过长,太长会带来制造上的困难。

在生产中为了减少脉冲参数的转换次数,使操作简化,有时将电极适当增长,并将增长部分的截面尺寸均匀减小,做成阶梯状,称为阶梯电极,如图 5-24 所示。阶梯部分的长度 L_1 一般取凹模加工厚度的 1.5 倍左右;阶梯部分的均匀缩小量 $h_1=0.10\sim0.15$ mm。对阶梯部分不便进行切削加工的电极,常用化学浸蚀方法将断面尺寸均匀缩小。

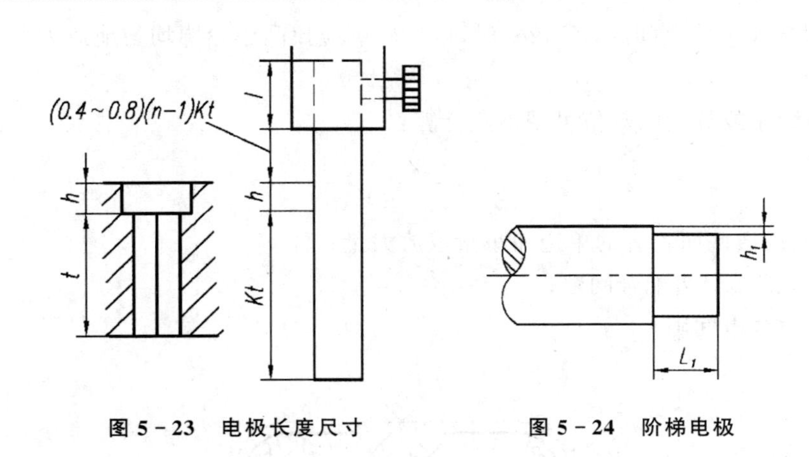

图 5-23　电极长度尺寸　　　　图 5-24　阶梯电极

电极横截面的尺寸公差一般取模具刃口相应尺寸公差的 1/2～2/3。电极在长度方向上的尺寸公差没有严格要求。电极侧面的平行度误差在 100 mm 长度上不超过 0.01 mm。电极工作表面的粗糙度不大于型孔的表面粗糙度。

3）凹模模坯准备

电火花加工前，工件（凹模）型孔部分要加工预孔，并留适当的电火花加工余量。余量的大小应能补偿电火花加工的定位、找正误差及机械加工误差。凹模模坯准备是指电火花加工前的全部工序。常用的凹模模坯准备工序见表 5-3。

表 5-3　常用的凹模模坯准备工序

序　号	工　序	加工内容及技术要求
1	下料	用锯床割断所需的材料，包括需切削的材料
2	锻造	锻造所需的形状，并改善其内部组织
3	退火	消除锻造后的内应力，并改善其加工性能
4	刨（铣）	刨（铣）四周及上、下平面，厚度留余量 0.4～0.6 mm
5	平磨	磨上、下平面及相邻两侧面，对角尺，粗糙度 Ra=0.63～1.25 μm
6	划线	钳工按型孔及其他安装孔划线
7	钳工	钻排孔，除掉型孔废料
8	插（铣）	插（铣）出型孔，单边留余量 0.3～0.5 mm
9	钳工	加工其余各孔
10	热处理	按图样要求淬火
11	平磨	磨上、下面，为使模具光整，最好再磨四侧面

为了提高电火花加工的生产率和便于工作液强迫循环，凹模模坯应去除型孔废料，只留适当的余量作为电火花穿孔余量。余量大小直接影响加工效率与加工精度。余量小，加工的生产率及形状精度高。若余量过小，则由于热处理变形而容易产生废品，对电极定位也将增加困难。因此，应根据型孔形状及精度确定其余量大小。一般留单边余量 0.25～0.5 mm。形状复杂的型孔可适当增大余量，但不超过 1 mm。另外，余量分布应均匀。为了避免淬火变形的影响，电火花穿孔加工应在淬火后进行。

4）电规准的选择及转换

电规准是指电火花加工过程中的一组电参数，如极性、电压、电流、脉宽、脉间等。电规准的选择应根据工件的要求、电极和工件的材料、加工工艺指标和经济效果等因素来确定，并在加工过程中及时地转换。

冲模加工中，常选择粗、中、精三种规准，每一种又可分几挡。粗规准用于粗加工，对粗规准的要求是：生产率高（不低于 50 mm^3/min）；工具电极的损耗小（$\theta<10\%$）。转换中规准之前的表面粗糙度 Ra 应小于 10 μm，否则将增加中、精加工的加工余量与加工时间。所以，粗规准主要采用较大的电流，较长的脉冲宽度（$t_i=50\sim500$ μs），采用铜或石墨电极时电极相对损耗应低于 1%。

中规准用于过渡性加工，以减小精加工时的加工余量，提高加工速度。中规准采用的脉冲宽度一般为 10～100 μs。

精规准用来最终保证模具所要求的配合间隙、表面粗糙度、刃口斜度等质量指标，并在此前提下尽可能地提高其生产率，故应采用小的电流，高的频率，短的脉冲宽度（一般为 2～6 μs）。

粗规准和精规准的正确配合，可以适当地解决电火花加工时的质量和生产率之间的矛盾。粗、中、精规准的正确选择，可参见电火花加工工艺参数曲线图表（读者可查阅相关资料）。

5）电极、工件的装夹与调整

在电火花加工时，必须将电极和工件分别装夹到机床的主轴（见图 5－25）和工作台上，并将其校正、调整到正确位置。电极、工件的装夹及调整精度，对模具的加工精度有直接影响。

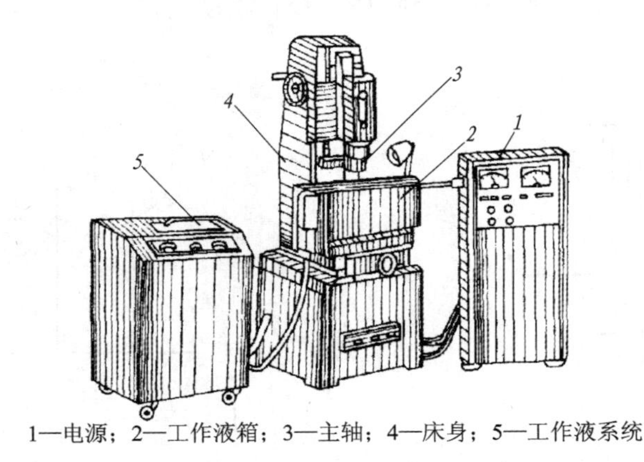

1—电源；2—工作液箱；3—主轴；4—床身；5—工作液系统

图 5－25　电火花加工机床

（1）电极的装夹及校正

整体电极一般使用夹头将电极装夹在机床主轴的下端。图 5－26 所示为用标准套筒装夹的圆柱形电极。直径较小的电极可用钻夹头装夹，如图 5－27 所示。尺寸较大的电极用标准螺钉夹头装夹，如图 5－28 所示。镶拼式电极一般采用一块联接板将几个电极拼块联接成一个整体后，再装到机床主轴上校正。加工多型孔凹模的多个电极可在标准夹具上加定位块进行装夹，或用专用夹具进行装夹。

电极装夹时必须进行校正，使其轴心线或电极轮廓的素线垂直于机床工作台面。在某些情况下，电极横截面上的基准还应与机床工作台拖板的纵横运动方向平行。

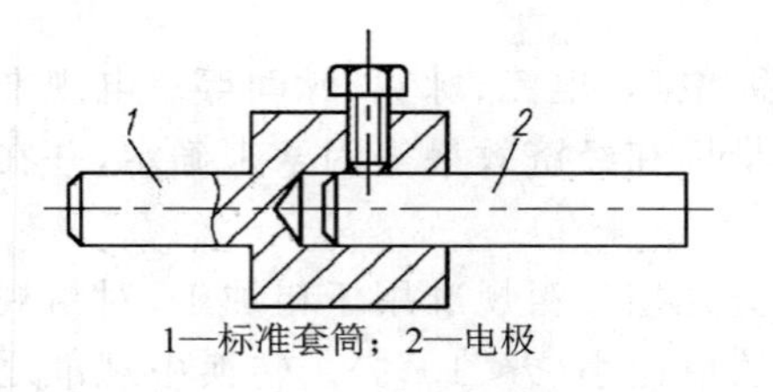

1—标准套筒；2—电极

图 5-26 标准套筒装夹电极

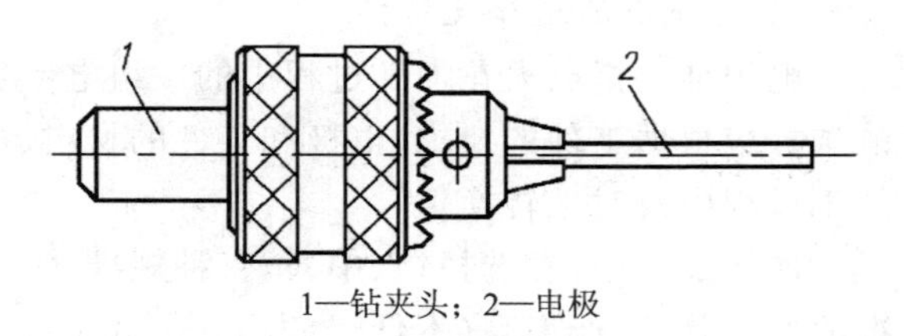

1—钻夹头；2—电极

图 5-27 钻夹头装夹电极

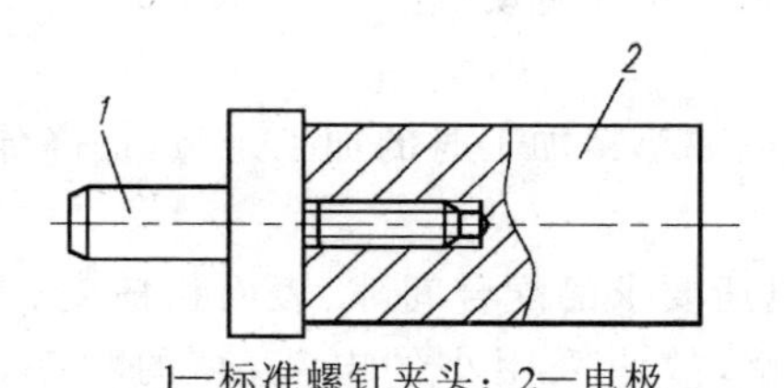

1—标准螺钉夹头；2—电极

图 5-28 标准螺钉夹头装夹电极

校正电极的方法较多。图 5-29 所示为用角尺观察它的测量边与电极侧面的一条素线间的间隙，在相互垂直的两个方向上进行观察和调整，直到两个方向观察到的间隙上下都均匀一致时，电极与工作台的垂直度即被校正。这种方法比较简便，校正精度也较高。图 5-30 所示为用千分表校正电极的垂直度。将主轴上下移动，在相互垂直的两个方向上用千分表找正，其误差可直接由千分表显示。这种校正方法可靠，校正精度高。

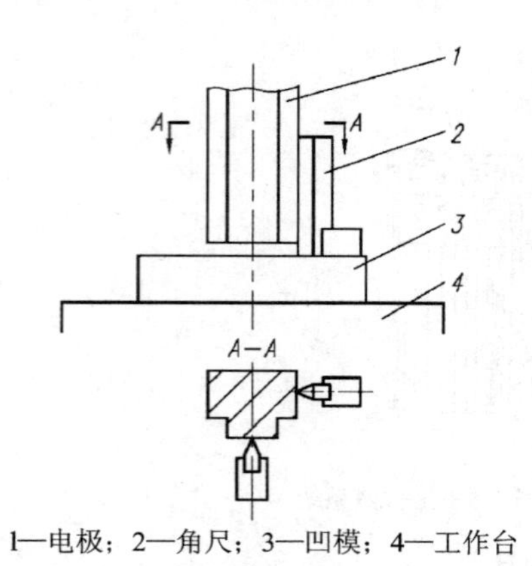

1—电极；2—角尺；3—凹模；4—工作台

图 5-29 用角尺校正电极

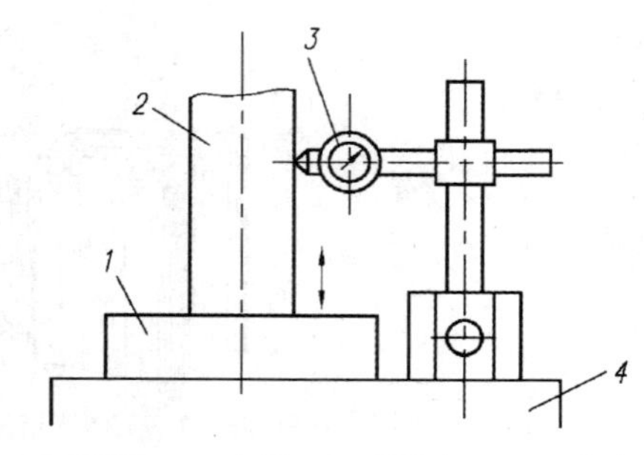

1—凹模；2—电极；3—千分表；4—工作台

图 5-30 用千分表校正电极

(2) 工件的装夹

一般情况下，工件装夹在机床的工作台上，用压板和螺钉夹紧。

装夹工件时应使工件相对于电极处于一个正确的位置，以保证所需的位置精度要求。使工件在机床上相对于电极具有正确位置的过程称为定位。

在电火花加工中根据加工条件可采用不同的定位方法。以下是两种常见的定位方法：

① 划线法：按加工要求在凹模的上、下平面划出型孔轮廓，工件定位时将已安装正确的电

极垂直下降，靠上工件表面，用眼睛观察并移动工件，使电极对准工件上的型孔线后将其压紧。经试加工后观察定位情况，并用纵横拖板做补充调整。这种方法定位精度不高，且凹模的下平面不能有台阶。

② 量块角尺法：如图5-31所示，按加工要求计算出型孔至两基准面之间的距离 x、y。将安装正确的电极下降至接近工件，用量块、角尺确定工件位置后将其压紧。这种方法不需专用工具，操作简单方便。

6）冲裁模加工示例

（1）电火花加工凹模孔工艺

以图5-32为例，电火花加工凹模孔的工艺过程见表5-4。

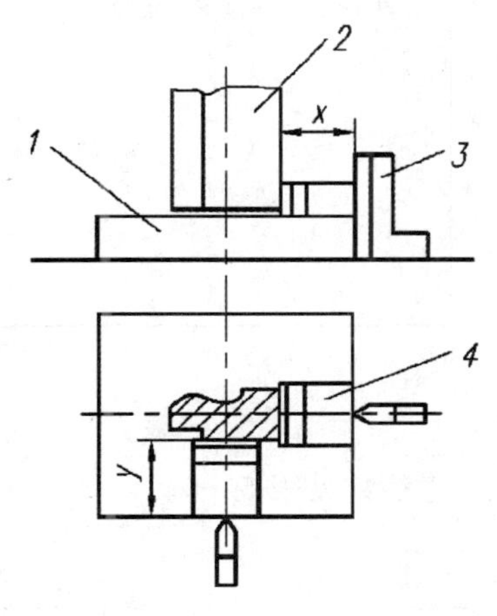

1—凹模；2—电极；3—角尺；4—量块

图5-31　量块、角尺定位

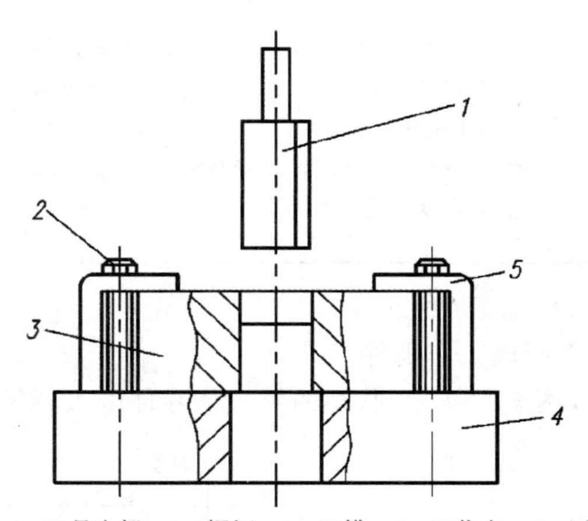

1—工具电极；2—螺钉；3—凹模；4—工作台；5—压板

图5-32　凹模孔加工

表5-4　电火花加工凹模孔的工艺过程

工序号	工序过程	注意事项
1	零件加工前的准备： ① 将零件（凹模、卸料板、凸模固定板）上、下面先划出对应的型孔线； ② 去掉中间余料，留加工余量0.25～1 mm，尖角处用手锉修整； ③ 零件需热处理淬硬的，应热处理	① 划线的目的是便于加中校准； ② 各边加工余量应相同； ③ 各螺孔、销孔在淬硬前加工
2	电极的准备： ① 检查电极尺寸及形状的正确性； ② 将电极装夹正确，并校正及定位准确； ③ 电极与零件应进行退磁处理	电极的偏斜度不应超过凸、凹模间隙的1/4
3	选择电规准及转换级数： ① 根据型孔大小、电极材料、工作机床选择电规准参数； ② 工具电极接在脉冲电源的负极，而加工零件接在正极	对于不同材料，电源也可反接，以提高效率

续表 5-4

工序号	工序过程	注意事项
4	电火花加工过程： ① 把准备好的零件(如凹模)所需切削刃口朝下，并找准凹模 90°基面与机床导轨的平行度，调整后压紧在机床工作台上； ② 调准工具电极对工作台的垂直度； ③ 将电极下降，盖住零件型孔，然后用铅笔沿电极四周在零件上划线，这时，抬起电极观察铅笔线所表示的各边余量是否均匀。经调整均匀后压紧； ④ 根据工艺图纸计算所加工孔对基面的坐标尺寸，并用相应块规定位； ⑤ 开动机床，把工作液槽上升，使零件全部浸入介质中； ⑥ 先用弱规准进行加工，观察接触面四周是否产生电火花放电，若不放电继续调整； ⑦ 调整合适开始放电后，紧固螺钉，用选用标准电规准进行加工； ⑧ 取出零件，进行检验	① 全长不大于 0.01 mm； ② 深度应低于液面 60～80 mm； ③ 中途不允许再重新定位

(2) 加工示例

① 凹模工作零件

以图 5-33 为例，某凹模工作零件电火花加工凹模孔的工艺参数见表 5-5。

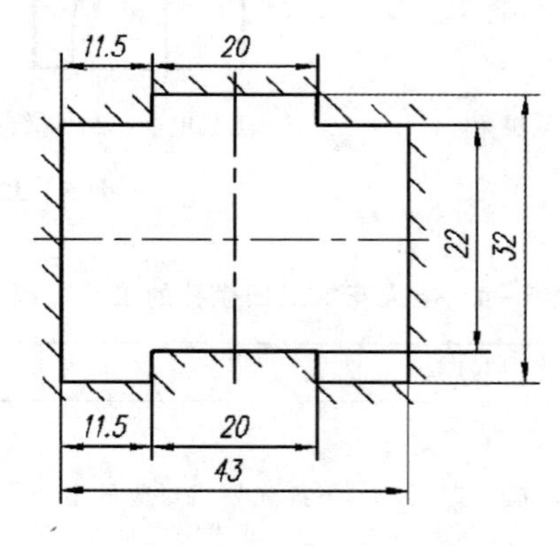

图 5-33 某凹模工作零件

表 5-5 电火花加工凹模孔的工艺参数表

使用机床	KD-110 型电子管式高频电火花加工机床
凹模形式	①材料：经淬火后的 T8A； ②型孔周长：160 mm 直壁模，高 15 mm； ③单边余量：2 mm
电极	①材料：铸铁(生铁)； ②阶梯电极，单边缩小 0.15 mm

续表 5-5

使用机床	KD-110 型电子管式高频电火花加工机床
电规准	①粗规准： 脉冲宽度：9 μs；重复频率：16 kHz； 直流高压：3 500 V；时间：15 min ②精规准： 脉冲宽度：1.5 μs；重复频率：20～100 kHz； 直流高压：2 000～2 400 V；时间：29 min
加工效果	总计时间：44 min； 刃口高度：15 mm； 表面粗糙度：$Ra=1.6\sim0.8$ μm

② 电机定子凸凹模

凹模型孔有 24 个槽，冲件厚度为 0.5 mm，配合间隙为 0.03～0.07 mm（双边），模具材料为 Cr12MoV，硬度为 60～62HRC，如图 5-34 所示。

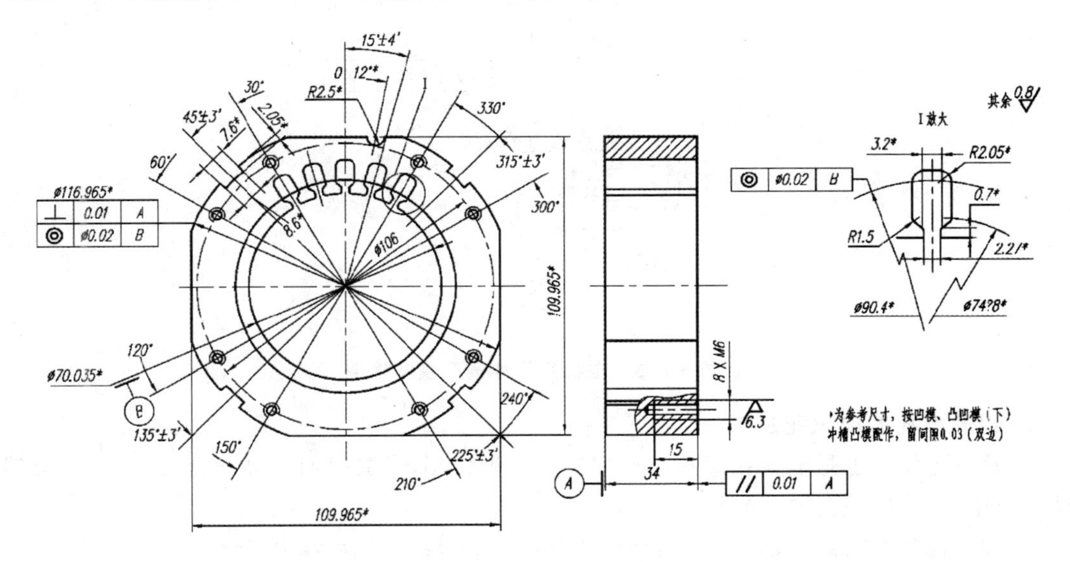

图 5-34　电机定子凸凹模零件图

由于配合间隙较小，对凸模和相应的凹模型孔的制造公差要求比较严，故使用常规的配作存在一定的难度。采用凸模（如图 5-35 所示）作电极对凹模型孔异形槽进行电火花加工，既简单又能保证配合间隙要求。其工艺过程简述如下：

a. 电极（凸模）加工工艺：锻造→退火→粗、精刨→淬火与回火→成型磨削（或锻造→退火→刨（铣）平面→淬火与回火→磨上、下平面→线切割加工）。

凸模长度应加长一段作为电火花加工的电极，其长度根据凹模刃口高度而定。

b. 电极（凸模）固定板的加工工艺：锻造→退火→粗、精车→划线→加工孔（孔比凸模单边放大 1～2 mm，作为浇注合金间隙）→磨平面。

c. 电极（凸模）的固定：在专用分度坐标装置（万能回转台）上分别找正各凸模位置，用锡基合金（固定电极用合金）将凸模固定在固定板上，达到各槽位置精度要求。

d. 凸凹模加工工艺：锻造→退火→粗、精（上、下面）车→样板划线→加工螺钉孔，在各槽位置钻冲油孔，在中心位置钻穿丝孔→淬火与回火→磨平面→退磁→线切割内孔及外形→用组合后的凸模作电极，电火花加工各槽。

凸凹模各槽与凸模间隙大小靠电火花加工时所选的电规准控制。如果配合间隙不在放电间隙内，则对凸模电极部分采用化学浸蚀或镀铜的方法适当减小或增大。

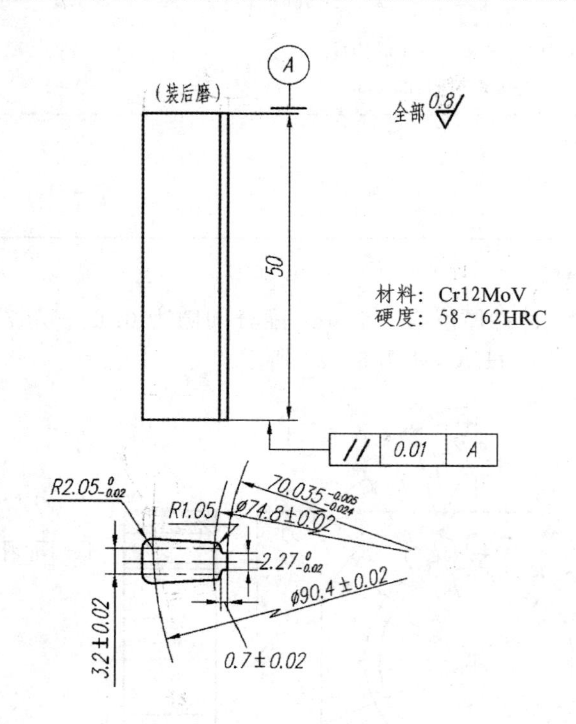

图 5-35　电机定子冲槽凸模零件图

2. 圆形小孔的电火花加工

圆形小孔加工也是电火花穿孔成型加工的一种应用，尤其是对于硬质合金、耐热合金等特殊材料而言。圆形小孔加工的特点是：

➢ 加工面积小，深度大，直径一般为 0.05～2 mm，深径比达 20 以上。

➢ 圆形小孔加工均为盲孔加工，排屑困难。

圆形小孔加工由于工具电极截面积小，容易变形；不易散热，排屑又困难，因此电极损耗大。工具电极应选择刚性好、容易矫直、加工稳定性好和损耗小的材料，如铜钨合金丝、钨丝、钼丝、铜丝等。加工时为了避免电极弯曲变形，还需设置工具电极的导向装置。

为了改善圆形小孔加工时的排屑条件，使加工过程稳定，常采用电磁振动头，使工具电极丝沿轴向振动，或采用超声波振动头，使工具电极端面有轴向高频振动，进行电火花超声波复合加工，可以大大提高生产率。如果所加工的小孔直径较大，允许采用空心电极（如空心不锈钢管或铜管），则可以用较高的压力强迫冲油，加工速度将会显著提高。

电火花高速圆形小孔加工工艺是近年来新发展起来的。其工作原理有三个要点：

① 采用中空的管状电极。

② 管中通高压工作液冲走电蚀产物。

③ 加工时电极做回转运动，可使端面损耗均匀，不致受高压、高速工作液的反作用力而偏斜。

相反，高压流动的工作液在小孔孔壁按螺旋线轨迹流出孔外，像静压轴承那样，使工具电极管“悬浮”在孔心，不易产生短路，可加工出直线度和圆柱度很好的小深孔。

用一般空心管状电极加工圆形小孔，容易在工件上留下毛刺料心，阻碍工作液的高速流通，且电极过长过细时会歪斜，以致引起短路。为此电火花高速加工圆形小深孔时采用专业厂特殊冷拔的双孔管状电极，其截面上有两个半月形的孔，如图 5-36 中 $A—A$ 放大断面图形所示，加工中电极转动时，工件孔中不会留下毛刺料芯。加工时工具电极作轴向进给运动，管电极中通入 1～5 MPa 的高压工作液（自来水、去离子水、蒸馏水、乳化液或煤油），如图 5-35 所示。由于高压工作液能迅速将电极产物排除，且能强化火花放电的蚀除作用，因此这一加工方法的最大特点是加工速度高，一般圆形小孔加工速度可达 20～60 mm/min，比普通钻削小孔的速度还要快。这种加工方法最适合加工直径为 0.3～3 mm 的圆形小孔，且深径比可达到 300。

3. 异型小孔的电火花加工

电火花加工不但能加工圆形小孔，而且能加工多种异型小孔。图 5-37 所示为化纤喷丝板常用的 Y 形、十字形、米字形等各种异型小孔的孔形。

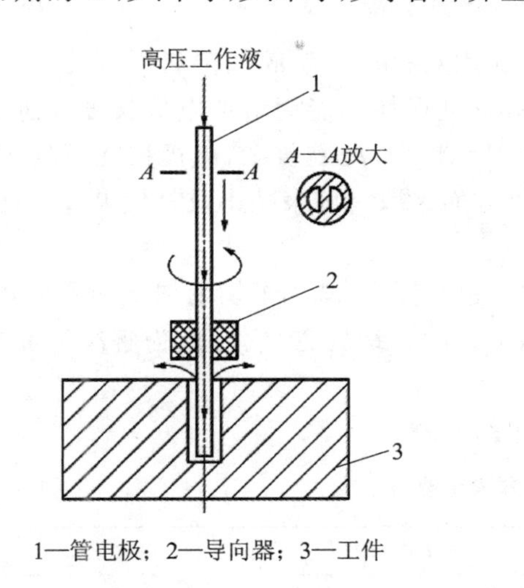

图 5-36　圆形小孔电火花高速加工原理示意图

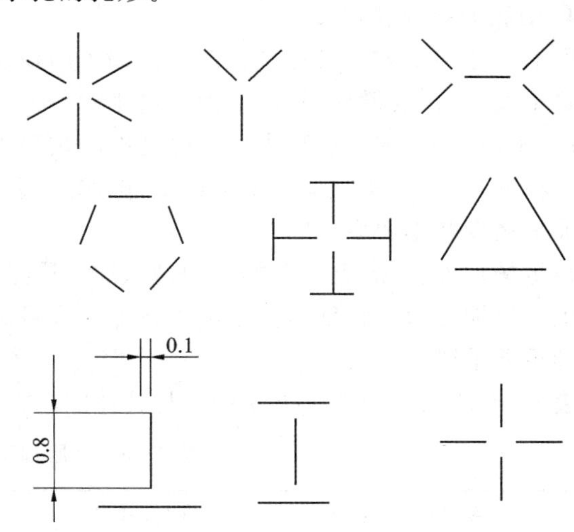

图 5-37　各种异型小孔的孔形

加工微细而又复杂的异型小孔，加工情况与圆形小孔加工基本一样，关键是异型电极的制造和异型电极的装夹，另外要求机床自动控制系统更加灵敏。制造异型小孔电极，主要有下面几种方法。

① 冷拔整体电极法。采用电火花线切割加工工艺并配合钳工修磨制成异型电极的硬质合金拉丝模，然后用该模具拉制成 Y 形、十字形等异型截面的电极。这种方法效率高，用于较大批量生产。

② 电火花线切割加工整体电极法。利用精密电火花线切割加工制成整体异型电极。这种方法的制造周期短、精度和刚度较好，适用于单件、小批量试制。

③ 电火花反拷加工整体电极法。用这种方法制造的电极，定位、装夹均方便且误差小，但生产效率较低。图 5－38 所示为电火花反拷加工制造异型电极的示意图。

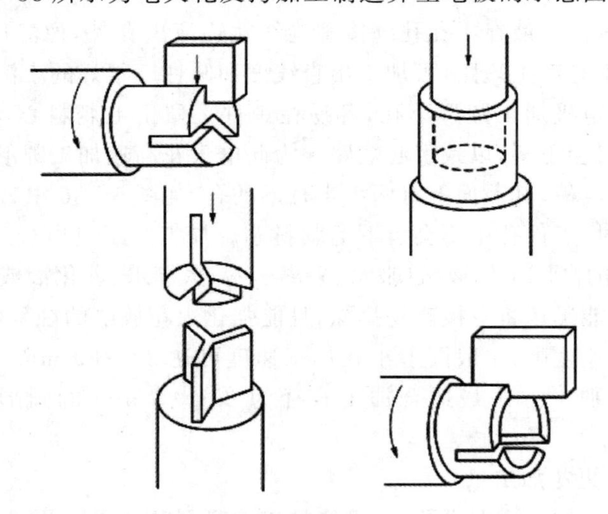

图 5－38 电火花反拷加工制造异型电极的示意图

4. 型腔的电火花加工

用电火花加工方法进行型腔加工比加工凹模型孔困难得多。型腔加工属于盲孔加工，金属蚀除量大，工作液循环困难，电蚀产物排除条件差，电极损耗不能用增加电极长度和进给来补偿；加工面积大，加工过程中要求电规准的调节范围也较大；型腔复杂，电极损耗不均匀，影响加工精度。因此，型腔加工要从设备、电源、工艺等方面采取措施来减小或补偿电极损耗，以提高加工精度和生产率。

与机械加工相比，电火花加工的型腔加工质量好，粗糙度小，减少了切削加工和手工修磨，并使生产周期缩短。特别是由于电火花加工设备和工艺的日臻完善，它已成为解决型腔加工的一种重要手段。

表 5－6 所列为型腔电火花加工与其他加工方法的比较。

表 5－6 型腔加工方法比较

比较项目		机加工(立铣，数铣)	冷挤压	电火花加工
对各类型腔的适应性	大型腔	较好	较差	好
	深型腔	较差	低碳钢等塑性好的材料尚好	较好
	复杂型腔	立铣稍差，数铣较好	较差，有的要分次挤压才行	比数铣好
	文字图案	立铣差，数铣较好	较好	好
	硬材料	较差	差	好
加工质量	精度	立铣较高，数铣高	较高	比机加工高，比冷挤压低
	粗糙度	立铣较小，数铣较小	小	比机加工小，比冷挤压大
	后工序抛光量	立铣较小，数铣较小	小	较小

续表 5-6

比较项目		机加工(立铣,数铣)	冷挤压	电火花加工
效益	辅助时间（包括二类工具）	立铣长,数铣较长	较长	较短
	成型时间	立铣长,数铣较长	很短	较短
辅助工具	种类	成型刀具等	挤头、套圈等	电极、装夹工具等
	重复使用性	可多次使用	可使用几次	一般不能多次使用
操作与劳动强度		立铣操作复杂,劳动强度高,数铣操作简单,劳动强度低	操作简单,强度低	操作简单,强度低
经济技术效益		立铣低,数铣较高	高	高
适用范围		中等复杂型腔,并在淬火前加工	小型型腔,塑性好的材料在退火状态下加工	各种材料,大、中、小均可;各种复杂程度型腔并且淬火后也能加工

1) 型腔模电火花加工的工艺方法

型腔模包括锻模、压铸模、胶木膜、塑料模、挤压模等。它的加工比较困难,由于均是盲孔加工,工作液循环和电蚀产物排除条件差,工具电极损耗后无法靠主轴进给补偿精度,金属蚀除量大;其次是加工面积变化大,加工过程中电规准的变化范围也较大,又因型腔模形状复杂,电极损耗不均匀,对加工精度影响也很大。因此,对型腔模的电火花加工,既要求蚀除量大,加工速度高,又要求电极损耗低,并保证所要求的精度和表面粗糙度。

型腔模电火花加工主要有单电极平动法、多电极更换法和分解电极加工法等。

(1) 单电极平动法

单电极平动法在型腔模电火花加工中应用最广泛。单电极加工法是指用一个电极加工出所需型腔,用于下列三种情况:

① 用于加工形状简单、精度要求不高的型腔。

② 用于加工经过预加工的型腔。为了提高电火花加工效率,型腔在电火花加工之前采用切削加工方法进行预加工,并留适当的电火花加工余量,在型腔淬火后用一个电极进行精加工,以达到型腔的精度要求。一般型腔可用立式铣床进行预加工;复杂型腔或大型型腔可先用立式铣床去除大量的加工余量,再用数控铣床精铣。在能保证加工成型的条件下,电火花加工余量越小越好。一般,型腔侧面余量单边留 0.1～0.5 mm,底面余量留 0.2～0.7 mm。如果是多台阶复杂型腔,则余量应适当减小。电火花加工余量应均匀,否则将使电极损耗不均匀,影响成型精度。

③ 用平动法加工型腔。对有平动功能的电火花机床,在型腔不预加工的情况下也可用一个电极加工出所需型腔。在加工过程中,先采用低损耗、高生产率的电规准对型腔进行粗加工,然后启动平动头带动电极(或数控坐标工作台带动工件)做平面圆周运动,同时按粗、中、精的加工顺序逐级转换电规准,并相应加大电极做平面圆周运动的回转半径,从而将型腔加工到所规定的尺寸及表面粗糙度要求。

平动头的动作原理是:利用偏心机构将伺服电机的旋转运动通过平动轨迹保持机构转化成电极上每一个质点都能围绕其原始位置在水平面内做平面小圆周运动,许多小圆的外包络线就形成加工型腔，从而进行“仿形”加工。如图 5-39 所示，其中每个质点运动轨迹的半径就称为平动量，其大小可以由零逐渐调大，以补偿粗、中、精加工的电火花放电间隙之差，从而达到修光型腔的目的。

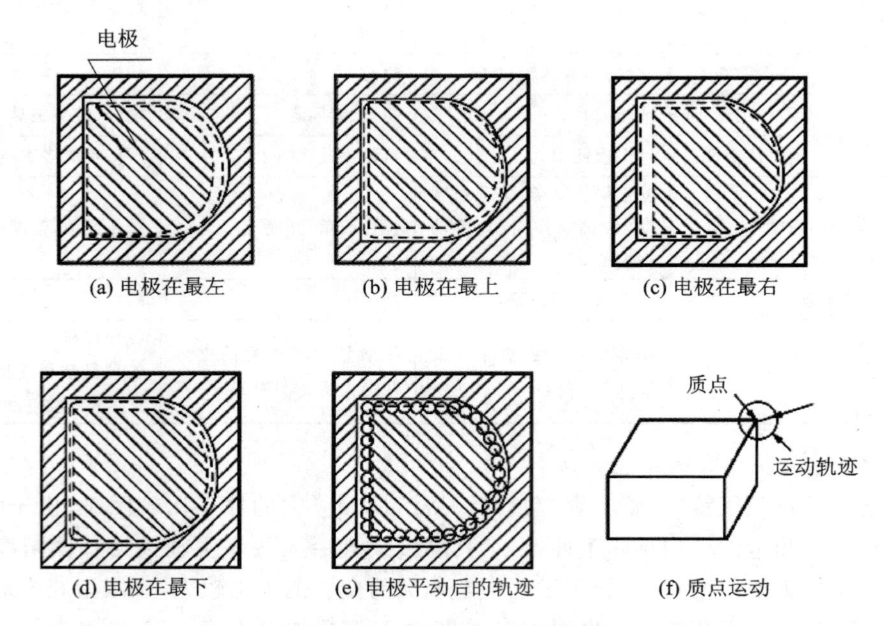

图 5-39　平动头扩大间隙原理图

首先采用低损耗($\theta<1\%$)、高生产率的粗规准进行加工，然后按照粗、中、精的顺序逐级改变电规准。与此同时，依次加大电极的平动量，以补偿前后两个加工规准之间型腔侧面放电间隙差和表面微观平面度差，完成整个型腔模的加工。

单电极平动法的最大优点是只需一个电极、一次装夹定位，便可达到±0.05 mm 的加工精度，并利于排除电蚀产物。它的缺点是难以获得高精度的型腔模，特别是难以加工出清棱、清角的型腔。

采用数控电火花加工机床时，是利用工作台按一定轨迹做微量移动来修光侧面的，为区别于夹持在主轴头上的平动头的运动，通常将其称作摇动。由于摇动轨迹是靠数控系统产生的，故具有更灵活多样的模式，除了小圆轨迹运动外，还有方形、十字形运动，因此更能适应复杂形状的侧面修光的需要，尤其可以做到尖角处的“清根”，这是平动头所无法做到的。图 5-40(a)所示为基本摇动模式，图 5-40(b)所示为工作台变半径圆形摇动。主轴上下数控联动，可以修光或加工出锥面、球面。由此可见，数控电火花加工机床更适合于单电极法加工。

另外，可以利用数控功能加工出以往普通机床难以或不能实现的零件。如：利用简单电极配合侧向(X、Y 向)移动、转动、分度等进行多轴控制，可加工复杂曲面、螺旋面、坐标孔、槽等，如图 5-40(c)所示。

近年来出现的用简单电极(例如杆状电极)展成法加工复杂表面技术，就是靠转动的电极工具(转动可以使电极损耗均匀和促进排屑)和工件间的数控运动及正确的编程来实现的，不必制造复杂的电极工具，就可以加工出复杂的模具或零件，大大缩短了生产周期，并展示出数控技术的“柔性”及适应能力。

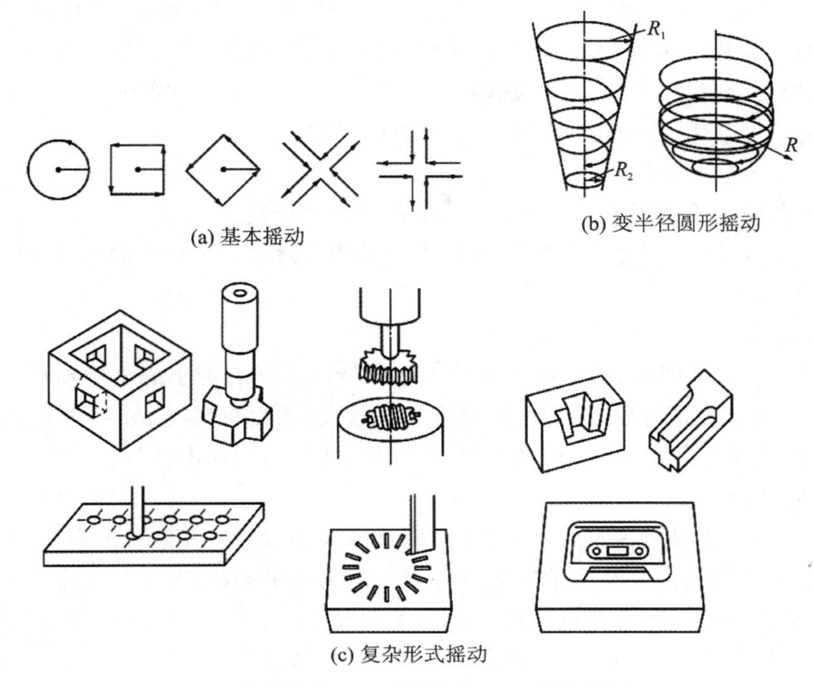

(a) 基本摇动

(b) 变半径圆形摇动

(c) 复杂形式摇动

R_1—起始半径；R_2—终了半径；R—球面半径

图 5-39　几种典型的摇动模式和加工实例

(2) 多电极更换法

多电极更换法是采用多个电极依次更换加工同一个型腔，每个电极加工时必须把上一规准的放电痕迹去掉。一般用两个电极进行粗、精加工就可满足要求；当型腔模的精度和表面质量要求很高时，才采用三个或更多个电极进行加工，但要求多个电极的一致性好、制造精度高；另外，更换电极时要求定位装夹精度高，因此一般只用于精密型腔的加工，尤其适用于加工尖角、窄缝多的型腔。例如：洗衣机、收录机、电视机等机壳的模具，都是用多个电极加工出来的。

(3) 分解电极法

分解电极法是单电极平动加工法和多电极更换加工法的综合应用。其工艺灵活性强，仿形精度高，适用于尖角窄缝、沉孔、深槽多的复杂型腔模具加工。根据型腔的几何形状，把电极分解成主型腔和副型腔电极分别制造。先加工出主型腔，后用副型腔电极加工尖角、窄缝等部位的副型腔。此方法的优点是可以根据主、副型腔加工条件的不同，选择不同的加工规准，有利于提高加工速度和改善加工表面质量；同时还可以简化电极制造，便于修整电极。缺点是更换电极时主型腔和副型腔电极之间要求有精确的定位。

近年来，国外已广泛采用像加工中心那样具有电极库的 3～5 坐标数控电火花机床，事先把复杂型腔分解为简单表面和相应的简单电极，编制好程序、加工过程中自动更换电极和转换规准，实现复杂型腔的加工。同时配合一套高精度辅助工具、夹具系统，可以大大提高电极的装夹定位精度，使采用分解电极法加工的模具精度大幅提高。

2) 型腔模工具电极

(1) 电极材料的选择

为了提高型腔模的加工精度，在电极方面，首先是寻找耐蚀性高的电极材料，如纯铜、铜钨合金、银钨合金以及石墨电极等。由于铜钨合金和银钨合金的成本高，电极成型加工比较困难，故较少采用。常用的为纯铜和石墨，这两种材料的共同特点是在宽脉冲粗加工时都能实现低损耗。纯铜的优点如下：

① 不容易产生电弧，在较困难的条件下也能稳定加工。

② 精加工比石墨电极损耗小。

③ 采用精微加工能达到 Ra 小于 1.25 μm 的表面粗糙度。

④ 经锻造后还可用作其他型腔加工的电极，材料利用率高，但其机械加工性能不如石墨好。

石墨电极的优点如下：

① 机械加工成型容易，便于修正；

② 电火花加工的性能也很好，在宽脉冲大电流情况下具有更小的电极损耗。石墨电极的缺点是容易产生电弧烧伤现象，精加工时电极损耗较大，表面粗糙度 Ra 只能达到 2.5 μm。对石墨电极材料的要求是颗粒小、组织细密、各向同性、强度高和导电性好。

(2) 电极的设计

加工型腔模时的工具电极尺寸，一方面与模具的大小、形状、复杂程度有关，另一方面与电极材料、加工电流、深度、余量及间隙等因素有关。当采用平动法加工时，还应考虑所选用的平动量。与主轴头进给方向垂直的电极尺寸称为水平尺寸(见图 5-41(a))，计算时应加入放电间隙和平动量。任何有内、外直角及圆弧的型腔，可用下式确定：

$$a = A \pm Kb$$

式中：a——电极水平方向尺寸；

A——型腔图样上名义尺寸；

K——与型腔尺寸注法有关的系数，直径方向(双边)$K=2$，半径方向(单边)$K=1$；

b——电极单边缩放量(包括平动头偏心量，一般取 0.5～0.9 mm)。

$$b = S_L + H_{max} + h_{max}$$

式中：S_L——电火花加工时单面加工间隙；

H_{max}——前一规准加工时表面微观平面度最大值；

h_{max}——本规准加工时表面微观平面度最大值。

式中的“±”号按缩放原则确定，如图 5-41(a)中计算 a_1 时用“－”号，计算 a_2 时用“＋”号。

电极总高度 H 的确定如图 5-41(b)所示，可按下式计算：

$$H = l + L$$

式中：H——除装夹部分外的电极总高度；

l——电极每加工一个型腔，在垂直方向的有效高度，包括型腔深度和电极端面损耗量，并扣除端面加工间隙值；

L——考虑到加工结束时，电极夹具不和夹具模块或压板发生接触，以及同一电极需重复使用而增加的高度。

(3) 排气孔和冲油孔设计

型腔加工一般均为盲孔加工，排气、排屑状况的恶化将直接影响加工速度、稳定性和表面质量。一般情况下，在不易排屑的拐角、窄缝处应开有冲油孔(如图 5-42 所示)；而在蚀除面积较大以及电极端部有凹入的部位开排气孔(如图 5-43 所示)。冲油孔和排气孔的直径应小于工具的平动量，一般为 $\phi 1$～2 mm。若孔径过大，则加工后残留物凸起太大，不易清除。孔

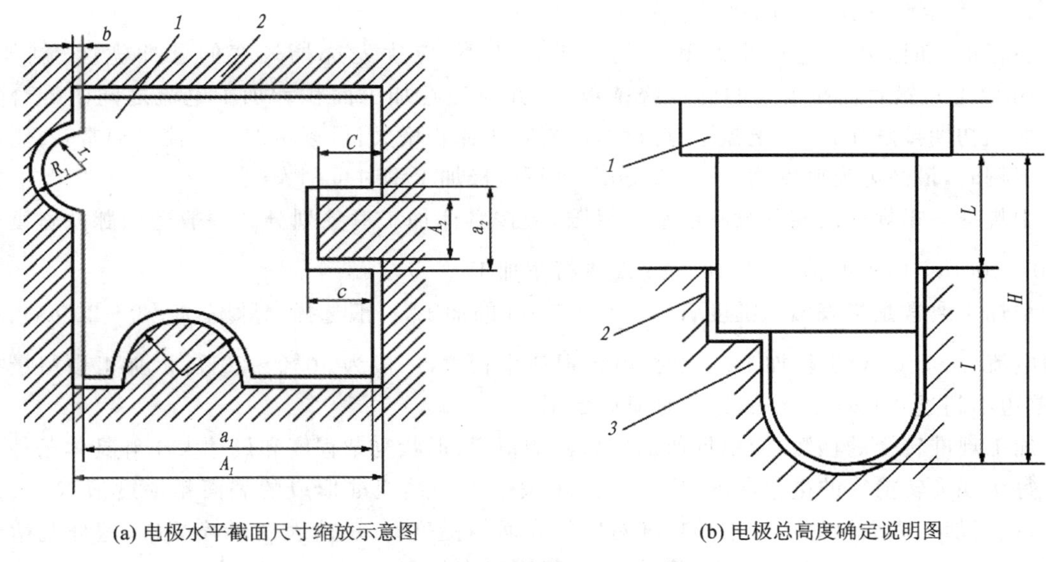

(a) 电极水平截面尺寸缩放示意图　　(b) 电极总高度确定说明图

1—夹具；2—电极；3—工件

图 5-41　型腔工具电极尺寸的确定

的数目应以不产生蚀除物堆积为宜。孔距在 20～40 mm 之间，孔要适当错开。

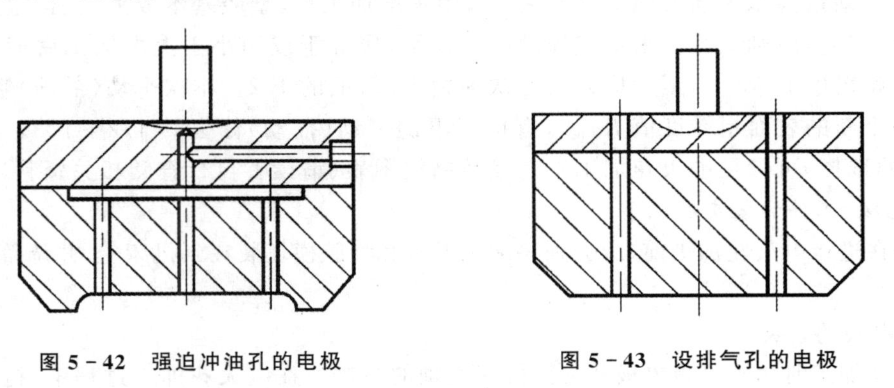

图 5-42　强迫冲油孔的电极　　**图 5-43　设排气孔的电极**

3）工作液强迫循环的应用

在型腔加工中，当型腔较浅时采用排气孔，使电蚀产物及气体从孔中排出，尚可满足工艺要求；但当型腔小而较深时，光靠电极上的排气孔，不足以使电蚀产物、气体及时排出，往往需要采用强迫冲油。这时电极上应开有冲油孔。

采用的冲油压力一般为 20 kPa 左右，可随深度的增加而有所增加。冲油对电极损耗有影响，随着冲油压力的增加，电极损耗也增加。这是因为冲油压力增加后，对电极表面的冲刷力也增加，因而使电蚀产物不易反粘到电极表面以补偿其损耗。同时由于游离碳浓度随冲油而降低，因而影响了碳黑膜的生成。如果因电极局部冲刷、流场和反粘不均，导致黑膜厚度不同，则将会严重影响加工精度，因此冲油压力和流速不宜过高。

对要求很高的模具（如精锻齿轮的锻模），为保证加工精度，往往不采用冲油而采用定时抬刀的方法来排除电蚀产物，以减小工具电极的损耗对加工精度的影响，但生产率有所降低。

4）电规准的选择、转换，平动量的分配

在粗加工时，要求生产率高和工具电极损耗小，应优先选择较宽的脉冲宽度（例如：400 μm以上），然后选择较大的脉冲峰值电流，并应注意加工面积和加工电流之间的配合关系。加工初期接触面积小，电流不宜过大，随着加工面积增大，可逐步加大电流。通常，石墨电极加工钢时，最高电流密度为 3～5 A/cm^2，纯铜电极加工钢时可稍大些。

中规准与粗规准之间并没有明显的界限，应按具体加工对象划分。一般选用脉冲宽度 t_i 为 20～400 μs、电流峰值 $\hat{i}_e$ 为 10～25 A 进行中加工。

精加工通常是指表面粗糙度 Ra 小于 2.5 μm 的加工，一般选择窄脉宽（$t_i=2\sim20$ μs）、小峰值电流（$\hat{i}_e<10$ A）进行加工。此时，电极损耗率较大，一般为 10%～20%，因加工预留量很小，单边不超过 0.1～0.2 mm，故绝对损耗量不大。

加工规准转换的挡数，应根据所加工型腔的精度、形状复杂程度和尺寸大小等具体条件确定。每次规准转换后的进给深度，应等于或稍大于上一档规准形成的表面粗糙度值 Ra_{max} 的一半，或当加工表面恰好达到本档规准对应的表面粗糙度时，就应及时转换规准，这样既达到修光的目的，又可使各档的金属蚀除量最少，得到尽可能高的加工速度和低电极损耗。

平动量的分配是单电极平动加工法的一个关键问题，主要取决于被加工表面由粗变细的修光量，此外还和电极损耗、平动头原始偏心量、主轴进给运动的精度等有关。一般，中规准加工平动量为总平动量的 75%～80%，中规准加工后，型腔基本成型，只留很少余量用于精规准修光。原则上每次平动或摇动的扩大量，应等于或稍小于上次加工后遗留下来的最大表面粗糙度值 Ra_{max}，至少应修去上次遗留 Ra_{max}值的 1/2。本次平动（摇动）修光后，又残留下一个新的表面粗糙度值 Ra_{max}，有待于下次平动（摇动）修去其 1/2～1/3。具体电规准、参数的选择，可参见电火花加工工艺参数曲线图表（请读者自行查阅相关资料）。

5）电极、工件的装夹和调整

型腔在进行电火花加工前，应分别将加工电极和型腔模坯装夹到机床上，并调整到正确的加工位置。

（1）电极的装夹

电火花加工时用夹具将电极装夹到机床主轴的下端。在电火花加工过程中，粗、中、精加工分别使用不同的电极，即采用多个电极加工时电极要进行多次更换和装夹，每次更换，电极都必须具有唯一确定的位置。要采用专门的夹具来安装电极，以保证高的重复定位精度。图 5-44 所示为几种用于电极安装的重复定位夹具的定位方式。

如果电火花加工只使用一个电极（如平动法加工）完成型腔的全部（粗、中、精）加工，则电极的装夹比多电极加工简单，只需根据电极的结构和尺寸大小选用相应夹具进行装夹即可。

（2）电极的校正

电极装夹后应对其进行校正，以使电极轴线（或中心线）与机床主轴的进给方向一致。常用的校正方法有：

① 按电极固定板的上平面校正。在制造电极时，使电极轴线与固定板的上平面垂直。校正电极时，以固定板的上平面作为基准用百分表进行校正，如图 5-45 所示。

② 按电极的侧面校正。当电极侧面为较长的直壁面时，可用角尺或百分表直接校正电

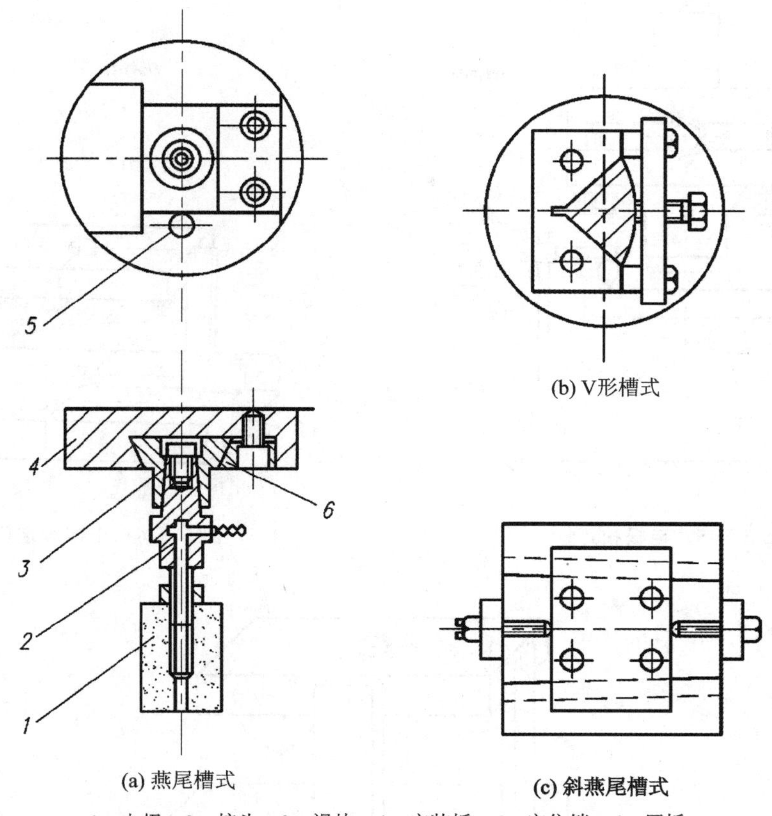

(a) 燕尾槽式　(b) V形槽式　(c) 斜燕尾槽式

1—电极；2—接头；3—滑块；4—安装板；5—定位销；6—压板

图 5-44　重复定位夹具

极，其操作方法与校正穿孔电极相同。

③ 按电极的下端面校正。当电极的下端面为平面时，可用百分表按下端面进行校正，其操作方法与按固定板的上平面校正相似。

(3) 电极、工件相对位置的调整

加工型腔时，工件安装在机床的工作台上，此时应使工件相对于电极处于一个正确的位置（称为定位），以保证型腔的位置尺寸精度。

常用的定位方法有以下几种：

① 量块、角尺定位法。若电极侧面为直平面，可采用量块、角尺来校正电极，其操作方法与校正凹模型孔加工电极相同。

② 十字线定位法。在电极或电极固定板的侧面划出十字中心线，在模坯上也划出十字中心线，校正电极和工件的相对位置时，依靠角尺分别将电极在模坯上对应的中心线对准即可，如图 5-46 所示。此法定位精度低，故只适用于定位精度要求不高的模具。

③ 定位板定位法。在电极固定板和型腔模坯上分别加工出相互垂直的两定位基准面，在电极的定位基准面分别固定两个平直的定位板，定位时将模坯上的定位基准面分别与相应的定位板贴紧，如图 5-47 所示。此法较十字线法定位精度高。

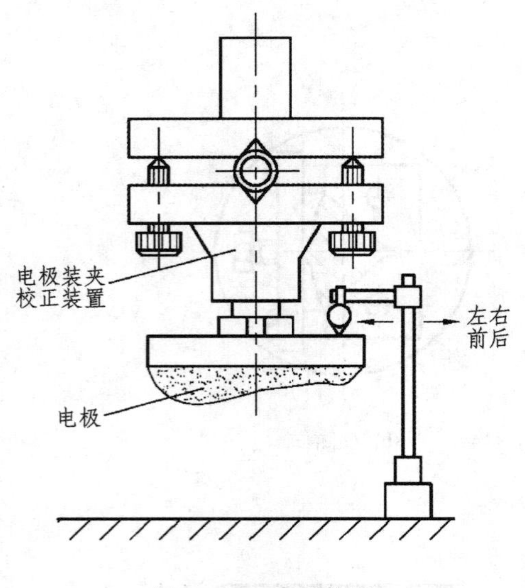

图 5-45　电极校正

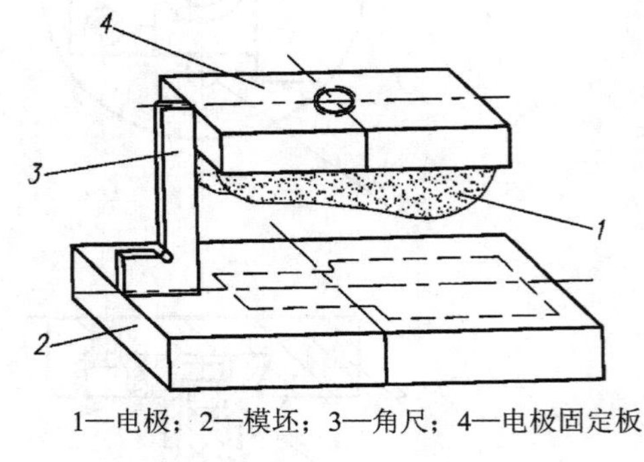

1—电极；2—模坯；3—角尺；4—电极固定板

图 5-46　十字线定位法

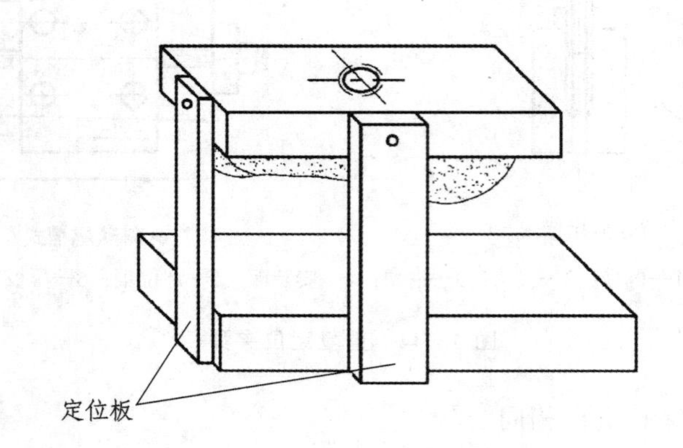

图 5-47　定位板定位法

6）型腔模电火花加工示例

型腔电火花加工的工艺过程见表 5-7。

表 5-7　型腔电火花加工的工艺过程

序　号	工序名称	工艺说明
1	选择加工方法	按加工要求选择工艺方法
2	选择电极材料	① 紫铜电极要求无杂质，经锻压成型的电解铜。 ② 石墨电极要质细、致密，颗粒均匀、气孔率小、灰粉少
3	设计电极	根据模具型腔大小深浅、复杂程度及精度要求，确定电极缩小量，再按型腔图样尺寸计算电极水平尺寸及垂直尺寸
4	电极加工	① 单件电极采用机械加工； ② 批量电极采用紫铜精锻、石墨振动成型加工

续表 5－7

序　号	工序名称	工艺说明
5	工件准备	① 工件先用机械加工方法去除大部分余量，留加工余量要合适，力求均匀，工件加工后要去磁，除锈。 ② 工件磨平后，在表面要划出轮廓线和中心线，以利于电极的校正、定位
6	工件、电极的装夹与校正定位	① 先将工件直接安放在垫板、垫块、工作台面或油杯盖上，然后将工件中心线校正到与机床十字滑板移动的轴线相平行。定位时要用量规块、深度尺、百分表等测量位置及垂直度。已定位了的工件用压板压紧。 ② 在装卡电极时，要注意电极与夹具保持清洁，接触良好。在紧固时，要防止电极变形，保证定位准确
7	中间检查	检查加工深度、型腔上口水平尺寸，观察加工情况是否稳定，适当调整电参数
8	加工结束后检查	检查工件的各项技术要求

5.1.8　电极的制造

电极的制造应根据电极类型、尺寸大小、电极材料和电极结构的复杂程度等进行考虑。对穿孔加工用电极的垂直尺寸一般无严格要求，而对水平尺寸要求较高。对这类电极，若适合于切削加工，则可用切削加工方法粗加工和精加工。对于紫铜、黄铜一类材料制作的电极，其最后加工可用刨削或由钳工精修来完成，也可采用电火花线切割加工来制作电极。

需要将电极和凸模连接在一起进行成型、磨削时（如图 5－48 所示），可采用环氧树脂或聚乙烯醇缩醛胶黏合。当黏合面积小而不易粘牢时，为了防止磨削过程中脱落，可采用锡焊的方法将电极材料和凸模焊接在一起。

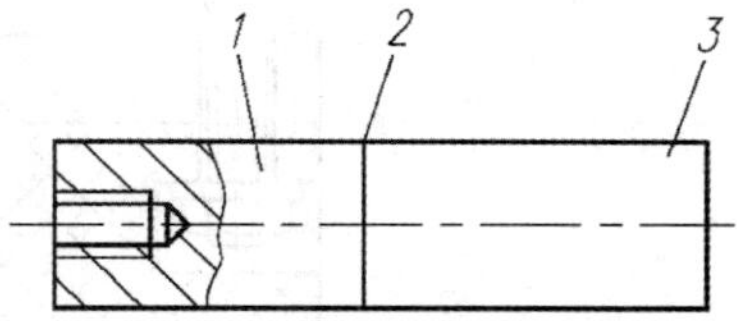

1　2　3

1—凸模；2—黏合面；3—电极

图 5－48　凸模与电极黏合

直接用钢凸模作电极时，若凸、凹模配合间隙小于放电间隙，则凸模作为电极部分的断面轮廓必须均匀缩小。可采用氢氟酸（HF）6%（体积比，后同）、硝酸（HNO_3）14%、蒸馏水（H_2O）80%所组成的溶液浸蚀，对钢电极的浸蚀速度为 0.02 mm/min。此外，还可采用其他种类的腐蚀液进行浸蚀。

当凸、凹模配合间隙大于放电间隙，需要扩大用作电极部分的凸模断面轮廓时，可采用电镀法。单边扩大量在 0.06 mm 以下时，表面镀铜；单边扩大量超过 0.06 mm 时，表面镀锌。

对型腔加工用的电极，水平和垂直方向尺寸要求都较严格，比加工穿孔电极困难。对纯铜电极，除采用切削加工法加工外，还可采用电铸法、精锻法等进行加工，最后由钳工精修达到要求。由于使用石墨坯料制作电极时，机械加工、抛光都很容易，因此以机械加工方法为主。当石墨坯料尺寸不够时，可采用螺栓压紧或用环氧树脂、聚氯乙烯醋酸液等黏结，制造成拼块电极，如图 5－49 所示。拼块要用同一牌号的石墨材料，要注意石墨在烧结制作时形成的纤维组织方向（如图 5－50(a)所示），避免不合理拼合（如图 5－50(b)所示）引起电极的不均匀损耗，降低加工质量。

由于石墨性脆，在其上不适合攻螺纹，因此常采用螺栓或压板将石墨电极固定在电极固定板上，如图 5－51 所示。电极固定板的贴合面必须平整光洁，连接必须牢固可靠，否则将影响加工精度或使加工不稳定。

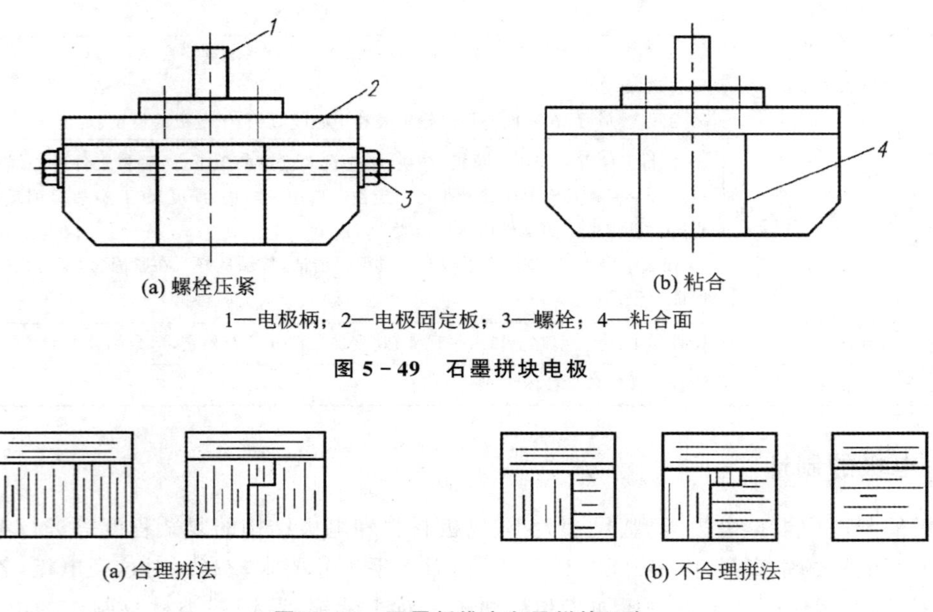

(a) 螺栓压紧　　(b) 粘合

1—电极柄；2—电极固定板；3—螺栓；4—粘合面

图 5-49　石墨拼块电极

(a) 合理拼法　　(b) 不合理拼法

图 5-50　石墨纤维方向及拼块组合

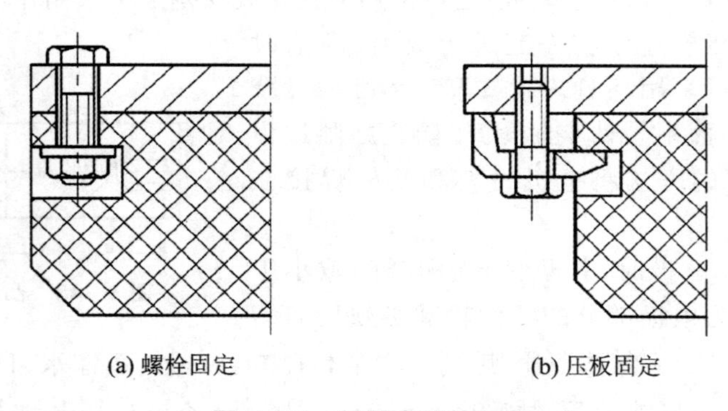

(a) 螺栓固定　　(b) 压板固定

图 5-51　石墨电极的固定

5.2　电火花线切割加工

5.2.1　概　述

电火花线切割加工(Wire Cut EDM,WCEDM)是在电火花加工基础上发展起来的一种新的工艺形式,是用线状电极(钼丝或铜丝等)依靠火花放电对工件进行切割加工,故称为电火花线切割,简称线切割。线切割加工技术已经得到了迅速发展,逐步成为一种高精度和高自动化的加工方法,在模具、各种难加工材料、成型刀具和复杂表面零件的加工等方面得到了广泛应用。

20 世纪中期,苏联拉扎林科夫妇发明了电火花加工方法,开创了制造技术的新局面,苏联于 1955 年制成了电火花线切割机床，瑞士于 1968 年制成了 NC 方式的电火花线切割机床。电火花线切割加工历经半个多世纪的发展，已经成为先进制造技术领域的重要组成部分。电火花线切割加工不需要制作成型电极，能方便地加工形状复杂、厚度大的工件，工件材料的预加工量小，因此在模具制造、新产品试制和零件加工中得到了广泛应用。尤其是进入 20 世纪 90 年代后，随着信息技术、网络技术、航空航天技术、材料科学技术等高新技术的发展，电火花线切割加工技术也朝着更深层次、更高水平的方向发展。

我国是国际上开展电火花加工技术研究较早的国家之一，20 世纪 50 年代后期先后研制出了电火花穿孔机床和线切割机床。我国的线切割加工机床经历了靠模仿形、光电跟踪、简易数控等发展阶段。在上海张维良高级技师发明了世界独创的快速走丝线切割技术后，出现了众多形式的数控线切割机床，线切割加工技术突飞猛进，为我国国民经济，特别是模具工业的发展做出了巨大的贡献。随着精密模具需求的增加，对线切割加工的精度要求愈来愈高，快速走丝线切割机床目前的结构与其配置已无法满足生产的精密要求。在大量引进国外慢走丝精密线切割机床的同时，也开始了国产慢走丝机床的研制工作，至今已有多种国产慢走丝线切割机床问世。我国的线切割加工技术的发展水平要高于电火花成型加工技术，如在国际市场上除高速走丝技术外，我国还陆续推出了大厚度（≥300 mm）及超大厚度（≥600 mm）线切割机床，在大型模具与工件的线切割加工方面，发挥了巨大的作用，拓宽了线切割工艺的应用范围，目前在国际上处于先进水平。

5.2.2　电火花线切割加工的特点

电火花线切割加工过程的工艺和机理，与电火花穿孔成型加工既有共性，又有特性。电火花线切割加工归纳起来有以下一些特点。

1. 电火花线切割加工与电火花穿孔成型加工的共性表现

① 电火花线切割加工的电压、电流波形与电火花穿孔成型加工的基本相似。单个脉冲也有多种形式的放电状态，如开路、正常火花放电、短路等。

② 电火花线切割加工的加工机理、生产率、表面粗糙度等工艺规律，材料的可加工性等也都与电火花加工基本相似，可以加工硬质合金等一切导电材料。

2. 电火花线切割加工相比于电火花穿孔成型加工的不同特点表现

① 电火花线切割加工以 0.03～0.35 mm 的金属丝作为电极工具，不需要制造特定形状的电极。省掉了成型的工具电极，大大降低了成型工具电极的设计和制造费用，用简单的工具电极，靠数控技术实现复杂的切割轨迹，缩短了生产准备时间，加工周期短，这不仅对新产品的试制很有意义，也增加了大批量生产的快速性和柔性。

② 虽然加工的对象主要是平面形状，但是除了有金属丝直径决定的内侧型腔的最小半径 R（金属线半径＋放电间隙）这样的限制外，任何复杂的形状都可以加工。无论被加工工件的硬度如何，只要是导体或半导体的材料都能实现加工。

③ 轮廓加工所需加工的余量小，能有效地节约贵重的材料。由于电极丝比较细，故可以加工微细异型孔、窄缝和复杂形状的工件。由于切缝很窄，且只对工件材料进行“套料”加工，故实际金属去除量很少，材料的利用率很高，这对加工、节约贵重金属有着重要意义。

④ 可忽视电极丝损耗（高速走丝线切割采用低损耗脉冲电源；慢速走丝线切割采用单向连续供丝，在加工区总是保持新电极丝加工），加工精度高。由于采用移动的长电极丝进行加

工,使单位长度电极丝的损耗较少,从而对加工精度的影响比较小,特别在低速走丝线切割加工时,电极丝一次性使用,电极丝损耗对加工精度的影响更小。正是电火花线切割加工有许多突出的长处,因而在国内外发展都较快,已获得了广泛的应用。

⑤ 电极与工件之间存在着“疏松接触”式轻压放电现象。近年来的研究结果表明,当柔性电极丝与工件接近到通常认为的放电间隙(如 8～10 μm)时,并不发生火花放电,甚至当电极丝已接触到工件,在显微镜中已看不到间隙时,也常常看不到火花。只有当工件将电极丝顶弯,偏移一定距离(几微米到几十微米)时,才发生正常的火花放电。即每进给 1 μm,放电间隙并不减小 1 μm,而是钼丝增加一点张力,向工件增加一点侧向压力,只有电极丝和工件之间保持一定的轻微接触压力,才形成火花放电。可以认为,在电极丝和工件之间存在着某种电化学产生的绝缘薄膜介质,当电极丝被顶弯所造成的压力和电极丝相对工件的移动摩擦使这种介质减薄到可被击穿的程度,才发生火花放电。放电发生之后产生的爆炸力可能使电极丝局部振动而脱离接触,但宏观上仍是轻压放电。

⑥ 采用乳化液或去离子水的工作液,不必担心发生火灾,可以昼夜无人连续加工。采用水或水基工作液,不会引燃起火,可实现安全无人运转,但由于工作液的电阻率远比煤油小,因而在开路状态下,仍有明显的电解电流。电解效应有益于改善加工表面粗糙度。

⑦ 一般没有稳定电弧放电状态。因为电极丝与工件始终有相对运动,尤其是快速走丝电火花线切割加工,因此,线切割加工的间隙状态可以认为是由正常火花放电、开路和短路这三种状态组成的,但往往在单个脉冲内有多种放电状态,有微开路、微短路现象。

⑧ 任何复杂形状的零件,只要能编制加工程序就可以进行加工,因而很适合小批量零件和试制品的生产加工,加工周期短,应用灵活。

⑨ 依靠微型计算机控制电极丝轨迹和间隙补偿功能,同时加工凹、凸两种模具时,间隙可任意调节。采用四轴联动,可加工上下面异型体、形状扭曲的曲面体、变锥度体和球形体等零件。

⑩ 由于电极工具是直径较小的细丝,故脉冲宽度、平均电流等不能太大,加工工艺参数的取值范围较小,属中、精正极性电火花加工,工件常接脉冲电源正极。

5.2.3 电火花线切割加工的应用范围

线切割加工为新产品试制、精密零件加工及模具制造等开辟了一条新的工艺途径,主要应用于以下几方面。

1. 试制新产品及零件加工

在新产品开发过程中需要单件的样品,使用线切割直接切割出零件。例如:试制切割特殊微电机硅钢片定转子铁芯,由于不需另行制造模具,可大大缩短制造周期、降低成本。又如:在冲压生产时,未制造落料模时,先用线切割加工的试样进行成型等后续加工,得到验证后再制造落料模。

另外,修改设计、变更加工程序比较方便,加工薄件时还可多片叠在一起加工。

在零件制造方面,可用于加工品种多而数量少的零件、特殊难加工材料的零件、材料试验件以及各种型孔、型面、特殊齿轮、凸轮、样板、成型刀具。有些具有锥度切割的线切割机床,可以加工出“天圆地方”等上下异型面的零件。同时,还可进行微细加工,以及异型槽和标准缺陷的加工等。

2. 加工特殊材料

切割某些高硬度、高熔点的金属时，使用机加工的方法几乎是不可能的，而采用线切割加工既经济又能保证精度。电火花成型加工用的电极、一般穿孔加工用的电极、带锥度型腔加工用的电极以及铜钨合金、银钨合金之类的电极材料，用线切割加工特别经济，同时也适用于加工微细复杂形状的电极。

3. 加工模具零件

电火花线切割加工主要应用于冲模、挤压模、塑料模、电火花型腔模的电极加工等。由于电火花线切割加工机床加工速度和精度的迅速提高，目前已达到可与坐标磨床相竞争的程度。例如：中小型冲模，材料为模具钢，过去用分开模和曲线磨削的方法加工，现在改用电火花线切割整体加工的方法，制造周期可缩短3/4～4/5，成本降低2/3～3/4，配合精度高，不需要熟练的操作工人。因此，一些工业发达国家的精密冲模的磨削等工序，已被电火花和电火花线切割加工所代替。

表5-8列出了电火花线切割加工的应用领域。

表5-8　电火花线切割加工的应用领域

电火花线切割加工	应用领域
平面形状的金属模加工	冲模、粉末冶金模、拉拔模、挤压模的加工
立体形状的金属模加工	冲模用凹模的退刀槽加工、塑料用金属压模、塑料膜等分离面加工
电火花成型加工用电极制作	形状复杂的微细电极的加工、一般穿孔用电极的加工、带锥度型模电极的加工
试制品及零件加工	试制零件的直接加工、批量小品种多的零件加工、特殊材料的零件加工、材料试件的加工
轮廓量规的加工	各种卡板量具的加工、凸轮及模板的加工、成型车刀的成型加工
微细加工	化纤喷嘴加工、异型槽和窄槽加工、标准缺陷加工

5.2.4　电火花线切割加工原理

电火花线切割加工与电火花成型加工的基本原理一样，都是基于电极间脉冲放电时的电火花腐蚀原理，实现零部件的加工。所不同的是，电火花线切割加工不需要制造复杂的成型电极，而是利用移动的细金属丝（钼丝或铜丝）作为工具电极，工件按照预定的轨迹运动，“切割”出所需的各种尺寸和形状。

根据电极丝的运动速度不同，电火花线切割机床通常分为两大类：高速走丝（或称为快走丝）电火花线切割机床（WEDM-HS），低速走丝（或称为慢走丝）电火花线切割机床（WEDM-LS）。

1. 高速走丝电火花线切割加工原理

高速走丝电火花线切割机床（WEDM-HS）是我国生产和使用的主要机种，也是我国独创的电火花线切割加工模式。这类机床的电极丝（钼丝）做高速往复运动，一般走丝速度为8～10 m/s。图5-52(a)、(b)所示为高速走丝电火花线切割工艺及装置的示意图。它利用细钼丝4作为工具电极进行切割，钼丝穿过工件上预钻好的小孔，经导向轮5由储丝筒7带动钼丝做正反向交替移动，加工能源由脉冲电源3供给。工件安装在工作台上，由数控装置按加工要求发出指令，控制两台步进电机带动工作台沿水平 X、Y 两个坐标方向移动从而合成各种曲线轨迹，把工件切割成型。在加工时，由喷嘴将工作液以一定的压力喷向加工区，当脉冲电压击穿电极丝和工件之间的放电间隙时，两极之间即产生火花放电而蚀除工件。

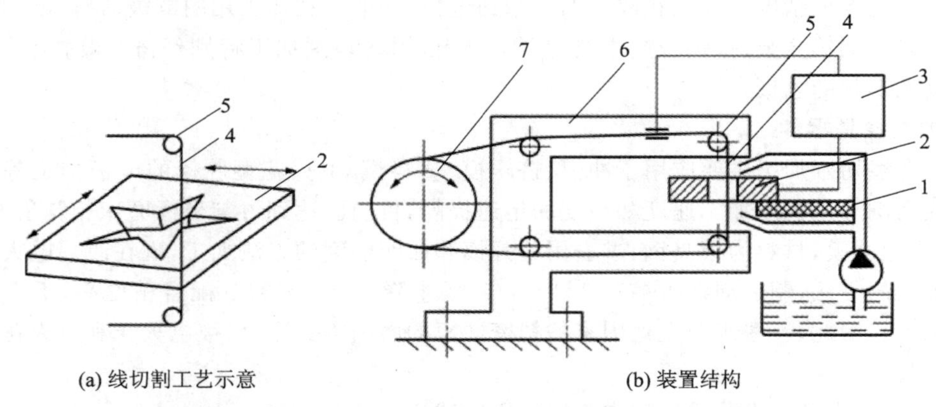

(a) 线切割工艺示意　　(b) 装置结构

1—绝缘底板；2—工件；3—脉冲电源；4—钼丝；5—导向轮；6—支架；7—储丝筒

图 5-52　高速走丝电火花线切割加工原理

这类机床的电极丝运行速度快，而且是双向往返循环地运行，即成千上万次反复通过加工间隙，一直到断线为止。电极丝主要是钼丝（0.1～0.2 mm），工作液通常采用乳化液，也可采用矿物油（切割速度低，易发生火灾）、去离子水等。由于电极丝的快速运动能将工作液带进狭窄的加工间隙，以保持加工间隙的“清洁”状态，有利于切割速度的提高。相对来说，高速走丝电火花线切割机床结构比较简单，价格比低速走丝机床便宜。但是由于它的运丝速度快、机床的振动较大，电极丝的振动也大，导丝导轮损耗也大，给提高加工精度带来较大的困难。另外电极丝在加工反复运行中的放电损耗也是不能忽视的，因而要得到高精度的加工和维持加工精度也是相当困难的。目前能达到的精度为 0.01 mm，表面粗糙度 Ra 为 0.63～1.25 μm，但一般的加工精度为 0.015～0.02 mm，表面粗糙度 Ra 为 1.25～2.5 μm，可满足一般模具的要求。目前我国国内制造和使用的电火花线切割机床大多为高速走丝电火花线切割机床。

2. 低速走丝电火花线切割加工原理

低速走丝（或称慢走丝）电火花线切割机床（WEDM-LS）是国外生产和使用的主要机种，我国已生产和逐步更多地采用低速走丝机床。这类机床的电极丝做低速单向运动，一般走丝速度低于0.2 m/s。低速走丝电火花线切割加工是利用铜丝作为电极丝，靠火花放电对工件进行切割。图 5-53所示为低速走丝电火花线切割工艺及装置的示意图。在加工中，电极丝一方面相对工件 2 不断做上（下）单向移动；另一方面，安装工件的工作台 7，由数控伺服 X 轴电动机 8 和 Y 轴电动机 10 驱动，在 X、Y 轴实现切割进给，使电极丝沿加工图形的轨迹，对工件进行加工。它在电极丝和工件之间加上脉冲电源 1，同时在电极丝和工件之间浇注去离子水工作液，不断产生火花放电，使工件不断被电腐蚀，可控制完成工件的尺寸加工。经导向轮由储丝筒 6 带动电极丝相对工件 2 做单向移动。

这类机床的运丝速度慢，可使用纯铜、黄铜、钨、钼和各种合金以及金属涂覆线作为电极丝，其直径为 0.03～0.35 mm。这种机床电极丝只是单方向通过加工间隙，不重复使用，可避免电极丝损耗给加工精度带来的影响。工作液主要是去离子水和煤油。使用去离子水工作效率高，没有引起火灾的危险。这类机床的切割速度目前已达到 350～400 mm^2/min，最佳表面

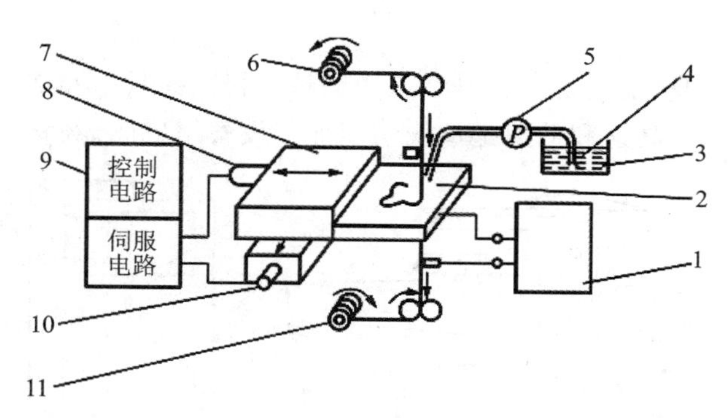

1—脉冲电源；2—工件；3—工作液箱；4—去离子水；5—泵；6—储丝筒；
7—工作台；8—X轴电动机；9—数控装置；10—Y轴电动机；11—收丝筒

图5-53　低速走丝电火花线切割加工原理及设备组成示意图

粗糙度 Ra 可达到0.05 μm，尺寸精度大为提高，加工精度能达到±0.001 mm，但一般的加工精度为0.002～0.005 mm，表面粗糙度为0.03 μm。低速走丝电火花线切割加工机床由于解决了能自动卸除加工废料、自动搬运工件、自动穿电极丝和自适应控制技术的应用，因而已能实现无人操作的加工。但低速走丝电火花线切割加工机床在目前的造价，以及加工成本均要比高速走丝数控电火花线切割机床高得多。

电火花线切割机床按控制方式过去曾有仿型控制和光电跟踪控制，但现在都采用数字程序控制；按加工尺寸范围可分为大、中、小型；还可分为普通型与专用型等。目前国内外的线切割机床采用不同水平的微机数控系统，从单片机、单板机到微型计算机系统，一般都还有自动编程功能。

5.2.5　电火花线切割机床

1. 电火花线切割机床的型号与主要技术参数

电火花线切割机床可分为高速走丝电火花线切割机床（本书以后简称为高速线切割机）和低速走丝电火花线切割机床（低速线切割机）。高速线切割机具有设备投资小、生产成本低的特点，国内现有的线切割机大多为高速线切割机。根据GB/T 15375—1994《金属切削机床型号编制方法》的规定，线切割机床型号是以DK77开头的，如DK7732的含义如下：

D——机床类别代号，表示电加工机床；

K——机床特性代号，表示数控；

7——组别代号，表示电火花加工机床；

7——型别代号，表示线切割机床；

32——基本参数代号，表示工作台横向行程为320 mm。

电火花线切割机床的主要技术参数包括工作台行程（纵向行程×横向行程）、最大切割厚度、加工表面粗糙度、加工精度、切割速度以及数控系统的控制功能等。电火花线切割加工机床的种类不同，其设备内容也不一样，但必须包括三个主要部分：线切割机床、控制器、脉冲电源。

2. 电火花线切割加工设备

电火花线切割加工设备主要由机床本体、脉冲电源、控制系统、工作液循环系统和机床附件等几部分组成。下面以讲述高速走丝线切割为主。

1）机床本体

机床本体由机床床身、走丝机构、丝架、工作液箱、附件、夹具以及 X、Y 坐标工作台等几部分组成。图 5-54 所示为高速和低速走丝线切割加工设备组成图。

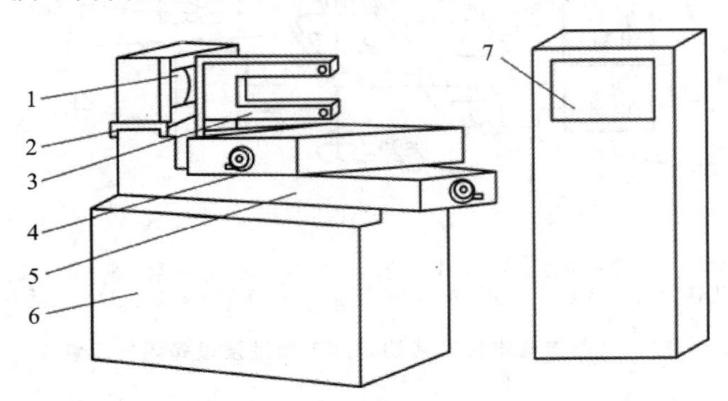

1—卷丝筒；2—走丝溜板；3—丝架；4—上滑板；5—下滑板；6—床身；7—电源及控制柜

图 5-54 高速走丝线切割加工设备组成

(1) 机床床身

机床的床身通常采用箱式结构的铸铁件，它是 X、Y 坐标工作台、走丝机构及丝架的支撑和固定基础，应有足够的强度和刚度。床身内部可安置电源和工作液箱，考虑电源的发热和工作液泵的振动对机床精度的影响，有些机床将电源和工作液箱移出床身外另行安放。

(2) X、Y 坐标工作台部分

工件装夹在 X、Y 坐标工作台上，电火花线切割机床最终都是通过 X、Y 坐标工作台与电极丝的相对运动来完成零件加工的，机床的精度将直接影响工件的加工精度。为保证机床精度以及对导轨的精度、刚度和耐磨性等的较高要求，一般都采用十字滑板、滚动导轨和丝杆传动副将电动机的旋转运动变为工作台的直线运动，通过 X、Y 两个坐标方向各自的进给移动，可合成获得各种平面图形曲线轨迹。为保证工作台的定位精度和灵敏度，传动丝杆和螺帽之间必须消除间隙。

(3) 走丝机构

走丝机构使电极丝以一定的速度运动并保持一定的张力。在高速走丝机床上，一定长度的电极丝平整地卷绕在储丝筒上（见图 5-55），丝张力与排绕时的拉紧力有关（为提高加工精度，近来已研制出恒张力装置），储丝筒通过联轴节与驱动电动机相连。为了重复使用该段电极丝，电动机由专门的换向装置控制做正反向交替运转。走丝速度等于储丝筒周边的线速度，通常为 8～10 m/s。在运动过程中，电极丝由丝架支撑，并依靠导轮保持电极丝与工作台垂直或倾斜一定的几何角度（锥度切割时）。

低速走丝系统如图 5-56 所示。未使用的金属丝筒 2（绕有 1～3 kg 金属丝）、靠卷丝轮 1 使金属丝以较低的速度（通常在 0.2 m/s 以下）移动。为了提供一定的张力（2～25 N），在走丝路径中装有一个机械式或电磁式张力机构 4 和 5。为实现断丝时能自动停车并报警，走丝系统中通常还装有断丝检测微动开关。用过的电极丝集中到卷丝筒上或送到专门的收集器中。

为了减弱电极丝的振动，加工时应使其跨度尽可能小（按工件厚度调整），通常在工件上下采用蓝宝石 V 形导向器或圆孔金刚石模块导向器，其附近装有引电部分，工作液一般通过引电区和导向器再进入加工区，可使全部电极丝的通电部分都能冷却。近代的机床上还装有靠高压水射流冲刷引导的自动穿丝机构，能使电极丝经一个导向器穿过工件上的穿丝孔而被传送到另一个导向器，在必要时也能自动切断并再穿丝，为无人连续切割创造了条件。

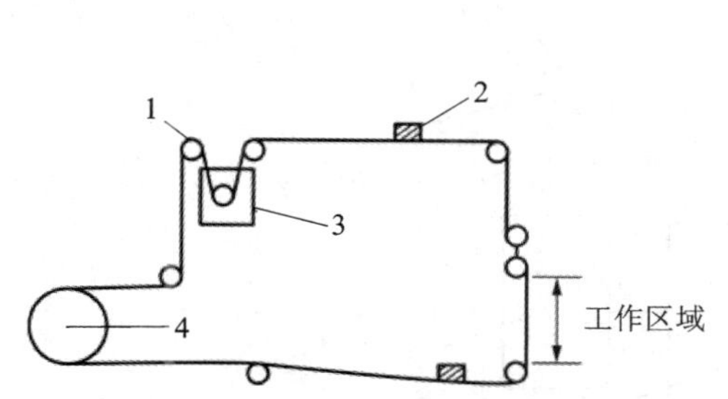

1—导轮；2—导电块；3—配重块；4—储丝筒

图 5－55　高速走丝系统示意图

1—卷丝轮；2—未使用的金属丝筒；3—拉丝模；4—张力电动机；5—电极丝张力调节轴；6—退火装置；7—导向器；8—工件

图 5－56　低速走丝系统示意图

（4）锥度切割装置

为了切割有落料角的冲模和某些有锥度（斜度）的内外表面，有些线切割机床具有锥度切割功能。实现锥度切割的方法有多种，下面仅介绍两种。

① 偏移式丝架——主要用在高速走丝线切割机床上实现锥度切割，其工作原理如图 5－57 所示。

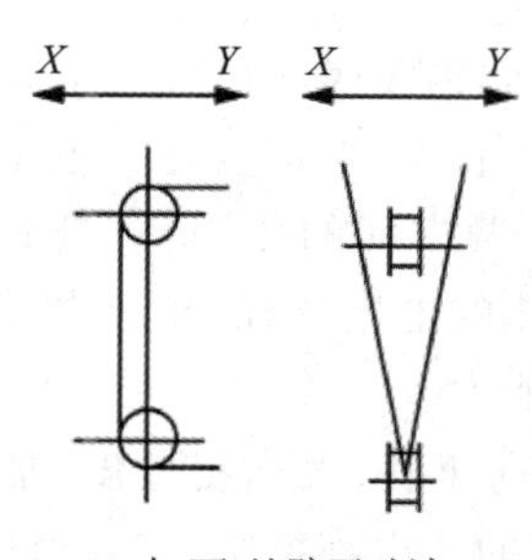

(a) 上(下)丝臂平动法

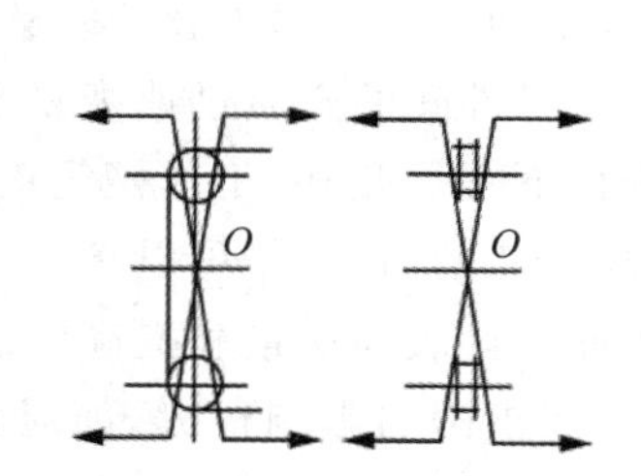

(b) 上、下丝臂同时绕一定中心移动法

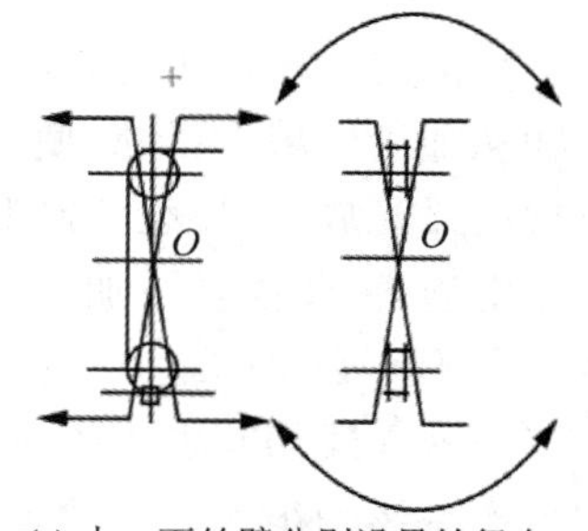

(c) 上、下丝臂分别沿导轮径向平动和轴向摆动法

图 5－57　偏移式丝架实现锥度加工的方法

图 5－57(a)所示为上（或下）丝臂平动法，上（或下）丝臂沿 X、Y 方向平移。此法锥度不宜过大，否则钼丝易拉断，导轮易磨损，工件上有一定的加工圆角。图 5－57(b)所示为上、下丝臂同时绕一定中心移动的方法，如果模具刃口放在中心点 O 上，则加工圆角近似为电极丝半径。此法加工锥度也不宜过大。图 5－57(c)所示为上、下丝臂分别沿导轮径向平动和轴向摆动的方法，用此法时加工锥度不影响导轮磨损。最大切割锥度通常可达 5°以上。

② 双坐标联动装置——低速走丝线切割机床广泛采用此类装置，它主要依靠上导向器作为纵横两轴（称 U、V 轴）驱动，与工作台的 X、Y 轴一起构成 NC（数字控制）四轴同时控制（见

图 5－58)。这种方式的自由度很大，依靠功能丰富的软件，可以实现上下异型截面形状的加工。最大的倾斜角度 θ 一般为 $\pm5^\circ$，有的甚至可达 $30^\circ\sim50^\circ$(与工件厚度有关)。

在锥度加工时，保持导向间距(上、下导向器与电极丝接触点之间的直线距离)一定，是获得高精度的主要因素，为此，有的机床具有 Z 轴设置功能，并且一般采用圆孔方式的无方向性导向器。

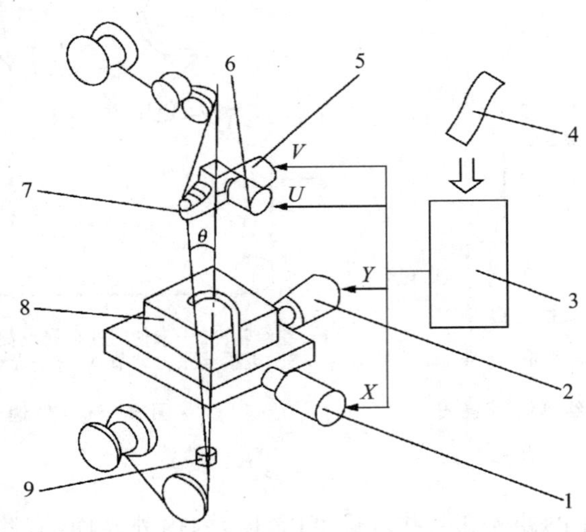

1—X轴驱动电动机；2—Y轴驱动电动机；3—控制装置；4—数控纸带；5—V轴驱动电动机；6—U轴驱动电动机；7—上导向器；8—工件；9—下导向器

图 5－58　四轴联动锥度切割装置

2）工作液及其循环系统

工作液的主要作用是在电火花线切割加工过程中脉冲间歇时间内及时将已蚀除下来的电蚀产物从加工区域中排除，使电极丝与工件间的介质迅速恢复绝缘状态，保证火花放电不会变为连续的弧光放电，使线切割顺利进行下去。此外，工作液还有另两方面的作用：一是有助于压缩放电通道，使能量更加集中，提高电蚀能力；二是可以冷却受热的电极丝，防止放电产生的热量扩散到不必要的地方，有助于保证工件表面质量和提高电蚀能力。

工作液在线切割加工中对加工工艺指标的影响很大，如对切割速度、表面粗糙度、加工精度和生产率影响很大。因此，工作液应具有一定的介电能力、较好的消电离能力、渗透性好、稳定性好等特性，还应具有较好的洗涤性能、防腐蚀性能以及对人体无危害等。低速走丝线切割机床大多采用去离子水作为工作液，只有在特殊精加工时才采用绝缘性能较高的煤油。高速走丝线切割机床使用的工作液是专用乳化液，目前商品化供应的乳化液有 DX－1、DX－2、DX－3等多种，各有特点，有的适用于快速加工，有的适用于大厚度切割，也有的是在原来工作液中添加某些化学成分来改善其切割表面粗糙度或增加防锈能力等。

一般线切割机床的工作液循环系统包括：工作液箱、工作液泵、流量控制阀、进液管、回流管及过滤网罩等。对于高速走丝线切割机床，通常采用浇注式的供液方式；而对于低速走丝线切割机床，近年来有些已采用浸泡式的供液方式。

3）脉冲电源

电火花线切割加工脉冲电源的原理与电火花成型加工脉冲电源是一样的，只是由于加工条件和加工要求不同，对其又有特殊的要求。受加工表面粗糙度和电极丝允许承载电流的限制，脉冲电源的脉冲宽度较窄（2～60 μs），单个脉冲能量、平均电流（1～5 A）一般较小，所以线切割加工总是采用正极性加工方式。脉冲电源的形式和品种很多，主要有晶体管矩形波脉冲电源、高频分组脉冲电源、阶梯波脉冲电源和并联电容型脉冲电源等，快、慢走丝线切割机床的脉冲电源也有所不同。

（1）晶体管矩形波脉冲电源

晶体管式矩形波脉冲电源的工作方式（如图 5－59 所示），与电火花成型加工类似，通过控制功率管 VT 的基极以形成电压脉宽 t_i、电流脉宽 t_e和脉冲间隔 t_o，限流电阻 R_1、R_2决定峰值电流 $\hat{i}_e$。这种电源广泛用于高速走丝线切割机床，而在低速走丝机床中用得不多。因为低速走丝线切割机床排屑条件较差，要求采用 0.1 μs 窄脉宽和 500 A 以上的高峰值电流，这样势必要用到高速大电流的开关元件，电源装置也要大型化。但近来随着半导体元件的进展，这种方式的电源仍然可以用于低速走丝机床上。

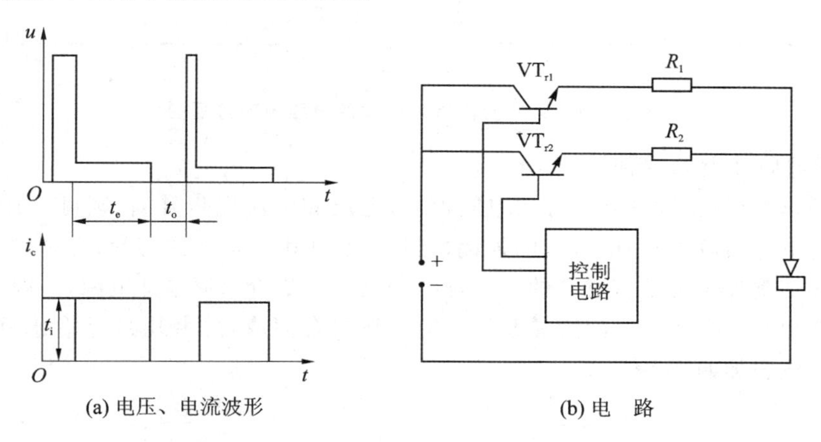

(a) 电压、电流波形　　(b) 电　路

图 5－59　晶体管矩形波脉冲电源

（2）高频分组脉冲电源

高频分组脉冲电源的波形如图 5－60 所示，它是由矩形波派生出来的，即把较高频率的小脉宽 t_i和小脉间 t_o的矩形波脉冲分组成为大脉宽 T_i和大脉间 T_o输出。

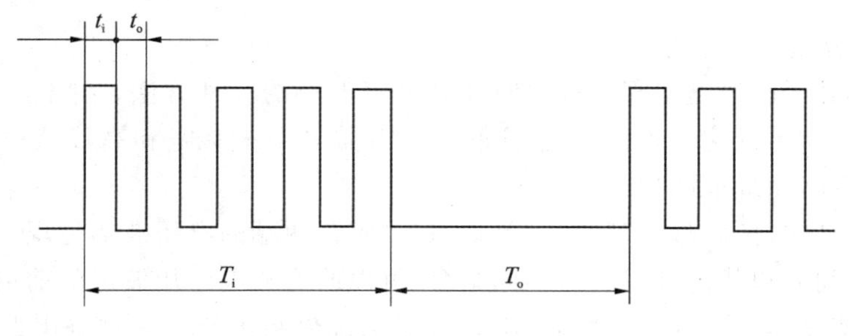

图 5－60　高频分组脉冲波形

矩形波不能同时满足提高切割速度和改善表面粗糙度这两项工艺指标：若想提高切割速度，则表面粗糙度较大；若想使表面粗糙度值较小，则切割速度急剧下降。而高频分组脉冲电源在一定程度上缓解了两者之间的矛盾，它既具有高频脉冲加工表面粗糙度值小，又具有低频

脉冲加工速度高、电极丝损耗低的双重特点，在相同的加工条件下，可获得较好的加工工艺效果，也因此得到了越来越广泛的应用。

由图5-61可知，加工时由高频脉冲发生器、分组脉冲发生器和与门电路产生高频分组脉冲波形，然后经脉冲放大和功率输出，将高频分组脉冲能量输送到放电间隙，进行放电腐蚀加工。一般取 $t_o \geqslant t_i$，$T_i = (4\sim6)t_i$，$T_o \leqslant T_i$。

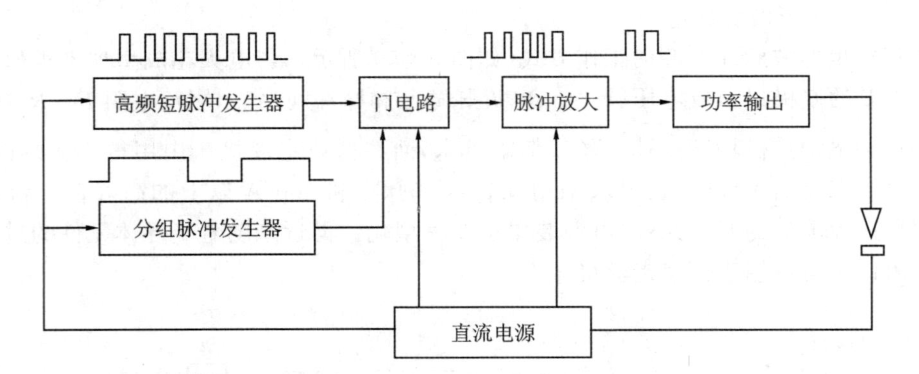

图5-61　高频分组脉冲电源的电路原理方框图

(3) 阶梯波脉冲电源(低损耗电源)

实践证明，如果每个脉冲在击穿放电间隙后，电压和电流逐步升高，则可以在对生产率影响不大的情况下，大幅度减小电极丝的损耗，延长重复使用电极丝的寿命，提高加工精度，这对于快速走丝线切割加工是很有意义的。这种脉冲电源就是阶梯形脉冲电源，一般为前阶梯波，其电流波形如图5-62所示。前阶梯波是由矩形波组合而成，可由几路起始脉冲放电时间顺序延迟的矩形波叠加而成。

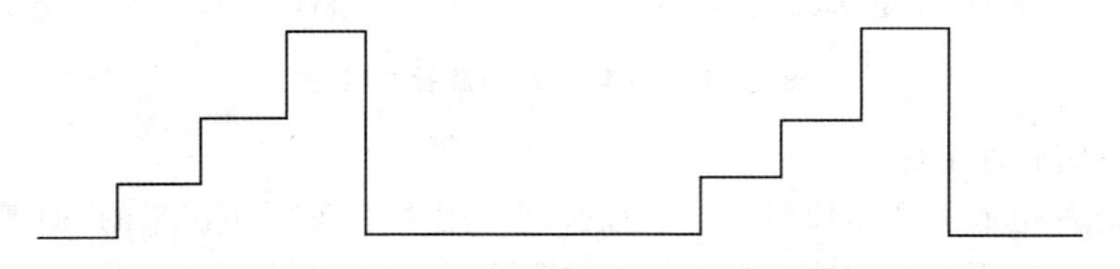

图5-62　前阶梯波电流波形

(4) 并联电容型脉冲电源

并联电容型脉冲电源是实现短放电时间高峰值电流的一种方法，常用于早期的低速走丝线切割机床中，以满足低速走丝时因排屑条件差而需采用窄脉宽和高峰值电流的要求，其电流、电压波形及电路原理框图如图5-63所示。

由图5-63可知，按照晶体管的开、关状态，电容器两端的电压波形呈现一种阶梯状态，利用晶体管开通时间 t_i 和截止时间 t_o 的不同组合，可以改变充电电压波形的前沿。而且，一旦放电电流发生，可使晶体管变为截止状态，阻止直流电源供给电流。在这种电路中，通过调整晶体管的通断时间、限流电阻的个数及电容器的容量，可控制放电的重复频率，而每次放电的能量由直流电源的电压及电容器的容量决定。

近年来随着大规模集成电路和功率器件的发展，在低速走丝切割电源中已采用高速开关大功率集成模块IGBT，它能形成0.1 μs级和500～1 000 A的窄脉宽、高峰值电流。

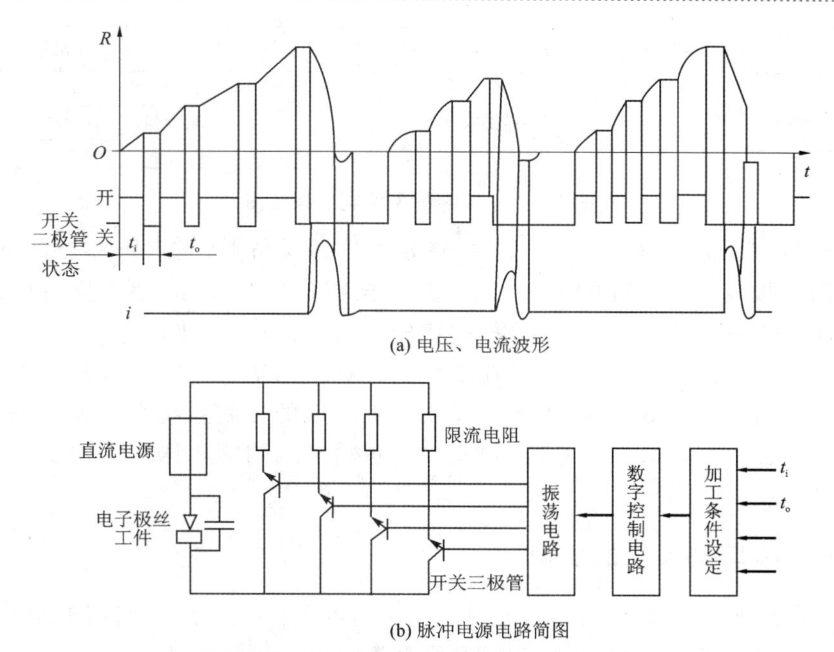

(a) 电压、电流波形

(b) 脉冲电源电路简图

图 5－63　并联电容型电路的电压、电流波形及脉冲电源电路简图

5.2.6　电火花线切割加工机床控制系统

电火花线切割加工机床控制系统是进行电火花线切割加工的重要组成环节，是机床工作的指挥中心。控制系统的技术水平、稳定性、可靠性、控制精度及自动化程度等直接影响工件的加工工艺指标和工人的劳动强度。

控制系统的作用是：在电火花线切割加工过程中，根据工件的形状和尺寸要求，自动控制电极丝相对于工件的运动轨迹；同时自动控制伺服进给速度，实现对工件的形状和尺寸加工。也就是说，控制系统使电极丝相对于工件按一定轨迹运动的同时，还应该实现伺服进给速度的自动控制，以维持正常的放电间隙和稳定切割加工。前者轨迹控制依靠数控编程和数控系统，后者是根据放电间隙大小与放电状态由伺服进给系统自动控制，使进给速度与工件材料的蚀除速度相平衡。

电火花线切割加工机床控制系统的主要功能包括以下两方面：

（1）轨迹控制

精确控制电极丝相对于工件的运动轨迹，加工出所需要的工件形状和尺寸。

（2）加工控制

加工控制主要包括对伺服进给速度、脉冲电源、走丝机构、工作液循环系统以及其他的机床操作的控制。此外，失效安全及自诊断功能等也是重要方面。数控电火花线切割加工的控制原理是：把图样上工件的形状和尺寸编制成程序指令，通过键盘或使用穿孔纸带或磁带，或直接传输给计算机，计算机根据输入的程序进行计算，并发出进给信号来控制驱动电动机，由驱动电动机带动精密丝杠，使工件相对于电极丝做轨迹运动，实现加工过程的自动控制。

图 5－64 所示为数字程序控制过程框图。

目前，电火花线切割加工机床的轨迹控制系统普遍采用数字程序控制，并已发展到用

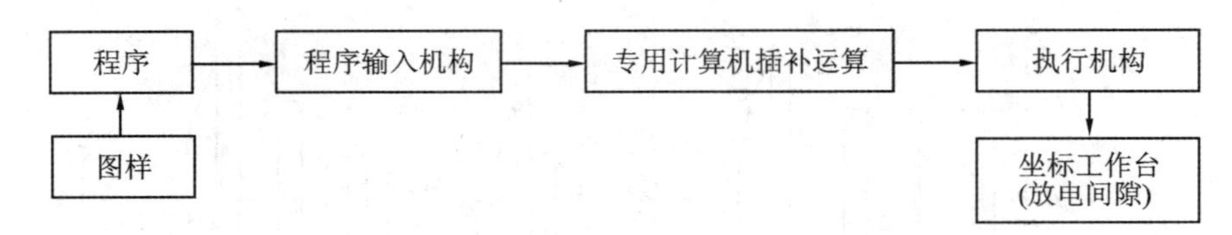

图 5-64 数字程序控制过程框图

微型计算机直接控制的阶段。数字程序控制方式与靠模仿形、光点跟踪控制不同,它不需要制作精密的模板或描绘精确的放大图,而是根据图样形状尺寸,经编程后用计算机进行直接控制加工。因此,只要机床的进给精度比较高,就可以加工出高精度的零件,而且生产准备时间短,机床占地面积小。目前高速走丝电火花线切割机床的控制系统大多采用比较简单的步进电动机开环控制系统,低速走丝线切割机床的控制系统则大多采用直流或交流伺服电动机加码盘的半闭环控制系统,也有一些超精密线切割机床上采用了光栅位置反馈的全闭环数控系统。

5.2.7 电火花线切割加工的应用

电火花线切割加工已经广泛地应用于国防、民用生产和科研工作中,用于加工各种难加工材料、复杂表面和有特殊要求的零件、刀具和模具等。

1. 影响电火花线切割工艺指标的因素

1) 电火花线切割加工的主要工艺指标

电火花线切割加工工艺效果的好坏,一般都用切割速度、加工精度和表面粗糙度等来衡量。影响电火花线切割加工工艺效果的因素很多,并且相互制约。

(1) 切割速度

在一定的切割条件下,单位时间内电极丝中心线在工件上切过的面积总和称为切割速度,单位为 mm^2/min。最高切割速度是指在不计切割方向和表面粗糙度等条件下,所能达到的最大切割速度。通常高速走丝线切割速度为 50～100 mm^2/min,而低速走丝切割速度为 100～150 mm^2/min,它与加工电流的大小有关,为了在不同脉冲电源、不同加工电流下比较切割效果,将每安培电流的切割速度称为切割效率,一般切割效率为 20 $mm^2/(min \cdot A)$。

(2) 表面粗糙度

我国和欧洲国家通常采用轮廓算术平均偏差 Ra (μm)来表示表面粗糙度,日本则采用 R_{max}(μm)来表示。高速走丝线切割加工的表面粗糙度 Ra 一般为 5～2.5 μm,最佳也只有 1 μm左右。低速走丝线切割加工的表面粗糙度 Ra 一般为 1.25 μm,最佳可达 0.2 μm。

(3) 加工精度

加工精度是指加工后工件的尺寸精度、几何形状精度(如直线度、平面度、圆度等)和位置精度(如平行度、垂直度、倾斜度等)的总称。高速走丝线切割加工的可控加工精度在 0.01～0.02 mm之间,低速走丝线切割加工精度可达 0.005～0.002 mm。

(4) 电极丝损耗量

对高速走丝机床,电极丝损耗量用电极丝在切割 10 000 mm^2 面积后电极丝直径的减小量来表示,一般钼丝直径减小量不应大于 0.01 mm。对低速走丝机床,由于电极丝是一次性的,故电极丝损耗量可忽略不计。

2）电参数的影响

（1）脉冲宽度 t_i

通常情况下，放电脉冲宽度 t_i 加大时，切割速度提高，加工表面粗糙度变差。一般取脉冲宽度 $t_i=2\sim60\ \mu s$。在分组脉冲及光整加工时，t_i 可减小至 0.5 μs 以下。

（2）脉冲间隔 t_o

放电脉冲间隔 t_o 减小时，平均电流增大，切割速度加快。但脉冲间隔 t_o 过小会引起电弧放电和断丝。一般情况下，取脉冲间隔 $t_o=(4\sim8)t_i$。在切割大厚度工件时，应取较大值，以保持加工过程的稳定性。

（3）开路电压 u_i

改变该值会引起放电峰值电流和放电加工间隙的改变。u_i 提高，加工间隙增大，排屑变易，可以提高切割速度和加工过程的稳定性。但易造成电极丝振动，通常 u_i 的提高会增加电源中限流电阻的发热损耗，还会使丝损加大。

（4）放电峰值电流 $\hat{i}_e$

峰值电流增大，切割加工速度提高，表面粗糙度变差，电极丝的损耗比加大。一般取峰值电流 $\hat{i}_e$ 小于 40 A，平均电流小于 5 A。低速走丝线切割加工时，因脉宽很窄，小于 1 μs，故 $\hat{i}_e$ 有时大于 100 A 甚至 500 A。

（5）放电波形

在相同的工艺条件下，高频分组脉冲常常能获得较好的加工效果。电流波形的前沿上升比较缓慢时，电极丝损耗较少。不过当脉宽很窄时，必须要有陡的前沿才能进行有效的加工。

3）非电参数的影响

（1）电极丝及其材料对工艺指标的影响

目前电火花线切割加工使用的电极丝材料有钼丝、钨丝、钨钼合金丝、黄铜丝、铜钨丝等。高速走丝线切割加工中广泛使用钼丝（直径为 0.06～0.20 mm）作为电极丝，其优点是耐损耗、抗拉强度高、丝质不易变脆且较少断丝。

提高电极丝的张力可减轻丝振的影响，从而提高精度和切割速度。丝张力的波动对加工稳定性影响很大，产生波动的原因是：导轮和导轮轴承磨损偏摆、跳动；电极丝在卷丝筒上缠绕松紧不均；正反运动时张力不一样；工作一段时间后电极丝伸长、张力下降。采用恒张力装置可以在一定程度上改善丝张力的波动。但如果过分将张力增大，切割速度不仅不继续上升，反而容易断丝。

电极丝的直径是根据加工要求和工艺条件选取的。在加工要求允许的情况下，可选用直径大些的电极丝。电极丝的直径决定了切缝宽度和允许的峰值电流。直径大，抗拉强度大，承受电流大，可采用较强的电规准进行加工，能够提高输出的脉冲能量，提高加工速度。若电极丝过粗，则难加工出内尖角工件，降低了加工精度；若电极丝直径过小，则抗拉强度低，易断丝，而且切缝较窄，放电产物排除条件差，加工经常出现不稳定现象，导致加工速度降低。细电极丝的优点是可以得到较小半径的内尖角，加工精度能相应提高，如在切割小模数齿轮等复杂零件时，采用细丝才能获得精细的形状和很小的圆角半径。

对于高速走丝线切割机床，在一定的范围内，随着走丝速度的提高，加工速度也提高。提高走丝速度有利于电极丝把工作液带入较大厚度的工件放电间隙中，有利于电蚀产物的排除和放电加工的稳定。但走丝速度过高，将加大机械振动、降低精度和切割速度，表面粗糙度也增大，并易造成断丝，一般以小于 10 m/s 为宜。

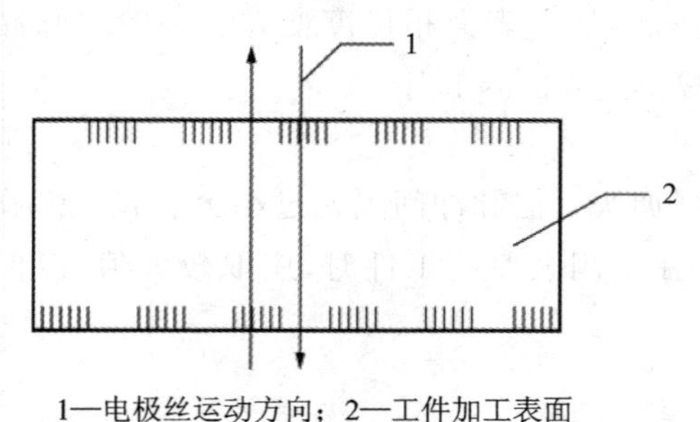

1—电极丝运动方向；2—工件加工表面

图 5-65 与电极丝运动方向有关的条纹

高速走丝线切割加工时，电极丝通过往复运动进行加工，工件表面往往会出现黑白交错相间的条纹（见图 5-65），电极丝进口处呈黑色，出口处呈白色。条纹的出现与电极丝的运动有关，这是排屑和冷却条件不同造成的。电极丝从上向下运动时，工作液由电极丝从上部带入工件内，放电产物由电极丝从下部带出。这时，上部工作液充足，冷却条件好，下部工作液量少，冷却条件差，但排屑条件比上部好。工作液在放电间隙里受高温热裂分解，形成高压气体，急剧向外扩散，对上部蚀除物的排除造成困难。这时，放电产生的碳黑等物质将凝聚附着在上部加工表面上，使之呈黑色；在下部，排屑条件好，工作液量少，放电产物中碳黑较少，而且放电常常是在气体中发生的，因此加工表面呈白色。同理，当电极丝从下向上运动时，下部呈黑色，上部呈白色。这样，经过电火花线切割加工的表面，就形成黑白交错相间的条纹。高速走丝独有的黑白条纹，对工件的加工精度和表面粗糙度都会造成不良的影响。

电极丝的往复运动还会造成斜度。电极丝上下运动时，电极丝进口处与出口处的切缝宽窄不同（见图 5-66）。宽口是电极丝的入口处，窄口是电极丝的出口处。故当电极丝往复运动时，在同一切割表面中电极丝进口与出口的高低不同，这对加工精度和表面粗糙度是有影响的。图 5-67 所示为切缝剖面示意图。由图 5-67 可知，电极丝的切缝不是直壁缝，而是两端小、中间大的鼓形缝，这也是往复走丝工艺的特性之一。

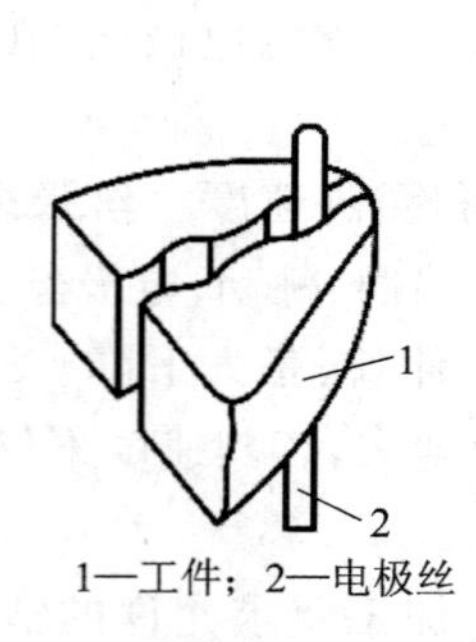

1—工件；2—电极丝

图 5-66 电极丝运动引起的斜度图

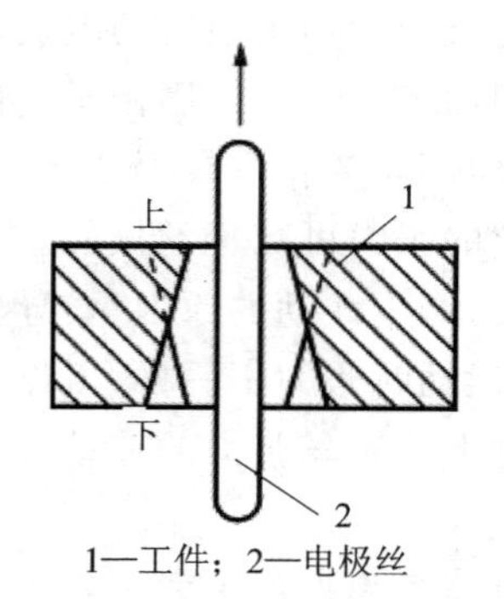

1—工件；2—电极丝

图 5-67 切缝剖面示意图

对于低速走丝线切割机床，电极丝的材料和直径有较大的选择范围。高生产率时可用 0.3 mm以下的镀锌黄铜丝，允许较大的峰值电流和有较大的汽化爆炸力。精微加工时可用 0.03 mm以上的钼丝。由于电极丝单方向运动，加之便于维持放电间隙中的工作液和蚀除产物大致均匀，所以可以避免黑白相间的条纹。同时，由于低速走丝系统电极丝运动速度低、一次性使用，张力均匀，振动较小，所以加工稳定性、表面粗糙度、精度指标等均好于高速走丝机床。

(2) 工件厚度及其材料对工艺指标的影响

工件厚度对加工稳定性和加工速度有较大影响。工件材料薄,工作液容易进入和充满放电间隙,对排屑和消电离有利,加工稳定性好。但是若工件材料太薄,则电极丝易产生抖动,给加工精度和表面粗糙度带来不良影响,且脉冲利用率低,切割速度下降;若工件材料太厚,则工作液难以进入和充满放电间隙,这样对排屑和消电离不利,加工稳定性差,但电极丝不易抖动,因此切割精度较高,表面粗糙度值较小。切割速度开始随厚度的增加而提高,达到某一最大值(一般为50～100 mm)后开始下降,这是因为当厚度过大时,冲液和排屑条件会变差。

工件材料的化学性能、物理性能不同,加工效果也将会有较大差异。如在高速走丝方式、乳化液介质的情况下,加工铜件、铝件时,加工过程稳定,加工速度快。加工不锈钢、磁钢、未淬火或淬火硬度低的高碳钢时,加工稳定性差,加工速度慢,表面粗糙度也大。加工硬质合金钢时,加工稳定性较好,加工速度慢,但表面粗糙度小。

(3) 预置进给速度对工艺指标的影响

预置进给速度(指进给速度的调节)对切割速度、加工精度和表面质量的影响很大。调节预置进给速度,使其紧密跟踪工件蚀除速度,保持加工间隙恒定在最佳值左右,可以使有效放电状态的比例大,而开路和短路的比例小,从而使切割速度达到给定加工条件下的最大值,相应的加工精度和表面质量也好。如果预置进给速度调得太快,超过工件可能的蚀除速度会出现频繁的短路现象,切割速度反而低,表面粗糙度也小,上下端面切缝呈焦黄色,甚至可能断丝;若进给速度调得太慢,明显落后于工件可能的蚀除速度,则极间将偏开路,有时会时而开路时而短路,上下端面切缝发焦黄色,这两种情况都会影响工艺指标。因此,合理调节预置进给速度,使其达到较好的加工状态是很重要的。

此外,在相同的工作条件下,采用不同的工作液可以得到不同的加工速度和表面粗糙度,工作液的注入方式和注入方向对线切割加工精度也有较大影响。机床机械部分精度(例如导轨、轴承、导轮磨损、传动误差等)也会影响工艺指标。

2. 线切割加工工艺及其应用

线切割加工是直线电极的展成加工,工件形状是通过控制电极丝和滑板之间的相对坐标运动来保证的。不同的数控机床所能控制的坐标轴数和坐标轴的设置方式不同,从而加工工件的范围也不同。

1) 直壁二维型面的线切割加工

国产高速走丝线切割加工机床一般都采用 X、Y 两直角坐标轴,可以加工出各种复杂轮廓的二维零件。这类机床只有工作台 X、Y 两个数控轴,钼丝在切割时始终处于垂直状态,因此只能切割直上直下的直壁二维图形曲面,常用以切割直壁没有落料角(无锥度)的冲模和工具电极。它结构简单、价格低廉,由于调整环节少,故可控精度较高,早期绝大多数的线切割机床都属于这类产品。

2) 等锥角三维曲面切割加工

在这类机床上,除工作台有 X、Y 两个数控轴外,在上丝架上还有一个小型工作台 U、V 两个数控轴,使电极丝(钼丝)上端可做倾斜移动,从而切割出倾斜有锥度的表面。由于 X、Y 和 U、V 四个数控轴是同步、成比例的,因此切割出的斜度(锥度)是相等的。可以用来切割有落料角的冲模。现在生产的大多数高速走丝线切割机床都属于此类机床。可调节的锥度最早只有 3°～10°,现在已经达到 30°,甚至 60°以上。

3）变锥度、上下异型面切割加工

在上下异型面切割加工中，轨迹控制的主要内容是电极丝中心轨迹计算、上下丝架投影轨迹计算、拖动轴位移增量计算和细插补计算。因此这类机床在 X、Y 和 U、V 工作台等机械结构上与上述机床类似，所不同的是在编程和控制软件上有所区别。

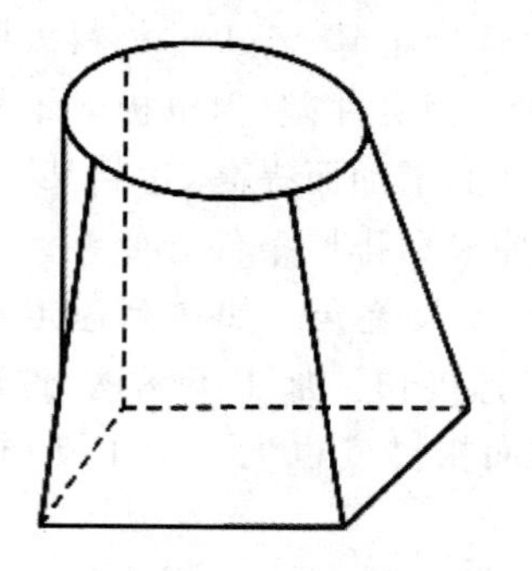

图 5－68 “天圆地方”上下异型面工件

为了能切割出上下不同的截面，例如上圆下方（俗称“天圆地方”）的多维曲面，在软件上需按上截面和下截面分别编程，然后在切割时加以合成（例如指定上下异型面上的对应点等）。电极丝（钼丝）在切割过程中的斜度不是固定的，可以随时变化。图 5－68 所示为“天圆地方”上下异型面工件。国内外生产的低速走丝线切割加工机床一般都能实现上下异型面的切切割加工。现在少数高速走丝线切割加工机床也已经具有上下异型面切割加工的功能。

4）三维直纹曲面的线切割加工

如果在普通的二维线切割加工机床上增加一个数控回转工作台附件，工件装在用步进电动机驱动的回转工作台上，采取数控移动和数控转动相结合的方式编程，用 θ 角方向的单步转动来代替 Y 轴方向的单步移动，即可完成螺旋表面、双曲线表面和正弦曲面等这些复杂曲面加工工艺。

图 5－69 所示为工件数控转动 θ 角和 X、Y 数控二轴或三轴联动加工各种三维直纹曲面实例的示意图。

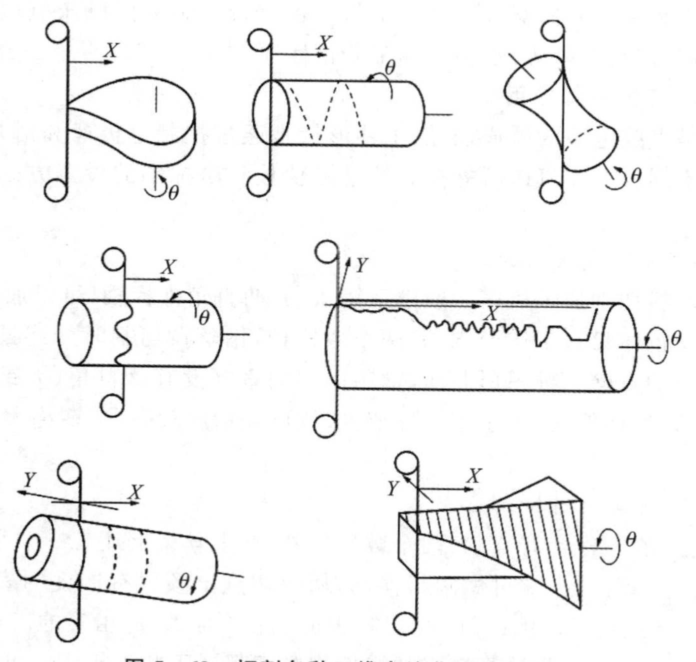

图 5－69 切割各种三维直纹曲面示意图

采用 CNC(计算机数控)控制的四轴联动线切割加工机床,更容易实现三维直纹曲面的加工。目前,一般采用上、下表面独立编程法,这种方法首先分别编制出工件上表面和下表面二维图形的 APT 程序,经后置处理得到上、下表面的 ISO 程序,然后将两个 ISO 程序经轨迹合成后得到四轴联动线切割加工的 ISO 程序。

5.2.8　模具零件的电火花线切割加工工艺

电火花线切割加工一般是作为工件加工中的最后工序。要达到加工零件的精度及表面粗糙度要求,应合理控制线切割加工时的各种工艺因素(电参数、切割速度、工件装夹等),同时应安排好零件的工艺路线及线切割加工前的准备工作。

1. 模坯准备

1) 工件材料及毛坯

工件材料是设计时就已经确定的。在采用快速走丝机床和乳化液介质的情况下,通常切割铜、铝、淬火钢等材料较稳定,切割速度也快;而切割不锈钢、磁钢、硬质合金等材料时,加工不太稳定,切割速度也慢。

模具工作零件一般采用锻造毛坯,其线切割加工常在淬火与回火后进行。由于受材料淬透性的影响,当大面积去除金属和切断加工时,会使材料内部残余应力的相对平衡状态遭到破坏而产生变形,影响加工精度,甚至在切割过程中造成材料突然开裂。为减少这种影响,除在设计时应选用锻造性能好、淬透性好、热处理变形小的合金工具钢(如 Cr12、Cr12MoV、CrWMn)作为模具材料外,对模具毛坯锻造及热处理工艺也应正确进行。

2) 模坯准备工序

模坯准备工序是指凸模或凹模在线切割加工之前的全部加工工序。

凹模的准备工序如下:

① 下料:用锯床切断所需材料。

② 锻造:改善内部组织,并锻成所需的形状。

③ 退火:消除锻造内应力,改善加工性能。

④ 刨(铣):刨六面,厚度留磨削余量 0.4～0.6 mm。

⑤ 磨:磨出上、下平面及相邻两侧面,对角尺。

⑥ 划线:划出刃口轮廓线及孔(螺孔、销孔、穿丝孔等)的位置。

⑦ 加工型孔部分:当凹模较大时,为减少线切割加工量,需将型孔漏料部分铣(车)出,而只切割刃口高度;对淬透性差的材料,可将型孔的部分材料去除,留 3～5 mm 切割余量。

⑧ 孔加工:加工螺孔、销孔、穿丝孔口等。

⑨ 淬火:达设计要求。

⑩ 磨:磨削上、下平面及相邻两侧面,对角尺。

⑪ 退磁处理。

凸模的准备工序可根据其结构特点,参照凹模的准备工序,将其中不需要的工序去掉即可。但应注意以下几点:

- 为便于加工和装夹,一般都将毛坯锻造成平行六面体。对尺寸、形状相同且断面尺寸较小的凸模,可将几个凸模制成一个毛坯。
- 凸模的切割轮廓线与毛坯侧面之间应留足够的切割余量(一般不小于 5 mm)。毛坯上还要留出装夹部位。

➢ 在有些情况下，为防止切割时模坯产生变形，应在模坯上加工出穿丝孔。切割的引入程序从穿丝孔开始。

2. 工艺参数的选择

1）脉冲参数的选择

线切割加工一般都采用晶体管高频脉冲电源，用单个脉冲能量小、脉宽窄、频率高的脉冲参数进行正极性加工。加工时，可改变的脉冲参数主要有电流峰值、脉冲宽度、脉冲间隔、空载电压、放电电流。当要求获得较小的表面粗糙度时，所选用的电参数要小；若要求获得较高的切割速度时，则脉冲参数要选大一些，但加工电流的增大受排屑条件及电极丝截面积的限制，过大的电流易引起断丝。快速走丝线切割加工脉冲参数的选择见表 5－9。

表 5－9　快速走丝线切割加工脉冲参数的选择

应　用	脉冲宽度 $t_i/\mu s$	电流峰值 I_e/A	t_0/t_i	空载电压/V
快速切割或加工大厚度工件，$Ra>2.5\ \mu m$	20～40	>12	为实现稳定加工，一般选择 3～4	一般为 70～90
半精加工，Ra 为 1.25～2.5 μm	6～20	6～12		
精加工，$Ra<1.25\ \mu m$	2～6	4.8 以下		

2）电极丝的选择

电极丝应具有良好的导电性和抗电蚀性，抗拉强度高，材质应均匀。常用电极丝有钼丝、钨丝、黄铜丝等。钨丝抗拉强度高，直径在 0.03～0.1 mm 范围内，一般用于各种窄缝的精加工，但价格高昂。黄铜丝适于慢速加工，加工表面粗糙度和平直度较好，蚀屑附着少，但抗拉强度差，损耗大，直径在 ϕ0.1～0.3 mm 范围内，一般用于慢速单向走丝加工。钼丝抗拉强度高，适于快速走丝加工。我国快速走丝机床人都选用钼丝作电极丝，直径在 0.08～0.2 mm 范围内。

电极丝直径应根据切缝宽窄、工件厚度和拐角尺寸大小来选择。若加工带尖角、窄缝的小型模具，则宜选用较细的电极丝；若加工大厚度工件或大电流切割时，则应选用较粗的电极丝。

3）工作液的选配

工作液对切割速度、表面粗糙度、加工精度等都有较大影响，加上时必须正确选配。常用工作液主要有乳化液和去离子水。

慢速走丝线切割加工，目前普遍使用去离子水。为了提高切割速度，在加工时还要加进有利于提高切割速度的导电液，以增大工作液的电阻率。加工淬火钢，使电阻率在 $2\times10^4\ \Omega\cdot cm$ 左右；加工硬质合金，使电阻率在 $30\times10^4\ \Omega\cdot cm$ 左右。对于快速走丝线切割加工，目前最常用的是乳化液。乳化液是由乳化油和工作介质配制(浓度为 5%～10%)而成的。工作介质可用自来水，也可用蒸馏水、高纯水和磁化水。

3. 工件的装夹与调整

装夹工件时，必须保证工件的切割部位位于机床工作台纵横进给的允许范围之内，避免撞到极限，同时应考虑切割时电极丝的运动空间。

1）工件的装夹

（1）悬臂式装夹

图 5－70 所示是用悬臂方式装夹工件，这种方式装夹方便，通用性强。但由于工件一端悬伸，故易产生切割表面与工件上、下平面间的垂直度误差。该方式仅用于工件加工要求不高或悬臂较短的情况。

（2）两端支撑式装夹

图 5－71 所示为用两端支撑方式装夹工件。这种方式装夹方便、稳定，定位精度高，但不适于装夹较小的零件。

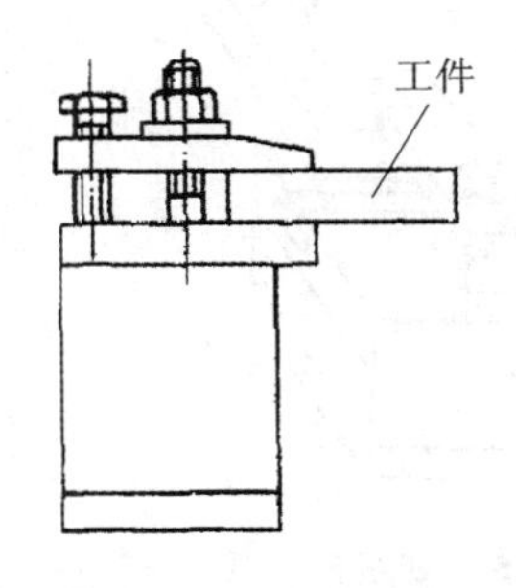

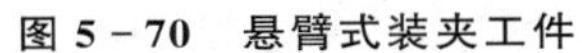

图 5－70　悬臂式装夹工件

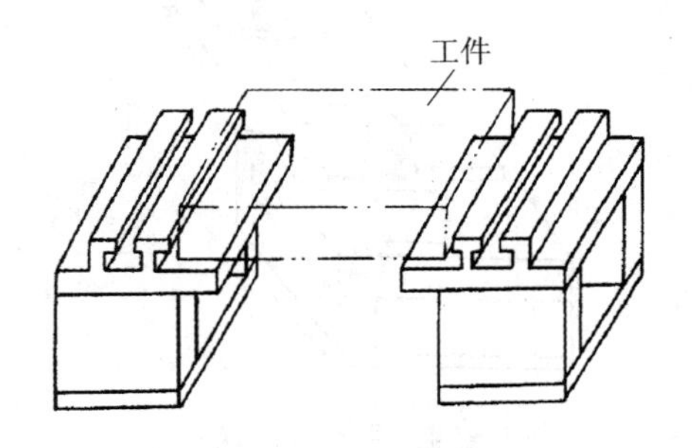

图 5－71　两端支撑式装夹

（3）桥式支撑式装夹

这种方式是在通用夹具上放置垫铁后再装夹工件，如图 5－72 所示。该方式装夹方便，对大、中、小型工件都适用。

（4）板式支撑式装夹

图 5－73 所示为用板式支撑方式装夹工件。根据常用的工件形状和尺寸，采用有通孔的支撑板装夹工件。这种方式装夹精度高，但通用性差。

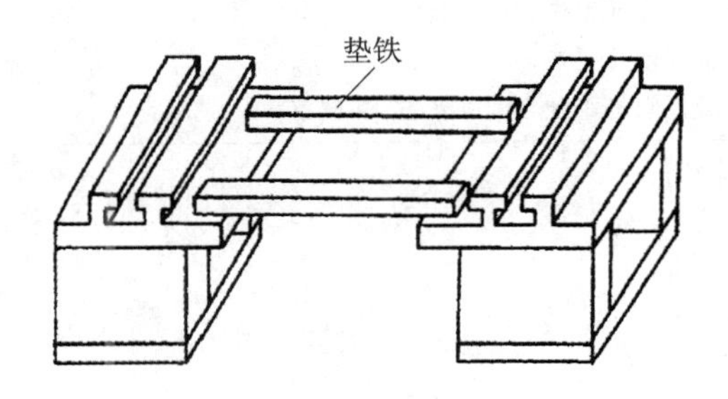

图 5－72　桥式支撑式装夹

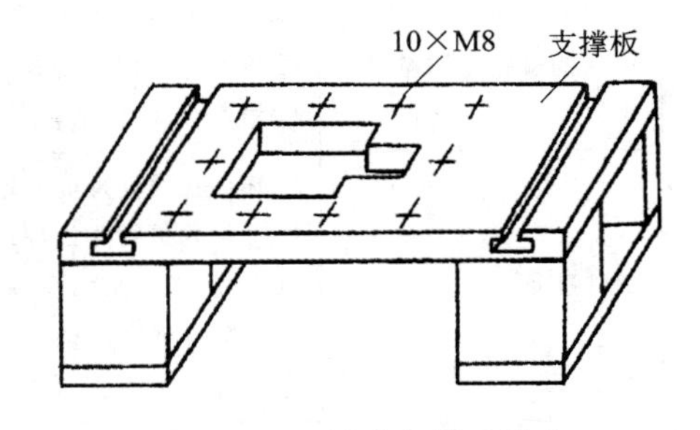

图 5－73　板式支撑式装夹

2）工件的调整

采用以上方式装夹工件，还必须配合找正法进行调整，方能使工件的定位基准面分别与机床的工作台面和工作台的进给方向 X、Y 保持平行，以保证所切割的表面与基准面之间的相对位置精度。常用的找正方法有以下两种：

（1）百分表找正

图 5－74 所示，用磁力表架将百分表固定在丝架或其他位置上，百分表的测量头与工件基面接触，往复移动工作台，按百分表指示值调整工件的位置，直至百分表指针的偏摆范围达到

所要求的数值。找正应在相互垂直的三个方向上进行。

(2) 划线法找正

工件的切割图形与定位基准之间的相互位置精度要求不高时,可采用划线法找正。如图 5-75 所示,利用固定在丝架上的划针对正工件上划出的基准线,往复移动工作台,目测划针、基准间的偏离情况,将工件调整到正确位置。

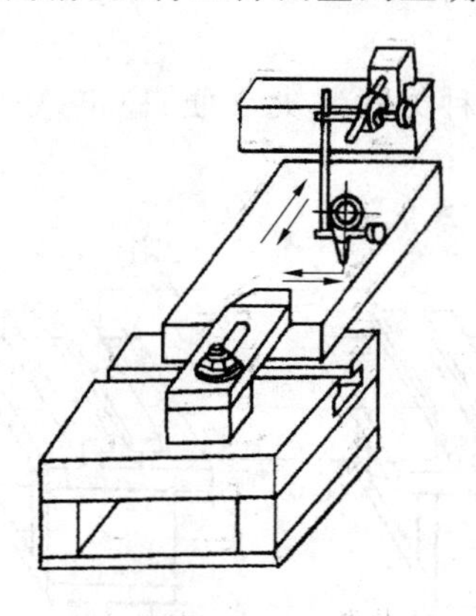

图 5-74 用百分表找正

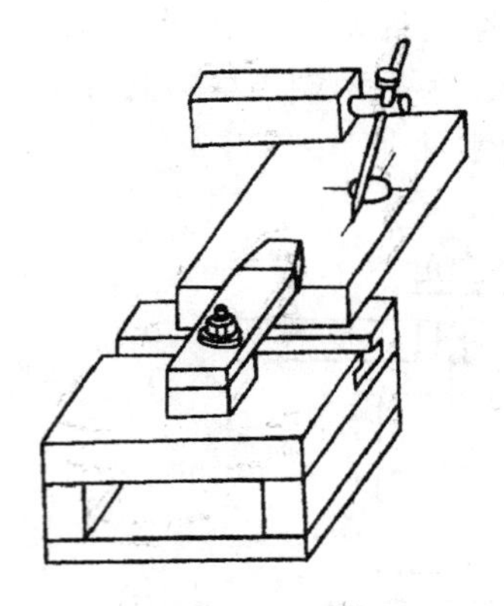

图 5-75 划线法找正

4. 电火花线切割加工工艺过程示例

电火花线切割加工工艺过程见表 5-10。

表 5-10 电火花线切割加工工艺过程

序号	工序名称	工艺与操作
1	选择加工方式	①按加工要求及根据现有加工设备条件选择加工方式; ②根据选择的加工方式相应地做好加工前的工艺准备(如编制程序)
2	机床的检查与调整	①检查导轮的工作是否正常,去除导轮中的电蚀物; ②检查保持器是否有沟槽,若有则要更换; ③检查纵、横向滑板丝杠与滑板间是否配合间隙正常,并调整
3	工件准备	①坯件在热处理前应钻好穿丝孔; ②坯件要进行热处理; ③磨光上、下平面及侧面基准面; ④去除穿丝孔的杂质、毛刺; ⑤工件加工前应退磁
4	绕丝和穿丝	①绕丝要按规定走向穿入丝架、导轮及红宝石保持器等处,并绕在丝筒上; ②丝要张紧,不能叠,并必须在穿线孔中心
5	工件装夹与定位	①校正好电极丝与工件装夹台的垂直度; ②工件装夹时,基准必须与机床的滑板 X 方向和 Y 方向相平行,位置要适当; ③确定电极丝相对位置; ④工件装夹定位后,应记下 X、Y 方向的滑板原始坐标点位置,并使丝杠手轮刻度为 0
6	电规准及进给速度选择	在加工时,根据工件的厚度、材质及配合间隙,正确选择高频电源参数,并根据加工状况,调整进给速度,使加工稳定进行

续表 5-10

序　号	工序名称	工艺与操作
7	加工完成后的检查	①检查一下,加工程序结束后与原始点坐标位置是否一致; ②不要将工件急于卸下,如果发现有问题,可进行补救; ③程序结束后,如果手轮刻度为 0,则将工件卸下,检查各项技术要求是否符合标准

5.3　电化学加工

5.3.1　概　述

电化学加工(Electrochemical Machining,ECM)是特种加工的一个重要分支,目前已成为一种较为成熟的特种加工工艺,被广泛应用于众多领域。

根据加工原理,电化学加工可分为以下三大类:

① 利用电化学阳极溶解的原理去除工件材料。这一类加工属于减材加工,主要包括以下两种:

- 电解加工,可用于尺寸和形状加工,如炮管膛线、叶片、整体叶轮、模具、异型孔及异型零件等成型加工,也可用于倒棱和去毛刺。
- 电解抛光,可用于工件表面处理。

② 利用电化学阴极沉积的原理进行镀覆加工。这一类加工属于增材加工,主要包括以下三种:

- 电铸,可用于复制紧密、复杂的花纹模具,制造复杂形状的电极、滤网、滤膜及元件等。
- 电镀,可用于表面加工、装饰。
- 电刷镀,可用于恢复磨损或加工超差零件的尺寸和形状精度,修补表面缺陷,改善表面性能等。

③ 利用电化学加工与其他加工方法相结合的电化学复合加工。这种方法主要包括以下三种:

- 电解磨削、电解研磨或电解珩磨,可用于尺寸和形状加工、表面光整加工、镜面加工。
- 电解电火花复合加工,可用于尺寸和形状加工。
- 电化学阳极机械加工,可用于尺寸和形状加工,高速切割。

5.3.2　电化学加工基本原理

1. 电化学反应过程

如果将两铜片插入 $CuCl_2$ 水溶液中(见图 5-76),由于溶液中含有 OH^- 和 Cl^- 负离子及 H^+ 和 Cu^{2+} 正离子,当两铜片分别连接直流电源的正、负极时,即形成导电通路,有电流流过溶液和导线。在外电场的作用下,金属导体及溶液中的自由电子定向运动,铜片电极和溶液的界面上将发生得失电子的电化学反应。其中,溶液中的 Cu^{2+} 正离子向阴极移动,在阴极表面得到电子而发生还原反应,沉积出铜。在阳极表面,Cu 原子失去电子而发生氧化反应,成为 Cu^{2+} 正离子进入溶液。在阴、阳极表面发生得失电子的化学反应即称为电化学反应,利用这种电化学反应作用加工金属的方法就是电化学加工。其中,阳极上为电化学溶解,阴极上为电化学沉积。

任意两种金属放入任意两种导电的水溶液中，在电场的作用下，都会有类似上述情况发生。决定反应过程的因素是电解质溶液、电极电位以及电极的极化、钝化、活化等。

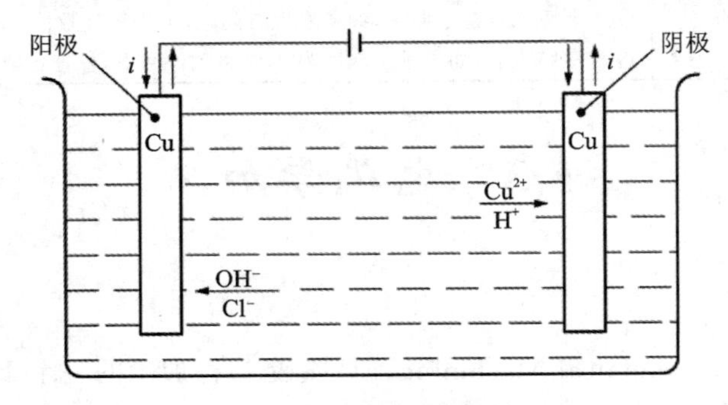

图 5-76　电化学反应过程

2. 电极电位

1）电极电位的形成

任何一种金属插入含该金属离子的水溶液中，在金属/溶液界面上都会形成一定的电荷分布，从而形成一定的电位差，这种电位差就称为该金属的电极电位。

电极电位的形成较为普遍的解释是金属/溶液界面双电层理论。典型的金属/溶液界面双电层结构如图 5-77 所示。不同结构双电层形成的机理可以用金属的活泼性以及对金属离子的水化作用的强弱进行解释。在图 5-77 所示的金属/溶液界面上，金属离子和自由电子间的金属键力既有阻碍金属表面离子脱离晶格而溶解到溶液中去的作用，又具有吸引界面附近溶液中的金属离子脱离溶液而沉积到金属表面的作用；而溶液中具有极性的水分子对于金属离子又具有“水化作用”，即吸引金属表面的金属离子进入溶液，同时又阻止界面附近溶液中的金属离子脱离溶液而沉积到金属表面。对于金属键力小即活泼性强的金属，其金属/溶液界面上“水化作用”优先，界面溶液一侧被极性水分子吸引到更多的金属离子；而在金属界面上一侧则有自由电子规则排列，如此形成了图 5-77 所示的双电层。与此相反，对于金属键力强即活泼性弱的金属，金属/溶液界面上金属表面一侧排列更多金属离子，对应溶液一侧排列着带负电的离子，如此而形成了如图 5-78 所示的双电层。由于双电层的形成，就在界面上产生了一定的电位差，将这一金属/溶液界面双电层中的电位差称为金属的电极电位 E，其在界面上的分布如图 5-79 所示。

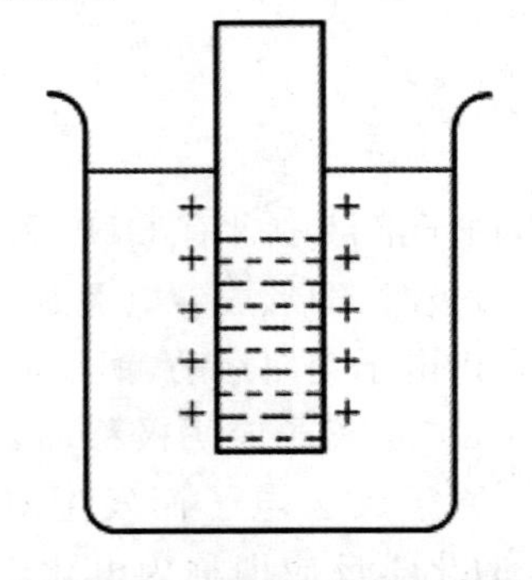

图 5-77　活泼金属的双电层

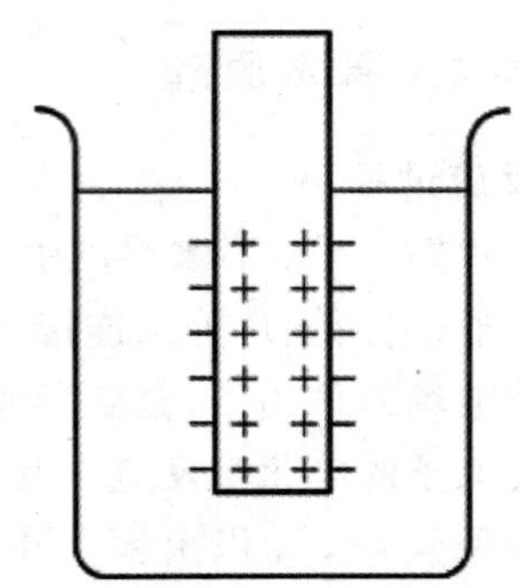

图 5-78　非活泼金属的双电层

2）标准电极电位

为了能科学地比较不同金属的电极电位值的大小，在电化学理论实践中，统一地给定了标准电极电位与标准氢电极电位这样两个重要的、具有度量标准意义的规定。

所谓标准电极电位是指金属在给定的统一的标准环境条件下，相对一个统一的电位参考基准所具有的平衡电极电位值。在理论电化学中，上述统一的标准环境约定为将金属放在金属离子活度（有效浓度）为 1 mol/L 溶液中，在 25 ℃和气体分压为一个标准大气压的条件下。

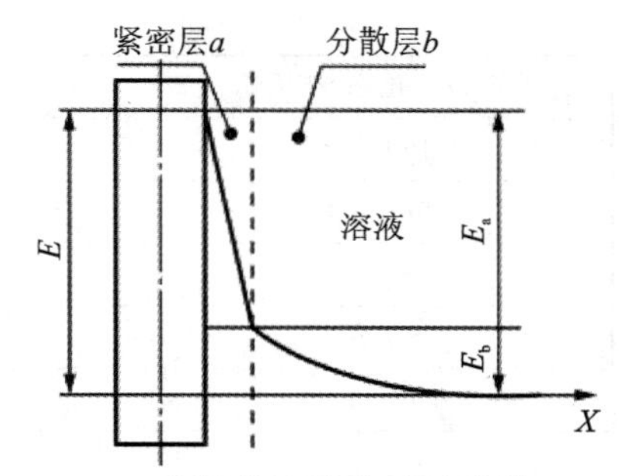

E—金属/溶液界面双层电位差；
E_a—双电层中紧密层的电位差；
E_b—双电层中分散层的电位差

图 5－79　双电层的电位分布

上述统一的电位参考基准则约定为标准氢电极电位。所谓标准氢电极电位，是指溶液中氢离子活度为 1 mol/L，在 25 ℃和气体分压为一个标准大气压的条件下，在一个专门氢电极装置所产生的氢电极电位。

在电化学理论中，统一规定标准氢电极电位为零电位，其他金属的标准电极电位都是相对标准氢电极电位的代数值（见表 5－11）。

表 5－11　常用元素的标准电极电位

电极氧化态/还原态	电极反应式	电极电位/V
Li^{+} / Li	$Li^{+} + e \leftrightarrow Li$	－3.010
Rb^{+} / Rb	$Rb^{+} + e \leftrightarrow Rb$	－2.980
K^{+} / K	$K^{+} + e \leftrightarrow K$	－2.925
Ba^{2+} / Ba	$Ba^{2+} + 2e \leftrightarrow Ba$	－2.920
Sr^{2+} / Sr	$Sr^{2+} + 2e \leftrightarrow Sr$	－2.890
Ca^{2+} / Ca	$Ca^{2+} + 2e \leftrightarrow Ca$	－2.840
Na^{+} / Na	$Na^{+} + e \leftrightarrow Na$	－2.713
Mg^{2+} / Mg	$Mg^{2+} + 2e \leftrightarrow Mg$	－2.380
U^{3+} / U	$U^{3+} + 3e \leftrightarrow U$	－1.800
Ti^{2+} / Ti	$Ti^{2+} + 2e \leftrightarrow Ti$	－1.750
Al^{3+} / Al	$Al^{3+} + 3e \leftrightarrow Al$	－1.660
V^{3+} / V	$V^{3+} + 3e \leftrightarrow V$	－1.500
Mn^{2+} / Mn	$Mn^{2+} + 2e \leftrightarrow Mn$	－1.050
Zn^{2+} / Zn	$Zn^{2+} + 2e \leftrightarrow Zn$	－0.763
Cr^{3+} / Cr	$Cr^{3+} + 3e \leftrightarrow Cr$	－0.710
Fe^{2+} / Fe	$Fe^{2+} + 2e \leftrightarrow Fe$	－0.440
Cd^{2+} / Cd	$Cd^{2+} + 2e \leftrightarrow Cd$	－0.402
Co^{2+} / Co	$Co^{2+} + 2e \leftrightarrow Co$	－0.270
Ni^{2+} / Ni	$Ni^{2+} + 2e \leftrightarrow Ni$	－0.230
Mo^{3+} / Mo	$Mo^{3+} + 3e \leftrightarrow Mo$	－0.200
Sn^{2+} / Sn	$Sn^{2+} + 2e \leftrightarrow Sn$	－0.140

续表 5-11

电极氧化态/还原态	电极反应式	电极电位/V
Pb^{2+}/Pb	$Pb^{2+} + 2e \leftrightarrow Pb$	−0.126
Fe^{3+}/Fe	$Fe^{3+} + 3e \leftrightarrow Fe$	−0.036
H^+/H	$2H^+ + 2e \leftrightarrow H_2$	0
S/S^{2-}	$S + 2H^+ + 2e \leftrightarrow H_2S$	+0.141
Cu^{2+}/Cu	$Cu^{2+} + 2e \leftrightarrow Cu$	+0.340
O_2/OH^-	$2H_2O + O_2 + 4e \leftrightarrow 4OH^-$	+0.401
Cu^+/Cu	$Cu^+ + e \leftrightarrow Cu$	+0.522
I_2/I^-	$I_2 + 2e \leftrightarrow 2I^-$	+0.535
As^{5+}/As^{3+}	$H_3AsO_4 + 2H^+ + 2e \leftrightarrow HAsO_2 + 2H_2O$	+0.580
Fe^{3+}/Fe^{2+}	$Fe^{3+} + e \leftrightarrow Fe^{2+}$	+0.771
Hg^{2+}/Hg	$Hg^{2+} + 2e \leftrightarrow Hg$	+0.796
Ag^+/Ag	$Ag^+ + e \leftrightarrow Ag$	+0.800
Br_2/Br^-	$Br^{2+}\ 2e \leftrightarrow 2Br^-$	+1.065
Mn^{4+}/Mn^{2+}	$MnO_2 + 4H + 2e \leftrightarrow Mn^{2+} + 2H_2O$	+1.208
Cr^{6+}/Cr^{3+}	$Cr_2O_7^{2-} + 14H^+ + 6e \leftrightarrow 2Cr^{3+} + 7H_2O$	+1.330
Cl_2/Cl^-	$Cl_2 + 2e \leftrightarrow 2Cl^-$	+1.358
Mn^{7+}/Mn^{2+}	$MnO_4^- + 8H^+ + 5e \leftrightarrow Mn^{2+} + 4H_2O$	+1.491
S^{7+}/S^{6+}	$S_2O_8^{2-} + 2e \leftrightarrow 2SO_4^{2-}$	+2.010
F_2/F^-	$F_2 + 2e \leftrightarrow 2F^-$	+2.870

3）平衡电极电位

如前所述，将金属浸在含该金属离子的溶液中，则在金属/溶液界面上将发生电极反应并在某种条件下建立了双电层。如果电极反应又可以逆向进行，以 Me 表示金属原子，则反应式为

$$Me \underset{还原}{\overset{氧化}{\rightleftharpoons}} Me^{n+} + ne$$

若上述可逆反应速度(即氧化反应与还原反应的速度)相等，金属/溶液界面上没有电流通过，也没有物质溶解或析出，即建立一个稳定的双电层。此种情况下的电极则称为可逆电极，相应电极电位则称为可逆电极电位或平衡电极电位。还应当指出，不仅金属和该金属的离子(包括氢和氢离子)可以构成可逆电极，非金属及其离子也可以构成可逆电极。前面介绍的标准电极电位则是在标准状态条件下的可逆电极和可逆电极电位，或者标准状态下的平衡电极电位。而实际工程条件并不一定处于标准状态，那么对应该工程条件下的平衡电极电位不仅与金属性质和电极反应形式有关，而且与离子浓度和反应温度有关。具体计算可以用能斯特方程式：

$$E' = E^0 + \frac{RT}{nF}\ln\frac{a_{氧化态}}{a_{还原态}}$$

式中：E'——平衡电极电位(V)；

E^0——标准电极电位(V)；

R——摩尔气体常数(8.314 J/mol·K)；

F——法拉第常数(96 500 C/mol)；

T——绝对温度(K)；

n——电极反应中得失电子数；

a——离子的活度，即有效浓度(mol/L)。

对于固态金属 Me 和含 n 价正离子 Me^{n+} 溶液构成的可逆电极，式中 $a_{氧化态}$ 为含 Me^{n+} 离子溶液的离子活度，$a_{还原态}$ 为固体金属的离子活度，取 $a_{还原态}=1$ mol/L。

对于非金属负离子(含在溶液中)和非金属(固体、液体或气体)构成的可逆电极，上式中 $a_{氧化态}$ 为非金属的离子活度，而纯态的液体、固体或气体(分压为 1 个标准大气压)的离子活度都认为等于 1 mol/L，即取 $a_{氧化态}=1$ mol/L；而取 $a_{还原态}$ 为含该离子溶液的离子活度(有效浓度)。

注意到上述 $a_{氧化态}$、$a_{还原态}$ 的取值规则，且将有关常数值代入能斯特公式，还将自然对数换成以 10 为底的对数，则能斯特公式可以根据两种情况改写为以下两种形式：

对于金属电极(包括氢电极)，有

$$E'=E^0+1.98\times10^4\ \frac{T}{n}\lg a$$

对于非金属电极，有

$$E'=E^0-1.98\times10^4\ \frac{T}{n}\lg a$$

由金属电极能斯特公式可以看出，温度提高或金属正离子的活度增大，均使该金属电极的平衡电位朝正向增大；而由非金属电极能斯特公式也可看出，温度的提高或非金属负离子活度的增加，均使非金属的平衡电位朝负向变化(代数值减小)。

综观表 5 - 11 所列的常见电极的标准电极电位值，可以发现：电极电位的高低即电极电位代数值的大小，与金属的活泼性或与非金属的惰性密切相关。标准电极电位按代数值由低到高的顺序排列，反映了对应金属的活泼性由大到小的顺序排列；在一定的条件下，标准电极电位越低的金属，越容易失去电子被氧化，而标准电极电位越高的金属，越容易得到电子被还原。也就是说，标准电极电位的高低，将会决定在一定条件下对应金属离子参与电极反应的顺序。

3. 电极的极化

前面已经阐述了在一定的条件下(更确切地说，是在标准条件下)电极反应顺序与标准电极电位的对应关系。相同的结论，也可应用于在平衡条件下电极反应的顺序与平衡电极电位的关系。平衡电极电位的定量计算可以用能斯特公式。而实际电化学加工，其电极反应并不是在平衡可逆条件下进行的，即不是在金属/溶液界面上无电流通过，而是在外加电场作用下，甚至有强电流(电流密度高达 10～100 A/cm^2)通过金属/溶液界面的条件下进行。此时电极电位由平衡电位开始偏离，而且随着所通过电流的增大，电极电位值相对平衡电位值的偏离也更大。一般将有电流通过电极时，电极电位偏离平衡电位的现象称为电极的极化。电极电位偏离值称为超电压。电极极化的趋势是：随着电极电流的增大，阳极电极电位向正向(即向电极电位代数值增大的方向)发展，而阴极电极电位则向负向(即向电极电位代数值减小的方向)发展。将电极电位随着电极电流变化的曲线称为电极极化曲线(见图 5 - 80)。与图 5 - 80 对应，阳极超电压 $\Delta E_a=E_a-E'_a$，阴极超电压 $\Delta E_c=E'_c-E_c$。

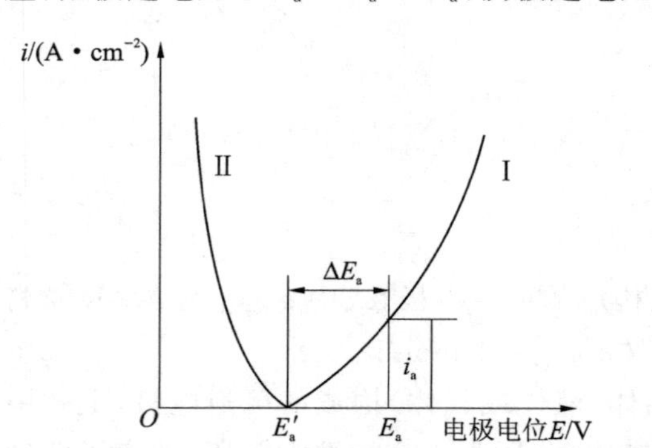

Ⅰ—阳极极化曲线；Ⅱ—同一种电极的阴极极化曲线

图 5-80 电极极化曲线示意图

极化曲线具体显示了阳极极化电位与阳极电流之间的关系、规律及其特征。通常，根据不同极化的原因，将极化分为浓差极化、电化学极化和电阻极化这几种类型。

1）浓差极化

浓差极化是由于电解过程中电极/溶液界面处的离子浓度和本体溶液浓度差别所致。在电解加工时，金属离子从阳极表面溶解出并逐渐由阳极金属/溶液界面向溶液深处扩散，于是阳极金属/溶液界面处的阳极金属离子浓度比本体溶液中阳极金属浓度高，浓度差越大，阳极表面电极电位越高。浓差极化超电压的定量计算可用能斯特公式。

2）电化学极化

一个电极反应过程包括反应物质的迁移、传递，反应物质在电极/溶液界面上得失电子等。如果反应物质在电极/溶液界面上得失电子的速度（即电化学反应速度）落后于其他步骤所进行的速度，则造成电极表面电荷积累，其规律是使阳极电位更正，阴极电位更负。将由于电化学反应速度缓慢而引起的电极极化现象称作电化学极化，由此引起的电极电位变化量可用近似塔费尔公式表示：

$$\Delta E_e = a + b\lg i$$

式中：a，b 为常数，与电极材料性质、电极表面状态、电解液成分、浓度、温度等因素有关，选用时可查阅相关电化学手册。在这里需要特别指出，塔费尔公式的适用范围是在小电流密度下大约每平方厘米十几安培，而电解加工常用电流密度却能满足该条件，因此其准确性还待考证。

3）电阻极化

电阻极化是由于电解过程中在阳极金属表面生成一层钝化性的氧化膜或其他物质的覆盖层，使电流通过困难，造成阳极电位更正，阴极电位更负。由于这层膜是钝化性的，也由于这层膜的形成是钝化作用所致，故电阻极化又称钝化极化。显然电阻极化超电压可计算如下：

$$\Delta E_R = I\,R_d$$

式中：I——通过电极的电流；

R_d——钝化膜电阻。

由于电阻极化所引起的总电压是以上各类超电压之和，即

$$\Delta E = \Delta E_s + \Delta E_c + \Delta/E_R$$

式中：ΔE——总的电极极化超电压(V)；

ΔE_s——浓差极化超电压(V)；

ΔE_c——电化学超电压(V)；

ΔE_R——钝化超电压(V)。

4. 金属的钝化和活化

按阳极电极电位(E_a)相对应阳极电流密度（即通过阳极金属/电解液界面的电流密度）绘

制图 5－81，称为阳极极化曲线。基于阳极极化曲线可以研究阳极极化的规律及特点。阳极电位的变化规律主要取决于阳极电流高低、阳极金属及电解液性质。典型的阳极极化曲线有以下三种类型。

1）全部处于活化溶解状态（见图 5－81(a)）

在所研究的全过程中，电流密度和阳极金属溶解作用均随阳极电位的提高而增大，阳极金属表面一直处于电化学阳极溶解状态。例如：铁在盐酸中的电化学阳极极化曲线就属于这一类型。

2）活化—钝化—超钝化的变化过程（见图 5－81(b)）

阳极过程的开始，即阳极极化曲线的初始 AB 段，其变化如同第一种类型，称为活化溶解阶段；而过了 B 点之后，随阳极电位 E_a 的增大，阳极电流会突然下降且阳极溶解速度也骤减，这一现象称为钝化现象，对应于图中 BC 段称为过渡钝化区，CD 段称为稳定钝化区；而过了 D 点之后，随阳极电位的提高，阳极电流又继续增大，同时阳极溶解速度也继续增大，将对应曲线的 DE 阶段称为超钝化阶段。应选择电解加工参数处于阳极超钝化状态，此时工件加工面对应大电流密度而被高速溶解；而非加工面相应电流密度小，即相应处于极化曲线的钝化状态，则相应表面不被加工而得到保护。这正是研究阳极极化曲线以合理选择加工参数的目的。

3）活化—不完全钝化—超钝化的变化过程（见图 5－81(c)）

其不同状态的变化与上述第二种类型基本相似：AB 称活化区，BD（有的是 CD'）称不完全钝化区，随后 DE 又进入超钝化区。在不完全钝化区里，电流密度和阳极溶解速度变化很小，但阳极溶解还在进行。观察阳极金属表面存在阳极膜，溶解后的表面平滑且具有光泽，故又将不完全钝化区称为抛光区，电化学抛光时应该选择具有这种类型极化曲线的金属/电解液体系，例如钢在磷酸中电化学抛光。

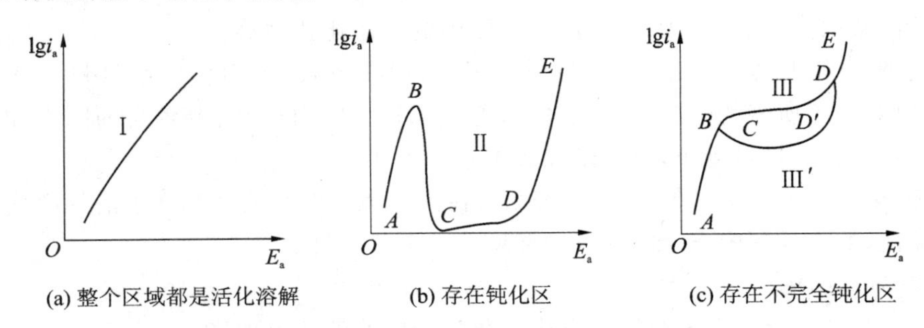

(a) 整个区域都是活化溶解　(b) 存在钝化区　(c) 存在不完全钝化区

图 5－81　三种典型的阳极极化曲线

5.3.3　电解加工

电解加工是特种加工技术中应用最广泛的技术之一，尤其适合于难加工材料、形状复杂或薄壁零件的加工。

从电解加工的历史来看，早在 1834 年，英国化学家及物理学家法拉第就发现了阳极溶解的基本规律——法拉第定律。到 1928 年，苏联科学家古谢夫和罗日科夫提出了将金属阳极溶解原理用于工件加工的设想，但因当时这种设想本身不完善和缺乏大容量直流电源，以及机械加工技术还能满足工程材料和零件的设计要求，所以未能实现实际应用。直到 20 世纪 50 年代中期，苏联、美国和我国才相继开始了电解加工工艺的试验研究，并于20世纪50年代末正式将其应用于生产。

1. 电解加工过程及其特点

1）电解加工的特点

与其他加工方法相比，电解加工具有如下特点：

① 加工范围广。电解加工几乎可以加工所有的导电材料，并且不受材料的强度、硬度、韧性等机械、物理性能的限制，加工后材料的金相组织基本上不发生变化。

② 生产率高，且加工生产率不直接受加工精度和表面粗糙度的限制。电解加工能以简单的直线进给运动一次加工出复杂的型腔、型面和型孔，而且加工速度可以和电流密度成比例地增加。据统计，电解加工的生产率约为电火花加工的5～10倍，在某些情况下，甚至可以超过机械切削加工。

③ 加工质量好。可获得一定的加工精度和较好的表面粗糙度。加工精度(mm)：型面和型腔加工精度误差为±(0.05～0.20)mm；型孔和套料加工精度误差为±(0.03～0.05)mm。表面粗糙度(μm)：对于一般中、高碳钢和合金钢，可稳定地达到1.6～0.4 μm；对于某些合金钢可达到0.1 μm。

④ 可用于加工薄壁和易变形零件。电解加工过程中工具和工件不接触，不存在机械切削力，不产生残余应力和变形，没有飞边毛刺。

⑤ 工具阴极无损耗。在电解加工过程中，工具阴极上仅仅析出氢气，而不发生溶解反应，所以没有损耗。只有在产生火花、短路等异常现象时才会导致阴极损伤。

但是，事物总是一分为二的。电解加工也具有一定的局限性，主要表现为以下几方面：

① 加工精度和加工稳定性不高。电解加工的加工精度和稳定性取决于阴极的精度和加工间隙的控制，而阴极的设计、制造和修正都比较困难，阴极的精度难以保证。此外，影响电解加工间隙的因素很多，且规律难以掌握，加工间隙的控制比较困难。

② 由于阴极和夹具的设计、制造及修正困难，周期较长，因而单件小批量生产的成本较高。同时，电解加工所需的附属设备较多，占地面积较大，且机床需要较高的刚性和防腐蚀性能，造价较高。因此，批量越小，单件附加成本越高。

③ 电解液和电解产物需专门处理，否则将污染环境。电解液及其产生的易挥发气体对设备具有腐蚀性，加工过程中产生的气体对环境有一定的污染。

2）电解加工机理

电解加工是利用金属在电解液中发生电化学阳极溶解的原理将工件加工成型的一种特种加工方法。电解加工机理如图5-82所示。加工时，工件接直流电源的正极，工具接负极，两极之间保持较小的间隙。电解液从极间间隙中流过，使两极之间形成导电通路，并在电源电压下产生电流，从而形成电化学阳极溶解。随着工具相对工件不断进给，工件金属不断被电解，电解产物不断被电解液冲走，最终两极间各处的间隙趋于一致，工件表面形成与工具工作面基本相似的形状。

为了能实现尺寸、形状加工，电解加工过程中还必须具备下列特定工艺条件：

① 工件阳极和工具阴极间保持很小的间隙(称作加工间隙)，一般在0.1～1 mm范围内。

② 0.5～2.5 MPa的强电解质溶液从加工间隙中连续高速(5～50 m/s)流过，以保证带走阳极溶解产物、气体和电解电流通过电解液时所产生的热量，并去除极化。

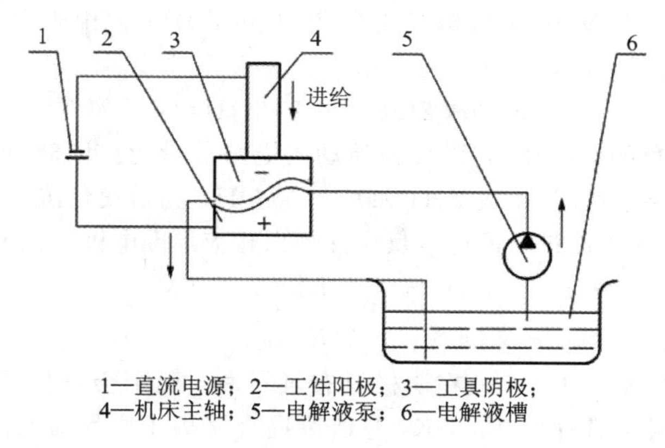

图 5－82　电解加工系统示意图

③ 工件阳极与工具阴极分别和直流电源(一般为 6～24 V)的正负极连接。

④ 通过两极加工间隙的电流密度高达 10～200 A/cm^2。

在加工起始时，工件毛坯的形状与工具阴极很不一致(见图 5－83(a))，两极间的距离相差较大。阴极与阳极距离较近处通过的电流密度较大，电解液的流速也较高，阳极金属溶解速度也较快。随着工具阴极相对工件不断进给，最终两极间各处的间隙趋于一致，工件表面的形状与工具阴极表面完全吻合(见图 5－83(b))。

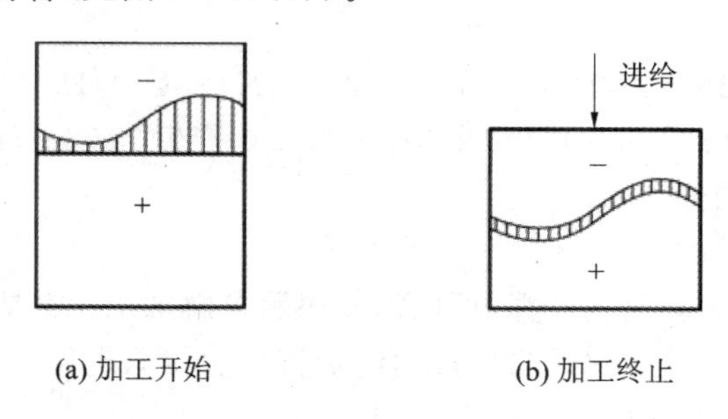

图 5－83　电解加工成型过程示意图

3) 电解加工中的电极反应

标准电极的电位决定了在一定条件下对应金属离子参与电极反应的顺序。

通常情况下，工件材料不是纯金属，而是合金，其金相组织也不完全一致，电解液的成分、浓度、温度、流场等因素对电解加工过程都有影响，导致电解加工中电极间的反应极为复杂。下面以铁基合金在 NaCl 电解液中进行电解加工为例，分析阳极和阴极发生的电极反应。

由于 NaCl 和 H_2O 的离解，在电解液中存在着 H^+、OH^-、Na^+、Cl^- 四种离子，可能进行的电极反应及相对应标准电极电位值为

$$Fe - 2e \rightarrow Fe^{2+} \qquad E^0_{Fe^{2+}/Fe} = -0.440\ V$$

$$Fe - 3e \rightarrow Fe^{3+} \qquad E^0_{Fe^{3+}/Fe} = -0.036\ V$$

$$4OH^- - 4e \rightarrow 2H_2O + O_2 \qquad E^0_{O_2/OH^-} = +0.401\ V$$

$$2Cl^- - 2e \rightarrow Cl_2 \qquad E^0_{Cl_2/Cl^-} = +1.358\ V$$

$E^0_{Fe^{2+}/Fe}$最低，故此溶液中首先在阳极一侧发生铁失去电子而成为二价亚铁离子 Fe^{2+} 的电极反应，这就是电解加工的基本理论依据。

溶入电解液中的 Fe^{2+} 又与 OH^- 离子化合，生成 $Fe(OH)_2$。由于它在水溶液中的溶解度很小，故生成沉淀物而析出，即

$$Fe^{2+} + 2OH^- \rightarrow Fe(OH)_2 \downarrow$$

$Fe(OH)_2$ 沉淀为墨绿色的絮状物，它随即被流动的电解液带走。同时，$Fe(OH)_2$ 又和电解液及空气中的氧气发生化学反应，生成 $Fe(OH)_3$。$Fe(OH)_3$ 为黄褐色沉淀。

类似地，在阴极一侧可能进行的电极反应并列出相应标准电极电位值为

$$2H^+ + 2e \rightarrow H_2 \qquad E^0_{H+/H_2} = 0\ V$$

$$Na^+ + e \rightarrow Na \qquad E^0_{Na+/Na} = -2.713\ V$$

显然 $E^0_{H+/H2}$ 比 $E^0_{Na+/Na}$ 高 2.713 V，故在阴极只有氢气逸出而不会发生钠沉积的电极反应，这又是在电解加工中为什么选择含 Na^+、K^+ 等活泼性金属离子中性盐水溶液作为电解液的重要理论依据。

以上是根据标准电极电位分析电解加工中阳极和阴极的电极反应。根据平衡电极电位并考虑极化时的超电压也可得到同样的结果。

综上所述，电解加工过程中，在理想情况下，阳极的铁不断地以 Fe^{2+} 的形式被溶解，最终生成 $Fe(OH)_3$ 沉淀；在阴极上则不断地产生氢气。电解液中的水被分解消耗，因而电解液的浓度逐渐增大。电解液中的 Na^+ 和 Cl^- 只起导电作用，在电解加工过程中并无消耗。所以 NaCl 电解液只要过滤干净，定期补充水分，就可以长期使用。

加工综合反应过程如下：

$$2Fe + 4H_2O + O_2 \rightarrow 2Fe(OH)_3 \downarrow + H_2 \uparrow$$

通过计算可得，溶解 1 cm^3（约 7.85 g）的铁需消耗水 6.21 g，产生 13.78 g 的渣，析出 0.28 g 的氢气。

2. 电解加工的基本规律

1）电解加工生产率

既能够定性分析，又能够定量计算，可以深刻揭示电解加工工艺规律的基本定律就是法拉第定律。金属阳极溶解时，其溶解量与通过的电量符合法拉第定律。

法拉第定律包括以下两项内容：

① 在电极的两相界面处（如金属/溶液界面上）发生电化学反应的物质质量与通过其界面上的电量成正比。这称为法拉第第一定律。

② 在电极上溶解或析出 1 g 当量任何物质所需的电量是一样的，与该物质的本性无关。这称为法拉第第二定律。根据电极上溶解或析出 1 g 当量物质在两相界面上电子得失量的计算（同时也为实验所证实），对任何物质这一特定的电量均为常数，称为法拉第常数，记为 F，即

$$F \approx 96\,500\ A \cdot s/mol$$

对于电解加工，如果阳极只发生确定原子价的金属溶解而没有其他物质析出，则根据法拉第第一定律，阳极溶解的金属质量为

$$M \approx kQ = kIt$$

式中：M——阳极溶解的金属质量（g）；

k——单位电量溶解的元素质量，称为元素的质量电化当量（g/(A·s)或 g/(A·min)）；

Q——通过两相界面的电量（A·s 或 A·min）；

I——电流强度（A）；

t——电流通过的时间(s 或 min)。

根据法拉第常数的定义，即阳极溶解 1 mol 金属的电量为 F；而对于原子价为 n(更确切地讲，应该是参与电极反应的离子价，或在电极反应中得失电子数)、相对原子质量为 A 的元素，其 1 mol 质量为 A/n(g)；则据上式可得

$$\frac{A}{n}=kF$$

进一步推导可得

$$k=\frac{A}{nF}$$

这是有关质量电化当量理论计算的重要表达式。对于零件加工而言，人们更关心的是工件几何量的变化。容易得到阳极溶解金属的体积为

$$V=\frac{M}{\rho}=\frac{k}{\rho}It=\omega It$$

式中：V——阳极溶解金属的体积(cm^3)；

ρ——金属的密度(g/cm^3)；

ω——单位电量溶解的元素体积，即元素的体积电化当量($cm^3/(A\cdot s)$或$cm^3/(A\cdot min)$)。

根据上面两式可得

$$\omega=\frac{k}{\rho}=\frac{A}{nF\rho}$$

部分金属的质量电化当量 k 和体积电化当量 ω 值见表 5-12。

表 5-12　部分金属的电化当量

金属名称	密度/($g\cdot cm^{-3}$)	电化当量		原子价
		$k/[mg\cdot(A\cdot min)^{-1}]$	$\omega/[mm^3\cdot(A\cdot min)^{-1}]$	
铁	7.86	17.360	2.220	2
		11.573	1.480	3
铝	2.69	5.596	2.073	3
钴	8.83	18.321	2.054	2
镁	1.74	7.600	4.367	2
铬	7.14	10.777	1.499	3
		5.388	0.749	6
铜	8.93	39.508	4.429	1
		19.754	2.215	2
锰	7.30	17.080	2.339	2
		11.386	1.559	3
钼	10.23	19.896	1.947	3
镍	8.90	18.249	2.050	2
		12.166	1.366	3
锑	6.69	25.233	3.781	3

续表 5-12

金属名称	密度/(g·cm⁻³)	电化当量		原子价
		k/[mg·(A·min)$^{-1}$]	ω/[mm^3·(A·min)$^{-1}$]	
钛	4.52	9.927	2.201	3
		7.446	1.651	4
钨	19.24	19.047	0.989	6
锌	7.14	20.326	2.847	2

实际电解加工中,工件材料通常不是单一金属元素,大多数情况下是由多种元素组成的合金。假设某合金由共 j 种元素构成,其相应元素的相对原子质量、原子价及百分比含量如下:

元素号:$1,2,\cdots,j$;

相对原子质量:$A_1,A_2,\cdots,A_j$;

原子价:$n_1,n_2,\cdots,n_j$;

元素百分含量:$a_1,a_2,\cdots,a_j$。

该合金的质量电化当量和体积电化当量可由下列公式计算:

$$k=\frac{1}{F\left(\frac{n_1}{A_1}a_1+\frac{n_2}{A_2}a_2+\cdots+\frac{n_j}{A_j}a_j\right)}$$

$$\omega=\frac{1}{\rho F\left(\frac{n_1}{A_1}a_1+\frac{n_2}{A_2}a_2+\cdots+\frac{n_j}{A_j}a_j\right)}$$

2) 电流效率

法拉第定律可用于根据电量计算任何被溶解物质的数量,并在理论上不受电解液成分、浓度、温度、压力以及电极材料、形状等因素的影响。

但是,电解加工实践和实验数据均表明,实际电解加工过程阳极金属的溶解量与上述按法拉第定律进行理论计算的溶解量有差别。究其原因,是因为理论计算时假设"阳极只发生确定原子价的金属溶解而没有其他物质析出"这一前提条件,而电解加工的实际条件可能如下:

① 除了阳极金属溶解外,还有其他副反应而析出另外一些物质(例如析出氧气或氯气),相应也消耗了一部分电量。

② 部分实际溶解金属的原子价比理论计算假设的原子价要高。

③ 部分实际溶解金属的原子价比计算假设的原子价要低。

④ 电解加工过程发生金属块状剥落,其原因可能是材料组织不均匀或金属材料与电解液成分的匹配不当所引起。

以上①、②两种情况,就会导致实际金属溶解量小于理论计算量;③、④两种情况,则会导致实际金属溶解量大于理论计算量。

为此,引入电流效率 η 的概念如下:

$$\eta=\frac{M_{实际}}{M_{理论}}\times100\%=\frac{V_{实际}}{V_{理论}}\times100\%$$

在通常的大多数电解加工条件下,η 小于或接近于 100%;对于少量特殊情况,也可能 $\eta>100\%$。影响电流效率的主要因素有:加工电流密度 i,阳极金属材料与电解液成分的匹配,甚至电解液成分、浓度、温度等工艺条件。通常可由实验得到 $\eta-i$ 关系曲线(称为电流效率曲线),该曲线是计算电解加工速度、分析电解加工成型规律的重要依据。

3) 电解加工速度

类似于一般机械加工,人们希望掌握在工件被加工表面法线方向上的去除(加工)线速度。以面积为 S 的平面加工为例,由 $V=\omega It$ 容易得到垂直平面方向上的阳极金属(工件)溶解速度为

$$v_a=\frac{V}{St}=\omega\frac{I}{S}=\omega i$$

考虑到实际电解加工条件下的电流效率,有

$$v_a=\eta\omega i$$

式中:v_a——阳极金属(工件)被加工表面法线方向上的溶解速度,常称电解加工速度(mm/min);

η——电流效率;

ω——体积电化当量($mm^3/(A\cdot min)$);

i——电流密度(A/mm^2)。

这是在电解加工工艺计算及成型规律分析中非常实用的一个基本表达式。式中的 η、ω 数据由实验测定。

由上式可知,在电解加工过程中,当电解液和工件材料选定后,加工速度与电流密度成正比。

【例】 要在厚度为 40 mm 的 45 钢板上加工 50 mm×40 mm 的长方形通孔,采用 NaCl 电解液,要求在 8 min 完成,加工电流需要多大?如配备的是额定电流为 5 000 A 的直流电源,则进给速度能达到多少?加工时间多长?

解:

金属去除量为

$$V=50\ \text{mm}\times 40\ \text{mm}\times 40\ \text{mm}=80\,000\ \text{mm}^3$$

由表 5-12 可知,45 钢的 $\omega=2.22\ mm^3/(A\cdot min)$,而 NaCl 电解液的 $\eta=100\%$。代入阳极溶解金属的体积计算公式得

$$I=\frac{V}{\eta\omega t}=\frac{80\,000\ \text{mm}^3}{100\%\times[2.22\ \text{mm}^3/(\text{A}\cdot\text{min})]\times 8\ \text{min}}=4\,500\ \text{A}$$

当加工电流为 5 000 A 时,有

$$v_a=\eta\omega i=\left(100\%\times 2.22\times\frac{5\,000}{50\times 40}\right)\text{mm/min}=5.55\ \text{mm/min}$$

所需加工时间为

$$t=\frac{h}{v_a}=\frac{40}{5.55}\ \text{min}=7.21\ \text{min}$$

4) 加工间隙

加工间隙是电解加工的核心工艺要素,它直接影响加工精度、表面质量和生产率,也是设计工具阴极和选择加工参数的主要依据。

加工间隙可分为底面间隙、侧面间隙和法向间隙三种(见图 5-84):底面间隙是沿工具阴极进给方向上的加工间隙;侧面间隙是沿工具阴极进给的垂直方向上的加工间隙;法向间隙是

沿工具阴极各点的法向上的加工间隙。加工间隙受加工区电场、流场及电化学特性三方面多种复杂因素的影响，至今尚无有效研究及测试手段。

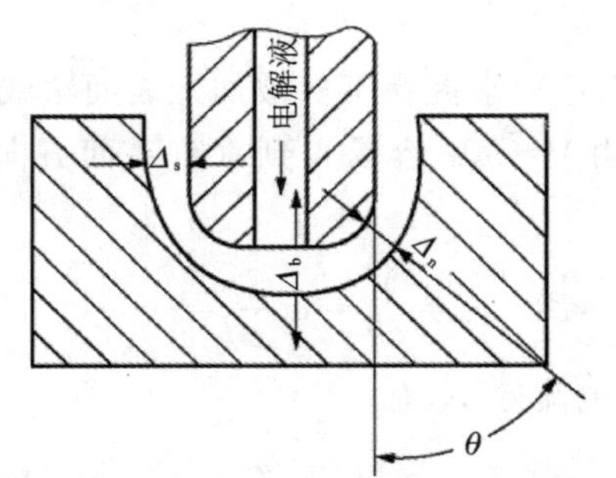

Δ_b—底面间隙；Δ_s—侧面间隙；Δ_n—法向间隙

图 5-84 加工间隙的种类

3. 电解液

1）电解液的作用、要求及分类

（1）电解液的作用

电解液是电解池的基本组成部分，是产生电解加工阳极溶解的载体。正确地选用电解液是电解加工的最基本的条件。电解液的主要作用如下：

① 与工件阳极及工具阴极组成进行电化学反应的电极体系，实现所要求的电解加工过程，同时所含导电离子也是电解池中传送电流的介质，这是其最基本的作用。

② 排除电解产物，控制极化，使阳极溶解能正常连续进行。

③ 及时带走电解加工过程中所产生的热量，使加工区不致过热而引起沸腾、蒸发，以确保正常的加工。

（2）对电解液的要求

对电解液总的要求是加工精度和效率高、表面质量好、实用性强。但随着电解加工的发展，对电解液又不断提出新的要求。根据不同的出发点，有的要求可能是不同的甚至相互矛盾的。对电解液的基本要求包括以下四个主要方面：

① 电化学特性方面：

- 电解液中各种正负离子必须并存，相互间只有可逆反应而不相互影响，这是构成电解液的基本条件。
- 在工件阳极上必须能优先进行金属离子的阳极溶解，不生成难溶性钝化膜，以免阻碍阳极溶解过程。因此，电解液中的阴离子常是标准电极电位为正的 F^{-1}、Cl^{-1}、ClO^{3-}、NO^{3-}等离子。对电解抛光则应能在阳极表面生成可溶性覆盖膜，产生不完全钝化（又称准钝化），以获得均匀、光滑的表面。
- 阳离子不会沉积在工具阴极表面，阴极上只发生析氢反应，以免破坏工具阴极型面，影响加工精度。因此，电解液中的阳离子常是标准电极电位为负的 Na^+、K^+、$NH_4{}^+$ 等离子。
- 集中蚀除能力强、散蚀能力弱。集中蚀除能力是影响成型速度/整平比从而影响加工精度的重大关键因素之一；散蚀能力影响侧壁的二次扩张、转接圆角半径的大小、棱边锐度以及非加工面的杂散腐蚀。集中蚀除能力又称定域能力，是指工件加工区小间隙处与大间隙处阳极溶解的能力的差异程度，即加工区阳极蚀除量集中在小间隙处的程度。散蚀能力又称匀镀能力，系指大间隙处阳极金属蚀除的能力，也就是加工区阳极蚀除量发散的程度。

➢ 阳极反应的最终产物应能形成不溶性氢氧化物，以便于净化处理，且不影响电极过程，故常采用中性盐水溶液。但在某些特殊情况下（例如深细小孔加工）为避免在加工间隙区出现沉淀等异物，则要求能产生易溶性氢氧化物，因而需选用酸性电解液。

② 物理特性方面：

➢ 应为强电解质，即具有高的溶解度和大的离解度。一般用于尺寸加工的电解液应具有高电导率，以减少高电流密度（高去除率）时的电能损耗和发热量。精加工时则可采用低浓度、低电导率电解液，以利于提高加工精度。

➢ 尽可能低的黏度以减少流动压力损失及加快电解产物和热量的迁移过程，也有利于实现小间隙加工。

➢ 高的热容以减小温升，防止沸腾、蒸发和形成空穴，也有利于实现小间隙、高电流密度加工。

③ 稳定性方面：

➢ 电解液中消耗性组分应尽量少（因电解产物不易离解），应有足够的缓冲容量以保持稳定的最佳 pH 值（酸碱度）。

➢ 电导率及黏度应具有小的温度系数。

④ 实用性方面：

➢ 污染小，腐蚀性小，无毒、安全，应尽量避免产生 Cr^{6+} 及 NO_2^- 等有害离子。

➢ 使用寿命长。

➢ 价格低廉，易于采购。

2）常用电解液及其选择原则

（1）电解液选择的原则

综上所述对电解液的要求是多方面的，难以找到一种电解液能满足所有的要求，因而只能有针对性地根据被加工材料的特性及主要加工要求（加工精度、表面质量和加工效率）有所侧重。对粗加工，电解液的选择侧重于解决加工效率问题；对精加工，电解液的选择则是侧重于解决加工精度和表面质量问题。材料上，高温合金叶片侧重确保加工精度，而钛合金叶片则是侧重于解决表面质量。总之，在电解液优选中，除共性的原则外还有针对不同情况的特殊的优选原则。表 5－13所列为优选电解液的三个主要方面。

表 5－13　电解液选择的原则

主要方面	类　别	特　点	使用范围
电解液 类型的优选	中性电解液	①组分不消耗，净化后可循环使用，寿命长； ②电解产物为氢氧化物，不溶解，要进行净化处理； ③腐蚀性小，安全可靠； ④经济性好	应用范围最广，型面、型腔、型孔均适用

续表 5-13

主要方面	类　别	特　点	使用范围
电解液类型的优选	酸性电解液	① 能溶解电解产物，有利于其排除； ② 腐蚀性大，对设备及人体危害较大； ③ 电导率高； ④ 成分变化大	主要用于微孔、深细小孔和电液束加工
	碱性电解液	① 加工钨、钼等类金属时，其氯化物可以与氢氧化物作用生成可溶性钨酸或钼酸； ② 常用金属在此类电解液中其表面产生致密的不溶性钝化膜，使工件表面难以溶解，故不能用此类电解液； ③ 对金属无腐蚀作用，但对人体危害较大	① 加工钨、钼； ② 作附加添加剂，增强对碳化物的溶解
电解液组分的优选	卤素族盐	① 卤素族盐属活性电解液，其阴离子主要起活化阳极表面作用，活化能力的顺序为 $Cl^- > Br^- > I^- > F^-$； ② Cl^- 可使阳极表面完全活化，达到高电流密度、高电流效率； ③ 在钛合金电解加工中，由于钛的自钝化能力强，因而必须采用活化性强的卤素族盐，其中以 Br^- 和 I^- 击穿钛自钝化膜能力最强，在一般浓度、温度、电压下均是如此	① 在要求效率为主的加工中，NaCl 广为采用； ② 在钛合金电解加工中，NaBr、KBr 应用较多
	含氧酸盐	① 含氧酸盐属氧化剂，为非线性电解液，对阳极表面起氧化/钝化作用，对马氏体不锈钢及铁基合金钝化作用最强，提高了其超钝化电位，同时还降低了析氧电位，在低电流密度下大量析氧，因而非线性效果显著； ② 含氧酸盐对镍、铬合金、钛合金等抗氧化能力强的金属，钝化作用较弱，低电流密度下析氧甚微，因而在直流加工非线性效果就不明显，但仍能生成可溶性保护膜，改善了阳极溶解的均匀性从而改善表面质量	① 马氏体不锈钢及铁基合金的精密加工； ② 加工镍、铬合金、钛合金可改善表面质量
	单一组分电解液	① 使用性能较稳定； ② 调整浓度较简单； ③ 对电解加工性较差的材料如钛合金等加工效果较差	广泛用于生产
	复合电解液	① 可以针对不同加工要求调整其组分以得到较佳的加工性能，例如加工铁基合金的非线性效应，加工钛基合金的活化效应等； ② 组分调整较复杂； ③ 使用性能不如单一组分电解液稳定，需经常调整	是近年电解液的发展趋势，已广泛应用在钛合金、铁基合金加工中，效果良好
电解液浓度的优选	高浓度电解液（接近饱和浓度）	① 导电率高，可以采用高电流密度、高参数，达到高效加工； ② 散蚀能力强，加工精度较低，杂散腐蚀较重	用于粗加工、半精加工
	低浓度电解液（浓度≤10%）	① 散蚀能力弱，加工精度高，杂散腐蚀轻； ② 活化能力较强，加工钛合金效果较好； ③ 电导率较低，电流密度低，只能用低参数，效率较低	用于精加工及钛合金加工

（2）常用电解液

目前生产实践中常用的电解液为中性电解液中的 NaCl、$NaNO_3$ 及 $NaClO_3$ 三种。三种电解液的性能、特点及应用范围见表 5-14。

表 5-14　三种常用电解液的性能、特点

项　目	NaCl	$NaNO_3$	$NaClO_3$
常用浓度	250 g/L 以内	400 g/L 以内	450 g/L 以内
加工精度	较低	较高	高
表面粗糙度	与电流密度，流速及加工材料有关，一般 Ra 为 0.8～6.3 μm	在同样条件下低于 NaCl 电解液	低于 NaCl 和 $NaNO_3$
表面质量	加工镍基合金易产生晶界腐蚀，加工钛合金易产生点蚀	一般不产生晶界腐蚀，但电流密度低时也会产生点蚀	杂散腐蚀最小，一般也不会产生点蚀，已加工面耐蚀性较好
腐蚀性	强	较弱	弱
安全性	安全、无毒	助燃（氧化剂）	易燃（强氧化剂）
稳定性	加工过程较稳定，组分及性能基本不变	加工过程 pH 值缓慢增加，应定时调整使之≤9	加工过程缓慢分解 Cl^- 增加，ClO_3^- 减少，故加工一段时间后要适当补充电解质
相对成分	$NaCl:NaNO_3:NaClO_3=2:5:12$		
应用范围	精度要求不很高的铁基、镍基、钴基合金等	精度要求较高的铁基、镍基、钴基合金，有色金属（铜、铝等）	加工精度要求较高的零件；固定阴极加工

从表 5-14 可以看出：NaCl 电解液的优点是高效、稳定、成本低、通用性好，因而早期得到普遍应用，其缺点是加工精度不够高，对设备腐蚀性较大。$NaNO_3$ 电解液优点是加工精度较高、对设备腐蚀性较小，缺点是加工效率较低，目前其应用面最宽。$NaClO_3$ 电解液虽然加工精度高，在使用初期发展较快，但成本较高，使用过程较复杂，干燥状态易燃，因而未能广泛应用。

（3）低浓度复合电解液

近年开发的低浓度复合电解液在改善钛合金加工及镍基铸造合金的表面质量以及提高铁基合金或金属的加工精度上有显著的效果。研究表明，在低浓度非线性电解液中添加适当的添加剂，组成配方适宜的复合电解液，可提高其电流效率和电导率。例如：加工 2Cr13 时在 4%$NaNO_3$ 中添加 2% Na_2ClO_3 的复合电解液可在保证加工精度的同时提高其加工效率，即综合效果颇佳。加工试验还表明，再添加 2% Na_2SO_4 后虽然对 2Cr13 尺寸精度无影响，但却可提高加工速度，并可减少以至消除溶液中的 $Cr_2O_7^{2-}$，减少环境污染，即综合效果更佳。此外 6% $NaNO_3$+2% Na_2SO_4 加工 5CrNiMo、4%～5% $NaNO_3$+2% Na_2SO_4 以及 8% $NaNO_3$ 加工 3Cr2W8V 时均有良好的尺寸加工精度。

总体来看，低浓度复合电解液的上述优点是在组分优选及与加工材料匹配适当的条件下才能发挥出来，而其缺点（如电导率较低，从而使加工速度较低，以及加工过程中组分变化后适时测量、控制等问题）尚有待进一步研究解决。

3）电解液的流动形式

（1）电解液流动形式

电解液流动形式是指电解液流向加工间隙、流经加工间隙及流出加工间隙的流通路径、流动方向的几何结构。

电解液流动形式可分为正向流动、反向流动和侧向流动三种，又称为正流式、反流式和侧流式，如图 5－85 所示。

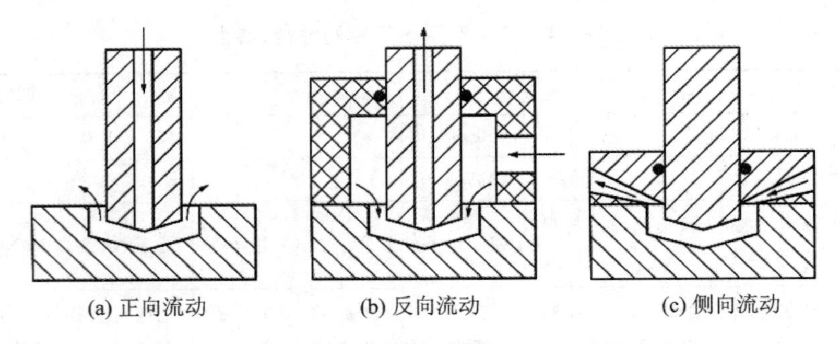

(a) 正向流动　(b) 反向流动　(c) 侧向流动

图 5－85　电解液的流动形式

正向流动是指电解液从工具阴极中心流入，经加工间隙后，从四周流出，如图 5－85(a)所示。其优点是工装较简单，缺点是电解液流经侧面间隙时已混有大量气体及电解产物，加工精度和表面粗糙度难以保证。

反向流动与正向流动相反，是指电解液从加工区四周流入，经加工间隙后，从工具阴极中心流出，如图 5－85(b)所示。其优缺点也与正向流动相反。

侧向流动是指电解液从一侧面流入，从另一侧面流出，如图 5－85(c)所示。其优点是工具阴极简单，且不会在工件上留下出液口凸台，缺点是必须有复杂的电解液密封工装。

(2) 电解液流动形式选择

根据上述各种流动形式的特点，可知其合适的应用范围。因此，须根据加工对象的不同，来选择电解液的流动形式。

电解液流动形式的选择见表 5－15。

表 5－15　电解液流动形式的选择

流动形式		主要应用范围
侧向流动		① 平面及型面加工，如叶片加工； ② 浅型腔加工； ③ 流线型型腔加工，如叶片锻模加工
正向流动	不加背压	① 小孔加工； ② 中等复杂程度型腔或加工精度要求不高的型腔； ③ 混气加工型腔
	加背压	① 复杂型腔； ② 较精密的型腔
	毛坯有预孔	有预孔的零件加工，如电解镗孔等
反向流动		① 复杂型腔； ② 较精密的型腔

4. 电解加工在模具中的应用

我国于 1958 年首先在炮管膛线加工方面开始应用电解加工技术，历经近 60 年的发展，目前电解加工已被广泛应用于模具、异型孔及异型零件等成型加工，以及倒棱和去毛刺处理。

根据电解加工的特点，选用电解加工工艺时应考虑下列基本原则：

- 难切削材料，如高硬度、高强度或高韧性材料的工件的加工。
- 复杂结构零件，如三维型腔的锻模、机匣等的加工。
- 较大批量生产的工件，特别是对工具的损耗严重的工件的加工。
- 特殊的复杂结构，如薄壁整体结构、深小孔、异型孔、横向孔、干涉孔等的加工。

1）模具型腔加工

近年来，模具结构日益复杂，材料性能不断提高，难加工的材料如预淬硬钢、不锈钢、高镍合金钢、粉末合金、硬质合金、超塑合金等所占的比重日趋加大。因此，在模具制造业中越来越显示出电解加工适应难加工材料、复杂结构的优势。电解加工在模具制造领域中已占据了重要地位。

（1）模具电解加工应用状况

① 锻模又分一般锻模和精密锻模：

- 一般锻模——模具的精度中等，各面之间圆滑转接，表面质量要求较高，材料硬度高，批量较大，适应电解加工当前发展水平，可以全面发挥电解加工的优势。中等精度锻模的电解加工已在生产中有较为广泛的应用，特别是小倾角浅型腔模具。
- 精密锻模——精度、表面质量要求均高，批量更大，只能采用精密电解加工。目前精密锻模电解加工正在开发中。

② 玻璃模和食品模：型腔的表面光洁度要求较高，而精度要求不高，因轴对称，故流场均匀，较适应电解加工的特点。该类模具电解加工在国外有较多应用。

③ 压铸模包括整体式和分块式：形状较复杂，尺寸较大，流场控制及工具电极设计制造均较复杂、难度较高，但分块式压铸模较为简便。该类模具电解加工国外有局部应用。

④ 冷镦模：受力较大，对表面质量要求较高，精度要求则不甚高，可发挥电解加工的优势。故常用于中小零件模具加工。

⑤ 橡胶轮胎模、注塑模等其他模具：合模精度较高，且批量很小，材料可切削性尚可，一般不宜采用电解加工。

（2）模具型腔电解加工工艺

各种模具中，除了冲压模是二维型腔以外，其余的如锻模、玻璃模、压铸模、冷镦模、橡胶模、注塑模等均是三维型腔，它们的加工都属于三维全型成型加工。因此，要获得所要求的型面形状和尺寸，最便捷的途径就是按照近似的工件型腔等距面设计制造阴极，加工中通过先进的工艺来保证整个加工区内所有位置的加工间隙的均匀性，即通过均匀缩小、均匀放大这样两个环节，将零件的形状和尺寸复制到模具型面上。但是要保证加工间隙的绝对均匀是不可能的，因而这种工艺目前还难以实现，只能近似用于精度要求较低的模具加工。而目前在国内广为采用的是另一种途径，即通过分析和试验来掌握间隙分布的规律性，再据此对工具阴极加以反复修整，直至加工出合格的型腔。

2）型孔及小孔加工

（1）型孔电解加工

对于四方、六方、椭圆、半圆、花瓣等形状的通孔和不通孔，若采用机械切削方法加工，往往需要使用一些复杂的刀具、夹具来进行插削、拉削或挤压，且加工精度和表面粗糙度仍不易保证。而采用电解加工，则能够显著提高加工质量和生产率。型孔电解加工具有以下特点：

① 通常型孔是在实心零件上直接加工出来的。

② 常采用端面进给式阴极,在立式机床上进行加工。

③ 采用正流式加工,即电解液进入方向与阴极的进给方向相同,而排出方向则相反。因此,液流阻力随加工深度的增加而增大,加工产物的排除也越来越难。

(2) 深小孔电解加工

在孔加工中,尤其以深小孔的加工最为困难。特别是近年来材料向着高强度、高硬度的方向不断发展,经常需要在一些高硬度高强度的难加工材料(如模具钢、硬质合金、陶瓷材料和聚晶金刚石等)上进行深小孔加工。例如:新型航空发动机高温合金涡轮上采用的大量多种冷却孔均为深小孔或呈多向不同角度分布的小孔,若用常规机械钻削加工则特别困难,甚至无法进行。而电火花和激光加工小孔时加工深度受到一定的限制,而且会产生表面再铸层。深小孔电解加工技术具有表面质量好、无再铸层和微裂纹、可群孔加工等优点,因而在许多领域,尤其在航空航天制造业中发挥了独特作用。

深小孔加工用的阴极材料通常为不锈钢。只有在加工孔径很小,或深径比很大时,为避免造成堵塞,须采用可溶解电解产物和杂质的酸性电解液,因而就必须选用耐腐蚀的钛合金管制作阴极。此外,阴极还需要采用高温陶瓷材料和环氧材料作为绝缘涂层。深小孔加工阴极内径小且加工侧面间隙小而深,这将导致两方面的影响:一是要求电解液应严格过滤,保证高度清洁;二是要特别注意避免电解产物阻塞流道,或电解产物在阴极加工表面上沉积,因而电解液应该具有溶解电解产物的作用。

深小孔加工的电解液通常采用浓度为10%~25%的无机酸类水溶液,如 H_2SO_4、HCl 或 HNO_3,它们均具有溶解电解产物的功能。电解液工作压力一般为0.2~0.7 MPa,工作电压10~15 V,通常采用恒电压加工。

(3) 小孔电液束加工

电液束加工的研究于20世纪60年代中期始于美国通用电气公司(GE公司)。我国在20世纪70年代,企业开始了电液束加工研究,近年来在喷嘴制造和加工工艺方面都取得了重大进展。

电液束加工如图5-86所示。电液束加工的装置也包括三部分:

- 电解液系统,较高压力的电解液经由绝缘喷管形成一束射流喷向工件。
- 机床及其控制系统,用于安装工件、绝缘管(阴极),提供并控制阴极相对工件的进给运动。
- 高压直流电源。

电液束加工小孔时,被加工工件接正极,在呈收敛形状的绝缘玻璃管喷嘴中有一根金属丝或金属管接负极(见图5-87),在正、负极间施加100~1 000 V的高压直流电,小流量耐酸高压泵将净化了的电解质溶液压入导电密封头进入玻璃管阴极中,使电解液流束阴极化而带负电,当其射向加工工件的待加工部位时,就在喷射点上产生阳极溶解;随着阴极相对工件的进给,在工件上不断溶解而形成一定深度的小孔。

电液束加工中既有阳极金属溶解的过程,也有化学加工的作用。电液束加工去除材料,是在高电压、大电流密度以及喷射点局部高温条件下,特殊的电解作用、强烈的化学腐蚀以及其他未知加工作用的复合加工的结果。

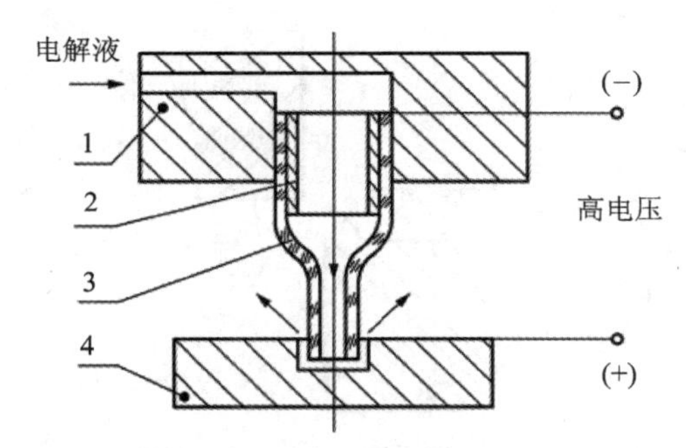

1—检测及送进装置；2—阴极；3—绝缘管；4—工件

图 5-86　电液束加工示意图

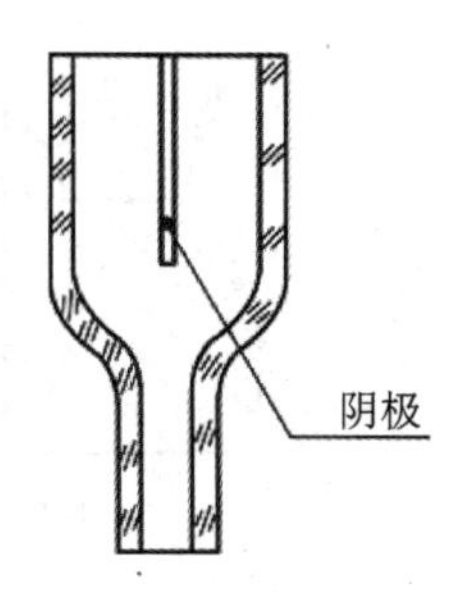

图 5-87　丝状阴极

电液束加工的特点如下：

- 电液束加工方法可达性好，可以实现其他方法不能实现或难以实现的特殊角度的小孔加工。
- 可实现无再铸层、无微裂纹的小孔加工，为长寿发动机叶片加工提供了良好的工艺手段。
- 用电液束加工的孔进出口光滑，无毛刺，加工表面粗糙度值低（一般为 0.8～3.2 μm），因而气动性能好，可省去激光打孔后去毛刺和再铸层的精整加工工序。
- 与传统电解加工工艺相比可以加工出更小的孔。用电液束送进法加工的小孔直径可达 0.125 mm，采用不送进法可加工出直径 0.025 mm 的小孔。
- 电液束加工是无应力切削方法，因此可实现对薄壁零件的切割。但也存在玻璃管电极易碰碎等缺点。

3）电解去毛刺

与其他方法相比，电解去毛刺特别适合于去除硬、韧性金属材料以及可达性差的复杂内腔部位的毛刺。此法加工效率高，去刺质量好，适用范围广，安全可靠，易于实现自动化。

与电解加工类似，电解去毛刺也是利用电化学阳极溶解反应的原理。由于靠近阴极导电端的工件突出的毛刺及棱角处电流密度最高，从而使毛刺很快被溶解而去除掉，棱边形成圆角。

电解去毛刺的加工间隙较大，加工时间又很短，因而工具阴极不需要相对工件进给运动，即可采用固定阴极加工方式，机床不需要工作进给系统及相应的控制系统。但是，工具阴极相对工件的位置必须放置正确。

- 对于高度大于 1 mm 的较大毛刺，工具阴极应放置在能使毛刺根部溶解（"切根"）的位置，如图 5-88(a)所示。
- 对于较小的毛刺，可将工具阴极放置在能使毛刺沿高度方向溶解的位置，如图 5-88(b)所示。

4）微精电解加工

从原理上来讲，电化学加工技术中材料的去除或增加过程都是以离子的形式进行的。由于金属离子的尺寸非常微小（10^{-1} nm 级），因此相对于其他微团去除材料方式（如微细电火花、微细机械磨削），这种以离子方式去除材料的微去除方式使得电化学加工技术在微细制造

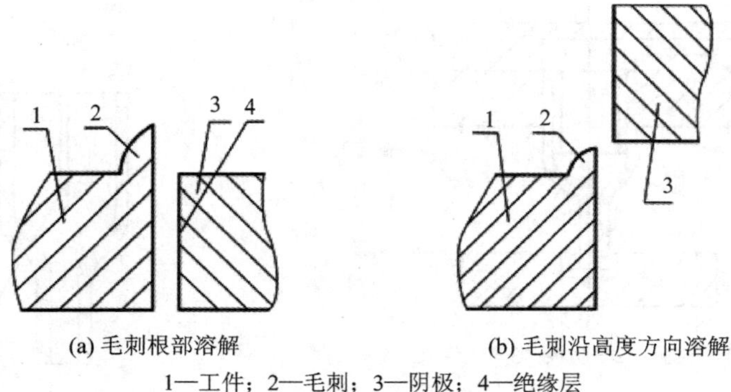

(a) 毛刺根部溶解　　(b) 毛刺沿高度方向溶解

1—工件；2—毛刺；3—阴极；4—绝缘层

图 5－88　工具阴极的定位

领域甚至在纳米制造领域存在着极大的研究探索空间。

从理论上讲，只要精细地控制电流密度和电化学发生区域，就能实现电化学微细溶解或电化学微细沉积。微细电铸技术是电化学微细沉积的典型实例，它已经在微细制造领域获得重要应用。微细电铸是 LIGA 技术一个重要的、不可替代的组成部分，已经被应用于纳米尺寸的微细制造中，激光防伪商标模板和表面粗糙度样块是电铸的典型应用。

但电化学溶解加工的杂散腐蚀及间隙中电场、流场的多变性严重制约了其加工精度的提高，其加工的微细程度目前还不能与电化学沉积的微细电铸相比。目前微精电解加工还处于研究和试验阶段，其应用仅局限于一些特殊的场合，如电子工业中微小零件的电化学蚀刻加工（美国 IBM 公司）、微米级浅槽加工（荷兰飞利浦公司）、微型轴电解抛光（日本东京大学）已取得了很好的加工效果，精度已可达微米级。微细直写加工、微细群缝加工及微孔电液束加工，以及电解与超声、电火花、机械等方式结合形成的复合微精工艺已显示出良好的应用前景。

5.3.4　电铸加工和电刷镀加工

电解加工是利用电化学阳极溶解的原理去除工件材料的减材加工。与此相反的是利用电化学阴极沉积的原理进行的镀覆加工（增材加工），主要包括电镀、电铸及电刷镀三类。其中，电镀只用于表面加工、装饰，在此不作专门介绍。

1. 电铸加工

1）电铸加工的原理

电铸技术的应用最早可以追溯到 1840 年，与电镀同时被运用于制造中。但因受限于相关的基础理论与技术发展，直至 20 世纪 50 年代，电铸技术的应用仍十分有限。直到近 50 年，得益于各相关技术领域的突破，电铸才逐渐广泛应用于工业领域，甚至高科技产业。这主要是因为精密电铸技术能做到极微小的尺寸，并且获得极佳的复制精度。

电铸加工的基本原理如图 5－89 所示，将电铸材料作为阳极，原模作为阴极，电铸材料的金属盐溶液作为电铸液。在直流电源的作用下，阳极发生电解作用，金属材料电解成金属阳离子进入电铸液，再被吸引至阴极获得电子还原而沉积于原模上。当阴极原模上电铸层逐渐增厚达到预定厚度时，将其与原模分离，即可获得与原模型面凹凸相反的电铸件。

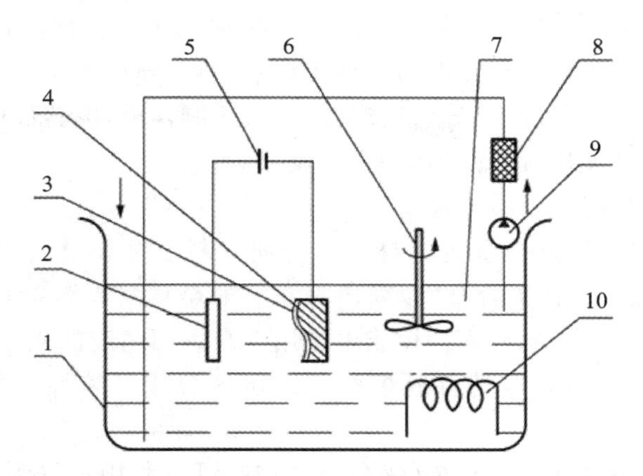

1—电铸槽；2—阳极；3—沉积层；4—原模；5—电源；
6—搅拌器；7—电铸液；8—过滤器；9—泵；10—加热器

图 5-89　电铸加工的原理示意图

2）电铸加工的特性与应用

电铸加工有其鲜明的优势特性：

- 高复制精度。电铸是一种精密的金属零件制造技术，能获得到其他制造难以达到的复制精度。电铸产生的铸件可以成为其他制造所需要的原模，并且表面精度极佳。
- 原模可永久性重复使用。电铸加工过程对原模无任何损伤，所以原模可永久性重复使用，而同一原模生产的电铸件重复精度极高。
- 借助石膏、石蜡、环氧树脂等作为原模材料，可把复杂零件的内表面复制为外表面，或外表面复制为内表面，然后再电铸复制。

电铸加工也存在一定的局限性：

- 生产率低。由于电流密度过大易导致沉积金属的结晶粗大，强度低。一般每小时电铸金属层为 0.02～0.5 mm，加工时间长。
- 原模制造技术要求高。
- 有时存在一定的脱模困难。

3）电铸加工的基本设备

电铸加工的基本设备有下列几种：

① 电铸槽。为避免腐蚀，常用钢板焊接，内衬铅板、橡胶或塑料等。小型槽可用陶瓷、玻璃或搪瓷制品；大型槽可用耐酸砖衬里的水泥制作。

② 直流电源。电压 3～20 V 可调，电流和功率能满足(条件电流密度达到)15～30 A/m^2 即可。常用硅整流或可控硅直流电源。

③ 搅拌和循环过滤系统。其作用为降低浓差极化，加大电流密度，提高电铸质量。

④ 加热和冷却装置。常用蒸汽和通电加热，用电吹风或自来水冷却。

4）电铸加工的工艺过程

电铸加工的工艺过程包括原模制作、表面处理、电铸、衬背及脱模及铸件检测等。

(1) 原模制作

电铸模的设计与制作是电铸制造成败的关键。从设计的观点来讲，电铸模可以区分为刚性模和非刚性模。刚性模与非刚性模最主要的差异是在电铸件脱模的过程中：非刚性模所产生的铸件因其复杂的几何外形必须让电铸模变形（或是拆下部分模具），甚至破坏电铸模才能使电铸件脱离模具，因此非刚性模又称为暂时模；而对于刚性模，电铸件可以轻易脱离母模，不损伤电铸模令其能持续地使用，因此又称为永久模。

刚性模与非刚性模的材料及特性如下：

① 刚性模可选用的材料涵盖金属材料与非金属材料。金属材料包括不锈钢（奥氏体铁系）、铜、黄铜、中碳钢、铝（包含铝合金）以及电铸镍。非金属材料包括热塑性树脂、热固性树脂、蜡及感旋光性树脂。其中，感旋光性树脂常被用在高表面精度的光盘制造。

② 非刚性模材料的选择依电铸件脱模的方式可区分成可熔性材料、可溶性材料、变形材料。

可熔性材料——一般为低熔点合金（铋合金）或蜡，可以利用加热到电铸模材料熔点以上的温度将电铸模熔化的方式脱模。

可溶性材料——铝及含少量锌的铝合金，可以被氢氧化钠溶液溶解去除。

变形材料——以塑化高分子氯乙烯类材料为电铸模材料，在完成电铸后可以顺利脱模。

（2）表面处理

电铸模材料包含导电性材料和非导电性材料。导电性材料的电铸模必须先经过完全的洁净及适当的表面处理，使电铸件与电铸模不会黏着，以顺利脱模。表面处理的方式因电铸模材料的不同而异。最简单的一种处理方式是用重铬酸钠水溶液清洗，在不锈钢或镍铸模表面形成一个钝化膜。若是使用非导电性材料作为电铸模材料，则必须在电铸模表面形成一个导电层。形成导电层的方法很多，如真空镀膜、阴极溅射、化学镀或粘胶涂敷等，最常用的两种方法是在电铸模上贴上银箔或是涂上一层银漆。

（3）电铸加工过程

电铸技术的基本分类有金属电铸（如镍、铜、铁、金、银、铝等）、合金电铸（如镍-铁、镍-钴等）及复合电鋳（如 Ni-SiC 等），其中镍、铜电铸的应用占了绝大多数。

先介绍电铸镍。镍具有容易电铸及抗腐蚀性佳的特性，应用面最广。但其质软，硬度只有250～350HV，故主要应用于无磨耗问题的塑料结构成型原模。

铸镍使用的标准电铸液为氨基硫酸镍 $Ni(NH_4SO_3)_2 \cdot 4H_2O$，此电铸液具有铸层内应力低、力学性质佳、沉积速率快、电着性均匀等优点。表 5-16 所列为镍电铸液组成及操作条件。

表 5-16　镍电铸液组成及操作条件

组　成	氨基硫酸镍	硼　酸	润湿剂	应力降低剂	电流密度	温　度	PH	过滤尺寸
操作条件	400～450 g/L	40 g/L	2～3 mL/L	3～5 g/L	1～10 A/m^2	50～60 ℃	3.5～4.0	0.2 μm

要提高电铸结构的品质，除了控制电铸液的 pH、温度、镍金属盐浓度及选择适当的电流密度外，也须控制缓冲电铸液 pH 变化的硼酸浓度，并添加应力降低剂以降低电铸层内应力。另外，为增进电铸液与光阻结构间的亲和性，促使电铸液能深入狭窄的孔道，还需添加润湿剂。润湿剂可减小电铸液的表面张力，使阴极产生的氢气与氢氧化物胶体不易附着于铸层表面，减低铸层产生针孔及凹洞的机会，故又称为针孔抑制剂。

再来说铸铜。铜虽然比镍便宜，但因为铜的力学性质较镍差，并且对许多工作环境中的抗腐蚀性较差,所以应用受限制。

电铸铜最常使用的电铸液就是硫酸铜溶液,其组成成分为:70～250 g/L 的 $CuSO_4 \cdot 5H_2O$、50～200 g/L 的 H_2SO_4。硫酸铜电铸液性质稳定,容易操作,并且可以获得内应力极低的电铸件。但含高浓度硫酸的电铸液对设备及操作者皆具有强烈的腐蚀性。

使用硫酸铜电铸铜时,使用钝性阳极(阳极本身不产生电解反应),电铸液中的铜离子由铜金属颗粒溶解产生补充以保持铜离子浓度。使用钝性阳极,可精确地控制阳极与阴极间的微小间距,降低电铸的能量消耗及杂质的产生。

硫酸铜电铸液也可以添加一些有机添加剂,让电铸件产生表面光亮的效果。

氰化铜溶液同样也可以当作电铸铜的电铸液,但必须考虑使用氰化铜电铸液电铸件的内应力会大过使用硫酸铜电铸液。同时,使用氰化铜溶液电铸液还需考虑氰化物毒性及污染的问题,以及氰化铜溶液电铸液在使用过程中因氰化物化学特性所衍生出来的较复杂的控制问题。尽管如此,氰化铜溶液电铸液用在使用周期反向电流电铸加工中,这种加工产生的铸件材料分布较均匀,故常被用作电铸镍模的表面电铸。

(4) 衬背及脱模

在加工某些电铸件(如塑料模具和翻制印刷线路板等)时,电铸成型之后还需要用其他材料做衬背处理,然后再机械加工到预定尺寸。

塑料模具电铸件的衬背方法常为浇铸铝或铅锡低熔合金;翻制印制线路板则常用热固性塑料等。

电铸件的脱模分离方法视原模材料不同而异,包括捶击、加热或冷却胀缩分离、加热熔化、化学溶解、用压机或螺旋缓慢地推拉、用薄刀尖分离等。

(5) 铸件检测

电铸件除了外观尺寸外,其内应力及力学性质都是电铸件合格与否的关键。因此,电铸件检测的项目包括成分比例、力学性质、表面特性以及复制精确度等。

2. 电刷镀加工

1) 电刷镀技术的原理及特点

电刷镀技术简称刷镀,又称涂镀或选择镀技术,是在金属工件表面局部快速电化学沉积金属的工艺技术。其基本工艺过程如图 5－90 所示。

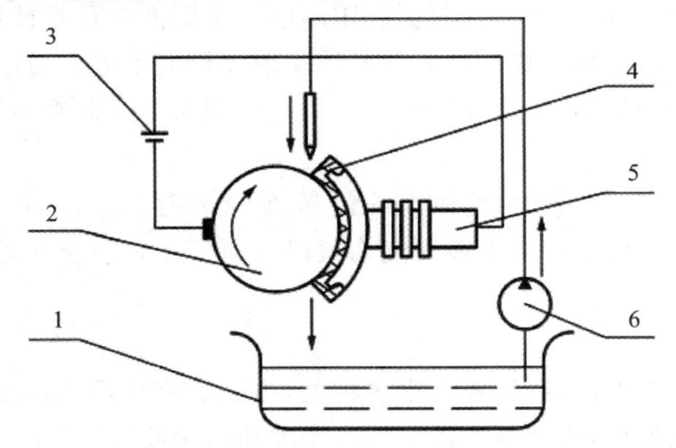

1—镀液盆;2—工件;3—电源;4—包套;5—刷镀笔;6—输液泵

图 5－90　电刷镀工艺过程示意图

电刷镀加工时，工件接电源的负极，刷镀笔接电源的正极。裹有绝缘包套，浸渍特种镀液的刷镀笔“贴合”在工件的被镀部位并做相对运动。在阴极工件上，镀液中的金属离子在电场的作用下与电子结合，还原为金属原子而沉积形成镀层。

与有槽电镀相比，电刷镀加工有以下特点：

➢ 不需要镀槽，可以对局部表面直接刷镀，设备简单，操作方便，可在现场使用，不易受工件大小、形状的限制。
➢ 刷镀液的种类及可刷镀的金属多，易于实现复合镀层，一套设备可刷镀金、银、铜、铁、锡、镍、钨、铟等多种金属。
➢ 目前可以使用电刷镀技术的基体材料几乎包括了所有的金属结构材料，如碳钢、合金钢、铸铁、不锈钢、镍基合金、铜基合金、铝基合金等，镀层与基体金属的结合牢固，刷镀速度快。
➢ 刷镀笔与工件之间必须保持一定的相对运动，因而一般都须人工操作，难以实现大批量及自动化生产。

2）电刷镀基本设备

电刷镀基本设备包括刷镀电源、刷镀笔、刷镀液。

（1）刷镀电源

目前使用的刷镀电源有直流电源及脉冲电源两种，以下重点介绍使用较多的直流电源。这种电源有硅整流、可控硅整流及开关电流等几种形式，为平流外特性，即随着负载电流的增大，其电压下降不多，一般均具有以下功能：

① 设有安时计或镀层厚度计，显示和监控刷镀层的厚度。

② 可正负极转换，以满足刷镀、活化及电净不同工序的需要。

③ 过载保护和报警装置，保护电源在超过额定输出电流或两极短路时，快速切断电源。

（2）刷镀笔

刷镀笔由导电手柄和阳极组成，两者通常用螺纹连接，而对小功率刷镀笔可用紧配式连接。目前已生产供应的刷镀笔有五种型号，即 TDB-1～TDB-5。

阳极材料：刷镀通常都使用不溶性阳极，它要求阳极材料化学稳定性好，不污染镀液，工作时不形成高电阻膜而影响导电。常用的不溶性阳极材料有石墨阳极、铂-铱（含铱 10%）阳极、不锈钢（适用于中性或碱性溶液）和镀铂的钛-铂阳极。作阳极的石墨材料应致密而均匀，纯度高。含有铜粉的石墨和炼钢作电极用的石墨都因质地疏松而不适合用作阳极。某些场合也可采用可溶性阳极，如刷镀铁、镍时可用铁或镍作为可溶性阳极，刷镀铜和锡也可采用可溶性阳极。

包套：阳极须包裹一层或两层涤纶绒布的包套，它起着存储溶液，防止阳极与镀件直接接触的作用（否则阴阳极短路，会产生电弧而烧伤镀件表面），并对阳极表面产生的石墨粒子或盐类起一定的过滤作用。

（3）刷镀液

根据所镀金属和用途不同，刷镀液有很多种类，由金属络合物水溶液及少量添加剂组成。为了对待镀表面进行预处理，刷镀液中还包括电净液和活化液等。

对于小型工件表面或不规则工件表面，用刷镀笔蘸浸刷镀液即可进行刷镀；对于大型表面或回转体工件表面，常用小型离心泵把刷镀液浇注到刷镀笔与工件之间。

3）电刷镀加工工艺过程

电刷镀加工工艺过程包括如下步骤：

① 表面预加工，去除表面的毛刺、平面度等，使表面粗糙度达到 $Ra \leqslant 2.5\ \mu m$。

② 除油、除锈。

③ 电净处理，对零件表面进行电化学脱脂。

④ 活化处理，对零件进行电化学浸蚀，将零件表面的锈蚀、氧化皮、污物等清除干净，使表面呈活化状态。

⑤ 镀底层，主要目的是提高镀层与基材的结合强度。

⑥ 镀尺寸镀层和夹心镀层。当零件磨损表面需要恢复的尺寸高于单一镀层所允许的安全厚度时，往往在恢复尺寸镀层中间夹镀一种或几种其他性质的夹心镀层，即几种镀层交替叠加。

⑦ 镀工作层，主要类别有耐磨和减摩镀层、抗高温氧化镀层、防粘镀层、非晶态镀层、导电镀层、磁性镀层、热处理用镀层、可焊性镀层、装饰镀层、吸光和吸热镀层、耐腐蚀镀层等。

⑧ 镀后清洗及防锈处理。

4）电刷镀加工的应用

目前，电刷镀加工的应用范围几乎遍及国民经济建设和国防建设的各个行业，包括航空、军工、船舰、能源、石化、铁路、建筑、冶金、采矿、汽车、印刷及轻工等。具体应用如下：

① 修复失效的零部件表面，恢复尺寸和几何形状，设施超差品补救。例如：各种轴、轴瓦、轴承座、缸体、活塞、套类零件、高强度紧固件、旋转叶片、枪或炮管膛线、紧配合组件、摩擦副组件等磨损后，或者在加工中尺寸超差时，均可用刷镀修复。

② 填补零件表面上的划伤、凹坑、点蚀等缺陷，例如：机床导轨、活塞液压缸缸套及柱塞、密封部件、模具型腔、印刷辊及吸墨鼓、造纸辗光辊及烘缸等的修补。

以大型、复杂、单件小批量工件的表面局部刷镀镍、铜、锌、镉、钨、金、银等防护层，改善表面性能。例如：各种包装品、塑料和橡胶制品、玻璃器皿、食品及医药片剂、建筑砖料及饰面材料、有色金属压铸及挤压品、钢材冷冲成型及热锻件的模具表面刷镀后，提高模具耐腐蚀、抗冲刷性能的同时，产品的外形平整光滑，而且易于脱模，延长模具寿命。

5.4　超声波加工

5.4.1　概　述

近十几年来，超声波加工与传统的切削加工技术相结合而形成的超声波振动切削技术得到迅速的发展，并且在实际生产中得到广泛的应用；对于难加工材料的加工取得了良好的效果，使加工精度、表面质量得到显著提高；尤其是有色金属、不锈钢材料、刚性差的工件的加工中，体现其独特的优越性。

1. 超声波特性及其加工的基本原理

1）超声波及其特性

声波是人耳能感受到的一种纵波，它的频率为 16～16 000 Hz；频率低于 16 Hz 的称为次声波；超过 16 000 Hz 的就称为超声波。

超声波和声波一样，可以在气体、液体和固体介质中传播，主要具有下列性质：

① 超声波能传递很强的能量。超声波的作用主要是对其传播方向上的障碍物施加压力（声压），以这个压力的大小来表示超声波的强度，传播的波动能量越强，则压力也越大。由于超声波的频率 f 很高，其能量密度可达 100 W/cm^2 以上。在液体或固体中传播超声波时，由于介质密度 ρ 和振动频率都比空气中传播声波时高许多倍，因此在同一振幅下，液体、固体中的超声波强度、功率、能量密度要比空气中的声波高千万倍。

② 当超声波经液体介质传播时，将以极高的频率压迫液体质点振动，在液体介质中连续地形成压缩和稀疏区域。由于液体基本上不可压缩，由此产生压力正、负交变的液压冲击和空化现象。由于这一过程时间极短，液体空腔闭合压力可达几十个标准大气压，并产生巨大的液压冲击。这一交变的脉冲压力作用在邻近的零件表面上会使其破坏，引起固体物质分散、破碎等效应。

③ 超声波通过不同介质时，在界面上发生波速突变，产生波的反射和折射现象。能量反射的大小决定于两种介质的波阻抗（密度与波速的乘积 ρc 称为波阻抗）。介质的波阻抗相差愈大，超声波通过界面时能量的反射率愈高。当超声波从液体或固体传入到空气或者从空气传入液体或固体的情况下，反射率都接近 100%，此外空气有可压缩性，更阻碍了超声波的传播。为了改善超声波在相邻介质中的传递条件，往往在声学部件的各连接面间加入机油、凡士林作为传递介质以消除空气及因它而引起的衰减。

④ 超声波在一定条件下，会产生波的干涉和共振现象。

2）*超声波加工的基本原理*

超声波加工是利用工具端面做超声频振荡，再将这种超声频振荡，通过磨料悬浮液传递到一定形状的工具头上，加工脆硬材料的一种成型方法。加工原理示意如图 5－91 所示。加工时，工具 1 的超声频振荡将通过磨料悬浮液 6 的作用，剧烈冲击位于工具下方工件的被加工表面，使部分材料被击碎成细小颗粒，由磨料悬浮液带走。加工中的振动还强迫磨料液在加工区工件和工具的间隙中流动，使变钝了的磨粒能及时更新。随着工具沿加工方向以一定速度移动，实现有控制的加工，逐渐将工具形状“复印”在工件上（成型加工时）。

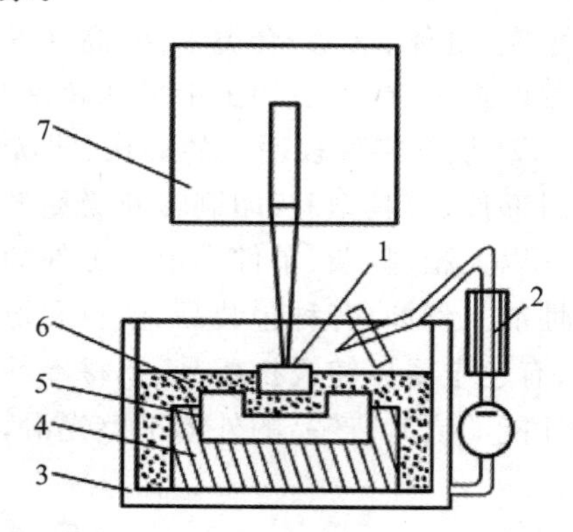

1—工具；2—冷却器；3—加工槽；4—夹具；5—工件；6—磨料悬浮液；7—振动头；

图 5－91　超声波加工原理示意图

在工作中，工具头的振动还使悬浮液产生空腔，空腔不断扩大直至破裂，或不断被压缩至闭合。这一过程时间极短，空腔闭合压力可达几百兆帕，爆炸时可产生水压冲击，引起加工表面破碎，形成粉末。同时悬浮液在超声振动下，形成的冲击波还使钝化的磨料崩碎，产生新的刃口，进一步提高加工效率。

由此可见，超声波加工是磨粒在超声振动作用下的机械撞击和抛磨作用以及超声空化作用的综合结果，其中磨粒的撞击作用是主要的。

既然超声波加工是基于局部撞击作用，因此就不难理解，越是脆硬的材料，受撞击作用遭受的破坏越大，越易超声加工。相反，脆性和硬度不高的韧性材料，由于它的缓冲作用而难以加工。根据这个道理，人们可以合理选择工具材料，使之既能撞击磨粒，又不致使自身受到很大破坏，例如用 45 钢作工具即可满足上述要求。

2. 超声波加工的特点

超声波加工的特点如下：

① 适合于加工各种不导电的硬脆材料，例如玻璃、陶瓷（氧化铝、氮化硅等）、石英、锗、硅、玛瑙、宝石、金刚石等。对于导电的硬质金属材料如淬火钢、硬质合金等，也能进行加工，但加工生产率较低。对于橡胶则不可进行加工。

② 加工精度较高。由于去除加工材料是靠磨料对工件表面撞击作用，故工件表面的宏观切削力很小，切削应力、切削热很小，不会引起变形及烧伤，表面粗糙度也较好，公差可减小至 0.008 mm以下，表面粗糙度 Ra 值一般在 0.1～0.4 μm 之间。

③ 由于工具和工件不做复杂相对运动，工具与工件不用旋转，因此易于加工出各种与工具形状相一致的复杂形状内表面和成型表面。超声波加工机床的结构也比较简单，只需一个方向轻压进给，操作、维修方便。

④ 超声波加工面积不大，工具头磨损较大，故生产率较低。

3. 超声波加工的设备

超声波加工的设备又称超声波加工装置，它们的功率大小和结构形状虽有所不同，但其组成部分基本相同，一般由超声波发生器、超声振动系统、磨料工作液及循环系统和机床本体四部分组成。

1）*超声波发生器*

超声波发生器也称超声或超声频发生器，其作用是将 50 Hz 的交流电转变为有一定功率输出的 16 000 Hz 以上的超声高频电振荡，以提供工具端面往复振动和去除被加工材料的能量。其基本要求是输出功率和频率在一定范围内连续可调，最好能具有对共振频率自动跟踪和自动微调的功能，此外要求结构简单、工作可靠、价格低廉、体积小等。

超声波发生器有电子管和晶体管两种类型。前者不仅功率大，而且频率稳定，在大中型超声波加工设备中用得较多。后者体积小，能量损耗小，因而发展较快，并有取代前者的趋势。

2）*超声振动系统*

超声振动系统的作用是把高频电能转变为机械能，使工具端面做高频率小振幅的振动，并将振幅扩大到一定范围（0.01～0.15 mm）进行加工。它是超声波加工机床中很重要的部件，由换能器、变幅杆（振幅扩大棒）及工具组成。

换能器的作用是将高频电振荡转换成机械振动，目前为达到这一目的可采用压电效应和磁致伸缩效应两种方法。

变幅杆又称振幅扩大棒。超声机械振动振幅很小，一般只有 0.005～0.01 mm，不足以直接用来加工，因此必须通过一个上粗下细的棒杆将振幅加以扩大，此杆称为振幅扩大棒或变幅杆。通过变幅杆可以增大到 0.01～0.15 mm，固定在振幅扩大棒端头的工具即产生超声振动。变幅杆的形状如图 5－92 所示。

变幅杆之所以能扩大振幅，是由于通过它每一截面的振动能量是不变的（略去传播损耗），截面小的地方能量密度大，能量密度 J 正比于振幅 A 的平方，即

$$A^2=\frac{2J}{\rho c\omega^2}$$

式中：ω——振动的频率（Hz）；

A——振动的振幅(mm);

ρ——弹性介质的密度(kg/m^3);

c——弹性介质中的波速(m/s)。

所以

$$A=\sqrt{\frac{2J}{k}}$$

式中:$k=\rho c\omega^2$是常数。

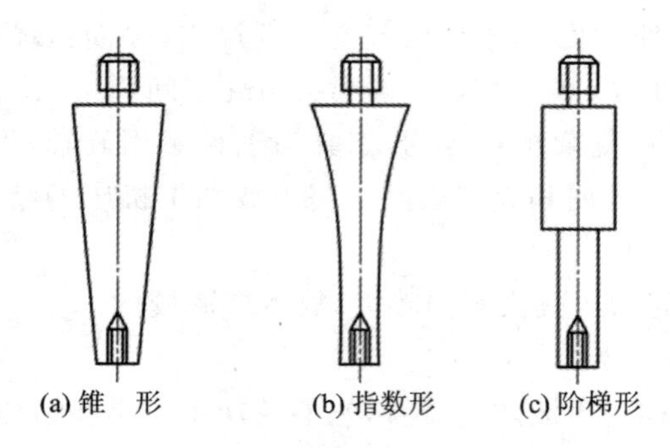

图 5-92　几种变幅杆的形状

由上式可知,截面越小,能量密度就越大,振动振幅也就越大。

为了获得较大的振幅,也应使变幅杆的固有频率和外激振动频率相等,处于共振状态。为此,在设计、制造变幅杆时,应使其长度 L 等于超声波振动的半波长或其整数倍。

超声波的机械振动经变幅杆放大后即传给工具,使磨粒和工作液以一定的能量冲击工件,并加工出一定的尺寸和形状。

工具安装在变幅杆的细小端。机械振动经变幅杆放大之后即传给工具,而工具端面的振动将使磨粒和工作液以一定的能量冲击工件,并加工出一定的形状和尺寸。因而工具的形状和尺寸决定于被加工表面的形状和尺寸,两者只相差一个加工间隙。为减小工具损耗,宜选有一定弹性的钢作工具材料。工具长度要考虑声学部分半个波长的共振条件。

工具的形状和尺寸决定于被加工表面的形状和尺寸,它们相差一个加工间隙(稍大于平均的磨粒直径)。当加工表面积较小时,工具和变幅杆做成一个整体,否则可将工具用焊接或螺纹连接等方法固定在变幅杆下端。当工具不大时,可以忽略工具对振动的影响,但当工具较重时,会降低声学头的共振频率。当工具较长时,应对变幅杆进行修正,使满足半个波长的共振条件。

3) *磨料工作液及循环系统*

对于简单的超声波加工装置,其磨料是靠人工输送和更换的,即在加工前将悬浮磨料的工作液浇注堆积在加工区,加工过程中定时抬起工具并补充磨料,也可利用小型离心泵使磨料悬浮液搅拌后注入加工间隙中去。对于较深的加工表面,应将工具定时抬起以利于磨料的更换和补充。大型超声波加工机床采用流量泵自动向加工区供给磨料悬浮液,且品质好,循环也好。

效果较好而又最常用的工作液是水,为了提高表面质量,有时也用煤油或机油作为工作液。磨料常用碳化硼、碳化硅或氧化铅等。其粒度大小是根据加工生产率和精度等要求选定的，颗粒大的生产率高，但加工精度和表面粗糙度则较差。

4）机床本体

超声波加工机床一般比较简单，机床本体就是把超声波发生器、超声波振动系统、磨料工作液及其循环系统、工具及工件按照所需要位置和运动组成一体，此外还包括支撑声学部件的机架及工作台、使工具以一定压力作用在工件上的进给机构及床体等部分。图 5－93 所示为国产 CSJ－2 型超声波加工机床简图，图中 4、5、6 为声学部件，安装在一根能上下移动的导轨上，导轨由上下两组滚动导轮定位，使导轨能灵活精密地上下移动。工具的向下进给及对工件施加压力依靠声学部件自重，为了能调节压力大小，在机床后部有可加减的平衡重锤 2，也有采用弹簧或其他办法加压的。

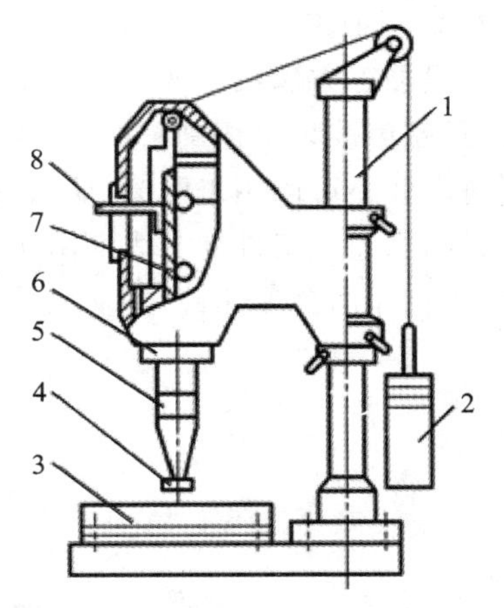

1—支架；2—平衡重锤；3—工作台；4—工具；5—变幅杆；6—换能器；7—导轨；8—标尺

图 5－93　CSJ－2 型超声波加工机床简图

5.4.2　超声波加工在模具中的应用

超声波加工从 20 世纪 50 年代开始研究以来，其应用日益广泛。随着科技和材料科学的发展，将发挥更大的作用。目前，在模具生产上主要有以下两方面的用途。

1. 成型加工

超声波加工目前在各工业部门中主要用于对脆硬材料加工圆孔、型孔、型腔、套料、微细孔、弯曲孔、刻槽、落料、复杂沟槽等。部分型孔、型腔类型如图 5－94 所示。

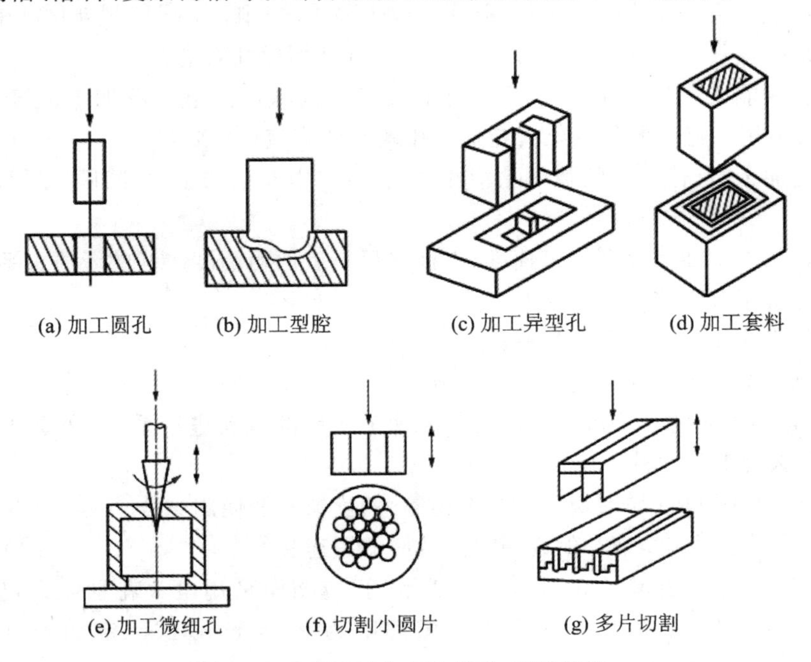

(a) 加工圆孔　(b) 加工型腔　(c) 加工异型孔　(d) 加工套料

(e) 加工微细孔　(f) 切割小圆片　(g) 多片切割

图 5－94　超声波加工的型孔、型腔类型

2. 切割加工

一般加工方法用于普通机械加工切割脆硬的材料是很困难的，采用超声波切割则较为有效，而且超声波精密切割精度高、生产率高、经济性好。

超声波还可以用来雕刻、研磨、探伤和进行复合加工。图 5－95 所示为超声波电解复合加工深孔示意图。工件加工表面除了发生阳极溶解以外，超声振动的工具和磨料会破坏阳极钝化膜，空化作用会加速钝化，从而使阳极加工速度和加工质量大大提高。

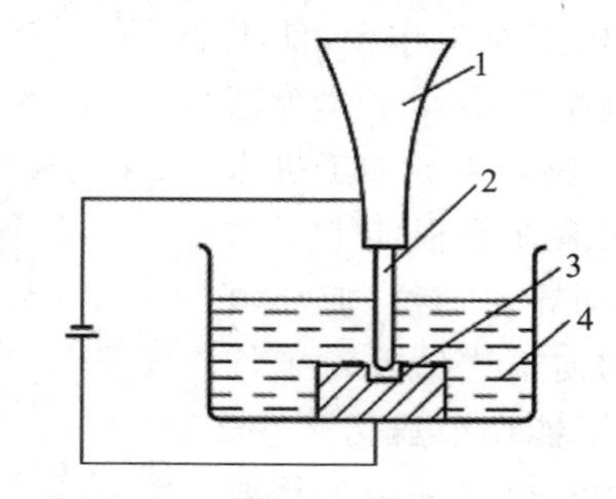

1—变幅杆；2—工具头；3—工件；4—电解液

图 5－95　超声波电解复合加工深孔示意图

思考题

1. 电火花加工时，间隙液体介质的击穿机理是什么？

2. 试述两金属电极在以下几种情况下产生火花放电时，在宏观和微观过程以及电蚀产物有何异同之处：

① 真空中；② 空气中；③ 纯净水（蒸馏水或去离子水）中；④ 线切割乳化液中；⑤ 煤油中

3. 什么是极性效应？在电火花加工中如何充分利用极性效应？

4. 有没有可能或在什么情况下可以用工频交流电源作为电火花加工的脉冲直流电源？在什么情况下可用直流电源作为电火花加工用的脉冲直流电源？

5. 电火花加工时，什么是间隙蚀除特性曲线？粗、中及精加工时，间隙蚀除特性曲线有何不同？

6. 在实际加工中如何处理加工速度、电极损耗与表面粗糙度之间的矛盾关系？

7. 电火花机床有哪些主要用途？

8. 电火花穿孔加工中常采用哪些加工方法？

9. 电火花成型加工中常采用哪些加工方法？

10. 电火花加工时的自动进给系统与传统加工机床的自动进给系统，在原理上、本质上有何不同？为什么会引起这种不同？

11. 试比较常用电极（如纯铜、黄铜、石墨等）的优缺点及使用场合。

12. 什么是覆盖效应？请举例说明覆盖效应的用途。

13. 冲孔凸模的断面尺寸如图 5－96 所示，相应凹模采用电火花加工。已知加工时的单面放电间隙为 0.03 mm，模具的双面冲裁间隙为 0.04 mm，试确定加工电极的横断面尺寸。

14. 落料凹模的型孔尺寸如图 5 - 97 所示，型孔采用电火花加工。已知加工时的单面放电间隙为 0.02 mm，模具的双面冲裁间隙为 0.06 mm，试确定加工电极的横断面尺寸。

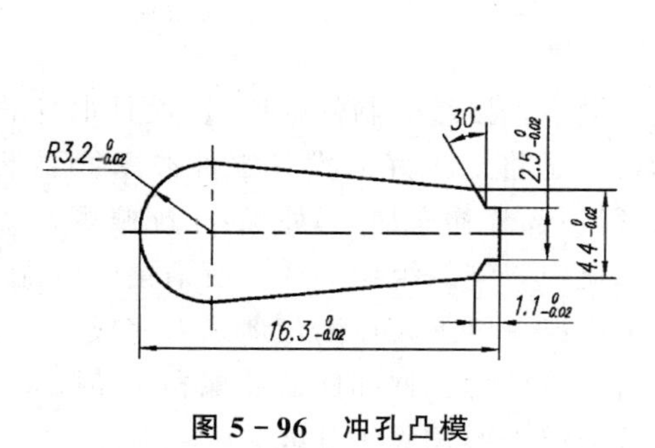

图 5 - 96　冲孔凸模

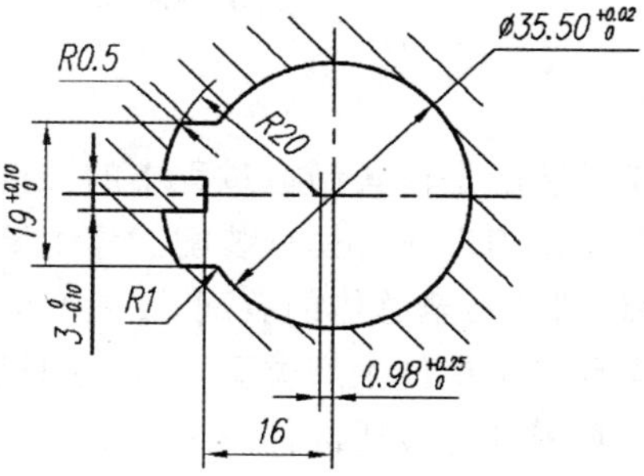

图 5 - 97　落料凹模

15. 试比较电火花加工和电火花线切割加工的异同。

16. 线切割加工的生产率和脉冲电源的功率、输出电流大小等有关，用什么方法、标准来衡量和判断脉冲电源加工性能的好坏(绝对性能和相对性能)？

17. 试分析影响表面粗糙度的因素。

18. 电火花线切割加工的零件有何特点？

19. 试论述线切割加工的主要工艺指标及其影响因素。

20. 按其作用原理，电化学加工分为哪几类？各包括哪些加工方法？各有何用途？

21. 什么叫电极电位、标准电极电位、平衡电极电位？

22. “电解加工时通过调整进给速度改变电流大小，通过调整加工电压改变加工间隙大小”，试分析其理论根据。

23. 电解加工的加工间隙有哪几种？

24. 电解液按酸碱度分为几大类，最常用的电解液有哪几种？各有什么主要特点？

25. 电解加工中电解液的作用如何？对电解液有哪些基本要求？

26. 选用电解加工工艺应考虑的基本原则是什么？电解加工主要应用在哪些方面？

27. 电铸加工和电刷镀加工利用的是什么原理？

28. 超声波有何特性？

29. 试述超声波加工的原理、工艺特点。

30. 超声波加工设备由哪几部分组成？

31. 超声波为什么能“强化”工艺过程？

第 6 章　模具装配工艺

模具装配是模具制造过程中的关键工作，装配质量将直接影响制件的质量、模具本身的工作状态及使用寿命。模具装配工作主要包括两方面：一是将加工好的模具零件按图纸要求进行组装、部装乃至总体的装配；二是在装配过程中进行一部分补充加工，如配作、配修等。

模具属于单件生产类型，所以模具装配大都采用集中装配的组织形式。所谓集中装配，是指从模具零件组装成部件或模具的全过程，由一个工人或一组工人在固定地点来完成。

有时因交货期短，也可将模具装配的全部工作适当分散为各种部件的装配和总装配，由一组工人在固定地点合作完成模具的装配工作，此种装配组织形式称为分散装配。

对于需要大批量生产的模具部件（如标准模架），则一般采用移动式装配，即每一道装配工序按一定的时间完成，装配后的组件再传送至下道工序，由下道工序的工人继续进行装配，直至完成整个部件的装配。

6.1　模具装配方法

模具装配方法的选择需要根据模具产品的结构特点、性能要求、生产纲领、生产条件等决定。模具装配方法一般有互换装配法和非互换装配法。

6.1.1　互换装配法

根据模具装配零件能够达到的互换程度，互换装配法又可分为完全互换装配法、部分互换装配法和分组互换装配法三种。

1. 完全互换装配法

装配时，各配合模具零件不经选择、修配、调整，经组装后就能达到预先规定的装配精度和技术要求，这种装配方法称为完全互换装配法。完全互换装配法与装配尺寸链密切相关。

1）装配尺寸链的相关概念

在装配关系中，由相关装配零件的尺寸，如表面或轴线之间的距离或相互间的位置关系（同轴度、平行度、垂直度等）所组成的尺寸链称为装配尺寸链。装配后必须达到的装配精度和技术要求就是装配尺寸链的封闭环。在装配关系中，与装配精度要求发生直接影响的那些零件、组件或部件的尺寸和位置关系，是装配尺寸链的组成环。组成环分为增环和减环。

2）装配尺寸链的解算

完全互换装配法建立在尺寸链解算原理的基础上。装配尺寸链的基本定义、所用基本公式、计算方法，均与零件工艺尺寸链相类似，也是采用极值解算方法。装配尺寸链的封闭公差等于各组成环公差之和，即

$$T_0 = \sum_{i=1}^{n-1} T_i$$

式中：T_0——装配尺寸链封闭环的公差；

T_i——该尺寸链各有关零部件的制造公差。

若采用等公差法，则各组成环应分得的平均公差为

$$T_j = \frac{T_0}{n-1}$$

式中：T_j——该尺寸链各有关零部件的平均制造公差；

n——装配尺寸链的总环数。

完全互换装配法是按极值法来确定零部件的制造公差。当模具制造精度要求较高（T_0较小），特别是尺寸链环数又较多（即 n 较大）时，各组成环所分得的制造公差就很小，即零部件的加工精度要求较高。这给加工带来了极大困难，甚至会出现超出现有工艺水平无法加工或在经济上非常不合算的情况。所以，完全互换装配法仅适用于一些装配精度不太高的模具标准部件的大批量生产。

完全互换装配法的优点是装配质量稳定可靠，装配工作简单，易于实现装配工作的机械化及自动化，便于组织流水线作业和零部件的协作与专业化生产。

2. 部分互换装配法

若将尺寸链各有关零部件的平均制造公差放大$\sqrt{n-1}$倍进行制造，即

$$T_j = \frac{T_0\sqrt{n-1}}{n-1}$$

那么必将导致部分零件不能达到完全互换的装配要求。但根据概率统计分析，出现的不合格品率仅为0.27%，几乎可以忽略不计。平均公差放大$\sqrt{n-1}$倍后，可有效降低模具零件的制造难度，提高加工的经济性。

在大批量生产中，当装配精度要求比较高、组成环又比较多时，为了使零件加工不致过分困难，宜采用部分互换法进行装配。

3. 分组互换装配法

所谓分组互换装配法，是将配合零件的制造公差扩大数倍（扩大倍数以能按经济精度进行加工为度），然后将加工出来的零件进行实测，按扩大前的公差大小、扩大倍数以及实测尺寸进行分组，并以不同的颜色相区别，进行分组装配。

表 6－1 所列为将精密导柱和导套的配合尺寸的制造公差均扩大 4 倍，并分为 4 个组进行装配，可以保证各组装配后的最大配合间隙为 0.005 5 mm，最小配合间隙为 0.000 5 mm。采用分组装配法扩大了零件的制造公差，使零件的加工制造更容易，但在各组内零件的尺寸公差和配合间隙与原设计的装配精度要求相同。此法既能完成互换装配，又能达到高的装配精度，适用于装配精度要求高的模具部件的成批生产。

表 6－1　精密导柱和导套实测尺寸的分组

mm

组　别	标志颜色	导柱的配合尺寸	导套的配合尺寸	配合情况	
				最大间隙	最小间隙
1	白色	$\phi 25_{-0.0050}^{-0.0025}$	$\phi 25_{-0.0020}^{+0.0005}$	0.005 5	0.000 5
2	绿色	$\phi 25_{-0.0075}^{-0.0050}$	$\phi 25_{-0.0045}^{-0.0020}$	0.005 5	0.000 5
3	黄色	$\phi 25_{-0.0100}^{-0.0075}$	$\phi 25_{-0.0070}^{-0.0045}$	0.005 5	0.000 5
4	红色	$\phi 25_{-0.0125}^{-0.0100}$	$\phi 25_{-0.0095}^{-0.0070}$	0.005 5	0.000 5

6.1.2 非互换装配法

由于模具装配的技术要求一般都很高，其装配尺寸链又较多，因此整副模具装配通常选择非互换装配法。非互换装配法主要有修配装配法和调整装配法两种。

1. 修配装配法

修配装配法是指各相关模具零件按现有工艺条件下经济可行的精度进行制造，而组装时，则根据实际需要，将指定零件的预留修配量修去，使之达到装配精度的方法。

图 6-1 所示为用于大型注射模具的浇口套组件。浇口套装入定模板后要求上表面高出定模板 0.02 mm，以便定位圈将其压紧；下表面则与定模板平齐。为了保证零件加工和装配的经济可行性，上表面高出定模板平面的 0.02 mm 由加工精度保证，下表面则选择浇口套为修配零件，预留高出定模板平面的修配余量 h，将浇口套压入模板配合孔后，在平面磨床上将浇口套下表面和定模板平面一起磨平，使之达到装配要求。

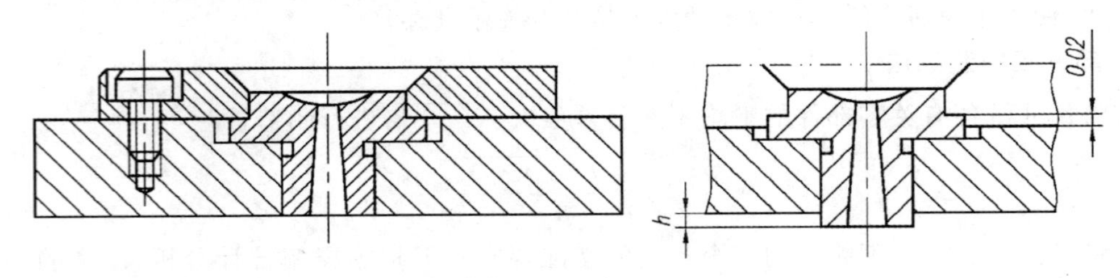

图 6-1 浇口套组件的修配装配

修配装配法的主要优点是能在较大程度上放宽零件的制造公差，使其易于加工，而最终又能达到很高的装配精度要求。这对装配精度要求很高的多环尺寸链的模具装配特别有利，但必须在装配时增加一道修配工序。

2. 调整装配法

将各相关模具零件按经济加工精度制造，在装配时通过改变一个零件的位置或选定适当尺寸的调节件加入到尺寸链中进行补偿以达到规定装配精度要求的方法，称为调整装配法。调整装配法分为可动调节法和固定调节法两种。

1) 可动调节法

可动调节法是指用移动、旋转等运动改变所选定的调节件的位置，来达到装配精度的方法。图 6-2 所示为选用螺钉作为调节件，调整塑料注射模自动脱螺纹装置的滚动轴承的间隙。转动调整螺钉，可使轴承外环做轴向移动，使轴承外环、滚珠及内环之间保持适当的配合间隙。此法不用拆卸零件，操作方便。

2) 固定调节法

固定调节法是指按一定的尺寸等级制造的一套专用零件(如垫圈、垫片或轴套等)，装配时通过选择适合某一尺寸等级的调节件加入到装配结构中，从而达到装配精度的方法。图 6-3 所示为塑料注射模滑块型芯水平位置的装配调整示意图。根据预装配时对间隙的测量结果，从一套不同厚度的调整垫片中，选择一个适当厚度的调整垫片进行装配，从而达到所要求的型芯位置。

调整装配法的优点是各组成环可在经济加工精度制造条件下，来达到装配精度要求，不需要做任何修配加工，还可以补偿因磨损和热变形对装配精度的影响；缺点是需要增加尺寸链中零件的数量。

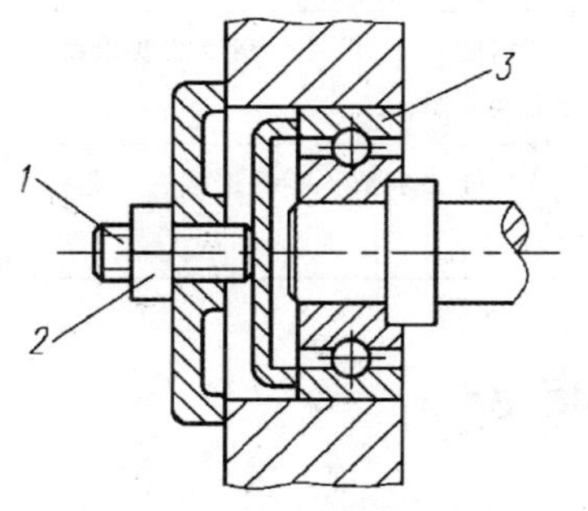

1—调整螺钉；2—锁紧螺母；3—滚动轴承

图 6-2　可动调节装配法

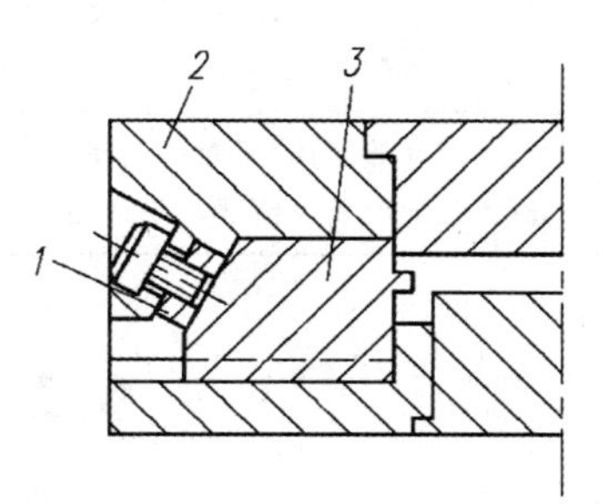

1—调整垫片；2—紧楔块；3—滑块型芯

图 6-3　固定调节装配法

6.1.3　模具装配工艺过程及装配方法

1. 模具装配的工艺过程

模具装配的工艺过程一般由四个阶段组成，即准备阶段、组件装配阶段、总装配阶段、检验与调试阶段，见表 6-2。

表 6-2　模具装配工艺过程

工艺阶段		工艺说明
准备阶段	研究装配图	装配图是进行装配工作的主要依据，通过对装配图的分析研究，了解要装配模具的结构特点和主要技术要求，各零件的安装部位、功能要求和加工工艺过程，与有关零件的联接方式和配合性质，从而确定合理的装配基准、装配方法和装配顺序
	清理检查零件	根据总装配图零件明细表，清点和清洗零件，检查主要零件的尺寸和形位精度，查明各部分配合面的间隙、加工余量以及有无变形和裂纹等缺陷
	布置工作场地	准备好装配时所需的工、夹、量具及材料和辅助设备，清理好工作台
组件装配阶段		①按照各零件所具有的功能进行部件组装，如模架的组装，凸模和凹模（或型芯和型腔）与固定板的组装，卸料和推件机构的组装等； ②组装后的部件必须符合装配技术要求
总装配阶段		①选择好装配的基准件，安排好上、下模（定模、动模）的装配顺序； ②将零件及组装后的组件，按装配顺序组装结合在一起，成为一副完整的模具； ③模具装配完后，必须保证装配精度，满足规定的各项技术要求
检验调试阶段		①按照模具验收技术条件，检验模具各部分功能 ②在实际生产条件下进行试模、调整、修正模具，直到生产出合格的制件

2. 模具的装配方法

模具的装配方法见表 6-3。

表 6-3 模具的装配方法

装配方法	特点及工艺操作
配作法	① 零件加工时，需对配作及与装配有关的必要部位进行高精度加工，而孔位精度需要由钳工来保证； ② 在装配时，由配作法使各零件装配后的相对位置保持正确关系
直接装配法	① 零件的型孔、型面及安装孔按图样要求加工，装配时，按图样要求把各零件连接在一起； ② 装配后发现精度较差时，通过修正零件来进行调整

6.2 冷冲模装配

冷冲模装配的主要要求是：保证冲裁间隙的均匀性，这是冷冲模装配合格的关键；保证导向零件导向良好，卸料装置和顶出装置工作灵活有效；保证排料孔畅通无阻，冲压件或废料不卡留在模具内；保证其他零件的相对位置精度，等等。

6.2.1 冷冲模装配技术要求

1. 总体装配技术要求

① 模具各零件的材料、几何形状、尺寸精度、表面粗糙度和热处理等均需符合图样要求。零件的工作表面不允许有裂纹、机械伤痕等缺陷。

② 模具装配后，必须保证模具各零件间的相对位置精度。尤其是当制件的有些尺寸与几个冲模零件有关时，须予以特别注意。

③ 装配后的所有模具活动部位应保证位置准确、配合间隙适当，动作可靠、运动平稳。固定的零件应牢固可靠，在使用中不得出现松动和脱落。

④ 选用或新制模架的精度等级应满足制件所需的精度要求。

⑤ 上模座沿导杆上、下移动应平稳和无阻滞现象，导柱与导套的配合精度应符合标准规定，且间隙均匀。

⑥ 模柄圆柱部分应与上模座上平面垂直，其垂直度误差在全长范围内不大于 0.05 mm。

⑦ 所有凸模应垂直于固定板的装配基面。

⑧ 凸模与凹模的间隙应符合图样要求，且沿整个轮廓上间隙要均匀一致。

⑨ 被冲毛坯定位应准确、可靠、安全，排料和出件应畅通无阻。

⑩ 应符合装配图上除上述以外的其他技术要求。

2. 部件装配后的技术要求

1）模具外观

模具外观的技术要求见表 6-4。

表 6-4 模具外观的技术要求

序 号	项 目	技术要求
1	铸造表面	① 铸造表面应清理干净，使其光滑、美观、无杂尘； ② 铸造表面应涂上绿色、蓝色或灰色漆
2	加工表面	模具加工表面应平整，无锈斑、锤痕及碰伤、焊补等

续表 6-4

序　号	项　目	技术要求
3	加工表面倒角	① 加工表面除刃口、型孔外，锐边、尖角均应倒钝； ② 小型冲模倒角应≥2×45°，中型冲模≥3×45°，大型冲模≥5×45°
4	起重杆	模具质量大于 25 kg 时，模具本身应装有起重杆或吊环、吊钩
5	打刻编号	在模具正面（模板上）应按规定打刻编号：冲模图号、制件号、使用压力机型号、工序号、推杆尺寸及根数、制造日期

2）工作零件

工作零件（凸、凹模）装配后的技术要求见表 6-5。

表 6-5　模具工作零件装配后的技术要求

序　号	安装部位	技术要求
1	凸模、凹模、凸凹模、侧刃与固定板的安装基面装配后的不垂直度	凸模、凹模、凸凹模、侧刃与固定板的安装基面装配后的垂直度允差： ➢ 刃口间隙≤0.06 mm 时，在 100 mm 长度上垂直度允差应小于 0.04 mm； ➢ 0.06 mm<刃口间隙<0.15 mm 时，为 0.08 mm； ➢ 刃口间隙≥0.15 mm 时，为 0.12 mm
2	凸模（凹模）与固定板的装配	① 凸模（凹模）与固定板装配后，其安装尾部与固定板安装面必须在平面磨床上磨平至 Ra 在 1.6 μm 以下； ② 对于多个凸模工作部分高度（包括冲裁凸模、弯曲凸模、拉深凸模以及导正钉等）必须按图样保持相对的尺寸要求，其相对误差不大于 0.1 mm； ③ 在保证使用可靠的情况下，凸、凹模在固定板上的固定允许用低熔点合金浇铸
3	凸模（凹模）与固定板的装配	① 装配后的冲裁凸模或凹模，凡是由多件拼块拼合而成的，其刃口两侧的平面应完全一致、无接缝感觉，且刃口转角处非工作的接缝面不允许有接缝及缝隙存在； ② 对于由多件拼块拼合而成的弯曲、拉深、翻边、成型等的凸、凹模，其工作表面允许在接缝处稍有不平现象，但平直度不大于 0.02 mm； ③ 装配后的冷挤压凸模工件表面与凹模型腔表面不允许留有任何细微的磨削痕迹及其他缺陷； ④ 凡冷挤压的预应力组合凹模或组合凸模，在其组合时的轴向压入量或径向过盈量应保证达到图样要求，同时其相配的接触面锥度应完全一致，涂色检查后应在整个接触长度和接触面上着色均匀； ⑤ 凡冷挤压的分层凹模，必须保证型腔分层接口处一致，应无缝隙或凹入型腔现象

3）紧固件

模具紧固件（螺钉、销钉）装配后的技术要求见表 6-6。

表 6-6　紧固件装配后的技术要求

紧固件名称	技术要求
螺钉	①装配后的螺钉必须拧紧，不许有任何松动现象； ②螺钉拧紧部分的长度，对于钢件及铸钢件连接长度不少于螺钉直径，对于铸铁件连接长度应不小于螺纹直径的1.5 倍

续表 6－6

紧固件名称	技术要求
圆柱销	① 圆柱销连接两个零件时，每一个零件都应有圆柱销 1.5 倍的直径长度占有量（销深入零件深度大于 1.5 倍圆柱销直径）； ② 圆柱销与销孔的配合松紧应适度

4）导向零件

导向零件装配后的技术要求见表 6－7。

表 6－7　导向零件装配后的技术要求

序　号	装配部位	技术要求
1	导柱压入模座后的垂直度	导柱压入下模座后的垂直度在 100 mm 长度范围内允差为： ➢ 滚珠导柱类模架≤0.005 mm； ➢ 滑动导柱Ⅰ类模架≤0.01 mm； ➢ 滑动导柱Ⅱ类模架≤0.015 mm； ➢ 滑动导柱Ⅲ类模架≤0.02 mm
2	导料板的装配	① 装配后模具上的导料板的导向面应与凹模进料中心线平行。对于一般冲裁模，其允差不得大于 100:0.05 mm； ②对于连续模，其允差不得大于 100:0.02 mm； ③左右导板的导向面之间的平行度允差不得大于 100:0.02 mm
3	斜楔及滑块导向装置	① 模具利用斜楔、滑块等零件作为多方向运动的结构，其相对斜面必须吻合。吻合程度在吻合面纵、横方向上均不得小于 3/4 长度； ② 预定方向的偏差不得大于 100:0.03 mm； ③ 导滑部分必须活动正常，不能有阻滞现象发生

5）凸、凹模间隙

装配后凸、凹模间隙的技术要求见表 6－8。

表 6－8　装配后凸、凹模间隙的技术要求

序　号	模具类型		间隙技术要求
1	冲裁凸、凹模		间隙必须均匀，其允差不大于规定间隙的 20%； 局部尖角或转角处不大于规定间隙的 30%
2	压弯、成型类凸、凹模		装配后的凸、凹模四周间隙必须均匀，其装配后的偏差值最大不应超过“料厚＋料厚的上偏差”，而最小值不应超过“料厚＋料厚的下偏差”
3	拉深模	几何形状规则（圆形、矩形）	各向间隙应均匀，按图样要求进行检查
		形状复杂、空间曲线	按压弯、成型类冲模处理

6）模具的闭合高度

对于装配好的冷冲模，其模具闭合高度应符合图纸所规定的要求。其闭合高度的允差值见表 6－9。

表 6-9　闭合高度的允差值

mm

模具闭合高度尺寸	允　差
≤200	+1 −3
>200～400	+2 −5
> 400	+3 −7

在同一压机上，联合安装冲模的闭合高度应保持一致。冲裁类冲模与拉深类冲模联合安装时，闭合高度应以拉深模为准。冲裁模凸模进入凹模刃口的进入量应不小于 3 mm。

7）顶出、卸料件

顶出、卸料件在装配后的技术要求见表 6-10。

表 6-10　顶出、卸料件装配后的技术要求

序　号	装配部位	技术要求
1	卸料板、推件板、顶板的安装	装配后的冲压模具，其卸料板、推件板、顶板、顶圈均应相应露出（凹）模面、凸模顶端、凸（凹）模顶端 0.5～1 mm，图纸另有要求时，按图样要求进行检查
2	弯曲模顶件板装配	装配后的弯曲模顶件板处于最低位置（即工作最后位置）时，应与相应弯曲拼块对齐，但允许顶件板低于相应拼块。其允差在料厚为 1 mm 以下时为 0.01～0.02 mm，料厚大于 1 mm 时为 0.02～0.04 mm
3	顶杆、推杆装配	顶杆、推杆装配时，长度应保持一致。在一副冲模内，同一长度的顶杆，其长度误差不大于 0.1 mm
4	卸料螺钉	在同一副模具内，卸料螺钉应选择一致，以保持卸料板的压料面与模具安装基面平行度允差在 100 mm 长度内不大于 0.05 mm

模具装配后，卸料机构动作要灵活，无卡滞现象。其弹簧、卸料橡皮应有足够的弹力及卸料力。

8）模板间平行度要求

模具装配后，模板上、下平面（上模板上平面对下模板下平面）平行度允差见表 6-11。

表 6-11　平行度允差

mm

模具类别	刃口间隙	凹模尺寸（长＋宽或直径的 2 倍）	300 mm 长度内平行度允差
冲裁模	≤0.06	—	0.06
	>0.06	≤350	0.08
		>350	0.10
其他模具	—	≤350	0.10
		>350	0.14

注：1 刃口间隙取平均值；

2 包含有冲裁工序的其他类模具，按冲裁模检查。

9）模　柄

模柄装配技术要求见表 6－12。

表 6－12　模柄装配技术要求

序　号	安装部位	技术要求
1	直径与凸台高度	按图样要求加工
2	模柄对上模板垂直度	在 100 mm 长度范围内不大于 0.05 mm
3	浮动模柄装配	浮动模柄结构中，传递压力的凹、凸模球面必须在摇摆及旋转的情况下吻合，其吻合接触面积不少于应接触面的 80%

10）漏料孔

下模座漏料孔一般按凹模孔尺寸每边放大 0.5～1 mm。漏料孔应通畅，无卡滞现象。

6.2.2　冷冲模零件的固定装配

1. 模具零件的一般固定装配

1）螺孔配钻加工

配钻加工的钻床操作，在模具制作中是一种常用的方法。所谓配钻加工，就是在钻加工某一零件时，其孔位可不按图样中的尺寸和公差来加工，而是通过另一零件上已经钻好的实际孔位来配作。如制作冲模时，可先将凹模按图样要求把螺孔、销孔或内部圆形孔加工出来，并经淬硬后作为标准样件，再通过这些孔来引钻其他固定板、卸料板、模板的螺孔或销钉孔。常见的配钻方法见表 6－13。

表 6－13　螺孔配钻加工法

配钻方法	加工过程	注意事项
直接引钻法	将两个零件按装配时的相对位置夹紧在一起，用一个与光孔直径相配合的钻头，以光孔为引导孔，在待加工工件上欲钻孔位置的中心处，先钻出一个“锥孔”，再把两件分开，以锥孔为基准钻攻螺纹孔	① 钻头直径应相当于导向孔直径； ② 钻锥孔的锥角应为 105°～100°； ③ 钻锥孔时，刀头要缓慢。在达到锥坑深度后，钻头回升一下，再进刀 0.2～0.3 mm，时以保证同轴度要求
样冲印孔法	如果待加工的零件孔位是根据已加工好的不通螺孔来配钻时，可先将准备好的螺纹样冲(见图 6－4)拧入已加工好的螺孔内，然后将两个工件按装配位置装夹在一起，并轻轻地给样冲施加压力，则在另一件上影印上冲眼，即可按其加工	① 螺纹样冲尖应淬硬且锥尖与螺纹中心线要同轴； ② 在同一组螺纹样冲装入同一组零件的多个螺孔后，必须用卡尺将它们的顶尖找平后再印，否则会由于顶尖高低不平影响压印精度
复印印孔法	在已加工好的光孔或螺孔的平面上涂上一层红丹，再将两个零件按装配要求放在一起，即可在待加工的工件上印有印迹，根据印痕位置打上样冲眼再加工	① 红丹一定要涂匀； ② 痕迹一定要清晰明显； ③ 打样冲眼时要仔细

采用表 6－13 所列的配钻加工法尽管显得很原始，但在中小型工厂缺少精密设备的情况下，还是比较适用的。特别是对于配钻孔较多的零件，此方法要比划线钻孔法精度高，且能保证良好的装配关系。

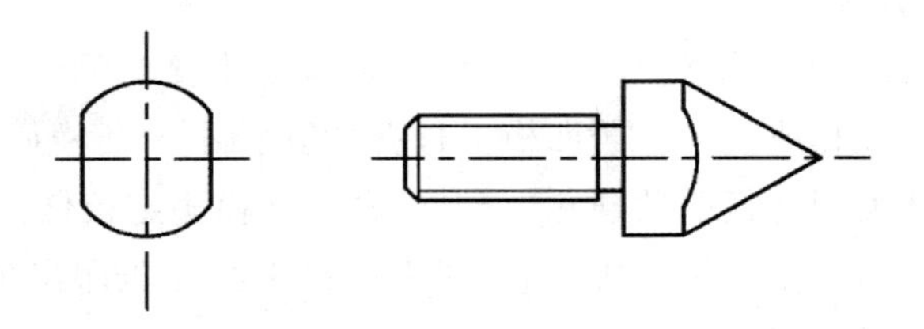

图 6-4　螺纹样冲

2）圆柱销孔的加工

模具零件的圆柱销孔不仅是紧固孔，而且也是定位孔。它与圆柱销应加工成 H/m6 配合精度。

在加工圆柱销孔时，应注意以下几点：

① 圆柱销孔的表面粗糙度应加工成 $Ra<1.6\ \mu m$。因此，销孔不能采用钻头直接钻孔一次成型，必须在钻头钻孔后，用相应尺寸铰刀钻铰成型。圆柱销孔钻铰前，钻孔直径可按表 6-14中所列参数选取。

表 6-14　圆柱销孔铰孔前的钻孔直径

mm

圆柱销孔直径	6	8	10	12	16	20	25
钻孔直径	5.7	7.5	9.5	11.5	15.5	19.5	24.5

② 为便于装配与铰孔，销孔上、下应进行划窝和倒角，其大小与销孔直径有关，其值可参见表 6-15。

表 6-15　圆柱销孔倒角尺寸

mm

圆柱销孔直径	6～8	10～16	18～25
倒角尺寸	1×45°	1.5×45°	2×45°

③ 对于同一模具不同零件的同一柱销孔，为了销孔位置准确，保证装配后的同轴度，应采用配钻铰方法加工销孔。其加工方法如下：首先，选定定位销孔的基准件是淬硬件（如凹模），在热处理前应将定位销孔铰好，热处理后如变形不大，用铸铁棒加研磨剂进行研磨，或使用硬质合金刀进行精铰一次，以恢复到所要求的质量。然后，把装配调整好的需定位的各零件用螺钉紧固在一起，配钻铰加工（以淬硬后的凹模销孔作为导引）。

为了保证销钉孔的加工质量及各部件的同轴度，配钻铰销孔时，应选用比已加工好的销钉孔（基准件）直径小 0.1～0.2 mm 的钻头锪锥坑找正中心，再进行钻、锪和粗、精加工，所留铰量要适当。在铰削中，要加注充足的切削液。

④ 对于需要淬硬的冲模零件，为了防止销孔由于淬火后变形而影响其装配精度，最好在淬火后用硬质合金铰刀复铰一次（预先留有 0.05～0.10 mm 复铰余量）。在复铰时，其转速不应太快，一般为 90～120 r/min，进给量在 0.10～0.15 mm/min 左右。

⑤ 对于需要淬火的 45 号钢模具零件，为了预防淬火后的销孔变形，也可以采用淬火前钻

孔，淬火后铰孔的工艺方法。

图 6－5 所示为通过凹模 1 上的过孔对凸模固定板 2 直接引钻锥孔；拆开后，再按锥孔位置加工凸模固定板上的螺孔或过孔。若凹模上过孔的孔径小于凸模固定板上的相应孔径，则可从凹模过孔直接向凸模固定板引钻预孔，分开后再对凸模固定板做扩孔加工。

如图 6－6 所示，待相关零件位置找正后，利用螺钉中心冲压印出下模座上过孔的中心位置，再进行后续的划线或钻孔加工。

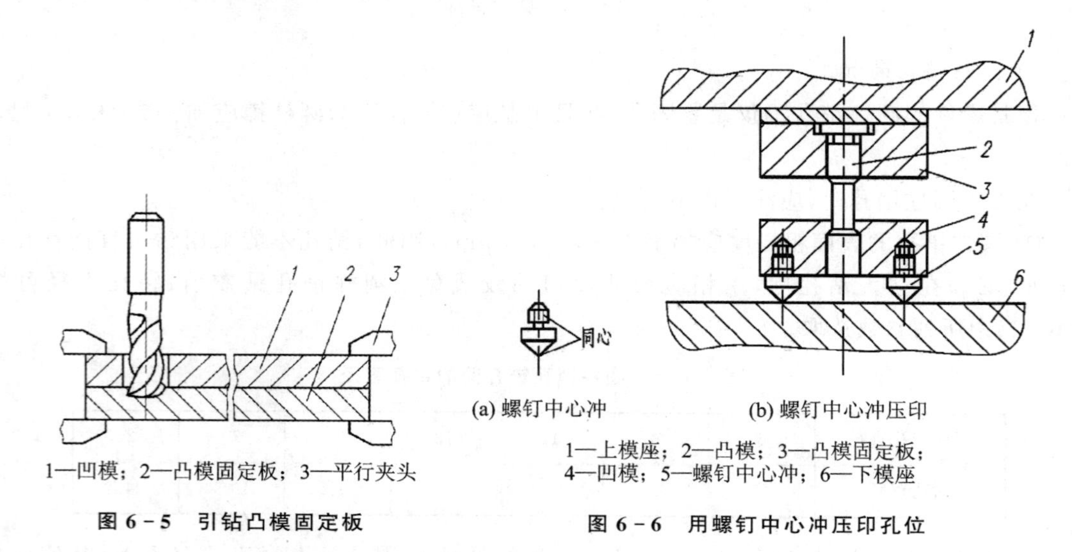

1—凹模；2—凸模固定板；3—平行夹头

图 6－5　引钻凸模固定板

(a) 螺钉中心冲　(b) 螺钉中心冲压印

1—上模座；2—凸模；3—凸模固定板；4—凹模；5—螺钉中心冲；6—下模座

图 6－6　用螺钉中心冲压印孔位

3）同钻同铰

将相关零件找正后用平行夹头夹紧成一体，然后按一块板上的划线位置同时钻孔与铰孔，见图 6－7。

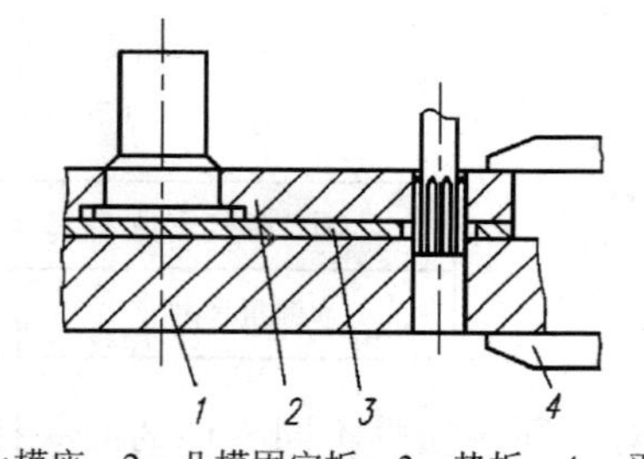

1—上模座；2—凸模固定板；3—垫板；4— 平行夹头

图 6－7　不同材料上同钻同铰销钉孔

在同铰时应该注意：

① 在不同材料上铰孔时，应从较硬材料一方铰入较软材料一方。若从较软材料一方铰入，则孔易扩大。

② 通过淬硬件上的孔来铰削时，应先对淬硬件的变形孔用研磨棒进行研磨，然后才能进行引铰。

③ 对于盲孔的铰削，应先用标准铰刀铰孔，然后用磨去切削锥部分的旧铰刀铰削孔的底部。

2. 模具成型零件的常用固定方法

1）机械固定法

机械固定法通常包括紧固件固定法、压入固定法、挤紧法及焊接法。

紧固件固定法见表 6－16。

表 6-16　紧固件固定法

紧固方法	图　示	工艺要点	注意事项
螺钉紧固	1—凸模；2—凸模固定板； 3—螺钉；4—垫板	① 将凸模放入固定板孔内，调好位置，使其与固定板垂直； ② 用螺钉紧固，并要固紧，不许松动	紧固要牢，不许松动；凸模为硬质合金时，螺孔用电火花加工
斜压块及螺钉紧固	1—凹模固定板；2—螺钉； 3—斜滑块；4—凹模	① 将凹模放入固定板内，调好位置； ② 压入斜压块； ③ 拧紧螺钉固定	① 凸模一定要与固定板安装面垂直； ② 螺钉要拧紧，不能松动； ③ 10°锥度要求准确配合
钢丝紧固	1—固定板；2—垫板； 3—凸模；4—钢丝	① 在固定板上先加工钢丝长槽，槽宽等于钢丝直径，一般为 2 mm； ② 将钢丝及凸模一并从上至下装入固定板紧固	钢丝与固定板槽及凸模槽的配合要严密； 装配后凸模一定要垂直于固定板安装平面

压入固定法见表 6-17。

表 6-17　压入固定法

图示	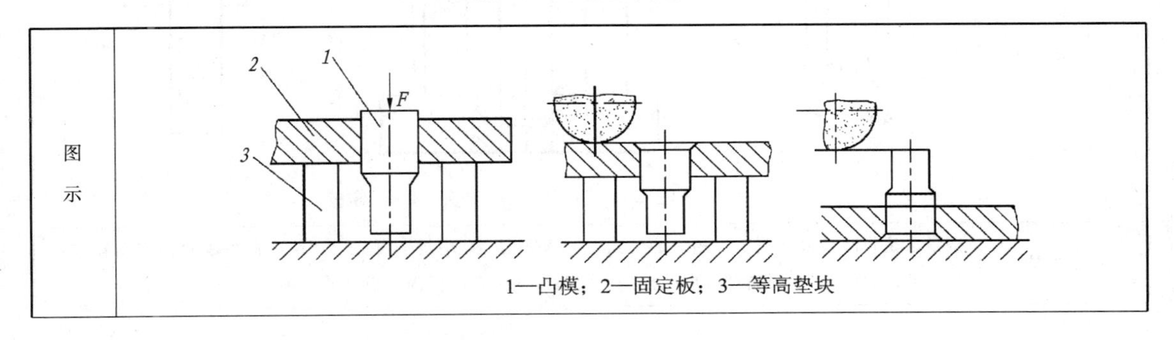 1—凸模；2—固定板；3—等高垫块

续表 6－17

对零件的技术要求	凸模	① 有台肩的圆形凸模，压入部分应设有引导部分，引导部位可采用小圆角、小的锥度或在 3 mm左右长度内将直径磨小 0.03～0.05 mm； ② 无台肩的成型凸模，压入端（非刃口端）四周应修成斜度或圆角，以便于压入
	固定板	① 型孔的过盈量及表面粗糙度等级应符合图纸规定的要求； ② 型孔与固定板上、下基面垂直； ③ 型孔形状不应呈锥形或鞍形； ④ 当凸模不允许设锥形及圆角引导部位时，可在固定板型孔凸模压入处制成斜度小于 1°、高 5 mm 的引导部分，以便于凸模压入； ⑤ 采用 H7/n6 或 H7/m6，*Ra* 为 1.6 μm 以下
零件压入次序		在固定多凸模的情况下，各凸模的压入次序在工艺上应有选择：凡装配容易定位、便于用作其他凸模安装基准的应优先安装压入；凡较难定位或要求依赖其他零件通过一定工艺方法才能定位的应后压入；无特殊要求的可以随便选择压入次序
压入注意事项及压入方法		① 需用手搬压力机或油压机压入凸模，压入时应使凸模中心线置于压力机压力中心； ② 凸模在压制过程中，应经常进行垂直度检查：压入少一点即要检查，压入 1/3 深度时再做一次检查，不合适时要及时调整； ③ 压入时严禁锤击凸模及固定板
压入后的加工		① 若是带凸肩的凸模，压入后将固定板底面及凸模底面一起磨平； ② 若是铆接式装配，在压力机上调整好凸模与固定板的垂直度，将凸模压入固定板内，用锤子和凿子将凸模上端面铆合后磨平； ③ 以固定板底面为基准，在平面磨床上磨凸模刃口，以使凸模刃口锋利
优缺点及适用范同		① 优点是牢固可靠，缺点是对压入的型孔精度要求较高，较难加工； ② 适用于凸模压入固定板内及冷挤压模凹模压入套圈内

利用挤紧法将凸模固定在固定板上，其方法见表 6－18。

表 6－18　挤紧固定法

图示	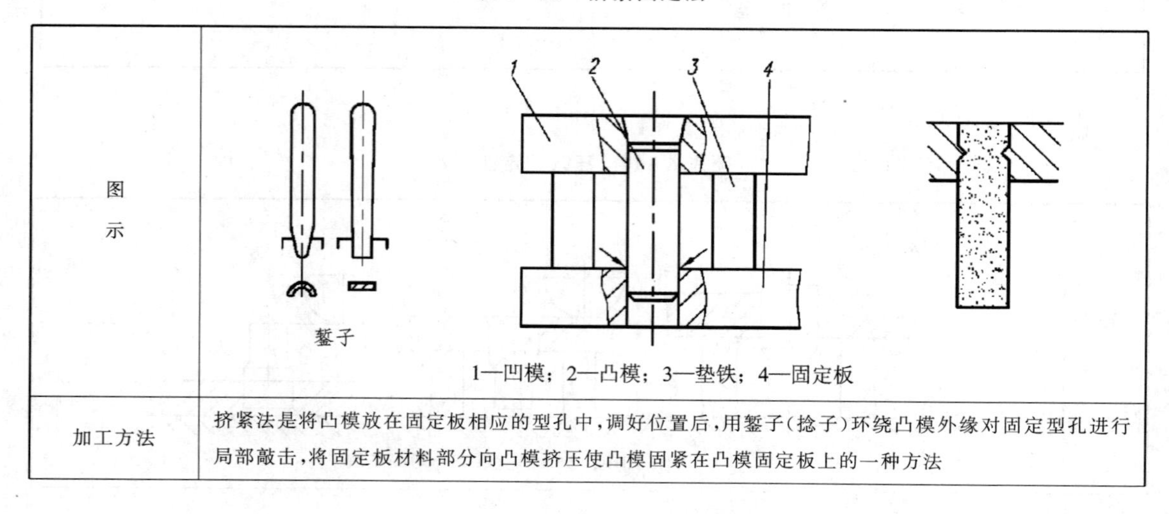 1—凹模；2—凸模；3—垫铁；4—固定板
加工方法	挤紧法是将凸模放在固定板相应的型孔中，调好位置后，用錾子（捻子）环绕凸模外缘对固定型孔进行局部敲击，将固定板材料部分向凸模挤压使凸模固紧在凸模固定板上的一种方法

续表 6-18

加工步骤	① 将凸模通过凹模型孔压入固定板相应型孔内(凸、凹模的间隙要严格控制)； ② 用錾子(捻子)在固定板型孔周围敲击，将固定板型孔周围材料挤压向凸模； ③ 复查凸、凹模间隙是否均匀，如不符合要求时、调整后重新进行挤压固定
多凸模挤压次序安排	①固定板中要挤压多个凸模时，要先挤压最大的凸模； ②在离最大凸模最远处的凸模第二个挤压，并以最大凸模做基准，以后依次进行挤压
挤紧后的加工	① 凸模在固定板上挤紧后，与固定板组合一起磨平固定板底面； ② 以磨平的平面为基准，再磨凸模刃口端面，以使凸模锋利
优缺点及适用范围	① 操作方便，易于掌握； ② 要求固定板型孔精度高，加工困难； ③ 适于中小冲模凸模在固定板上的固定

焊接法固定凸模见表 6-19。

表 6-19　焊接法固定凸模

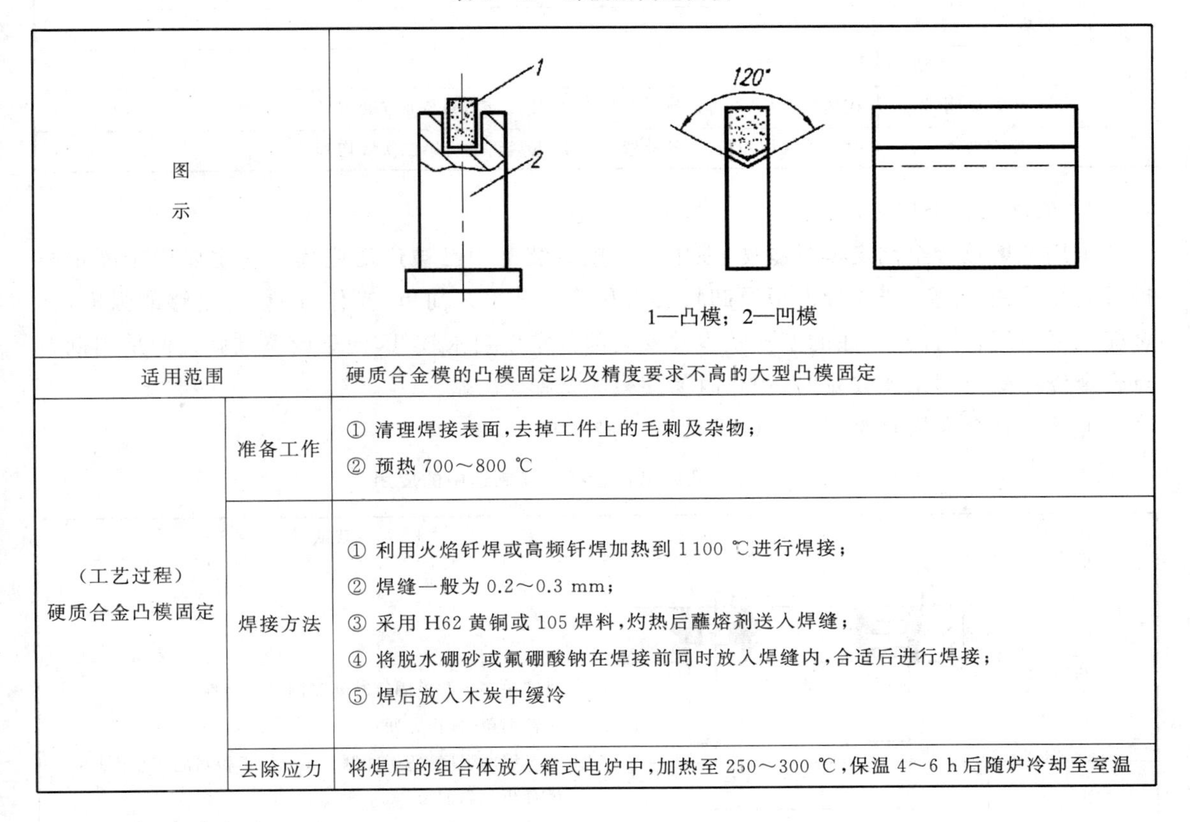

图示		1—凸模；2—凹模
适用范围		硬质合金模的凸模固定以及精度要求不高的大型凸模固定
(工艺过程) 硬质合金凸模固定	准备工作	① 清理焊接表面，去掉工件上的毛刺及杂物； ② 预热 700～800 ℃
	焊接方法	① 利用火焰钎焊或高频钎焊加热到 1 100 ℃进行焊接； ② 焊缝一般为 0.2～0.3 mm； ③ 采用 H62 黄铜或 105 焊料，灼热后蘸熔剂送入焊缝； ④ 将脱水硼砂或氟硼酸钠在焊接前同时放入焊缝内，合适后进行焊接； ⑤ 焊后放入木炭中缓冷
	去除应力	将焊后的组合体放入箱式电炉中，加热至 250～300 ℃，保温 4～6 h 后随炉冷却至室温

2) 红热固定法

在加工硬质合金模具时，常利用红热(热套)固定法将凸模或凹模模块固定在模套中，其固定方法见表 6-20。

表 6-20　热套固定法固定凸、凹模

<table>
<tr><td colspan="3">图示</td><td> 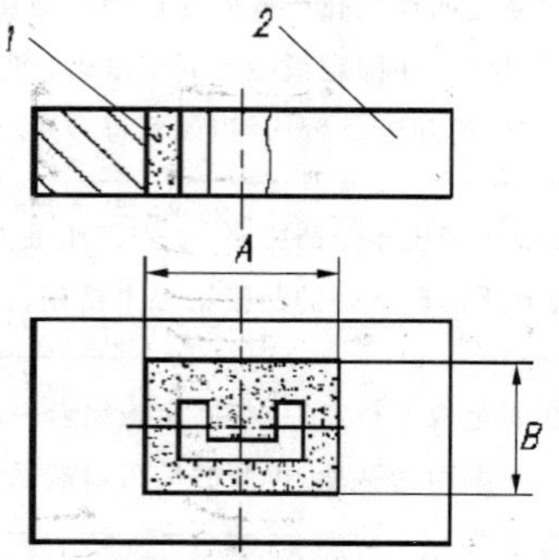
1—硬质合金凹模；2—套圈</td></tr>
<tr><td colspan="3">方法</td><td>按配合尺寸将加工好的凹模(凸模)、固定板及合金块的配合面擦干净，放入箱式电炉加热。取出后将合金块放入型孔中，冷却后固定板收缩即可将合金块紧固；紧固后的组合体用平面磨床磨平，稍加修整即可使用</td></tr>
<tr><td rowspan="5">工艺说明</td><td colspan="2">过盈量</td><td>(0.001～0.002)A
(0.001～0.002)B</td></tr>
<tr><td>加热</td><td>套圈</td><td>400～450 ℃</td></tr>
<tr><td>温度</td><td>模块</td><td>200～250 ℃</td></tr>
<tr><td colspan="2">工艺说明</td><td>在热套冷却后，再进行型孔加上，如用线切割机床加工型孔</td></tr>
<tr><td colspan="2">稳定处理</td><td>第一次线切割后，工件放置 12～16 h 后再进行第二次线切割加工</td></tr>
</table>

3) 低熔点合金固定法

采用低熔点合金固定模具零件，在中小型模具装配中已被广泛应用。它主要用于固定凸模、凹模、导柱、导套、浇注导向板及卸料板型孔等。其工艺简单，操作方便，有足够的强度，合金能重复使用，并且被浇注的型孔及零件安装部位精度要求较低，便于调整维修。但采用低熔点合金浇注操作起来比较费时，预热时易使模具变形。

低熔点合金在模具制造中的应用见表 6-21。

表 6-21　低熔点合金在模具制造中的应用

<table>
<tr><th>应用部位</th><th>图　示</th><th>优缺点</th></tr>
<tr><td>固定凸模</td><td> 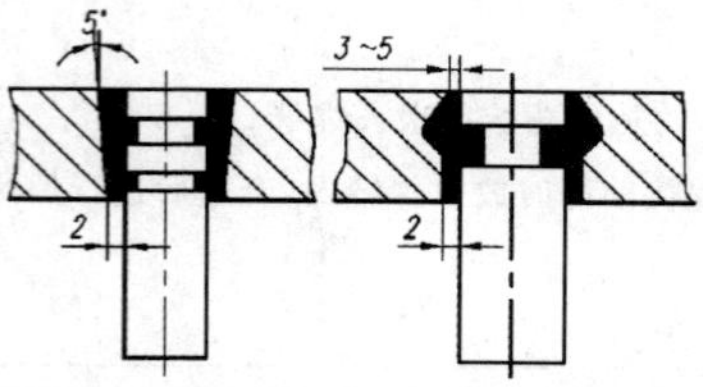</td><td rowspan="2">① 可解决多孔凸模固定时间隙调整的困难；
② 工艺简单，操作方便；
③ 有足够的强度，适于冲制 2 mm 以下板料的小型模具；
④ 模具生产周期短；
⑤ 合金能重复使用，节约材料</td></tr>
<tr><td>固定凹模</td><td> 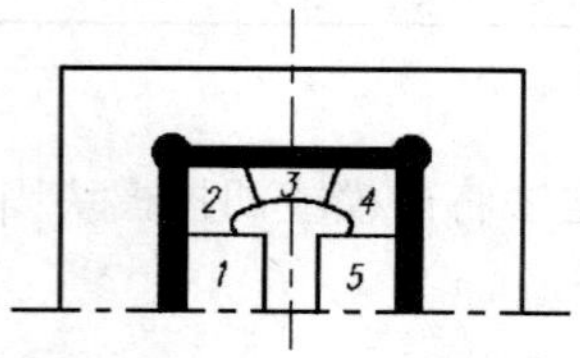</td></tr>
</table>

续表 6-21

应用部位	图　示	优缺点
固定导柱、导套	1—导柱；2—导套；3—模板	工艺简单，便于操作，易调节配合间隙，便于维修，成本低廉
浇注卸料板卸料孔		导向卸料孔光滑，不用较高的技术，易于调整与凸模的配合间隙

常用低熔点合金配方见表 6-22。

表 6-22　常用低熔点合金配方

序　号	构成元素	名　称	锑(Sb)	铅(Pb)	镉(Cd)	铋(Bi)	锡(Sn)
		熔点/℃	630.5	327.4	320.9	271	232
		密度/(g·cm^{-3})	6.69	11.34	8.64	9.8	7.28
1	成分 (质量百分比)		9	28.5	—	48	14.5
2			5	35	—	45	15
3			—	—	—	58	42
4			1	—	—	57	42
5			—	27	10	50	13

低熔点合金浇注固定凸(凹)模方法见表 6-23。

表 6-23　低熔点合金浇注固定凸(凹)模的方法

浇注部位	图　示	工艺说明
固定凸模	浇注 1—凸模固定板；2—凸模；3—底座；4—间隙垫片；5—凹模；6—垫铁；7—垫板	① 凸模及凸模固定孔粘接部位表面应清洗干净； ② 将凸模固定板放在平台上，再垫上等高垫铁； ③ 放进凹模，调整好凹模和凸模固定板的相对位置； ④ 将凸模插入凹模相应孔内，调好间隙，使之均匀； ⑤ 调好间隙后，用等高垫铁将凸模与凹模组垫起； ⑥ 固定板放在平台上，将凸模安装部位插入相应的固定型孔中，调好四周间隙； ⑦ 浇注熔化后的合金； ⑧ 冷却 24 h 后，用平面磨床将其磨平即可使用

续表 6-23

浇注部位	图示	工艺说明
固定导套	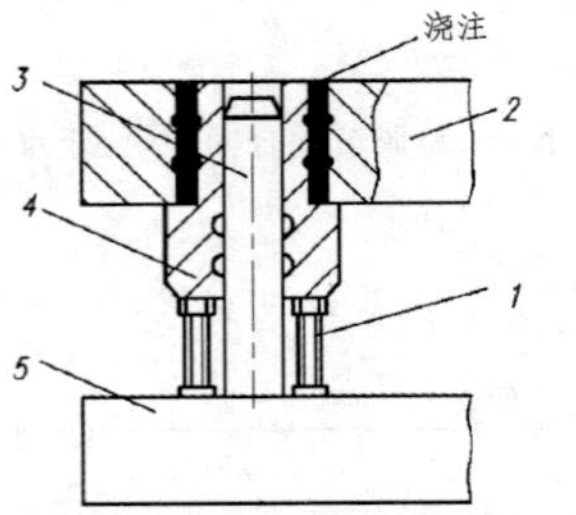 1—调整螺钉；2—上模板； 3—导柱；4—导套；5—底板	① 下模座装上导柱，放在平台上； ② 放上等高垫铁（用以垫起上模座）及导套（或用调节螺钉支撑）； ③ 放上上模座，将导套插入导柱并控制好导柱、导套间隙； ④ 浇注合金，使导套固定
浇注卸料孔	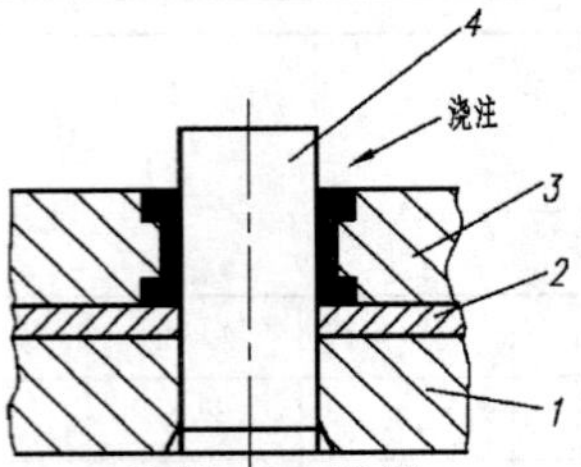 1—凹模；2—垫板； 3—卸料板；4—凸模	① 凸模经镀铜或涂漆后装入凹模孔，控制间隙均匀及凸模对凹模上平面的垂直度； ② 放上垫板及卸料板，使凸模插入已粗加工后的卸料型孔中，调好位置； ③ 浇注合金，冷凝后去除多余合金，经钳工修整后即可使用

4）环氧树脂粘接固定法

环氧树脂在硬化状态下对各种金属和非金属表面附着力非常强，而且在固化时收缩率小，粘接时不需要任何附加力。因此，在冲模制造中，环氧树脂广泛应用于凸（凹）模在固定板上的粘接与固定，浇注卸料孔，在模板上粘固导柱、导套等。其优点是简化了型孔的加工，易于保证凸、凹模间隙及导柱、导套之间的配合精度，提高了模具的制造质量。缺点是只适用于冲压力不大的中、小型冲模。

环氧树脂在冲模装配中的应用见表 6-24。

环氧树脂黏结固定凸（凹）模的工艺方法见表 6-25。

5）无机黏结剂固定法

无机黏结剂固定凸模有工艺简单，黏结强度高，不变形，耐高温及不导电等优点，故在冲模装配中得到了应用。但其本身有脆性，不宜受较大的冲击负荷，只适于冲薄板料的冲模黏结固定凸模用。

无机黏结剂的配方见表 6-26。

无机黏结剂的配制方法如下：

① 将 100 mL 磷酸所需的氢氧化铝先与 10 mL 磷酸置于烧杯中，搅拌均匀呈乳白状态。

② 再倒入 20 mL 磷酸，加热并不断搅拌，加热至 200～240 ℃，使之呈淡茶色，冷却后即可使用。

③ 将氧化铜放在干净的铜板上，中间留一坑并倒入上述调好的磷酸溶液，用竹签搅拌均

匀调成糊状，一般能拉丝长 20 mm 为宜。

用无机黏结剂固定凸模的方法见表 6－27。

表 6－24　环氧树脂在冲模装配中的应用

应用部位	图　示	工艺说明
固定凸模	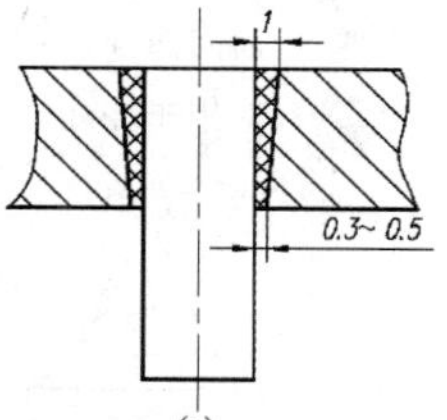 (a) 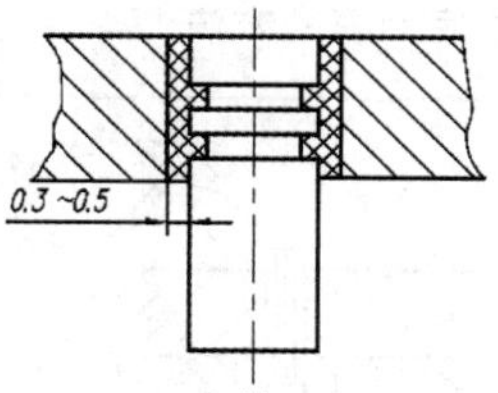 (b) 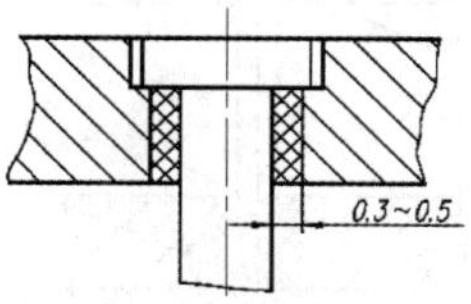 (c)	① 把凸模固定板型孔做得适当大一些，单面间隙（凸模的固定板型孔）为 0.3～1.5 mm，但不宜过大，否则黏结强度会降低； ② 固定板型孔孔壁越粗糙越好； ③ 图(a)、(b)适用于冲裁料厚<0.8 mm 的冲模； ④ 图(c)适用于冲裁料厚<0.5 mm 的冲模
浇注卸料孔	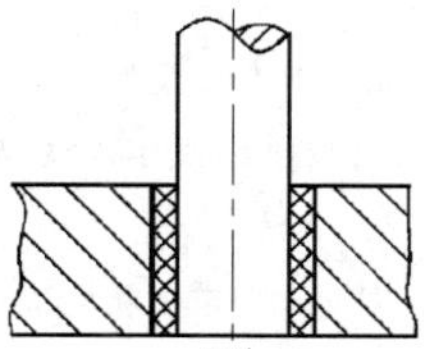 (a) 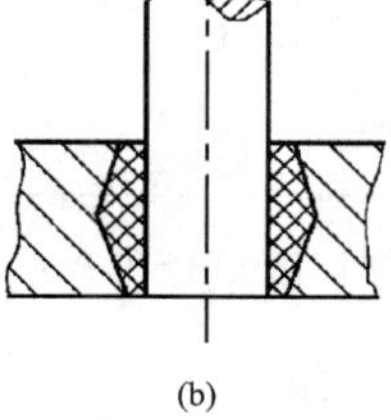 (b) 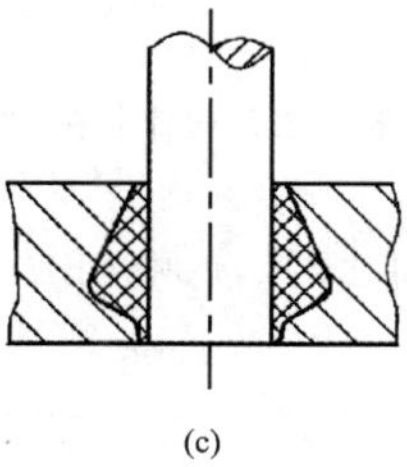 (c)	图(a)所示的卸料孔比凸模每边大 1.5～2 mm，加工比较简单； 图(b)所示的卸料孔结构复杂，但黏结后比图(a)牢固； 图(c)所示的卸料孔采用卸料孔直壁部分定位，可用挤压方法调整凸模与卸料板的垂直度

续表 6 - 24

应用部位	图　示	工艺说明
固定导柱、导套于模板上	1—导套；2—导柱	① 单面间隙 0.7～1.0 mm； ② 只适用于冲裁 2 mm 以下板料的冲模

表 6－25　环氧树脂黏结固定凸模的方法

图　示	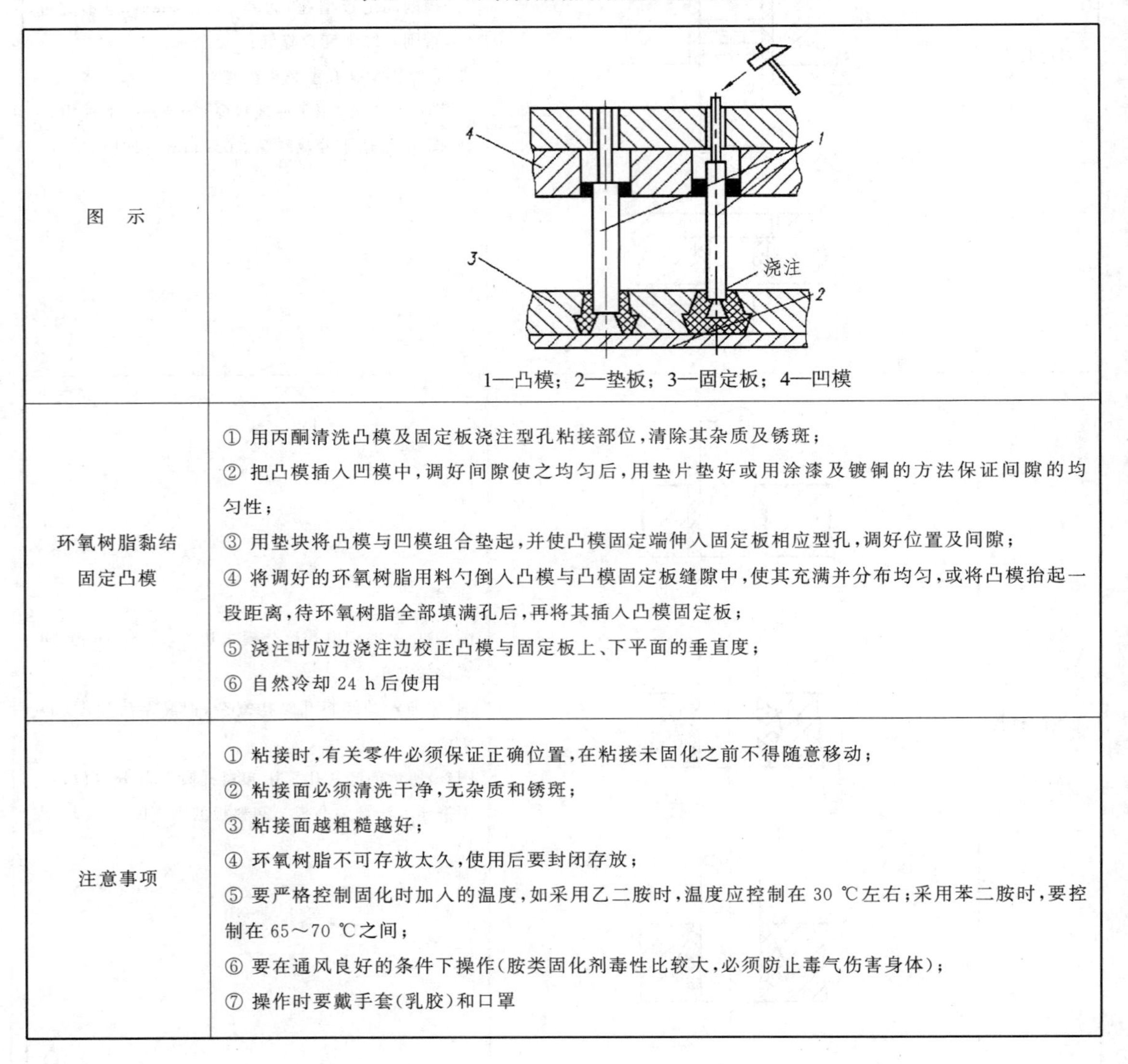 1—凸模；2—垫板；3—固定板；4—凹模
环氧树脂黏结固定凸模	① 用丙酮清洗凸模及固定板浇注型孔粘接部位，清除其杂质及锈斑； ② 把凸模插入凹模中，调好间隙使之均匀后，用垫片垫好或用涂漆及镀铜的方法保证间隙的均匀性； ③ 用垫块将凸模与凹模组合垫起，并使凸模固定端伸入固定板相应型孔，调好位置及间隙； ④ 将调好的环氧树脂用料勺倒入凸模与凸模固定板缝隙中，使其充满并分布均匀，或将凸模抬起一段距离，待环氧树脂全部填满孔后，再将其插入凸模固定板； ⑤ 浇注时应边浇注边校正凸模与固定板上、下平面的垂直度； ⑥ 自然冷却 24 h 后使用
注意事项	① 粘接时，有关零件必须保证正确位置，在粘接未固化之前不得随意移动； ② 粘接面必须清洗干净，无杂质和锈斑； ③ 粘接面越粗糙越好； ④ 环氧树脂不可存放太久，使用后要封闭存放； ⑤ 要严格控制固化时加入的温度，如采用乙二胺时，温度应控制在 30 ℃左右；采用苯二胺时，要控制在 65～70 ℃之间； ⑥ 要在通风良好的条件下操作（胺类固化剂毒性比较大，必须防止毒气伤害身体）； ⑦ 操作时要戴手套（乳胶）和口罩

表 6-26　无机黏结剂的配方

原料名称	用　量	说　明
氧化铜	4～5 g	黑色粉末状，320 目；二、三级试剂，含量不少于 98%
磷酸	1 mL	密度要求在 1.7～1.9 g/cm³ 范围内；二、三级试剂，含量不少于 85%
氢氧化铝	0.04～0.08 g	白色粉末状，二、三级试剂

表 6-27　无机黏结剂固定凸模的方法

图　示	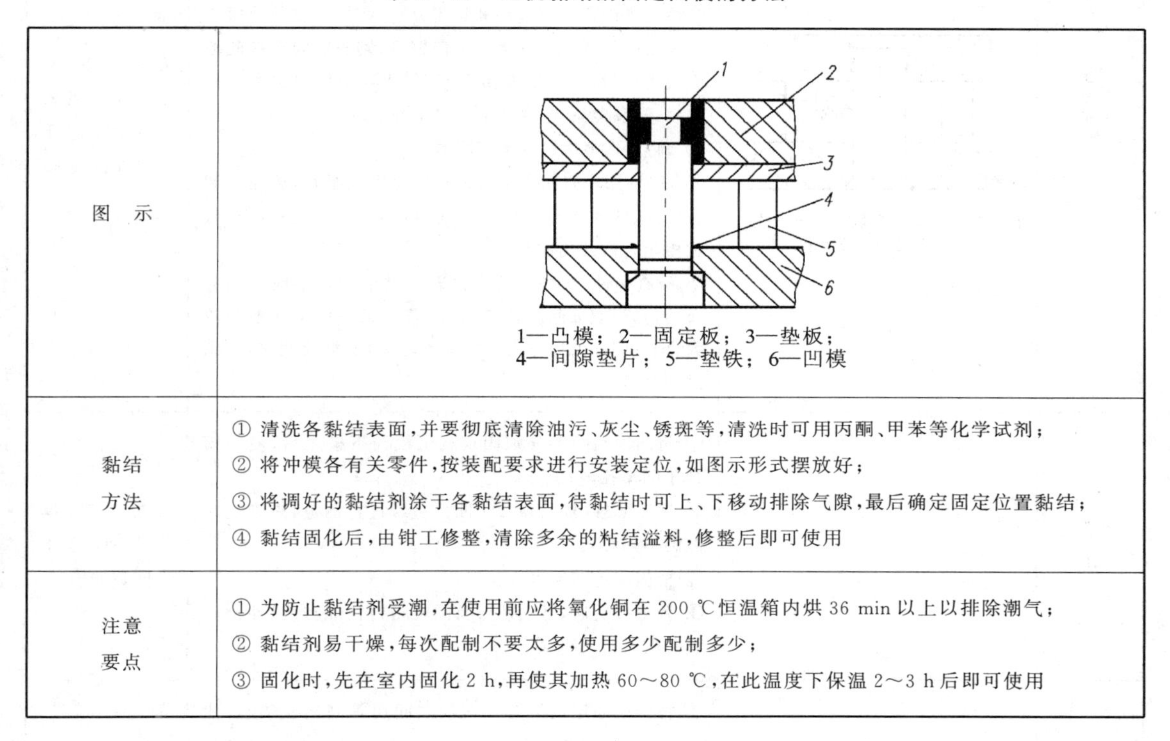 1—凸模；2—固定板；3—垫板； 4—间隙垫片；5—垫铁；6—凹模
黏结方法	① 清洗各黏结表面，并要彻底清除油污、灰尘、锈斑等，清洗时可用丙酮、甲苯等化学试剂； ② 将冲模各有关零件，按装配要求进行安装定位，如图示形式摆放好； ③ 将调好的黏结剂涂于各黏结表面，待黏结时可上、下移动排除气隙，最后确定固定位置黏结； ④ 黏结固化后，由钳工修整，清除多余的粘结溢料，修整后即可使用
注意要点	① 为防止黏结剂受潮，在使用前应将氧化铜在 200 ℃恒温箱内烘 36 min 以上以排除潮气； ② 黏结剂易干燥，每次配制不要太多，使用多少配制多少； ③ 固化时，先在室内固化 2 h，再使其加热 60～80 ℃，在此温度下保温 2～3 h 后即可使用

3. 凸、凹模间隙的控制

冷冲模凸、凹模之间间隙的均匀程度及其大小，是直接影响制件质量和冲模使用寿命的重要因素之一。因此，在制造冲模时，必须要保证凸、凹模间隙的大小及均匀一致性。冲模装配的主要工作，也就是要确定已加工好的凸、凹模的正确位置，以确保它们之间的间隙均匀。为了保证凸模和凹模的正确位置和间隙均匀，在装配冲模时一般是依据图样要求先确定其中一件(凸模或凹模)的位置，然后以该件为基准，用找正间隙的方法，确定另一件的准确位置。在实际生产中，控制凸模和凹模间隙的方法很多，需根据冲模的结构特点、间隙值的大小和装配条件来确定。目前，最常用的凸、凹模间隙控制方法见表 6-28。

4. 冷冲模装配顺序选择

冲模的主要零件组装成部件后，可进行总装配。为了使凸、凹模易于对中和间隙均匀，装配时应首先考虑上、下模的装配顺序。冲模的装配顺序选择与冲模结构有关，其选择方法见表 6-29。

表 6-28　凸、凹模间隙控制

控制方法	图　示	说　明	优缺点
透光调整法	1—凸模；2—光源；3—垫铁；4—固定板；5—凹模	① 分别安装上模与下模，螺钉不要固紧，销钉暂不装配； ② 将垫块放在固定板及凹模之间垫起，并用夹钳夹紧； ③ 翻转冲模，将模柄夹紧在平口钳上； ④ 用手灯或电筒照射，并在下模漏料孔中观察，根据透光情况来确定间隙大小和均匀分布状况，当发现凸模与凹模之间所透光线在某一方向偏多，则表明间隙在此地点偏大，可用手锤敲击相应侧面，使其凸模向偏大方向移动，再反复透光，调整到合适为止； ⑤ 调整后，将螺钉及销钉固紧； ⑥ 试冲：用一张相当于所冲板料厚度的纸片，放在已调好的凸、凹模之间，用手锤轻轻敲击一下上模板，则凸、凹模闭合后冲出制品； ⑦ 检查样件：试冲出的样件若四周毛刺较小或毛刺分布均匀，则表面间隙调整合适；若在某一段发现毛刺较大，则说明在此段方向上间隙不均匀，要继续调整，直到试冲合适为止	方法简单，易于操作，但较费工时，适于小型冲模装配
测量法		① 将凸模与凹模分别固定在上模与下模之后，使凸模合于凹模孔内； ② 用厚薄规（塞尺）将凸、凹模边缘进行测量，来确定间隙的均匀程度； ③ 根据测量结果进行调整； ④ 调整合适后，紧固螺钉及圆柱销钉，并经过试冲检验其装配是否正确	方法简单，操作方便，适于大间隙冲模
垫铜片、纸片法、块规调整法	1—凹模；2—凸模；3—垫片	① 将凸模固定板组合及凹模之间用等高垫铁垫起，使凸模插入凹模相应孔内； ② 按间隙大小用厚度为 0.03～0.04 mm 的紫铜皮叠成多层（等于间隙值）垫在凸、凹模刃口之间（也可以用纸板及适当厚度的块规），其深度为 10～12 mm，并使四周方向松紧程度一致； ③ 将凹模与下模板、凸模固定板与上模板分别用夹钳夹紧固定，将下模部分用螺钉紧固并穿入圆柱销，上模部分的螺钉拧得不要太紧，圆柱销暂不装配； ④ 将上模板的导套小心套进下模板的导柱内并慢慢放下，凸、凹模之间仍用原来的垫片垫入凸、凹模之间，假如某方向松紧程度相差较大，说明间隙不均匀，这时可用手锤轻轻敲击固定板使之调整到各方向松紧程度一致为止； ⑤调整合适后，再固紧上模螺钉及圆柱销； ⑥切纸试冲，至合适为止	工艺较复杂，但效果理想，调整后的间隙均匀

续表 6-28

控制方法	图示	说明	优缺点
镀铜调整法		① 将凸模上镀铜，镀层厚度恰好为凸、凹模间隙值； ② 将镀过铜的凸模浸入 10%硫酸亚铁溶液中，并与氰化钠中和进行消毒； ③ 用清水洗，擦干、上油； ④ 按装配工艺装配后，试冲验证间隙均匀程度	间隙均匀但工艺复杂
涂层法	1—凸模；2—漆；3—垫板	在凸模上涂一层薄膜材料，涂层厚度等于凸、凹模单边间隙值，涂料为： ① 涂淡金水，可反复涂几次，或涂一次干燥后，再涂上机油和研磨砂调和的薄涂料； ② 涂拉夫桑薄膜； ③ 涂漆，用 1260 氨基醇酸绝缘清漆。 其方法如下：将凸模浸入盛漆的容器中约 15 mm 深，刃口朝下；浸后取出凸模，端面用吸水纸擦一下，然后使刃口朝上，让漆膜慢慢向下倒流，形成一定锥度；在炉内烘干（炉温从 10 ℃升到 20 ℃，保温 0.5～1 h），随炉冷却后即可装配；装配后的冲模经试冲检查间隙均匀程度，若不合适重新涂漆调整，直到合格为止	方法简单，适于小间隙的冲模
利用工艺定位器调整法	1—凸模；2—凹模；3—定位器；4—凸凹模	用工艺定位器保证上、下模同心，控制装配过程中凸、凹模间隙的均匀。 定位器：d_1与凸模滑配合；d_2与凹模滑配合；d_3与凸凹模孔滑配合；而且 d_1、d_2、d_3要一次装夹车削而成，以保证三个直径圆柱的同心度	适于复合模的装配
标准样件调整法		对于弯曲、拉深及成型模，在调整及安装时，可按产品零件图先做一个样件。在调整时，将样件放在凸、凹模之间进行调整间隙	方法简单，调整后间隙均匀
加长凸模工艺尺寸定位法		对于圆形凸模和凹模，在制造凸模时，将凸模工作部分加长 1～2 mm，并将加长部分的工艺尺寸加大到正好与凹模孔滑配合。这样，在装配凸模与凹模时容易对中（同心），以保证其间隙值。待装配后，再将加长部分的工艺尺寸磨掉	方法简单，适用于圆形结构凸、凹模
酸腐蚀法		在加工凸、凹模时，可将凸模尺寸与模孔尺寸加工成相同，装配后再将凸模用酸腐蚀，以达到配合间隙大小与均匀要求。腐蚀后用清水洗去酸液。 酸液配方： ① 硝酸 20%＋醋酸 30%＋水 50%； ② 蒸馏水 55%＋双氧水 25%＋草酸 20%＋硫酸(1～2)%。 注意：腐蚀时，要控制好时间，不要太长	适于间隙小的冲模

表 6-29 冷冲模装配顺序选择

模具结构	装配顺序	工艺说明
无导柱、导套装置的冲模	装配无严格的次序要求	间隙的调整在压力机上进行。上、下模分别按图纸装配后，在压力机上边试冲边调整凸、凹模间隙，直到冲出合格工件，再将下模用螺钉、压板固紧在压力机的工作台上即可
凹模安装在下模板上的导柱模	先安装下模，然后依据下模配装上模	① 将凹模放在下模板上，找正位置后，将下模板按凹孔划出漏料孔的位置及大小，并加工漏料孔； ② 将凹模固紧在下模板上； ③ 将凸模与凸模固定板组合用等高垫铁垫起，使上模导套和凸模刃口部位分别伸进相应的导柱及凹模孔内； ④ 调整凸、凹模间隙，使其均匀； ⑤ 把上模板、垫板与凸模固定板组合用夹钳夹紧，取下后按凸模固定板配钻螺孔，并用螺钉紧固，但不要拧紧； ⑥ 将上模导套与下模导柱轻轻配合，视凸模是否能进入凹模孔中，用透光法观察间隙，并调整均匀； ⑦ 凸模与凹模间隙、导柱与导套配合合适后，再将螺钉固紧、打入销钉； ⑧ 安装其他辅助零件
有导柱的复合冲模	谁复杂、难装则先装谁，如：下模复杂难装，则先安装下模，再配装上模	① 按图样要求，先安装好下模部分； ② 借助下模的凸凹模位置确定上模凹模及凸模位置； ③ 调整间隙后，固定上模部分，最后装配下模及其他辅助零件

5. 冷冲模装配要点

冷冲模装配要点见表 6-30。

表 6-30 冷冲模装配要点

序号	内容	装配要点
1	基准件选择	装配时，先要选择基准件，原则上按照模具主要零件加工时的依赖关系来确定。作为装配时的基准件有凸模、凹模、凸凹模、导向板及固定板等
2	装配	① 以导向板作基准进行装配时，通过导向板将凸模装入固定板，再装上模座，然后通过上模配装下模； ② 固定板具有止口的模具，以止口将有关零件定位进行装配(止口尺寸可按模块配制，一经加工好就作为基准)； ③ 对于连续模，为便于调整准确步距，在装配时将拼块凹模先装入下模板后，再以凹模定位装凸模及固定板； ④ 当模具零件装入上、下模座时，先装作为基准的零件，检查无误后再拧紧螺钉、打入销钉，以后各部件在试冲无误后再拧紧螺钉、固紧销钉
3	调整凸、凹模间隙	在装配模具时，必须严格控制及调整凸、凹模间隙的均匀性。间隙调整后，才能固紧螺钉及销钉

续表 6 - 30

序　号	内　容	装配要点
4	试冲	试冲时可用切纸(纸厚等于料厚)试冲及上机试冲两种方法。试冲出的制品零件要仔细检查,如试冲时发现间隙不均匀,毛刺过大,应进行重新装配调整后,再钻铰销钉孔固紧

6. 各类冲模装配的特点

各类冲模装配的特点见表 6 - 31。

表 6 - 31　各类冲模装配的特点

冲模类型	装配特点	说　明
连续模	① 先加工凸模,并经淬火淬硬; ② 对卸料板进行划线,并加工成型; ③ 将卸料板、凸模固定板、凹模毛坯四周对齐,用夹钳夹紧,同钻销孔及螺纹底孔; ④ 用已加工好的凸模在卸料板粗加工的孔中,采用压印锉修法将其加工成型; ⑤ 把加工好的卸料板与凹模用销钉同定,用加工好的卸料孔对凹模型孔进行划线,卸下后粗加工凹模孔,然后用凸模压印锉修,保证间隙均匀; ⑥ 用同样的方法加工固定板孔; ⑦ 进行装配,先装下模,下模装好后配装上模; ⑧ 试冲与调整	假如有电加工设备,应先加工凹模,再以凹模为基准配作卸料板及凸模固定板
复合模	① 首先加工冲孔凸模,淬火淬硬; ② 对凸凹模进行粗加工,按图纸划线,加工后用冲孔凸模压印锉修成凸凹模内孔; ③ 制作一个与工件完全相同的样件,把凸凹模与样件黏合,或按图样划线; ④ 按样件(或划线)加工凸凹模外形尺寸; ⑤ 把加工好的凸凹模切下一段,作为卸料器; ⑥淬硬凸凹模,用此压印锉修凹模孔; ⑦用冲孔凸模通过卸料器压印加工凸模固定板; ⑧先装上模,再以上模配装下模; ⑨试模与调整	当有电火花加工设备时,应先加工凸模,将凸模做长一些,以此作为电极加工凹模。 当有线切割设备时,可对冲模零件分别加工成型后装配
弯曲模	① 弯曲模工作部分形状比较复杂,几何形状及尺寸精度要求较高,在制造时,凸、凹模工作表面的曲线和折线需用事先做好的样板及样件来控制。样板与样件的加工精度为±0.05 mm; ② 工作部分表面应进行抛光,应达到 $Ra=0.40\ \mu m$ 以下; ③ 凸、凹模尺寸及形状应在修理试模合适后进行淬硬,圆角半径要一致,凸模工作部分要加工成圆角; ④ 在装配时,按冲裁模装配方法装配,借助样板或样件调整间隙	选用卸料弹簧及橡皮时,一定要保证弹力,一般在试模时确定

续表 6－31

冲模类型	装配特点	说　明
拉深模	① 拉深模工作部分边缘要求修磨出光滑的圆角； ② 拉深模应边试模边对工作部分锉修，直至修锉到冲出合格件后再淬硬； ③ 借助样件调整间隙； ④ 大中型拉深模的凸模应留有通气孔，以便于工件的卸出	试冲后确定前道工序坯料尺寸，装配时应注意凸、凹模相对位置

6.2.3　冷冲模装配示例

1. 单工序冲裁模的装配

单工序冲裁模分无导向装置的冲裁模和有导向装置的冲裁模两种类型。

对于无导向装置的冲裁模，在装配时可以按图样要求将上、下模分别进行装配，其凸、凹模间隙是在冲裁模被安装在压力机上时进行调整的。

对于有导向装置的冲裁模（如图 6－8 所示），装配时首先要选择基准件，然后以基准件为基准，配装其他零件并调好间隙值。

冲裁模装配过程见表 6－32。

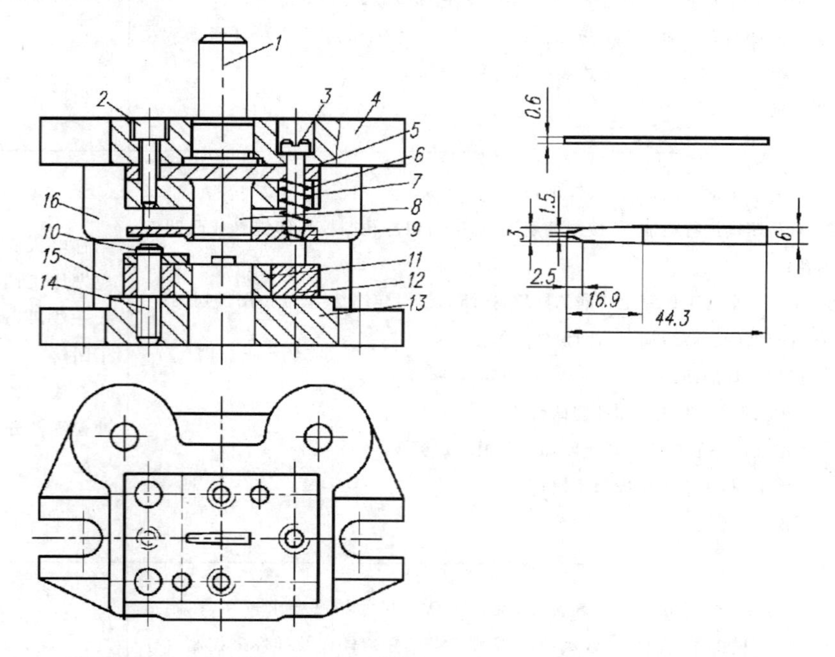

1—模柄；2—内六角螺钉；3—卸料螺钉；4—上模板；5—垫板；6—凸模固定板；7—弹簧；8—凸模；9—卸料板；10—定位板；11—凹模；12—凹模套；13—下模座；14—螺钉；15—导柱；16—导套

图 6－8　有导向装置的单工序冲裁模（材料：H62 黄铜板）

表 6－32　冲裁模的装配过程

序　号	工　序	图　示	工艺说明
1	装配前的准备		① 通读总装配图，了解所冲零件的形状、精度要求、模具结构特点、动作原理和技术要求； ② 选择装配顺序及装配方法； ③ 检查零件尺寸、精度是否合格，并且备好螺钉、弹簧、销钉等标准件及装配用的辅助工具
2	装配模柄	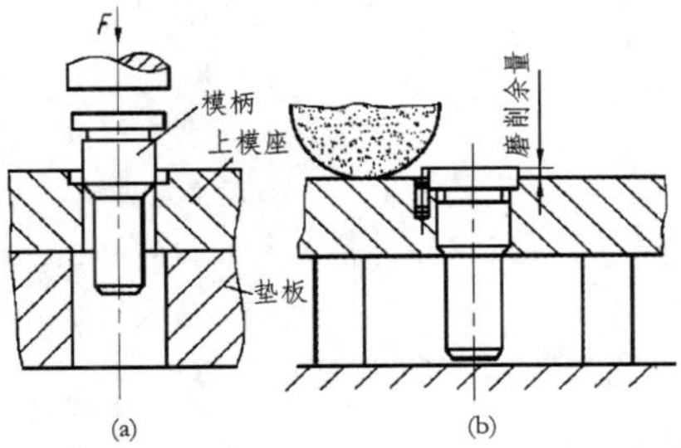	① 在手扳压力机上，将模柄 1 压入上模板 4 中，压实后，再把模柄 1 端面与上模板 4 的底面在平面磨床上磨平； ② 用角尺检查模柄与上模板 4 的垂直度，并调整到合适为止
3	导柱、导套的装配	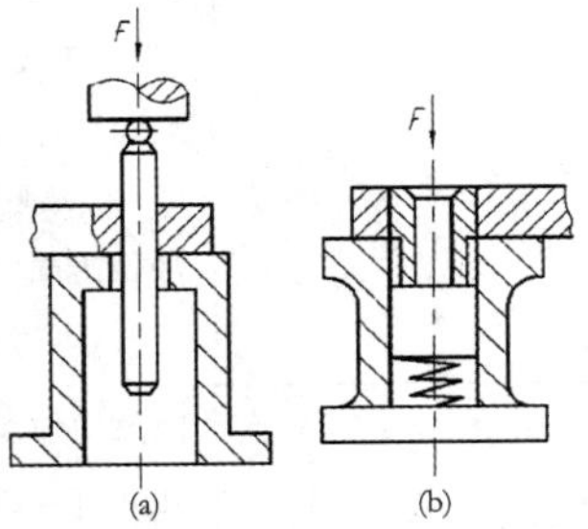	① 在压力机上分别将导柱 15、导套 16 压入下模座 13 和上模板 4 内； ② 用角尺检查其垂直度，如超过垂直度误差标准，应重新安装
4	凸模的装配	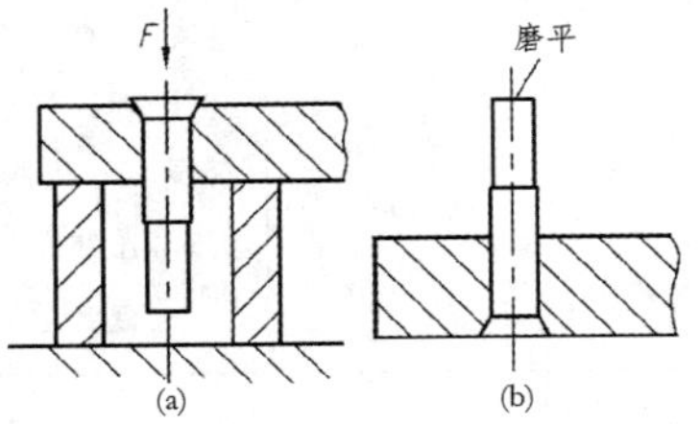	① 在压力机上将凸模 8 压入固定板 6 内，并检查凸模 8 与固定板 6 的垂直度； ② 装配后将固定板 6 的上平面与凸模 8 尾部一起磨平； ③ 将凸模 8 的工作部位端面磨平，以保持刃口锋利
5	弹压卸料板的装配		① 将弹压卸料板 9 套在已装入固定板内的凸模上； ② 在固定板 6 与卸料板 9 之间垫上平行垫块，并用平行夹板将其加紧； ③ 将凸模 8 的工作部位端面磨平，以保持刃口锋利
6	装凹模		① 把凹模 11 装入凹模套 12 内； ② 压入固紧后，将上、下平面在磨床上磨平

续表 6－32

序　号	工　序	图　示	工艺说明
7	安装		① 在凹模 11 与凹模套 12 组合上安装定位板 10，并把该组合安装在下模座 13 上； ② 调好各零件间相对位置后，在下模座按凹模套 12 螺纹孔配钻、加工螺孔、销钉孔； ③ 装入销钉，拧紧螺钉
8	装配		① 把已装入固定板 6 的凸模 8 插入凹模孔内； ② 将固定板 6 与凹模套 12 间垫上适当高度的平行垫铁； ③ 将上模板 4 放在固定板 6 上，对齐位置后夹紧； ④ 以固定板 6 螺孔为准，配钻上模板螺孔； ⑤ 放入垫板 5，拧上紧固螺钉
9	调整凸凹模间隙		① 先用透光法调整间隙，即将装配后的模具翻过来，把模柄夹在台虎钳上，用手灯照射，从下模座的漏料孔中观察间隙大小及均匀性，并调整使之均匀； ② 在发现某一方向不均匀时，可用锤子轻轻敲击固定板 6 侧面，使上模的凸模 8 位置改变，以得到均匀间隙为准
10	固紧		间隙均匀后，将螺钉紧固，配钻上模板销钉孔并打入销钉
11	装入卸料板		① 将卸料板 9 紧固在已装好的上模板上； ② 检查卸料板是否在凸模内，上、下移动是否灵活，凸模端面是否缩入卸料孔内 0.5 mm左右； ③ 检查合适后，最后装入弹簧 7
12	试切与调整		① 用与制件同样厚度的纸板作为工件材料，将其放在凸、凹模之间； ② 用手锤轻轻敲击模柄进行试切； ③ 检查试件毛刺大小及均匀性，若毛刺小且均匀则表明装配正确，否则应重新装配调整
13	打刻编号		试切合格后，根据厂家要求打刻、编号

2. 连续模的装配

连续模又称级进模，是多工序冲模。其特点是在送料方向上具有两个或两个以上的工位，可以在不同工位上进行连续冲压并同时完成几道冲压工序。它不仅能完成多道冲裁工序，往往还有弯曲、拉深、成型等多种工序同时进行。这类模具加工、装配要求较高，难度也较大。模具的步距与定位稍有误差，就很难保证制品内、外形尺寸精度，所以在加工、装配这类模具时，应该特别认真、仔细。

1）加工与装配要求

连续模加工时除了必须保证工作零件及辅助相关零件的加工精度外，还应保证满足以下要求：

① 凹模各型孔的相对位置及步距，一定要按图样要求加工、装配准确。

② 凸模的各固定型孔、凹模型孔、卸料板导向孔三者的位置必须一致，即在加工装配后，各对应型孔的中心线应保持同轴度的要求。

③ 各组凸、凹模在装配后，间隙应保证均匀一致。

2）零件的加工特点

连续模零部件加工时，可根据加工设备来确定加工顺序。在没有电火花及线切割机床的情况下，可采用如下加工工艺：

① 先加工凸模并经淬火淬硬。

② 将卸料板（又称刮料板）按图样划线，并利用机械及手工将其加工成型。其中，卸料孔应留有一定的精加工余量，作为用凸模压印的余量。

③ 将自己加工的卸料板与凹模四周对齐，用夹钳夹紧，同钻螺孔及销孔。

④ 用已加工及淬硬后的凸模，在卸料板粗加工后的型孔中，采用压印整修法将其加工成型，并达到一定的配合要求。

⑤ 把已加工好的卸料板与凸模用销钉固定，利用加工好的卸料板孔划线凹模型孔，卸下后粗加工凹模孔，再用凸模压印、锉修并保证间隙大小及均匀性。

⑥ 利用同样的方法加工固定板型孔及下模板漏料孔。

在工厂有电火花、线切割设备的情况下，连续模的加工应先加工凹模，再以凹模为基准，按上述方法配作卸料板、固定板型孔及利用凹模压印加工凸模。

3）连续模的装配要点

（1）装配顺序的选择

由前述可知：连续模的凹模是装配基准件，故应先装配下模，然后以下模为基准装配上模。

连续模的凹模结构多数采用镶拼形式，由若干块拼块或镶块组成。为了便于调整准确步距和保证间隙均匀，装配时，对拼块凹模首先把步距调整准确，并进行各组凸、凹模的预配，检查间隙均匀程度，修正合格后再把凹模压入固定板；然后把固定板装入下模板，再以凹模定位装配凸模；最后把凸模装入上模，待用切纸法试冲达到要求后，用销钉定位固定，再装入其他辅助零件。

（2）装配方法

假如连续模的凹模是整体凹模，则凹模型孔步距是靠加工凹模时保证的。若凹模是拼块凹模结构形式，则各组凸、凹模在装配时，采取预配合装配法。这是连续模装配的最关键工序，也是细致的装配过程，绝不能忽视。因为各拼块虽在精加工时保证了尺寸要求和位置精度，但拼合后因累积误差也会影响步距精度，所以在装配时，必须由钳工研磨修正和调整。

凸、凹模预配的方法如下：

按图示拼合拼块，按基准面排齐、磨平。将凸模逐个插入相对应的凹模型孔内，检查凸模与凹模的配合情况，目测凸模与凹模的间隙均匀后再压入凹模固定板内。把凹模拼块装入凹模固定板后，最好用三坐标测量机、坐标磨床或坐标镗床对其位置精度和步距精度做最后检查，并用凸模复查并修正间隙后，磨上、下面。

当各凹模镶件对精度有不同要求时，应先压入精度要求高的镶拼件，再压入容易保证精度的镶件。例如：在冲孔、切槽、弯曲、切断的连续模中，应先压入冲孔、切槽、切断的拼块，后压入弯曲凹模。这是因为前者型孔与定位面有尺寸及位置精度要求，而后者只要求位置精度。

(3) 装配示例

现以电度表磁极冲片（如图 6－9 所示）为例，说明连续模的装配方法（见表 6－33）。

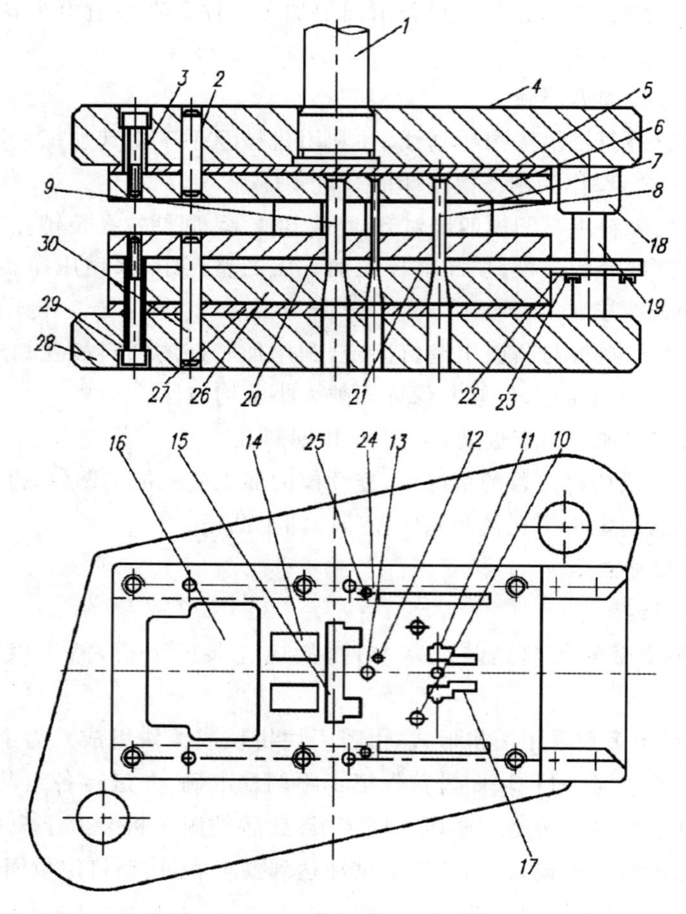

1—模柄；2、25、30—销钉；3、23、29—螺钉；4—上模板；5、27—垫板；6—凸模固定板；
7—侧刃凸模；8～15、17—冲孔凸模；16—落料凸模；18—导套；19—导柱；
20—卸料板；21—导料板；22—托料板；24—挡块；26—凹模；28—下模板

图 6－9　电度表磁极冲片连续模

表 6 - 33　连续模装配工艺方法

序　号	工　序	工艺说明
1	凸、凹模预配	① 装配前仔细检查各凸模形状和尺寸以及凹模型孔是否符合图样要求； ② 将各凸模分别与相应的凹模孔相配，检查其间隙是否加工均匀，不合适的应重新修磨或更换
2	凸模装入固定板	以凹模孔定位，将各凸模分别压入凸模固定板型孔中，并挤紧牢固
3	装配下模	① 在下模板 28 上划中心线，按中心预装凹模 26、垫板 27、导料板 21、卸料板 20； ② 在下模板 28、垫板 27、导料板 21、卸料板 20 上，用已加工好的凹模分别复印螺孔位置，并分别钻孔，攻螺纹； ③ 将下模板、垫板、导料板、卸料板、凹模用螺钉紧固，打入销钉
4	装配上模	① 在已装好的下模上放等高垫铁，将凸模与固定板组合通过卸料孔导向，装入凹模； ② 预装上模板 4，划出与凸模固定板相应螺孔位置并钻螺孔、过孔； ③ 用螺钉将固定板组合、垫板、上模板连接在一起，但不要拧紧； ④ 复查凸、凹模间隙并调整合适后，紧固螺钉； ⑤ 切纸检查，合适后打入销钉
5	装辅助零件	装配辅助零件后，试冲

3. 复合模的装配

复合模是指在压力机一次行程中，可以在冲裁模的同一个位置上完成冲孔和落料等多道工序。其结构特点主要表现在它必须具有一个外缘可作落料凸模、内孔可作冲孔凹模用的复合式凸凹模，它既是落料凸模又是冲孔凹模。

在制造复合模时，与普通冲模不同的是上、下模的配合稍不准确，就会导致整副模具的损坏，所以在加工和装配时不得有丝毫差错。

1）制造与装配要求

复合模制造与装配要求如下所述：

① 所加工的工作零件（如凸模、凹模及凸凹模和相关零件）必须保证加工精度。

② 装配时，冲孔和落料的冲裁间隙应均匀一致。

③ 装配后的上模中推件装置的推力的合力中心应与模柄中心重合。如果二者不重合，则推件时会使推件块歪斜而与凸模卡紧，出现推件不正常或推不下来的情况，有时甚至导致细小凸模的折断。

2）零件加工特点

在加工制造复合模零件时，若采用一般机械加工方法，则可按下列顺序进行加工：

① 首先加工冲孔凸模，并经热处理淬硬后，经修整后达到图样形状及尺寸精度要求。

② 对凸凹模进行粗加工后，按图样划线、加工型孔。型孔加工后，用加工好的冲孔凸模压印锉修成型。

③ 淬硬凸凹模，用此外形压印锉修凹模孔。

④ 加工卸件器。卸件器可按划线加工，也可以与凸凹模一体加工，加工后切下一段即可作为卸件器。

⑤ 用冲孔凸模通过卸件器压印，加工凸模固定板型孔。

3）装配顺序的确定

对于导柱式复合模，装配顺序一般如下：首先安装下模，找正下模中凸凹模的位置，按照冲孔凹模型孔加工出漏料孔；然后固定下模，装配上模的凹模及凸模，调整间隙；最后再安装其他零件。

4）装配步骤

复合模的装配有配作装配法和直接装配法两种。在装配时，主要采取以下步骤：

第一步：组件装配。组件装配包括模架的组装、模柄的装入、凸模及凸凹模在固定板上的装入等。

第二步：总装配。总装配主要以先装下模为主，然后以下模为准再装配上模。

第三步：调整凸、凹模间隙。

第四步：安装其他辅助零件。

第五步：检查、试冲。

5）装配示例

导柱式复合模（如图 6-10 所示）的装配工艺见表 6-34。

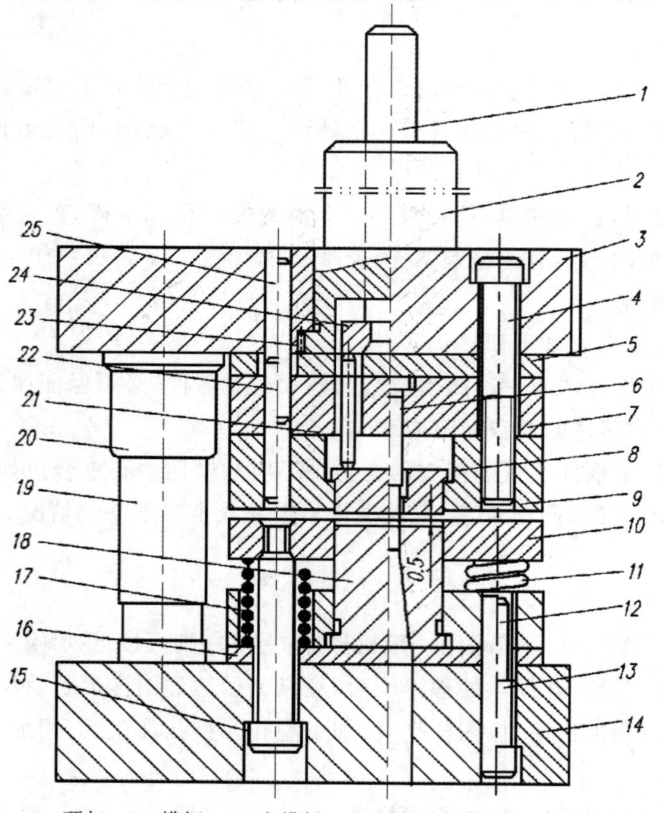

1—顶杠；2—模柄；3—上模板；4、13—螺钉；5、16—垫板；6—凸模；7、17—固定板；8—卸件器；9—凹模；10—卸料板；11—弹簧；12、22、23、25—销钉；14—下模板；15—卸料螺钉；18—凸凹模；19—导柱；20—导套；21—顶出杆；24—顶板

图 6-10 导柱式复合模

表6-34　导柱式复合模的装配工艺

序　号	工　序	工艺说明
1	检查零件及组件	检查冲模各零件及组合是否符合图样要求，并检查凸、凹模间隙均匀程度，各种辅助零件是否配齐
2	装配下模	① 由划线在下模板上放上垫板16和固定板17，装入凸凹模18； ② 依凸凹模正确位置加工出漏料孔、螺钉孔及销钉孔； ③ 紧固螺钉，打入销钉
3	装配上模	① 把垫板5、固定板7放到上模板上，再放入顶出杆21、卸件器8和凹模9； ② 用凸凹模18对冲孔凸模6和凹模9找正其位置，夹紧上模所有部件； ③ 按凹模9上的螺纹孔，配作上模各零件的螺孔过孔(配钻)； ④ 拆开后分别进行扩孔、锪孔，然后再用螺钉连接起来； ⑤ 试冲合格后，依凹模9上的销孔配钻销孔，最后打入销钉22、25； ⑥ 安装其他零件
4	试冲与调整	① 切纸试冲； ② 装机试冲

6.2.4　冷冲模的装配特点、试模常见问题及调整方法

1. 冲裁模试模常见问题及调整方法

模具装配完成后均需按正常工作条件进行试模，通过试模找出模具制造中的缺陷并加以调整解决。冲裁模试模常见问题及调整方法见表6-35。

表6-35　冲裁模试模常见问题及调整方法

常见问题	产生原因	调整方法
冲压件形状或尺寸不正确	凸模与凹模的形状或尺寸不正确	微量时可修整凸模与凹模，重调间隙。严重时须更换凸模与凹模
毛刺大且光亮带大	冲裁间隙过小	修整落料模的凸模或冲孔模的凹模以放大间隙
毛刺大且光亮带很小，圆角大	冲裁间隙过大	更换凸模或凹模以减少模具间隙
毛刺部分偏大	冲裁间隙不均匀或局部间隙不合理	调整间隙。若是局部间隙偏小，则可修大；若是局部间隙偏大，有时也可加镶块予以补救
卸料不正常	① 装配时卸料元件配合太紧或卸料元件安装倾斜； ② 弹性元件弹力不足； ③ 凹模和下模座之间的排料孔不同心； ④ 卸料板行程不足； ⑤ 弹顶器顶出距离过短	① 修整或重新安装卸料元件，使其能够灵活运动； ② 更换或加厚弹性元件； ③ 修整下模座排料孔； ④ 修整卸料螺钉头部沉孔深度或修整卸料螺钉长度； ⑤ 加长顶出部分长度

续表 6－35

存在问题	产生原因	调整方法
啃口	① 导柱与导套间间隙过大； ② 凸模或导柱等安装不垂直； ③ 上、下模座不平行； ④ 卸料板偏移或倾斜； ⑤ 压力机台面与导轨不垂直	① 更换导柱与导套或模架； ② 重新安装凸模或导柱等零件，校验垂直度； ③ 以下模座为基准，修磨上模座； ④ 修磨或更换卸料板； ⑤ 检修压力机
冲压件不平整	① 凹模倒锥； ② 导正销与导正孔配合较紧； ③ 导正销与挡料销间距过小	① 修磨凹模除去倒锥； ② 修整导正销； ③ 修整挡料销
内孔与外形相对位置不正确	① 挡料钉位置偏移； ② 导正销与导正孔间隙过大； ③ 导料板的导料面与凹模中心线不平行； ④ 侧刃定距尺寸不正确	① 修整挡料钉位置； ② 更换导正销； ③ 调整导料板的安装位置，使导料面与凹模中心线相互平行； ④ 修磨或更换侧刃
送料不畅或条料被卡住	① 导料板间距过小或导料板安装倾斜； ② 凸模与卸料板间的间隙过大导致搭边翻边； ③ 料板工作面与侧刃不平行； ④ 侧刃与侧刃挡块间不贴合导致条料上产生毛刺	① 修整导料板； ② 更换卸料板以减小凸模与卸料板间的间隙； ③ 修整侧刃或导料板； ④ 消除两者之间的间隙

2. 其他冷冲模的装配特点、试模常见问题及调整方法

弯曲模与拉深模都是通过坯料的塑性变形使冲压件获得所需形状。但在金属的塑性变形过程中，必然伴随弹性变形，而弹性变形的结果必然影响冲压件的尺寸及形状精度。所以，即使模具零件制造得很精确，所成型的冲压件也未必合格。为确保冲出合格的冲压件，弯曲模和拉深模装配时必须注意以下几点：

① 需选择合适的修配环进行修配装配。对于多动作弯曲模或拉深模，为了保证各个模具动作间运动次序正确、各个运动件到达位置正确、多个运动件间的运动轨迹互不干涉，必须选择合适的修配零件，在修配件上预先设置合理的修配余量，装配时通过逐步修配，达到要求的装配精度及运动精度。

② 需安排试装试冲工序。弯曲模和拉深模精确的毛坯尺寸一般无法通过设计计算确定，所以装配时必须安排试装。试装前选择与冲压件相同厚度且相同材质的板材，采用线切割加工方法，按毛坯设计计算的参考尺寸割制成若干个样件，然后再安排试冲，根据试冲结果，逐渐修正毛坯尺寸。通常必须根据试冲得到的毛坯尺寸图来制造毛坯落料模。

③ 需安排试冲后的调整装配工序。试冲的目的是找出模具的缺陷，这些缺陷必须在试冲后的调整工序中予以弥补。表 6－36 列出了弯曲模试冲时常见的缺陷、产生原因及调整方法。表 6－37 列出了拉深模试冲时常见的缺陷、产生原因及调整方法，供调整时参考。

表 6－36　弯曲模试冲时常见缺陷及调整方法

缺　陷	产生原因	调整方法
弯曲件底面不平	① 卸料杆分布不均匀，卸料时顶弯； ② 压料力不够	① 均匀分布卸料杆或增加卸料杆数量； ② 增加压料力
弯曲件尺寸和形状不合格	冲压时产生回弹造成弯曲件不合格	① 修改凸模的角度和形状； ② 增加凹模的深度； ③ 减少凸、凹模之间的间隙； ④ 弯曲前坯料退火，增加校正压力
弯曲件产生裂纹	① 弯曲区内应力超过材料强度极限； ② 弯曲区外侧有毛刺，造成应力集中； ③ 弯曲变形过大； ④ 弯曲线与板料的纤维方向平行； ⑤ 凸模圆角小	① 更换塑性好的材料或材料退火后弯曲； ② 减少弯曲变形量或将有毛刺一边放在弯曲内侧； ③ 分次弯曲，首次弯曲采用较大弯曲半径； ④ 改变落料排样，使弯曲线与板料纤维方向成一定的角度； ⑤ 加大凸模圆角
弯曲件表面擦伤或壁厚减薄	① 凹模圆角太小或表面粗糙； ② 板料黏附在凹模内； ③ 间隙小，挤压变薄； ④ 压料装置压料力太大	① 加大凹模圆角，降低表面粗糙度值； ② 凹模表面镀铬或化学处理； ③ 增加间隙； ④ 减小压料力
弯曲件出现挠度或扭转	中性层内外收缩，弯曲量不一样	① 对弯曲件进行再校正； ② 材料弯曲前退火处理； ③ 改变设计，将弹性变形设计在与挠度相反的方向上

表 6－37　拉深模试冲时常见缺陷及调整方法

缺　陷	产生原因	调整方法
局部被拉裂	① 径向拉应力太大，凸、凹模圆角太小； ② 润滑不良或毛坯材料塑性差	① 减小压边力，增大凸、凹模圆角； ② 更换润滑剂或用塑性好的毛坯材料
凸缘起皱且冲压件侧壁拉裂	压边力太小，凸缘部分起皱，无法进入凹模里而拉裂。	加大压边力
拉深件底部被拉脱	凹模圆角半径太小	加大凹模圆角半径
盒形件角部破裂	① 凹模角部圆角半径太小； ② 凸、凹模间隙太小或变形程度太大	① 加大凹模角部圆角半径； ② 加大凸凹模间隙或增加拉深次数
拉深件底部不平	① 坯料不平或弹顶器弹顶力不足； ②顶杆与坯料接触面太小	① 平整坯料或增加弹顶器的弹顶力； ② 改善顶杆结构

续表 6-37

缺　陷	产生原因	调整方法
拉深件壁部拉毛	① 模具工作部分有毛刺； ② 毛坯表面有杂质	① 修光模具工作平面和圆角； ② 清洁毛坯或更换新鲜润滑剂
拉深高度不够	① 毛坯尺寸太小或凸模圆角半径太小； ② 拉深间隙太大	① 放大毛坯尺寸或加大凸模圆角半径； ② 调小拉深间隙
拉深高度太大	① 毛坯尺寸太大或凸模圆角半径太大； ② 拉深间隙太小	① 减小毛坯尺寸或减小凸模圆角半径； ② 加大拉深间隙
拉深件凸缘起皱	凹模圆角半径太大或压边圈失效	减小凹模圆角半径或调整压边圈
拉深件边缘呈锯齿形	毛坯边缘有毛刺	修整前道工序落料凹模刃口，使之间隙均匀以减小毛刺
拉深件断面变薄	① 凹模圆角半径太小或模具间隙太小； ② 压边力太大或润滑剂不合适	① 增大凹模圆角半径或加大模具间隙； ② 减小压边力或更换合适润滑剂
阶梯形冲压件局部破裂	凹模及凸模圆角太小，加大了拉深力	加大凸模与凹模的圆角半径，减小拉深力

④ 需调定上下模的合模高度。多数弯曲模和拉深模采用敞开式非标准设计，所以合模时的高度对冲压件形状和尺寸精度会产生直接影响。调整到冲压件形状符合图纸要求后，需通过安装限位柱的方法，将合模时上模与下模的位置固定下来，以确保冲压件的尺寸精度和形状精度。

⑤ 需合理安排淬火工序。模具经过试冲、调整工序，能冲出合格的冲压件后，才进行热处理淬硬处理。

6.3　型腔模装配

6.3.1　型腔模装配技术要求

型腔模包括压缩模、注射模、锻模及合金压铸模。

型腔模装配技术要求见表 6-38。

表 6-38　型腔模装配技术要求

序　号	项　目	技术要求
1	模具外观	① 装配后的模具闭合高度、安装于注射机上的各配合部位尺寸、顶出板顶出形式、开模距等均应符合图样要求及所使用设备条件； ② 模具外露非工作部位棱边均应倒角； ③ 大、中型模具均应有起重吊孔、吊环供搬运用； ④ 模具闭合后，各承压面(或分型面)之间要闭合严密，不得有较大缝隙； ⑤ 零件之间各支承面要互相平行，平行度允差在 200 mm 范围内不应超过 0.05 mm； ⑥ 装配后的模具应打印标记、编号及合模标记

续表 6-38

序　号	项　目	技术要求
2	成型零件及浇注系统	① 成型零件、浇注系统表面应光洁、无塌坑、伤痕等弊病； ② 对成型时有腐蚀性的塑料零件，其型腔表面应镀铬、打光； ③ 成型零件尺寸精度应符合图样规定的要求； ④ 互相接触的承压零件(如互相接触的型芯，凸模与挤压环，柱塞与加料室)之间，应有适当间隙或合理的承压面积及承压形式，以防零件间直接挤压； ⑤ 型腔在分型面、浇口及进料口处应保持锐边，一般不得修成圆角； ⑥ 各飞边方向应保证不影响工作正常脱模
3	斜楔及活动零件	① 各滑动零件配合间隙要适当，起止位置定位要准确，镶嵌紧固零件要紧固安全可靠； ② 活动型芯、顶出及导向部位运动时，滑动要平稳，动作可靠灵活，互相协调，间隙要适当，不得有卡紧及感觉发涩等现象
4	锁紧及紧固零件	① 锁紧作用要可靠； ② 各紧固螺钉要拧紧，不得松动，圆柱销要销紧
5	顶出系统零件	① 开模时顶出部分应保证顺利脱模，以方便取出工件及浇注系统废料； ② 各顶出零件要动作平稳，不得有卡住现象； ③ 模具稳定性要好，应有足够的强度，工作时受力要均匀
6	加热及冷却系统	① 冷却水路要通畅，不漏水，阀门控制要正常； ② 电加热系统要无漏电现象，并安全可靠，能达到模温要求； ③ 各气动、液压、控制机构动作要正常，阀门、开关要可靠
7	导向机构	① 导柱、导套要垂直于模座； ② 导向精度要达到图样要求的配合精度，能对定模、动模起良好的导向、定位作用

6.3.2　型腔模部件的装配方法

1. 型芯与固定板的装配

型芯与固定板的装配工艺见表 6-39。

表 6-39　型芯与固定板装配工艺

序号	结构形式	图　示	装配方法	注意事项
1	型芯与通孔式固定板的装配	10′～20′ 1—型芯；2—固定板	主要采用直接压入法，将型芯直接压入固定板型孔中。压入时，最好采用液压机或专用压机压入。 ① 压入前在型芯表面及固定板型孔压入贴合面涂以适当润滑油，以便于压入； ② 固定板用等高垫铁垫起，其安装表面要和工作台面平行； ③ 将型芯导入部位放入固定板型孔内，并要校正垂直度； ④ 慢慢将型芯压入； ⑤ 压入一半后，再校正一次垂直度，调整合适后再继续加压； ⑥ 全部压入后，再测量垂直度	① 装配前应将固定板型孔的清角修整成圆角，以便于型芯压入； ② 压入前应检查固定板型孔与型芯配合程度，不要太紧，否则压入时会弯曲； ③ 压入时要始终保持平稳的压力

续表 6-39

序号	结构形式	图　示	装配方法	注意事项
2	埋入式型芯装配	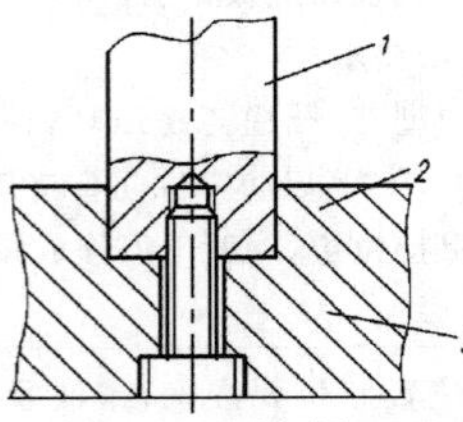 1—型芯；2—固定板；3—螺钉	① 修整固定板沉孔与型芯尾部的形状及尺寸差异，使其达到配合要求（一般修整型芯较为方便）； ② 型芯埋入固定板较深时，可将型芯尾部四周略修斜度，埋入 5 mm 以下时，则不应修斜度，否则会影响固定后的强度； ③ 型芯埋入固定板后，应用螺钉紧固	在修正配合部位时，应特别注意动、定模的相对位置，否则将使装配后的型芯不能与动模配合
3	螺钉固定式型芯与固定板的装配	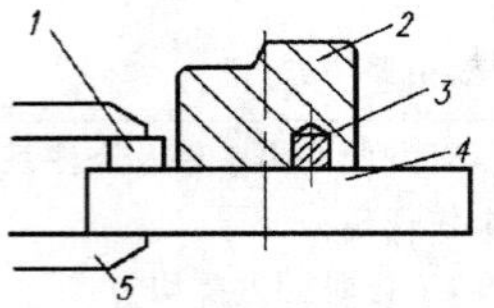 1—定位块；2—型芯；3—销钉套；4—固定板；5—平行夹头	面积大而高度低的型芯，常用螺钉、销钉直接与固定板连接： ① 在淬硬的型芯 2 上，压入销钉套； ② 根据型芯在固定板上要求的位置，将定位块 1 用平行夹头 5 固定于固定板 4 上； ③ 将型芯的螺孔位置复印到固定板 4 上，并钻、锪孔； ④ 初步用螺钉将型芯紧固，如固定板上已经装好导柱导套，则需调整型芯，以确保定、动模正确位置； ⑤ 在固定板反面划出销钉孔位置并与型芯一起钻铰销钉孔后打入销钉	装配时为便于打入销钉，可将销钉端部稍微修出锥度。销钉与销钉套的配合长度直线部位需 3～5 mm，以便于型芯的拆卸
4	螺纹型芯与固定板的装配	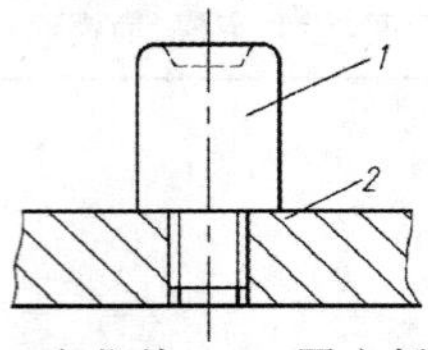 1—定位块；2—固定板	热固性塑料压塑模常采用螺纹连接式装配，将型芯直接拧入固定板中，并用定位螺钉紧固。定位螺钉孔是在型芯位置调整合适后进行攻制，然后取下型芯进行热处理后装配	装配时，一定要保持型芯与固定板之间的相对位置精度和型芯与固定板平面的垂直度

2. 型腔凹模与动、定模板的装配

型腔凹模与动、定模板的装配见表 6-40。

表 6-40　型腔凹模与动、定模板的装配

型腔凹模结构形式	图　示	装配工艺要点	注意事项
单件整体圆形型腔凹模	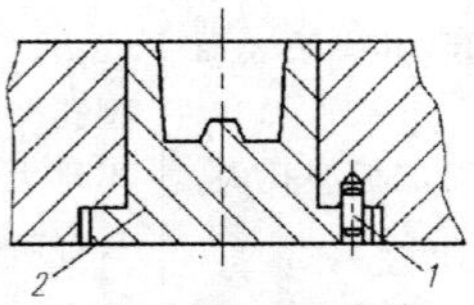 1—定位销；2—凹模	① 在模板的上、下平面上划出对准线，在型腔凹模的上端面划出相应对准线，并将对准线引向侧面； ② 将型腔凹模放在固定板上，以线为基准，定其位置； ③ 将型腔压入模板； ④ 压入极小一部分时，进行位置调整，也可用百分表调整其直线部分，若发生偏差，则可用管子钳将其旋转至正确位置； ⑤ 将型腔全部压入模板并调整其位置； ⑥ 位置合适后，用型腔销钉孔（在热处理前钻铰完成）复钻与固定板的销钉孔，打入销钉定位，以防止转动	① 型腔凹模和动模板镶合后，型面上要求紧密无缝。因此，压入端不准修出斜度，应将导入斜度修在模板上； ② 型腔凹模与模板相对位置一定要符合图样要求

续表 6 - 40

型腔凹模结构形式	图　示	装配工艺要点	注意事项
多件整体型腔凹模的镶入模板法	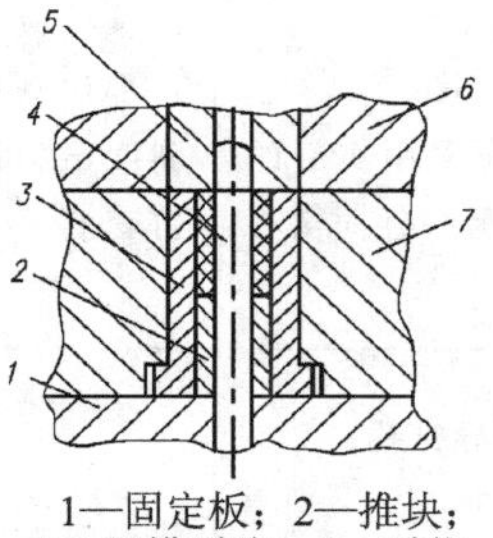 1—固定板；2—推块；3—凹模型腔；4—型芯；5—定模镶块；6—定模套；7—动模套	① 将推块 2 和定模镶块 5 用工艺销钉穿入两者孔中作为定位；② 将型腔凹模套在推块上，用量具测得型腔凹模外形的位置尺寸，即动模板固定孔实际尺寸；③ 将型腔凹模压入动模板；④ 放入推块，从推块的孔中复钻小型芯在固定板 1 上的孔；⑤ 将小型芯 4 装入定模镶块 5 孔中，并保证位置精度	① 注意选择装配基准（基准为定模镶块上的孔）；② 装配时注意动、定模的相对位置精度
拼块型腔（单型腔）的镶入模板	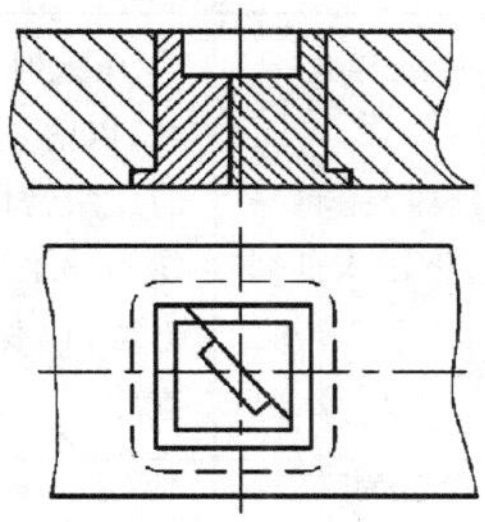	采用压入法，将型腔凹模压入模板中。在压入前，一般要经粗加工，待压入后再将预先经热处理粗加工的型腔用电火花机床精加工成型，或用刀具加工到要求的尺寸，并保证尺寸精度及表面粗糙度	① 压入模板的型腔拼块要配合严密不可松动；② 压入应始终保持平稳
拼块模框的镶入法	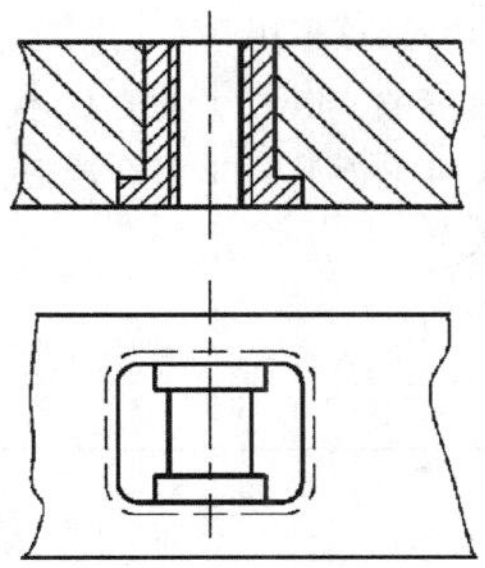	拼块的加工尺寸，在用磨削方法加工时，应正确控制，然后压入拼合成型；模板的固定孔可以采用压印修磨法进行加工	① 拼合后不应存在缝隙；② 加工模板固定孔时，应注意孔壁与安装基面的垂直度
坑内拼块型腔的镶入法	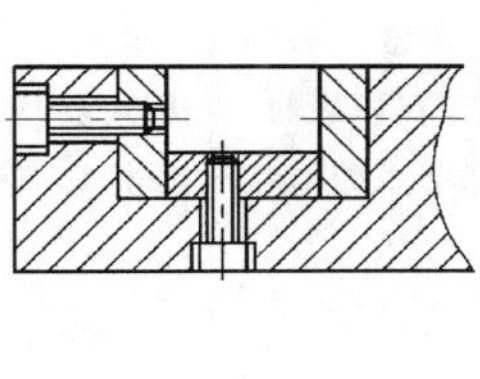	① 用铣床加工模板沉孔；② 将拼块镶入；③ 根据拼块螺孔位置，用划线法在模板上划出过孔位置，并钻、锪孔；④ 将螺钉拧入紧固	① 拼块之间应配合严密，不准有缝隙存在；② 应按图样要求保证拼块正确位置

3. 过盈配合件的装配

在型腔模装配中，还有不少以过盈配合装配的零件，如销钉套及导钉的压入等。这些零件装配后不用螺钉紧固，但不许松动及工作时脱出。其装配方法见表 6 - 41。

表 6-41　过盈配合零件装配方法

结构形式	图　示	装配方法	注意事项
销钉套的压入	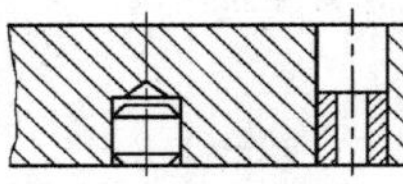	① 利用液压机(小件可用台虎钳)将销钉套压入淬硬的零件内； ② 压入后与另一件一起钻铰销孔； ③ 当淬硬件为不穿透孔时，应采用实心的销钉套，此时的销孔钻铰是从另一件向实心的销钉套钻铰	淬硬件应在热处理前将孔口部位倒角并修整出导入斜度，也可将斜度设在销钉套上
导钉的压入	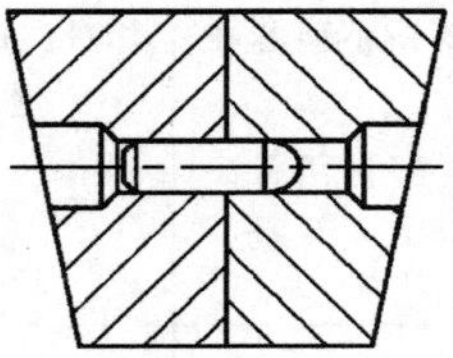	① 将拼块合拢，用研磨棒研正导钉孔； ② 将研磨合适的拼块淬火； ③ 压入导钉：拼块厚度不大时，导钉可在斜度的导向端压入；拼块较厚时，导钉在压入端压入，则将压入端修出导入锥度	将导钉装入时，应防止两块拼块偏移
镶套的压入	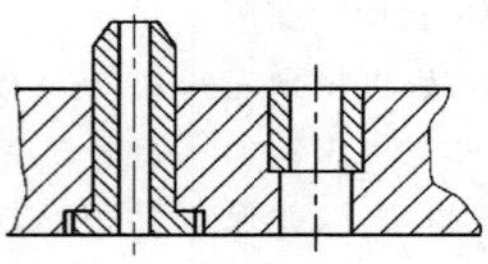	① 模板孔在压入口倒成导入斜度或导角； ② 压入件压入端要倒成圆角； ③ 压入镶套时可以利用导向芯棒：先将导向芯棒以滑配合固定在模板上，将压入件套在芯棒上后进行加压； ④ 压配后应进行修磨	① 压入时应严格控制过盈量，以防止内孔缩小；压入后应用铸铁研棒研磨； ② 压入件需有较高的导入部位，以保证压入后的垂直度
多拼块压入法	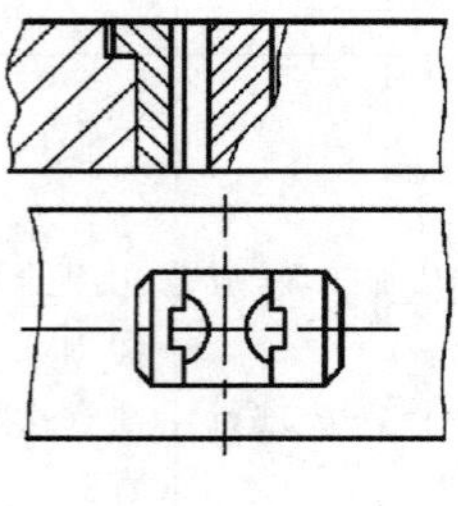	在一块模板上同时压入几件拼块时，可采用平行夹板将拼块夹紧，以防产生缝隙。压入时，可以用液压机进行，在压入端应垫平垫块，使各模块进入模板高度一致	拼合后不应产生缝隙，应拼合严密
锥面配合压入法	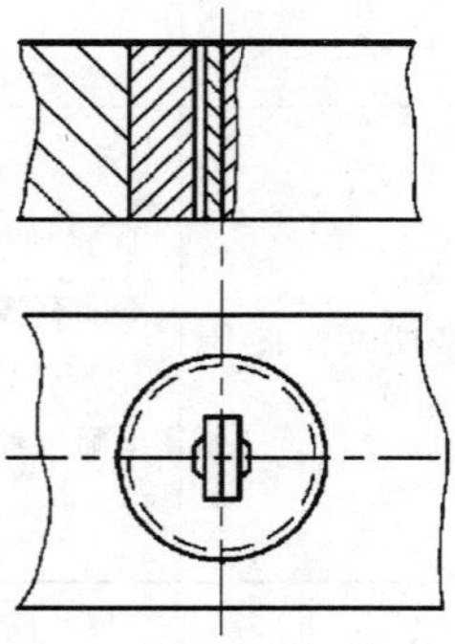	压入件、模孔应与锥面配合，二者锥面需一致。先用红丹粉检查贴合情况。在压入时，应用百分表测量型腔各点，以保证型腔形状与模板的相对位置	压入端均留余量，待压入后将其与模板一起磨平

装配技术要求如下：

① 装配后，压入件不许松动或脱出。

② 要保证过盈配合的过盈量，并需保证配合部分的表面粗糙度。

③ 压入端导入斜度应均匀，并在加工时最好同时做出，以保证同轴度。

6.3.3　型腔模在装配中的修磨

型腔模由许多零件组合而成。尽管各零件在加工与制造过程中公差要求很严，但在装配中仍很难保证装配后的技术要求。因此，在装配过程中，需将零件做局部修磨，以达到装配要求。其修磨方法见表 6-42。

表 6-42　型腔模在装配中的修磨方法

序号	图　示	修磨要求	修磨方法
1	A B C D Δ	型芯端面与加料室平面间有间隙 Δ 需消除	①单型腔时，修磨固定板平面 A（修磨时需拆下型芯）或修磨型腔上平面 B； ②多型腔时，修磨型芯台肩 C，装入模板后再修磨 D 面
2	A Δ (a) Δ (b) (c)	型芯与型芯固定板有间隙 Δ	① 修磨型芯工作面 A，如图(a)所示； ② 在型芯与固定板台肩内加入垫片，如图(b)所示，适于小模具； ③ 在固定板上设垫块，厚度大于 2 mm，在型芯固定板上铣凹坑，如图(c)所示，适用于大中型模具
3	A B 0.02 0.02	修磨后需使浇口略高于固定板 0.02 mm	A 面高出固定平面 0.02 mm，由加工精度保证； B 面可将浇口套压入固定板后磨平，然后拆去浇口套，再将固定板磨去 0.02 mm
4	A B a	埋入式型芯高度尺寸	① 当 A、B 面无凹、凸形状时，可修磨 A、B 面到要求尺寸； ② 当 A、B 面有凹、凸形状时：修磨型芯底面，可使 a 减小；在型芯底部垫薄片可使 a 尺寸加大

续表 6－42

序号	图　示	修磨要求	修磨方法
5		修磨型芯斜面后使之与型芯贴合	小型芯斜面必须先磨成型，总高度可略加大。待装入后合模，使小型芯与上型芯接触，测出修磨量 $h'-h$，然后将小型芯斜面修磨

注：在装配复杂模具时，应注意各面尺寸之间的相互关联，防止修一面尺寸而影响其他面尺寸。

6.3.4　型腔模整体装配方法

1. 推杆的装配

以图 6－11 所示推杆零件图为例，推杆的装配要点如表 6－43 所列。

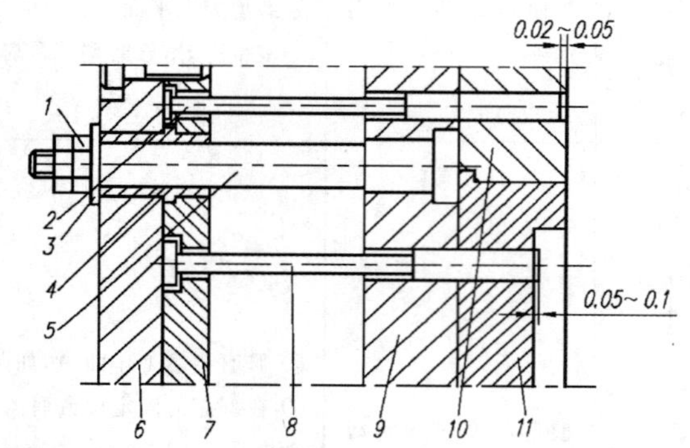

1—螺母；2—复位杆；3—垫圈；4—导套；5—导柱；6—推板；7—推杆固定板；8—推杆；9—支撑板；10—固定板；11—型腔镶件

图 6－11　推杆零件图

表 6－43　推杆的装配要点

工序号	工序名称	装配要点及工艺说明
1	零件检查与修整	① 将推杆孔入口处倒小圆角、斜度(推杆顶端可倒角。在加工时，可将推杆做长一些，装配后将多余部分磨去)。 ② 推杆数量较多时，可与推杆孔做选择配合。 ③ 检查推杆尾部台肩厚度及推杆孔台肩深度，使装配后留有 0.05 mm 间隙，推杆尾部台肩太厚时应修磨底部
2	装配	将装有导套 4 的推杆固定板 7 套在导柱 5 上，将推杆 8、复位杆 2 穿入推杆固定板和支撑板 9 及型腔镶件 11，然后盖上推板 6，将螺钉拧紧
3	修整	① 修磨导柱或模脚的台肩尺寸。使推板复位至与垫圈 3 或模脚台肩接触时，若推杆低于型面，则应修磨导柱台阶或模脚的上平面，若推杆高于型面，则可修磨推板 6 的底面。 ② 修磨推杆及复位杆的端面。应使复位杆在复位后，复位杆端面低于分型面 0.02～0.05 mm。在推板复位至终点位置后，测量其中一根高出分型面的尺寸，确定修磨量。其他几根应修磨成统一尺寸，推杆端面应高出型面 0.05～0.10 mm。 ③ 推杆及复位杆的修磨可在平面磨床上用卡盘夹紧进行修磨

技术要求如下：

① 推板在装配后，应动作灵活，尽量避免磨损。

② 推杆在固定板孔内，每边应留有 0.5 mm 间隙量。

③ 推杆固定板与推板需有导向装置和复位支承。

2. 卸料板的装配

卸料板的装配方法见表 6－44。

表 6－44　卸料板的装配方法

结构形式	图　示	装配要点
型孔镶块式卸料板	1—镶块；2—卸料板 （为了提高卸料板使用寿命，型孔部分镶入淬硬的镶块）	① 圆形镶块采用过盈配合方式，即将镶块采用压入法压入卸料板内。此时，卸料板内的镶块内孔应有较高表面粗糙度等级，与型芯滑配合工作部分高度保持 5～10 mm，其余部分应加工成 1°～3°的斜度。 ② 非圆形镶块与卸料板采用铆钉及螺钉连接。装配时，将镶块装入卸料板型孔，再套到型芯上。然后，从镶块上已钻出的铆钉孔中复钻卸料板。铆合后，铆钉头在型面上不应留有痕迹。 采用螺钉紧固时，可将镶块装入卸料板后再套入型芯，调整合适时，再紧固螺钉
埋入式卸料板	0.03～0.06 （埋入式卸料板是将卸料板埋入固定板沉孔内，与固定板呈斜面接触。上平面高出固定板0.03～0.06 mm）	卸料板为圆形结构时，卸料板与固定板在车床上配合加工后，压入或紧固。 卸料板为非圆形结构时，可采用铣削加工，并留有一定的余量，在装配后修磨。 小型模具采用划线加工；大、中型模具将卸料板与固定板同时加工。首先将修配好的卸料板用螺钉紧固于固定板上，然后以固定板外形为基准，直接镗出各孔。 孔为非圆形时，应先镗出基准孔，然后在铣床上加工成型

3. 滑块抽芯机构的装配

在型腔模结构中，滑块抽芯机构（见图 6－12）的装配要点见表 6－45。

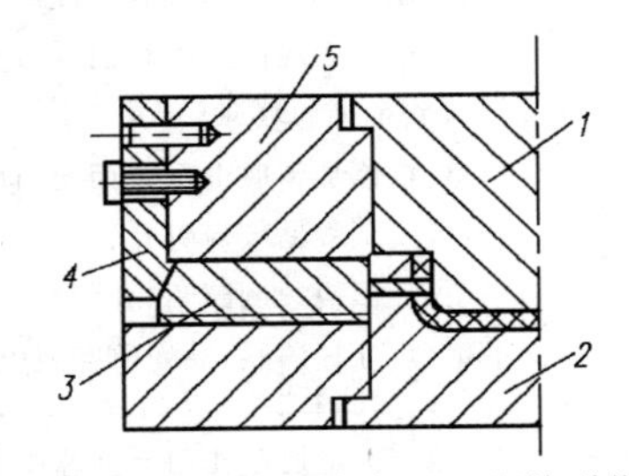

1—型芯；2—型腔镶块；3—滑块型芯；
4—楔紧块；5—定模板

图 6－12　滑块抽芯机构图

表 6-45　滑块抽芯机构的装配要点

工序号	装配步骤	工艺说明
1	将型腔镶块压入模板，并磨两平面至要求尺寸	修磨时，以型腔为基准，并保证型腔尺寸
2	将型腔镶块压入动模板，精加工二滑块槽	根据滑块实际尺寸配磨或精铣滑块槽
3	铣 T 形槽	① 按滑块台阶的实际尺寸精铣动模板上的 T 型槽，基本上铣到尺寸； ② 钳工修整，如果在型腔镶块上也带有 T 形槽，则可将其镶入后与动模板同铣
4	测定型孔位置及配制型芯固定孔	测出型腔型孔的位置，并在滑块的相应位置，按测量的实际尺寸镗型芯安装孔
5	装滑块型芯	将滑块型芯顶端面磨成定模型芯相应部位的形状，再将未装型芯的滑块推入滑块槽，使滑块前端面与型腔块相接触，接着装入型芯并推入滑块槽。修磨合适后，由销钉定位
6	装配楔块	① 用螺钉固紧楔块； ② 修磨楔块及滑块斜面，使之配合合适； ③ 通过楔块对定模板复钻铰销钉孔，装入销钉固紧； ④ 将楔块后端面与定模一起磨平，使其与滑块斜面均匀接触
7	镗斜销孔	当有斜销时，应在滑块、动模板、定模板组合后进行； 镗孔在立式铣床上进行
8	调整与试模	观察启模后滑块能否复位，合适后用定位板定位

4. 各类型腔模装配特点

模具的质量取决于零件加工质量与装配质量，而装配质量又与零件精度有关，也与装配工艺有关。各类型腔模的装配工艺视模具结构以及零件加工工艺的不同而有所不同。各类型腔模装配要点见表 6-46。

表 6-46　各类型腔模装配要点

模具类型	装配步骤	装配工艺要点
热固性塑料移动压缩模	① 修刮凹模	① 用全部加工完并经淬硬的压印冲头压印，锉修型腔凹模； ② 精修型腔凹模配合面及各型腔表面到要求尺寸，并保证尺寸精度及表面质量要求； ③ 精修加料腔的配合面及斜度； ④ 按划线钻铰导钉孔； ⑤ 外形锐边倒圆角，并使凹模符合图纸尺寸及技术要求标准； ⑥ 热处理淬硬、抛光研磨或电镀铬型腔工作表面
	② 固定板型	① 上固定板型孔用上型芯压印锉修；下固定板型孔用压印冲头压印锉修成型，或按图样加工到尺寸； ② 修磨型孔斜度及压入凸模的导向圆角
	③ 将型芯压入固定板	①将上型芯压入上固定板，下型芯压入下固定板； ②保证型芯对固定板平面的垂直度

续表 6-46

模具类型	装配步骤	装配工艺要点
热固性塑料移动压缩模	④ 修磨	按型芯与固定板装配后的实际高度修磨凹模上、下平面，使上、下型芯相接触，并使上型芯与加料腔相接触
	⑤ 复钻并铰导钉孔	在固定板上复钻导钉孔，并用铰刀铰孔到所需尺寸
	⑥ 压入导钉	将导钉压入固定板
	⑦ 磨平固定板底平面	将装配后的固定板底面用平面磨床磨平
	⑧ 镀铬、抛光	拆下预装后的凹模、拼块、型芯镀铬抛光，使其达到 $Ra \leqslant 0.20\ \mu m$
	⑨ 总装配	按图样要求，将各部件及凹模型芯重新装入，并装配各附件，使之装配完整
	⑩ 试压	用压机试压。边压制边修整，直到试压出合格塑件为止
热固性塑料注射模	① 同镗定模底板、动模板导柱、导套孔	① 将预先按划线加工好的定模底板及定模板配制好，钻导柱、导套型孔； ② 采用辅助定位块，使动模与定模板合拢，在铣床上同镗导柱、导套孔，并锪台阶及沉孔
	② 装配导柱及浇口套	清除导柱孔的毛刺，钳工修整各台肩尺寸，压入浇口套及导柱（导柱、导套压入时最好二者配合进行，以保证导向精度）
	③ 装配型芯及导套	① 清除动模板导套孔毛刺，将导套压入动模板； ② 在动模上划线，确定型芯安装位置，并钻各螺孔、销孔； ③ 装入型芯及销钉
	④ 装滑块	将滑块装入动模，并使其修配后滑动灵活、动作可靠、定位准确
	⑤ 修配定模板斜面	修配定模板的斜面与滑块，使其密切配合
	⑥ 装楔块	装配后的楔块与滑块密合
	⑦ 镗制限位导柱孔及斜销孔	在定模座上用钻床镗到尺寸要求
	⑧ 安装斜销及定位导柱	将定模拼块套于限位导柱上进行装配
	⑨ 安装定位板及复位杆	推板复位杆孔及各螺孔一般通过复钻加工
	⑩ 总装配	按图纸要求，将各部件装配成整体结构
	⑪ 试模，修正推杆及复位杆	将装配好的模具在相应机床上试压，并检查制品质量和尺寸精度；边试边修整，并根据制品出模情况修正推杆及复位杆的长短
热塑性塑料注射模	① 修整定模	以定模为加工基准，将定模型腔按图样加工成型
	② 修整卸料板的分型面	使卸料板与定模相配，并使其密合； 分型面按定模配磨
	③ 同镗导柱、导套孔	将定模、卸料板和动模固定板叠合在一起，使分型面紧密配合接触，然后夹紧，同镗导柱、导套孔
	④ 加工定模与卸料板外形	将定模与卸料板叠合在一起，压入工艺定位销，用插床精加工其外形尺寸
	⑤ 加工卸料板型孔	用机械法或电加工法，按图样加工卸料板型孔

续表 6-46

模具类型	装配步骤	装配工艺要点
热塑性塑料注射模	⑥ 压入导柱、导套	在定模板、卸料板及动模板上，分别压入导柱、导套，并保证其配合精度
	⑦ 装配动模型芯	① 修配卸料板型孔，并与动模固定板合拢，将型芯的螺孔涂抹红丹粉放入卸料板孔内，在动模固定板上复印出螺孔位置； ② 取出型芯，在动模固定板上钻螺钉孔； ③ 将拉料杆装入型芯，并将卸料板、型芯、动模固定板装合在一起，调整位置后用螺钉紧固； ④ 划线同钻销钉孔，压入销钉
	⑧ 加工推杆孔及复位杆孔	采用各种配合，进行复钻加工
	⑨ 装配模脚及动模固定板	先按划线加工模脚螺孔、销钉孔，然后通过复钻加工动模固定板各相应孔
	⑩ 装配定模型芯	将定模型芯装入定模板中，并一起用平面磨床磨平
	⑪ 钻螺钉通孔及压入浇口套	① 在定模上钻螺钉孔； ② 将浇口套压入定模板
	⑫ 装配定模部分	将定模与定模座板夹紧，通过定模座板复钻定模销孔。位置合适后，打入销钉及螺钉，紧固
	⑬ 装配动模并修磨推杆、复位杆	将动模部分按已装配好的定模相配进行装配，并修整推杆、复位杆
	⑭ 试模	通过试模来验证模具的质量，并进行必要的修整
压铸模	① 镗导柱、导套孔	将定模座板、定模套板和动模套板叠合在一起，按划线同镗导柱、导套孔
	② 加工模板外形尺寸	在导柱、导套孔上，压入工艺定位销，并将定模板、动模板、定模套一起用插床精插外形到尺寸
	③ 加工定模固定板	在定模套板上，按划线加工定模固定孔或滑块槽
	④ 将定模装入定模套板	将定模按图样要求装配在定模套板中，并磨平两平面，保证定模深度；复钻螺孔及销钉孔，拧入螺钉及打入销钉紧固
	⑤ 安装动模	① 先将型芯压入动模套中； ② 配合装配后的定模，装配动模
	⑥ 压入导柱、导套	在定模板、动模座及定模座板上，分别压入导柱、导套，并保证配合精度及对装配支承面的垂直度
	⑦ 安装配件	按图样要求安装滑块、压紧块及其他备件
	⑧ 试模	通过试模修正浇口、型腔的尺寸，验证模具质量

6.3.5　型腔模装配示例

1. 热固性塑料压缩模装配

热固性塑料压缩模(如图 6－13 所示)的装配方法见表 6－47。

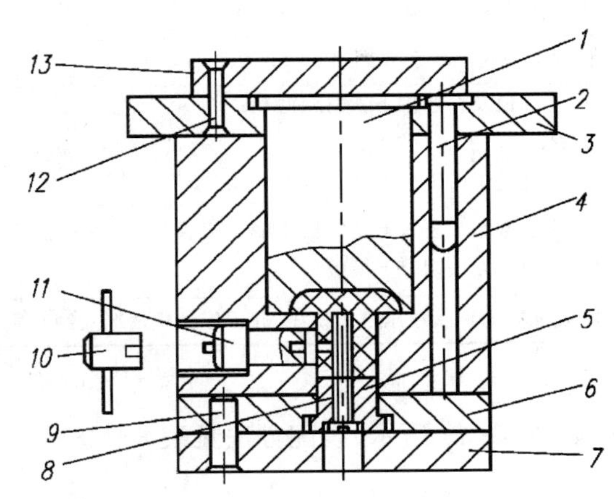

1—上型芯；2—导柱；3—上固定板；4—凹模；5—下型芯；6—下固定板；7—模板；8—型芯；9—圆柱销；10—工具；11—型芯；12—圆柱销；13—上模板

图 6－13　热固性塑料压缩模

表 6－47　热固性塑料压缩模装配方法

工序号	工　序	工艺说明
1	修制凹模	① 凹模坯料加工：外形经锻、刨、磨到尺寸；上、下表面经磨后应留有修磨余量；加料腔留精修余量；斜度由车床车出； ② 钳工精修加料腔的配合面和斜度； ③ 按划线钻、铰导柱孔和侧型芯孔； ④ 热处理； ⑤ 研光型腔
2	精修型芯	① 用车床精车型芯 1、5、11 到所要求的尺寸； ② 精修型芯 1，使之修整到要求尺寸精度及表面质量，并与凹模配合修制外形尺寸，保证间隙； ③ 用同样的方法精修型芯 5、11； ④ 热处理； ⑤ 抛光研磨
3	修正固定板固定孔	① 上固定板 3 的型孔用上型芯 1 配合修正或压印锉修；下固定板型孔由下型芯 5 压印锉修； ② 修制斜度及压入口圆角
4	将型芯压入固定板	① 将上型芯压入上固定板 3； ② 将型芯 8 先压入型芯 5 后，再压入下固定板 6； ③ 按型芯装配固定板实际高度修磨凹模，并使上型芯底面与凹模型腔接触

续表 6-47

工序号	工　序	工艺说明
5	在上、下固定板上复钻、铰导柱孔	在固定板上复钻上、下导柱孔。将凹模与上型芯配合，复钻上导柱孔；下型芯与凹模配合，再复钻下固定板导销孔，钻后精铰及锪孔
6	压入导柱、导钉	将导柱及导钉分别压入上、下固定板
7	平磨	将固定板底面磨平 $Ra \leqslant 0.80\ \mu m$ 以下
8	型芯与凹模镀铬抛光	① 将凹模及型芯拆下，镀铬、抛光； ② Ra 为 0.20～0.10 μm； ③ 按上述工序重新安排
9	铆合模板	① 将上型芯 1 装入上固定板 3，盖上上模板 13，复钻铰孔后，铆合销钉； ② 用同样方法铆合下模板
10	试模调整	将装配后的模具在压机上试压，并根据试模情况及制品质量进行修整

2. 塑料注射模

普通标准模架注射模（如图 6-14 所示）装配方法见表 6-48。

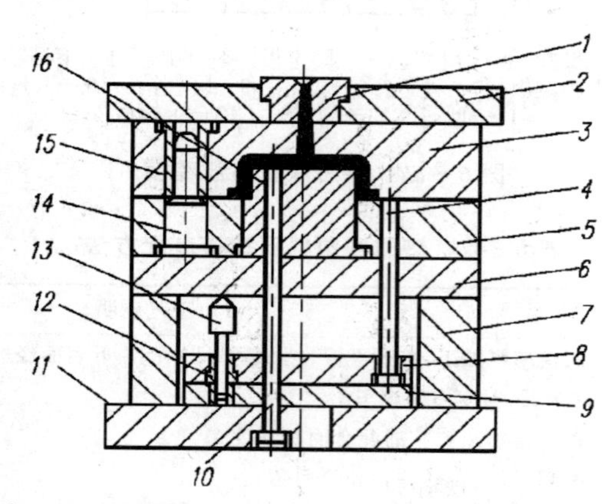

1—浇口套；2—定模座板；3—定模；4—顶杆；5—动模固定板；6—垫板；7—支承板；8—推杆固定板；9—推板；10—顶杆；11—动模座板；12—推板导套；13—推板导柱；14—导柱；15—导套；16—动模型芯

图 6-14　普通标准模架注射模

表 6-48　普通标准模架注射模装配方法

工序号	工　序	工艺说明
1	精修定模	① 定模经锻、刨后，磨削六面，上、下平面留修磨余量； ② 划线加工型腔，用铣床铣削型腔或用电火花加工型腔，深度按要求尺寸增加 0.2 mm； ③ 用油石修整型腔表面
2	精修动模型芯及动模固定板型孔	① 按图样将预加工的动模型芯精修成型，钻铰顶件孔； ② 按划线加工动模固定板型孔，并与型芯配合加工
3	同镗导柱、导套孔	① 将定模、动模固定板叠合在一起，使分型面紧密接触，然后夹紧，镗导柱、导套孔； ② 锪导柱、导套孔台肩孔

续表 6-48

工序号	工　序	工艺说明
4	复钻螺孔销及推件孔	① 将定模 3 与定模座板 2 叠合在一起，夹紧后复钻螺孔、销孔； ② 将动模座板 11、动模固定板 5、垫板 6、支承板 7 叠合夹紧，复钻螺孔、销孔
5	动模型芯压入动模固定板	① 将动模型芯压入固定板并配合紧密； ② 装配后，型芯外露部分要符合图样要求
6	压入导柱、导套	① 将导套压入定模； ② 将导柱压入动模固定板； ③ 检查导柱、导套配合松紧程度
7	磨安装基面	① 将定模 3 上基面向磨平； ② 将动模固定板 5 下基面磨平
8	复钻推板上的推杆孔	通过动模固定板 5 及动模型芯 16，复钻推板上的推杆及顶杆孔，卸下后再复钻垫板各孔
9	将浇口套压入定模座板	用压力机将浇口套压入定模座板
10	装配定模部分	在定模座板 2、定模 3 上复钻螺钉孔、销孔后，拧入螺钉或敲入紧固
11	装配动模	将动模固定板、垫板、支承板、动模座板复钻后，拧入螺钉、打入销钉固紧
12	修正推杆及复位杆、顶杆长度	① 将动模部分全部装配后，使支承板底面和推杆固定板紧贴于动模座板。自型芯表面测出推杆、复位杆及顶杆长度； ② 修磨长度后，进行装配，并检查各推杆、顶杆的灵活性
13	试模与调整	各部位装配完后，进行试模，并检查制品，验证模具质量状况

侧型芯式注射模（如图 6-15 所示）装配方法见表 6-49。

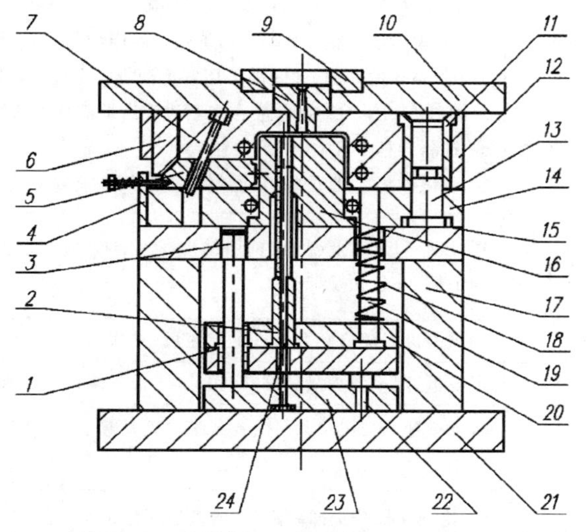

1—小导套；2—推管；3—小导柱；4—限位板；5—滑块；6—楔紧块；7—斜导柱；8—浇口套；9—定位圈；10—定模座板；11—导套；12—定模板；13—导柱；14—动模板；15—支承板；16—型芯；17—垫块；18—弹簧；19—复位杆；20—推杆固定板；21—动模座板；22—限位钉；23—小型芯固定板；24—小型芯

图 6-15　侧型芯式注射模

表 6-49 侧型芯式注射模装配方法

工序号	工 序	工艺说明
1	复检所有模具零件、精修定模	① 定模前工序的完成情况：外形粗加工，每边留余量1 mm，两面平磨保证平行度，并留有修磨余量； ② 型腔用铣床加工或用电火花加工，深度按要求留加工余量抛光； ③ 用油石修光型腔表面； ④ 控制型腔深度，磨分型面
2	精修动模板型孔及型芯	① 按划线方法加工动模板14型孔； ② 按图样将预加工的型芯16精修成型，钻铰推件孔
3	配镗导柱、导套孔（采用标准模架的已完成）	① 用工艺孔或定模、动模定位，将定模板12、动模板14叠合在一起，使分型面紧密贴合，然后关紧，镗削导柱13、导套11孔； ② 锪导套11、导柱13孔的台肩
4	复钻各螺孔、销孔及推件孔	① 定模板12与定模座板10叠合在一起夹紧，复钻螺孔、销孔； ② 动模座板21，垫块17、支承板15、动模板14叠合夹紧，复钻螺孔、销孔
5	型芯压入动模板	① 将型芯16压入动模板14并配合紧密； ② 装配后，测量型芯外露部分高度是否符合图样要求并调整
6	压入导柱、导套（采用标准模架的已完成）	① 将导套11压入定模板12； ② 将导柱13压入动模板14； ③ 检查导柱、导套配合的松紧程度
7	磨安装基面	① 将定模板12上基面磨平； ② 将动模板14下基面磨平
8	装滑块抽芯机构	① 将滑块型芯装入滑块槽，并推至前端面与动模定位面接触； ② 装楔紧块6，使楔紧块6与滑块5斜面均匀接触，同时要保证分模面之间留有0.2 mm的间隙，此间隙可用塞尺检查。保证模具闭合后，楔紧块6和滑块5之间具有锁紧力；否则，应在楔紧块6后端面垫上适当厚度的金属薄片； ③ 镗斜导柱7孔，压入斜导柱7； ④ 装限位板4、复位螺钉和弹簧，使滑块5能复位定位
9	复钻推杆固定板上的推杆孔	通过动模板14及型芯16，引钻推杆固定板20上的推杆孔，卸下后再复钻推杆固定板20各孔及沉头孔
10	将浇口套压入定模板	用压力机将浇口套8压入定模座板10和定模板12中
11	装好定模部分	定模板、定模座板复钻螺孔、销孔后，拧入螺钉和敲入销钉紧固
12	装好动模部分	将动模座板21、垫块17、支承板15、动模板14复钻后，拧入螺钉，打入销钉紧固
13	修正推杆及复位杆	① 将动模部分全部装配后，使推板紧贴于小型芯固定板23上的限位钉。自型芯表面测出推杆、复位杆19及推管2长度； ② 修磨长度后，进行装配，并检查它们的灵活性
14	试模与调整	各部分装配完后，进行试模，检查制品，验证模具质量状况，发现问题予以调整

6.3.6　型腔模试模常见问题及调整

试模时，若发现塑件不合格或模具工作不正常，应立即找出原因，调整或修理模具，直至模具工作正常、试件合格为止。型腔模试模中的常见问题及解决方法见表 6－50，供参考。

表 6－50　型腔模试模中的常见问题及解决方法

常见问题	解决方法
主浇道黏模	抛光主浇道→喷嘴与模具中心重合→降低模具温度→缩短注射时间→增加冷却时间→检查喷嘴加热圈→抛光模具表面→检查材料是否污染
塑件脱模困难	降低注射压力→缩短注射时间→增加冷却时间→降低模具温度→抛光模具表面→增大脱模斜度→减小镶块处间隙
尺寸稳定性差	改变料筒温度→增加注射时间→增大注射压力→改变螺杆背压→升高模具温度→降低模具温度→调节供料量→减小回料比例
表面波纹	调节供料量→升高模具温度→增加注射时间→增大注射压力→提高物料温度→增大注射速度→增加浇道与浇口的尺寸
塑件翘曲和变形	降低模具温度→降低物料温度→增加冷却时间→降低注射速度→降低注射压力→增加螺杆背压→缩短注射时间
塑件脱皮分层	检查塑料种类和级别→检查材料是否污染→升高模具温度→物料干燥处理→提高物料温度→降低注射速度→缩短浇口长度→减小注射压力→改变浇口位置→采用大孔喷嘴
银丝斑纹	降低物料温度→物料干燥处理→增大注射压力→增大浇口尺寸→检查塑料的种类和级别→检查塑料是否污染
表面光泽差	物料干燥处理→检查材料是否污染→提高物料温度→增大注射压力→升高模具温度→抛光模具表面→增大浇道与浇口的尺寸
凹痕	调节供料量→增大注射压力→增加注射时间→降低物料速度→降低模具温度→增加排气孔→增大浇道与浇口尺寸→缩短浇道长度→改变浇口位置→降低注射压力→增大螺杆背压
气泡	物料干燥处理→降低物料温度→增大注射压力→增加注射时间→升高模具温度→降低注射速度→增大螺杆背压
塑料充填不足	调节供料量→增大注射压力→增加冷却时间→升高模具温度→增加注射速度→增加排气孔→增大浇道与浇口尺寸→增加冷却时间→缩短浇道长度→增加注射时间→检查喷嘴是否堵塞
塑件溢料	降低注射压力→增大锁模力→降低注射速度→降低物料温度→降低模具温度→重新校正分型面→降低螺杆背压→检查塑件投影面积→检查模板平直度→检查模具分型面是否锁紧
熔接痕	升高模具温度→提高物料温度→增加注射速度→增大注射压力→增加排气孔→增大浇道与浇口尺寸→减少脱模剂用量→减少浇口个数
塑件强度下降	物料干燥处理→降低物料温度→检查材料是否污染→升高模具温度→降低螺杆转速→降低螺杆背压→增加排气孔→改变浇口位置→降低注射速度
黑点及条纹	降低物料温度→喷嘴重新对正→降低螺杆转速→降低螺杆背压→采用大孔喷嘴→增加排气孔→(7)增大浇道与浇口尺寸→降低注射压力→改变浇口位置

思考题

1. 大型冲压模具各模板上的孔及孔系采用何种方法能保证装配的位置精度？采用该方法的原因是什么？

2. 配作加工及同钻同铰加工有哪些要求？它们各适用于什么场合？

3. 成型零件的固定装配方法有哪些？各适用于什么场合？

4. 冷冲模的模架装配时，主要有哪些技术要求？模架上导柱、导套的装配应按照怎样的步骤进行？

5. 冲裁模装配时，凸模与凹模间隙控制方法有哪些？

6. 如何选择冷冲模的装配基准？装配基准与装配顺序间存在怎样的关系？

7. 小型冷冲模模板上的紧固螺钉和定位销钉的装配应遵循怎样的工艺路线？

8. 冲裁模试模时，发现毛刺较大、内孔与外形的相对位置不正确，是哪些原因造成的？如何调整？

9. 弯曲模与拉深模有哪些装配特点？

10. 型芯凸模有哪些装配要求？各种结构形式的型芯凸模的装配方案怎样？

11. 型腔凹模装配时，可采用哪些工艺方法确保装配的位置精度要求？

12. 滑块抽芯机构装配主要包括哪些步骤及内容？

13. 推出机构装配过程中，有哪些部位需要进行补充加工及修磨？如何进行？

14. 塑料模试模时发现塑件溢边，是由哪些原因造成的？如何调整？

第 7 章　模具的加工质量

模具的质量主要体现在其加工质量和装配质量上。其中，模具的加工质量是保证模具所加工产品的质量和使用寿命的基础。模具的加工质量包括零件的加工精度和加工表面质量两大方面。

7.1　模具的加工精度

任何加工方法都不可能把被加工表面加工得绝对准确。零件加工后的实际几何参数（形状、尺寸、位置等）与理想几何参数的偏离程度称为加工误差。加工误差越小，加工精度越高；反之，加工精度越低。

零件的加工精度包括尺寸精度、形状精度和位置精度三方面的内容。这三者之间，通常是形状公差应限制在位置公差之内，而位置公差一般也应限制在尺寸公差之内。当尺寸精度要求较高时，相应的位置精度、形状精度也提高要求，但当形状精度要求高时，相应的位置精度和尺寸精度有时不一定要求高，这要根据零件的功能要求来决定。

在模具零件的机械加工中，零件的尺寸、几何形状和表面间相对位置的形成，取决于工件和刀具在切削运动过程中相互位置的关系，而工件和刀具又安装在夹具和机床上，并受到夹具和机床的约束。在机械加工时，机床、夹具、刀具和工件构成了一个完整的系统，我们称之为工艺系统。加工误差的产生是由于工艺系统在加工前和加工过程中因很多误差因素造成的。工艺系统误差因素主要包括机床、夹具、刀具的制造及安装误差，工件的误差，工艺系统的受力变形，工艺系统的受热变形等，这些误差统称为工艺系统误差。工艺系统误差在不同的具体条件下，以不同的程度和方式反映为加工误差。所以，工艺系统误差亦称为原始误差。

对模具零件机械加工精度进行研究的根本目的在于减小加工误差，提高零件的加工精度，以满足零件加工表面的设计精度要求。为了达到这一目的，还必须充分了解有关加工误差的产生，分析它们的特点和规律，对误差进行必要的估算，从而找出提高机械加工精度的途径。

7.1.1　影响模具零件加工精度的因素

1. 工艺系统的几何误差对加工精度的影响

1）机床的几何误差

引起机床误差的原因是机床的制造误差、安装误差和磨损。机床误差的项目很多，但对工件加工精度影响较大的主要有：

① 机床导轨的导向误差。导轨导向精度是指机床导轨副运动件的实际运动方向与理想运动方向的符合程度，这两者之间的偏差值称为导向误差。导轨是机床中确定主要部件相对位置的基准，也是运动的基准，它的误差直接影响被加工工件的精度。

② 机床主轴的回转误差。机床主轴是用来装夹工件或刀具并传递主要切削运动的重要零件。它的回转精度是机床精度的一项很重要的指标，如主轴前端的径向圆跳动和轴向窜动，

不同类型和精度的机床对跳动量有不同的要求。回转误差主要影响零件加工表面的几何形状精度、位置精度和表面粗糙度。

③ 机床主轴回转轴线的位置误差。主轴回转轴线的位置误差对于不同类型的机床、不同的情况，其造成的误差影响也不同。如：车床主轴或工件的回转轴线与床身导轨之间的位置误差，会影响到加工工件表面的形状误差；立式坐标镗床镗孔时，如果镗床主轴对工作台面存在垂直度误差，则将导致被加工工件的孔也产生垂直度误差，在这种情况下加工出的上、下模座的导柱孔和导套孔，有可能使模架在装配后运动不灵活，发生滞阻现象，加速导向元件的磨损，严重时将使上、下模座无法组合在一起，如图 7-1 所示。

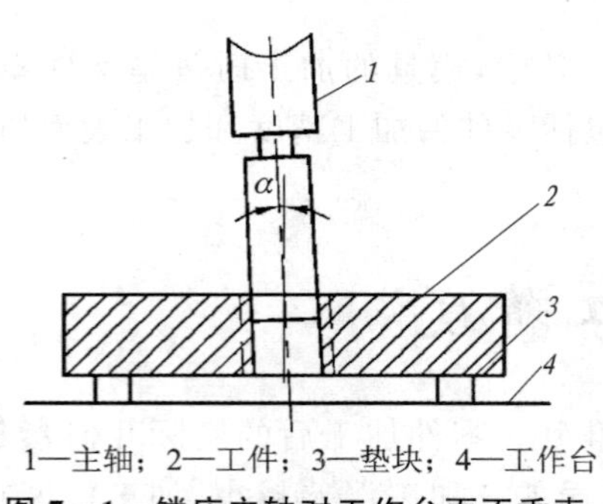

1—主轴；2—工件；3—垫块；4—工作台

图 7-1　镗床主轴对工作台面不垂直

④ 传动误差。在机械加工中，被加工表面的形状主要依靠刀具和工件间的成型运动来获得。成型运动是通过机床的传动机构实现的，由于传动机构中各传动零件的制造误差、安装误差和工作中的磨损，使成型运动产生误差，这种误差称为传动误差。例如：传动丝杆的精度，影响车床车螺纹螺距的精度，传动丝杆与螺帽的配合精度；在数控加工中，传动丝杆与螺帽配合要求是无间隙配合，否则会造成给定的进给量与实际进给量产生误差，影响数控加工工件表面的形状和尺寸精度。

2）*加工原理误差*

加工原理误差是指采用了近似的成型运动或近似的刀刃轮廓进行加工而产生的误差。滚齿用的齿轮滚刀有两种误差：一是为了制造方便，采用阿基米德蜗杆或法向直廓蜗杆代替渐开线基本蜗杆而产生的刀刃齿廓形状误差；二是由于滚刀刀齿有限，实际上加工出的齿形是一条由微小折线段组成的曲线，和理论上的光滑渐开线有差异从而产生加工误差。

在三坐标数控铣床（或加工中心）机床上铣削复杂型面零件时，通常要用球头铣刀并采用行切法加工，如图 7-2 所示。所谓行切法，就是球头铣刀切削零件时，轮廓切点轨迹是一行一行的，而行间距 s 是按零件的加工要求确定的。这种方法实质上是将空间立体型面视为众多的平面截线的集合，每次进给加工出其中的一条截线。

每两次进给之间的行间距 s 可以按下式确定：

$$s=\sqrt{8Rh}$$

式中：R ——球头刀半径（mm）；

　h——允许的表面不平度（mm）。

由于大多数数控铣只有直线和圆弧插补功能，所以即便是加工一条平面曲线，也必须用许多很短的折线段和圆弧去逼近它，如图 7-3 所示。当刀具连续地将这些小线段加工出来时，也就得到了所需的曲线形状。逼近的精度可由每根线段的长度来控制。因此曲线和曲面在数控加工中，刀具相对于工件的成型运动是近似的。

采用近似的成型运动或近似的刀刃轮廓，虽然会带来加工原理误差，但这样可以简化机床结构或刀具形状，提高生产效率，且能得到满足要求的加工精度。因此，只要这种方法产生的误差不超过规定的精度要求，就可在生产中应用。

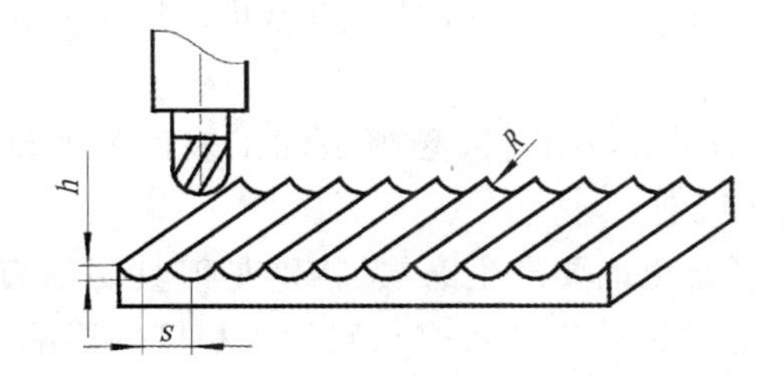

图 7-2　球头铣刀行切时轮廓切点轨迹

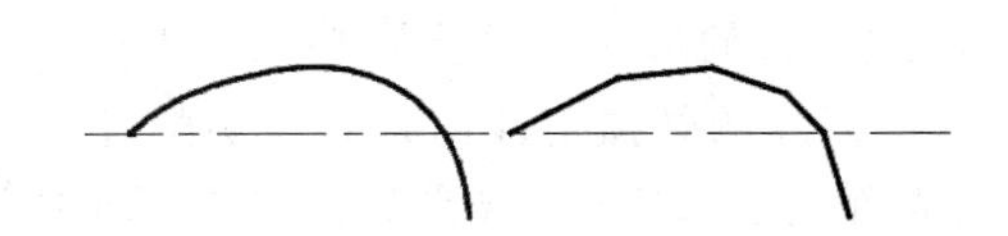

图 7-3　数控铣加工用折线逼近圆弧加工轨迹

3）调整误差

在机械加工的每一道工序或在数控加工的每次换刀间，总要对工艺系统进行各种调整工作，由于调整不可能绝对准确，因而会产生调整误差。

工艺系统的调整有试切法和调整法两种基本方式，不同的调整方式有不同的误差来源。

① 试切法：模具生产中普遍采用试切法加工，加工时先在工件上试切，根据测得的尺寸与要求尺寸的差值，用进给机构调整刀具与工件的相对位置，然后再进行试切、测量、调整，直至符合规定的尺寸要求时，再正式切削出整个待加工表面。采用试切法时，引起调整误差的因素有：测量误差、机床进给机构的位移误差、试切与正式切削时切削层的厚度变化等。

② 调整法：调整法是在成批、大量的生产中，广泛采用试切法（或样件、样板）预先调整好刀具、夹具与工件的相对位置，并在一批零件的加工过程中保持这种相对位置不变，来获得所要求零件精度的加工方法。与采用样件（或样板）调整相比，采用试切法调整比较符合实际加工情况，可得到较高的加工精度，但调整较费时。因此实际使用中，可先根据样件（或样板）进行初调，然后试切若干工件，再据之做精确微调。这样既可缩短调整时间，又可得到较高的加工精度。调整法生产率高，其加工精度取决于机床、夹具的精度和调整误差，应用于大批量生产。

4）夹具的制造误差与磨损

模具加工属于单件或小批量加工，一般情况下采取单件找正加工，所以加工精度一般不会受夹具精度的影响（采用分度机构分度加工除外）。但当采用标准夹具（如 EROW、3R 等）进行多工序模具加工和采用夹具进行大批量生产模具标准件时，夹具的误差将直接影响工件加工表面的位置精度或尺寸精度。

夹具的误差主要有：定位元件、导向元件、分度机构、夹具体等的制造误差；夹具装配后，以上各种元件工作面间的相对位置误差；夹具在使用过程中工作表面的磨损带来的误差。

一般来说，夹具误差对加工表面的位置误差影响最大。在设计夹具时，凡影响工件尺寸精度的尺寸，应严格控制其制造误差，精加工用夹具一般可取工件上相应尺寸或位置公差的 1/5～1/10，粗加工用夹具则可取为 1/2～1/3。

如果夹具上的定位元件和导向元件磨损，则将进一步增大加工误差。因此，夹具在使用过程中应定期检查，及时更换或修理磨损的元件。

5）刀具的制造误差与磨损

刀具的制造误差对加工精度的影响，因刀具的种类、材料等的不同而异。

① 采用定尺寸刀具（如钻头、铰刀、键槽铣刀、镗刀块及圆拉刀等）加工时，刀具的尺寸精度直接影响工件的尺寸精度。

② 采用成型刀具(如成型车刀、成型铣刀、成型砂轮等)加工时,刀具的形状精度将直接影响工件的形状精度。

③ 展成刀具(如齿轮滚刀、花键滚刀、插齿刀等)的刀刃形状,必须是加工表面的共轭曲线,因此刀刃的形状误差会影响加工表面的形状精度。

④ 刀具的磨损。任何刀具在切削过程中都不可避免地要产生磨损,特别是刀具切削刃在加工表面的法线方向(误差敏感方向)上的磨损,它直接反映出刀具磨损对加工精度的影响。

2. 工艺系统受力变形引起的加工误差

切削加工时,在切削力、夹紧力以及重力等的作用下,由机床、刀具和工件组成的工艺系统将产生相应的变形,使刀具和工件在静态下调整好的相互位置以及切削成型运动所需要的几何关系发生变化,从而造成加工误差。

工艺系统受力变形是加工中一项很重要的原始误差来源,它不仅严重影响工件的加工精度,而且还影响了加工表面质量,限制加工生产率的提高。

工艺系统的受力变形通常是弹性变形,即刚性问题。一般来说,工艺系统抵抗弹性变形的能力越强,说明工艺系统刚性越强,加工精度越高。

工艺系统的刚性是由机床、刀具及工件的刚性决定的。

1) 机床的刚性

机床的刚性是机床性能的一项重要指标,是影响机械加工精度的重要因素。如果机床刚性差,加工时就会使工艺系统变形量增大,造成较大的加工误差。机床的刚性是由制造商设计制造决定的,一般根据使用要求来购买机床。在加工过程中,只要不超过机床的额定承载能力,机床的刚性对加工精度的影响就不大。

2) 刀具的刚性

刀具的刚性根据刀具的结构和工作条件不同,所表现的误差也不同。例如:车床镗削细长孔,如果刀具刚性不够则往往会造成实际进给量小于给定的进给量;当所加工的孔存在着余量不均或硬度不均时,由于误差复映而造成加工孔的形状、位置和尺寸误差(如图 7-4 所示)。铣削加工模具零件时,当用细长立铣刀加工零件侧壁时,铣出来的侧面往往得到的是锥面而不是垂直面,如图 7-5 所示。

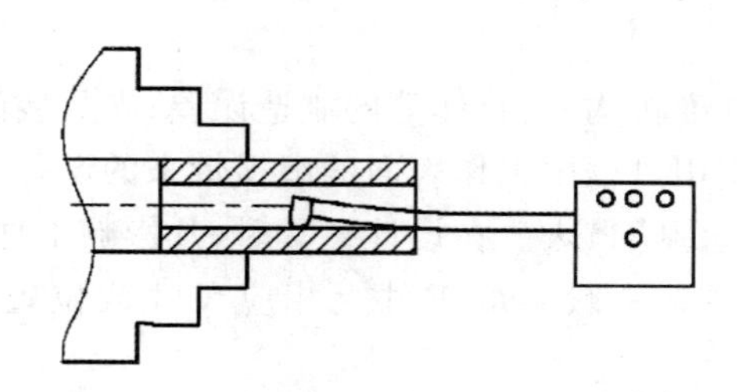

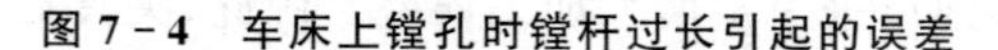

图 7-4 车床上镗孔时镗杆过长引起的误差

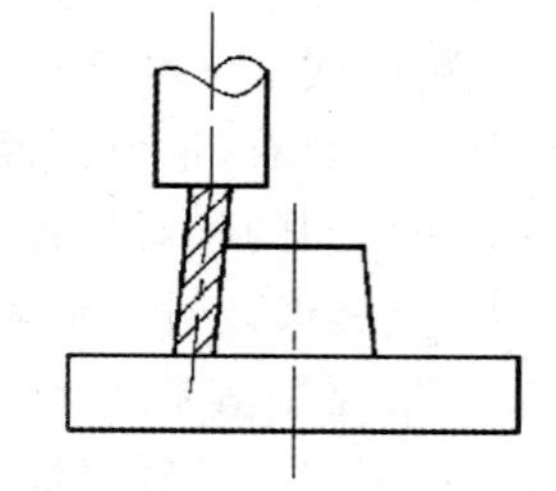

图 7-5 铣刀刚性不足造成的加工误差

3) 工件的刚性

在机械加工中,由于被加工工件刚性不足,造成的工件加工误差有时是非常大的。

① 车削或磨削细长轴件,如图 7-6(a)、图 7-7(a)所示。由于切削力的作用工件产生弯曲造成的加工误差如图 7-6(b)、图 7-7(b)所示。

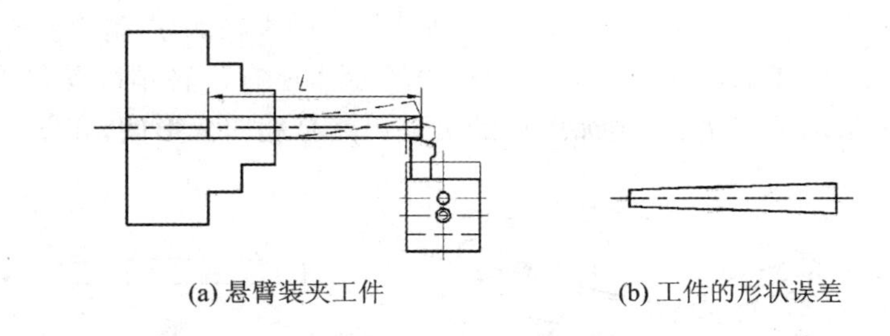

(a) 悬臂装夹工件　　(b) 工件的形状误差

图 7－6　一端固定的悬臂细长轴加工造成的加工误差

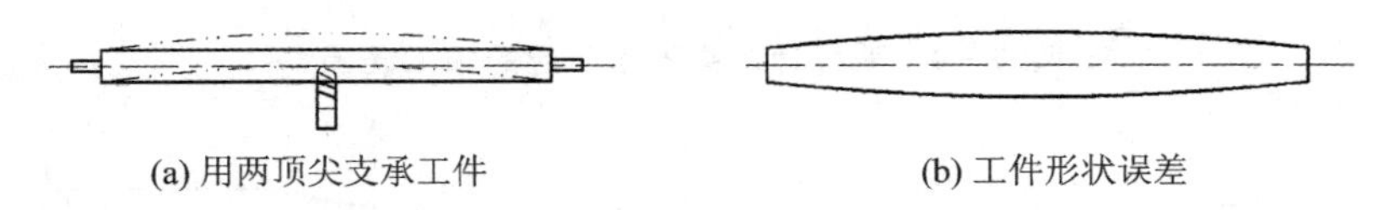

(a) 用两顶尖支承工件　　(b) 工件形状误差

图 7－7　用两顶针支承细长轴加工造成的加工误差

② 薄壁圆环加工。如图 7－8 所示，将薄壁圆环夹持在三爪自定心卡盘内进行镗孔加工，在夹紧力作用下，产生弹性变形的状态如图 7－8(a)所示。加工出的孔如图 7－8(b)所示；当松开三爪卡盘后圆环由于弹性恢复，使已加工好的孔产生了形状误差，如图 7－8(c)所示；应在薄壁环外套一个开口的过渡环，如图 7－8(d)所示，可使夹紧力在薄壁环的外圆面上均匀分布，从而减小工件的变形和加工误差。所以装夹工件时，合理选择夹紧力的大小、夹紧力的着力点和分布状态对减小加工误差具有十分重要的影响。

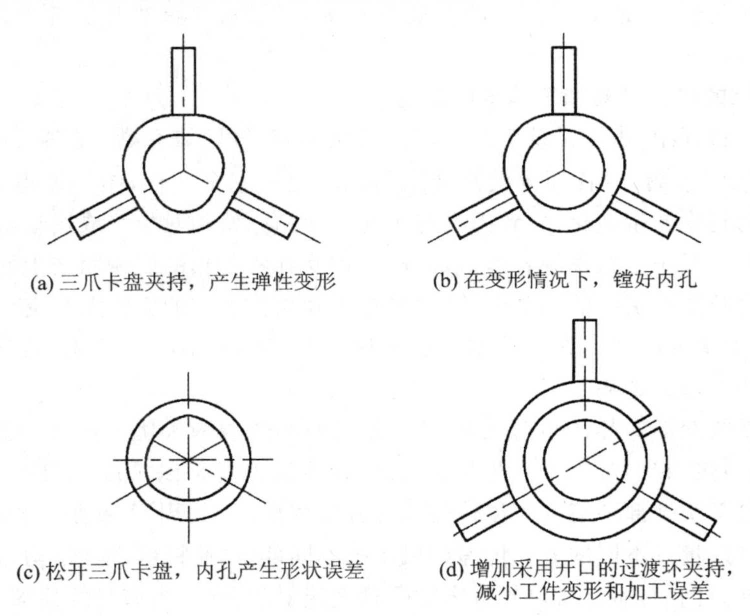

(a) 三爪卡盘夹持，产生弹性变形　　(b) 在变形情况下，镗好内孔

(c) 松开三爪卡盘，内孔产生形状误差　　(d) 增加采用开口的过渡环夹持，减小工件变形和加工误差

图 7－8　夹紧力引起的加工误差

③ 薄板件的加工。薄板件的“薄”在这里是相对而言的，当工件的长或宽度尺寸与厚度尺寸之比值超过一定范围时，而且在加工过程中施加的夹紧力或切削力使其变形量超过要求的范围时，这样的板件都可以称为薄板件。模具的模块模板加工常常遇到薄板件。在加工过程

中，经常由于装夹不当引起加工误差，如图 7－9(a)所示；如果在 A 点施力装夹，则工件夹紧变形如图双点划线所示，加工后的工件如图 7－9(b)所示。还有一种情况是已有翘曲变形的板件，如果装夹过程不采取适当措施，则加工后的工件仍然是翘曲变形的，如图 7－10 所示。

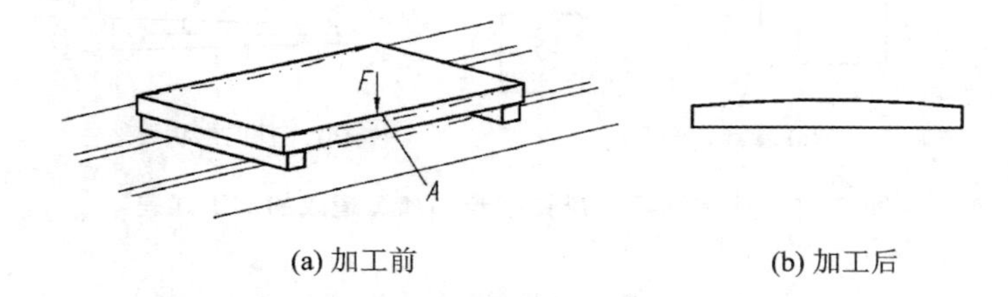

(a) 加工前　　(b) 加工后

图 7－9　薄板件装夹不当引起的加工误差

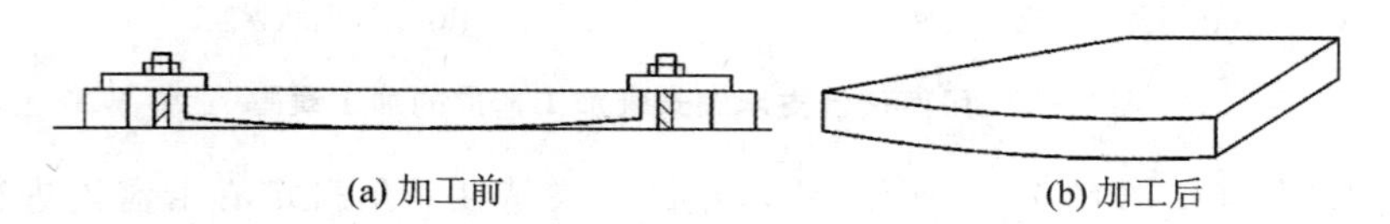

(a) 加工前　　(b) 加工后

图 7－10　翘曲的板件经加工后仍是翘曲变形

4）惯性力

在模具加工中，经常要车削或磨削一些不对称件上的孔或轴，由于工件关于回转中心不对称，所以工件在高速旋转时产生不平衡质量的离心力。不平衡质量的离心力的存在，会引起机床几何轴线做摆角运动，造成工件的圆度误差和位置误差，严重时常引起工艺系统的强迫振动，影响加工进行。

3. 工艺系统的热变形对加工精度的影响

在机械加工过程中，由于系统各组成部分的比热容、线膨胀系数、受热及散热条件不完全相同。在各种热的影响下，各部分受热膨胀的情况也不完全一样，结果使得工艺系统的静态(常温状态)几何精度发生变化，导致刀具与工件之间的原始相对位置或运动状态的改变，造成工件的加工误差。对于工艺系统各组成部分，这种受到各种热的影响而产生的温度变形，一般称为热变形。由热变形引起的加工误差，对精加工和大件加工的影响尤为突出，据统计在这两类加工中，热变形造成的加工误差约占总加工误差的 40％～70％。因此，在精加工中绝不能忽略工艺系统热变形的影响。

引起工艺系统变形的热源可分为内部热源和外部热源两大类。内部热源主要是指切削热、摩擦热和动力热，它们产生于工艺系统内部，其热量主要是以热传导的形式传递。外部热源主要是指工艺系统外部环境的对流传热和各种辐射热源，如周围流动的空气和各种光照射等。这些热源将热量以不同的方式传递到机床的不同部位，使机床产生不均匀变形，破坏机床原有的几何精度。例如：靠近窗口的机床常受日光照射的影响，当床身的顶部和侧部受日光照射时，就会出现顶部凸起和床身扭曲的现象，上、下照射情况不同，机床的变形也不一样。

由于作用于工艺系统各组成部分的热源，其热量、位置和作用时间各不相同，各部分的热容量、散热条件也不一样。因此，工艺系统各部分的升温也不同，即使是同一物体，处于不同空间位置上的各点，在不同时间，其温度也是不等的。图 7－11 所示为将车床开动后对各部分温度进行测定所获得温度的分布情况，图中“·”旁的数字为实际测量的机床在该点温升(单位为℃)。物体中各点温度的分布称为温度场。当物体未达到热平衡时,各点温度不仅是该点位置的函数,也是时间的函数,这种温度场称为不稳态温度场。物体达到热平衡后,各点温度将不再随时间变化,而只是该点位置坐标的函数,这种温度场称为稳态温度场。因此,研究热变形对机械加工精度的影响是比较复杂的课题。

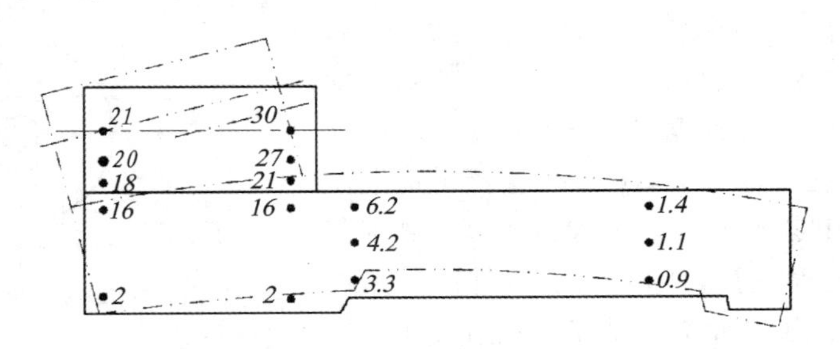

图 7-11　车床各点温度分布及热变形

下面分别就机床、刀具、工件的热变形对加工精度的影响进行讨论。

1) 机床热变形对加工精度的影响

机床在工作过程中受到内外热源的影响,各部分的温度将逐渐升高。由于各部件的热量分布不均匀,以及机床结构的复杂性,导致各部件的温升不同,而且同一部件不同位置的温升也不尽相同,进而形成不均匀的温度场,使机床各部件之间的相互位置发生变化(机床热变形趋势如图 7-11 中双点划线所示),破坏了机床原有的几何精度,从而造成加工误差。

机床空运转时,各运动部件产生的摩擦热基本不变。运转一段时间后,各部件传入的热量和散失的热量基本相等。机床达到热平衡状态时的几何精度称为热态几何精度。在机床达到热平衡状态之前,机床的几何精度变化不定,它对加工精度的影响也是变化不定的,要控制这种变化着的误差困难极大。因此,精密加工常常进行机床空运行预热、达到热平衡之后再进行加工。

2) 刀具的热变形对加工精度的影响

刀具的热变形主要是由切削热引起的。通常传入刀具的热量并不太多,但由于刀体小,热容量小,并且热量集中在切削部分,故刀具仍会有很高的温升。如车削时高速钢车刀的工作表面温度可达 700～800 ℃;硬质合金切削刃的温度可高于 1 000 ℃。连续切削时,刀具的热变形在切削初始阶段增加很快,随后变得较缓慢,经过不长的一段时间后便趋于热平衡状态,此后热变形的变化量非常小。刀具总的热变形量可达 0.03～0.05 mm(与伸出部分的长度成正比)。

间断切削时,由于刀具有短暂的冷却时间,故其热变形有热胀冷缩的双重特性,且总的变形量比连续切削时要小一些。变形量最后也会稳定在一定范围内。切削停止后,刀具温度迅速下降,开始冷却得较快,之后逐渐减慢。

加工大型零件时,刀具的热变形往往造成几何形状误差。例如:车长轴时,可能由于刀具的热伸长而产生锥度。

3) 工件热变形对加工精度的影响

在切削加工中,工件的热变形主要是由于切削热的作用。据一些试验结果表明,对于不同的加工方法,传入工件的热量也不同,车削加工时有 50%～80%的切削热由切屑带走,10%～

40%传入刀具,3%～9%传入工件;钻削加工时,切屑带走的热量约 28%,14.5%传入刀具,52.5%传入工件;而磨削加工时,大量的热量被传入工件。即使传入工件的热量相同,对于形状和尺寸不同的工件,温升和热变形也不一样。形状和尺寸相同的工件,由于热导率不同,即使传入相同的热量,其热变形也不一样。

因此,我们研究工件热变形对加工精度的影响,应联系实际加工要求和条件进行。以车削外圆柱面为例,在开始车削时工件的温升为零,随着切削时间的增加,工件的温度逐渐升高,工件的直径也逐渐增大,在达到热平衡状态时直径的增大量为最大。因其增大量均在加工过程中被切除,因此,工件冷却后将出现靠尾座一端直径大,而靠主轴箱一端直径小的锥度,外圆柱面很难达到高的精度要求。此外工件受热后还会产生轴向伸长,若在顶尖间进行车削加工,由于轴向伸长受两顶尖的阻碍造成轴向压力,对长径比较大的细长工件,则当温升足够大时,工件将产生纵向弯曲,使被加工表面产生形状误差。在平面磨床进行磨削加工时,如果磨削较薄的平板状工件(如图 7－12(a)所示);工件因单面受热,上、下面之间产生温差,导致工件翘曲(如图 7－12(b)所示);工件在翘曲状态下磨平,冷却后则出现上凹形状误差(如图 7－12(c)所示)。

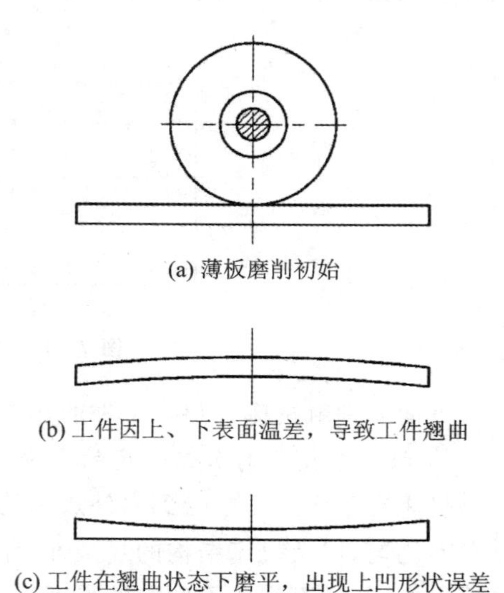
(a) 薄板磨削初始

(b) 工件因上、下表面温差,导致工件翘曲

(c) 工件在翘曲状态下磨平,出现上凹形状误差

图 7－12　磨削热对薄板工件加工的影响

4. 其他误差对加工精度的影响

1) 模具工件内应力和加工工艺对加工精度的影响

工件的内应力是指在无外载荷作用的情况下,工件内部存在的应力。具有内应力的工件处在一种不稳定的状态中,即使在常温状态下内应力也在不断地变化,直至内应力全部消失为止。在内应力变化过程中,工件可能产生变形,使原有的精度逐渐丧失(严重时会导致裂纹)。在模具加工中,造成工件存在内应力的原因主要是工件(或模坯)在热处理后残留的内应力和切削加工引起的内应力。

(1) 工件热处理残留的内应力

工件热处理残留的内应力对模具加工精度的影响是相当大的,常常会在模具加工过程中造成工件变形,甚至开裂。例如:当用线切割加工淬硬钢薄片模芯时,由于热处理残留的内应力影响,通常切割加工得到的薄片件是弯曲的,如图 7－13(a)所示。线切割的开口凸模工件,切割后工件如图 7－13(b)所示。如果按图 7－13(c)所示的加工路线切割淬硬钢凸模,则随着切割的进行,坯料左右两侧连接的材料被逐渐割断,模坯的内应力平衡状态逐渐丧失,使坯料的右侧部分不断偏斜,当电极丝切割到右下角时,形成的变形状态如图 7－13(c)所示。

(2) 切削加工引起的内应力

切削加工时,由于刀具的挤压和摩擦作用,使工件已加工表面的表层金属产生塑性变形,使内层金属产生弹性变形。塑性变形层会阻碍内层金属的弹性恢复。另外,表层金属的塑性变形是在一定的切削温度下发生的,当塑性变形层的温度下降时,其热收缩又受到内层金属的阻碍,所以被切削加工后的工件表面将产生内应力。内应力的性质、大小和应力层的深度,因

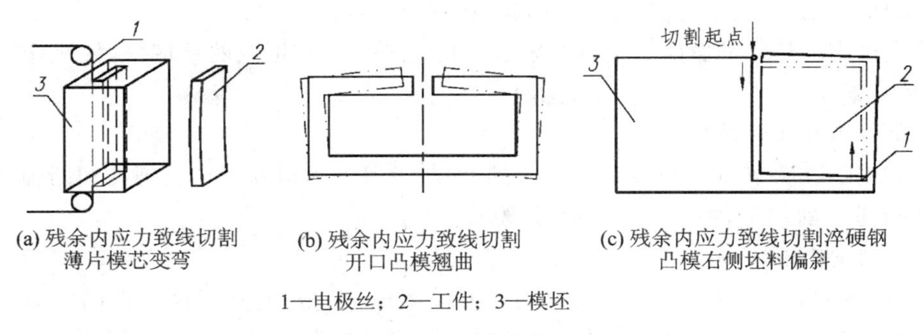

(a) 残余内应力致线切割薄片模芯变弯　(b) 残余内应力致线切割开口凸模翘曲　(c) 残余内应力致线切割淬硬钢凸模右侧坯料偏斜

1—电极丝；2—工件；3—模坯

图 7－13　内应力引起线切割加工变形

加工方法和切削条件不同而异。在某些情况下表面层中的应力会使工件变形，甚至产生裂纹，如磨削加工淬硬的模具钢和导热性较差的脆性材料，常常在加工表面会有微小裂纹和产生如图 7－12 所示的加工变形。

2）工具电极精度对加工精度的影响

在电火花成型加工和电火花线切割加工中，工具电极的精度直接影响到加工模具的精度。工具电极的精度主要体现为成型加工的电极制造精度和线切割加工的电极丝直径精度，以及在放电加工过程中工具电极的损耗程度。要想获得高精度的模具，就必须要有高精度的工具电极。电火花加工过程中，工具电极的损耗也直接造成加工形状误差和尺寸精度的变化。所以，在工具电极精度得到保证的情况下，工具电极损耗愈小，加工精度就愈高。

3）控制系统对加工精度的影响

现代模具加工已进入数控加工时代，而数控机床的数控系统对加工精度的影响主要体现在以下两方面。一是控制精度，不同的数控机床其控制系统精度也不同，只有使用高精度控制系统的机床才能加工出高精度的工件，即使用高精度控制系统其造成原理误差才可能小。如高精密数控连续轨迹坐标磨床，其使用的控制系统显示精度值小于 0.000 1 mm，加工出来曲面的轮廓误差（原理误差）可以达到小于 0.001 mm。二是控制参数的稳定性，将影响放电加工过程放电间隙的稳定性。电加工的精度主要由工具电极精度和放电间隙精度组成，所以控制参数的稳定性直接影响电加工的精度。特别是加工精密模具时，控制系统必须要具有高稳定性控制参数和高精度放电间隙，才能加工出高精度、低表面粗糙度的模具零件。

4）测量误差对加工精度的影响

机械加工时，需要以测量结果作为依据来控制加工过程或对工艺系统进行调整。由于测量工具自身不可避免地存在误差，而且测量过程中由于测量方法、环境条件、测量操作人员经验等原因也会使测量结果产生误差，因此，测量误差是测量工具自身误差和测量过程中产生的误差之和。测量误差的存在，必然会使得工件的加工精度降低。

7.1.2　提高模具加工精度的途径

模具加工误差部分是由工艺系统中的原始误差引起的。要想提高模具加工精度，必须消除或减小原始误差。在实际生产中已积累了许多消除或减少误差的方法和措施。

1）减小机床误差

① 选用刚性好、精度较高的加工机床，有条件的选用带主轴冷却、丝杠冷却和带热平衡调

节的精密机床。闭环的数控系统可以减小或消除机床的传动误差。

② 减小机床的热源的影响。通常精密加工机床要放置在恒温的环境中,使机床稳定地工作在热平衡状态下。

2）减小加工原理误差

在机械加工中,旋转加工精度通常高于插补加工精度,所以模具中的圆孔和圆轴应采用镗削、车削或行星磨削加工,可以有效消除原理误差。

3）减小测量误差

为了提高调整精度,在加工中常常采用对刀显微镜、光测、电测等仪器来调整刀具和工件的相对位置。在选择量具时,应从工件的精度要求出发,使所选量具的极限测量误差在工件公差的1/10～1/3范围内。在测量过程中,应尽量减小量具和被测量工件的温度差。对于测量精密零件,应在相应等级的恒温条件下进行。

4）减小夹具误差

机械加工使用的通用夹具有不同的精度等级,应根据工件的精度要求使用较高精度的夹具。对使用的夹具应定期检测,及时更换不合格的夹具或部件。对于单件或小批量加工的模具,应采用逐件校正加工,可以有效消除夹具误差对加工的影响,从而提高模具制造精度。

5）减小刀具误差

减小刀具误差的措施如下:

① 提高刀具的制造精度。

② 提高刀具的刚性。尽可能选用长径比小的刀具,或在装夹刀具时尽量减小伸出长度。

③ 减小刀具的热变形和刀具的磨损。在切削加工过程中,应合理选择切削用量、刀具的几何参数和相适应的切削液,并用切削液将刀具充分冷却和润滑,以降低切削温度和刀具的磨损速度。

④ 进行刀具误差补偿。在现代加工技术中,特别是一些精密数控加工机床,都具有刀具直径和长度动态检测功能,在加工前将刀具动态测量的实际误差自动进行刀补;或在加工过程中,根据编程设定进行定期监测刀具磨损量,并自动进行补偿。

6）消除工件自身的变形误差

在切削刚性较差工件时,要采取有效的工艺措施:

① 装夹工件时增加施力点的接触面积。例如:车削如图7-8(d)所示的圆环件,在工件外套一个开口的、具有一定刚性的外套。装夹的施力点应施压在支承点上,如图7-14所示。

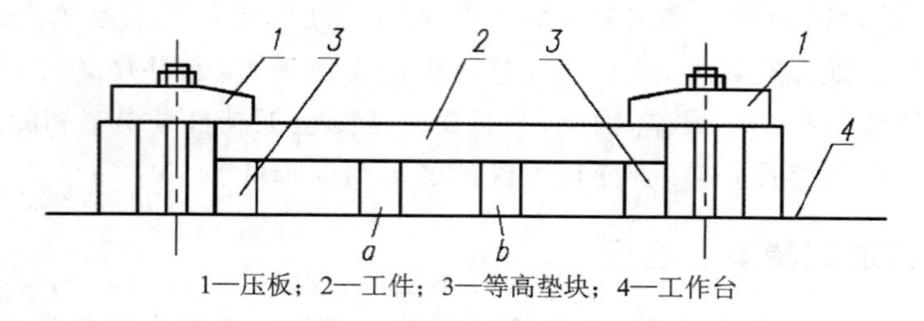

1—压板;2—工件;3—等高垫块;4—工作台

图7-14 增加辅助支承点的加工

② 对于长杆件或薄板件的加工,应增加辅助支承点,增加工件的刚性,如长杆件车削加工采用的一夹一顶装夹和使用跟刀架。此外,还可在施力处增加辅助支承点,或在长距离悬空处

增加辅助支承点，都可以减小切削力造成的工件变形，如图 7－14 中 a、b 处所示。

③ 对于翘曲的变形件或装夹基准不平工件的加工，应选择适当的施力点装夹，或在翘曲处增加支承，可有效减小复映误差。

在切削加工工件过程中，应施充足的冷却液给予刀具和工件，使之充分冷却和润滑，或应用现代高速切削加工技术进行加工，减小工件的温升，以减小工件的热变形。

消除工件内应力，特别是加工精密零件时尤为重要，在精加工之前必须进行一次充分消除工件内应力的处理。

7）选用高精度工具电极

尽量选用紫铜电极，以提高加工精度。

7.2　模具零件的表面质量

7.2.1　表面质量概述

1. 表面质量的含义

机械加工的表面质量是指工件经过切削加工后，已加工表面的几何特征和在一定深度内（即表面层）出现的物理力学性能的变化状况。

加工表面的几何特征如图 7－15 所示。

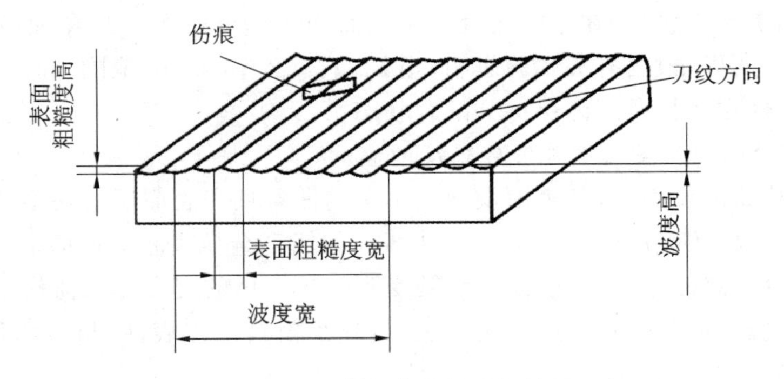

图 7－15　加工表面的几何特征

加工表面的几何特征主要由以下几部分组成：

① 表面粗糙度。表面粗糙度是指表面的微观几何形状误差，即加工表面上具有的由较小间距和峰谷所组成的微观几何形状特征。它主要是由切削刀具运动轨迹的残留面积高度、积屑瘤、鳞刺以及切削过程中工艺系统的振动等因素造成的。

② 表面波度。表面波度是指介于表面宏观几何形状误差（如平面度、圆度等）和微观几何形状误差之间的一种几何形状误差。它主要是由切削刀具的偏移和加工过程中系统的强迫振动引起的。

③ 表面加工纹理。表面加工纹理即表面微观结构的主要方向。它取决于形成表面所采用的机械加工方法，即主运动和进给运动的关系。

④ 伤痕。伤痕是指在加工表面上随机分布的一些个别位置上出现的缺陷，如裂痕、划痕等。

表面层物理力学性能的变化主要包括如下三方面：表面层冷作硬化的程度和深度；表面层残余应力的性质、大小和分布情况等；表面层金相组织的变化。

2. 加工表面的质量对模具使用性能的影响

1）模具表面粗糙度对制品表面的影响

用模具生产的制品，其表面几何特征是通过模具工作表面复制形成的，故模具表面粗糙度直接反映到制品表面粗糙度上。模具表面粗糙度值越小，生产出的制品表面粗糙度值也越小。

2）模具表面粗糙度对制品脱模的影响

模具制造时，为了便于制品脱模，常常在加工模具工作表面时制造出脱模斜度。模具表面粗糙度值越小，制品脱模越容易，所需的脱模斜度就越小；模具表面粗糙度值越大，制品脱模越困难，所需的脱模斜度越大。当模具的脱模斜度较小时，模具表面粗糙度值应具有足够小的值，而且还要求抛光纹理方向与脱模方向一致，否则很容易拉伤制品表面，严重的将导致无法脱模并损坏制品和型芯——这个问题在制造金属压铸模时尤为突出。

3）模具零件表面粗糙度对零件耐磨性的影响

当两个零件的表面接触时，最初接触的只是表面微观几何形状的一些凸峰，使实际接触面积大大小于理论上的接触面积。表面越粗糙，实际的接触面积就越小，凸峰处的单位面积压力就会越大。对于有相对运动的接触表面，由于微观几何形状的凹凸部分相互咬合、挤裂和切断，因而会加速零件的磨损。即使在有润滑油的条件下，也会因接触处的压强超过油膜张力的临界值，而破坏油膜的形成，使金属接触，同样使零件的磨损加剧。但过分光滑的表面，储存润滑液的能力差，润滑条件恶化，在紧密接触的两表面间产生分子黏合现象而咬合在一起，同样会导致磨损加剧。所以，根据有关实验表明，当 Ra 在 0.2～0.4 μm 范围内时，零件的初期磨损最小，由此可使零件在较长时间内保持其配合状态。

4）模具零件的表面质量对零件疲劳强度的影响

零件在交变载荷的作用下，其表面微观上不平的凹谷处和表面层的缺陷处，容易引起应力集中而产生疲劳裂纹，从而造成零件的疲劳破坏。如铝合金压铸模，在压铸过程中，模具工作表面由于受到一冷一热的作用，使表面层频繁受到一拉一压的交变热载荷作用，所以模具工作表面很容易出现龟裂，造成模具报废。实验表明：减小模具工作表面粗糙度，可以提高压铸模抗表面龟裂的能力。

模具表面层的加工硬化，可以提高模具表面的耐磨性和阻碍表面层疲劳裂纹的出现。但如果零件表面层的冷硬程度过大，反而易产生裂纹，故零件的冷硬程度与硬化深度应控制在一定范围内。

表面层的残余应力对零件的疲劳强度也有很大影响。当表面层存在残余压应力时，能延缓疲劳裂纹的扩展，提高零件的疲劳强度；当表面层存在残余拉应力时，容易使零件表面产生裂纹而降低其疲劳强度。

5）模具零件的表面粗糙度对零件耐腐蚀性能的影响

零件的耐腐蚀性在很大程度上取决于零件的表面粗糙度。零件表面越粗糙，越容易积聚腐蚀性物质，凹谷越深，渗透作用与腐蚀作用就越强。因此，降低零件的表面粗糙度，可以提高零件的耐腐蚀性能。

6）模具零件的表面粗糙度、使用范围及对配合性质的影响

对于有相对运动要求的配合零件，由于磨损会使零件的尺寸发生变化，影响零件的配合性

质。零件表面粗糙度选择不当，会使零件的磨损速度加快，装配时所得到的合理间隙便迅速增大，一套新的模具很快就失去正常的工作能力。所以在要求配合间隙很小的精密模具中，不仅要保证配合面的尺寸和几何精度，同时还应保证一定的表面粗糙度。同样在过盈配合中，如果零件表面粗糙，则装配后配合表面的凸峰被挤平，配合件间的有效过盈量减小，降低配合件间的联接强度，影响配合的可靠性。因此对有配合要求的表面，必须规定较小的表面粗糙度。

总之，提高模具加工表面的质量，对提高模具的使用性能、提高模具的寿命是很重要的。模具零件的表面粗糙度及使用范围见表 7－1。

表 7－1　模具零件的表面粗糙度及使用范围

表面粗糙度 $Ra/\mu m$	使用范围
0.1	抛光的旋转体表面
0.2	抛光的成型面及平面
0.4	① 弯曲、拉深、成型的凸模和凹模工作表面； ② 圆柱表面和平面的刃口； ③ 滑动和精确导向的表面
0.8	① 成型的凸模和凹模刃口； ② 凸模、凹模镶块的接合面； ③ 过盈配合和过渡配合的表面； ④ 支承定位和紧固表面； ⑤ 磨削加工的基准平面； ⑥ 要求准确的工艺基准表面
1.6	① 内孔表面，在非热处理零件上配合用； ② 底板平面
6.3	不与制件及模具零件接触的表面
12.5	粗糙的不重要的表面

7.2.2　影响表面质量的因素及提高表面质量的途径

1. 影响加工表面几何特征的因素及改善表面质量的途径

加工表面的几何特征包括表面粗糙度、表面波度、表面加工纹理、伤痕等四方面的内容，其中表面粗糙度是构成加工表面几何特征的基本内容。

1）*切削加工的表面粗糙度*

国家标准规定，表面粗糙度等级用轮廓算术平均偏差 Ra、微观不平度十点高度 Rz 或轮廓最大高度 Ry 的数值大小表示，并要求优先采用 Ra。

切削加工后的表面粗糙度主要取决于切削残留面积的高度。影响切削残留面积高度的因素主要包括刀尖圆弧半径 r_ε、主偏角 K_r、副偏角 K'_r 及进给量 f 等。以车削、刨削为例，切削刃相对于工件做切削运动所形成的残留面积高度如图 7－16 所示。图 7－16(a)所示为用尖刀切削的情况，切削残留面积的高度为

$$H=\frac{f}{(\cot K_r+\cot K'_r)}$$

图 7－16(b)所示为用圆弧切削刃切削的情况，切削残留面积的高度为

$$H = f^2/8r_\varepsilon$$

式中：H——残留面积的高度(mm)；

f——进给量(mm/r)；

K_r、K'_r——刀具的主偏角和副偏角(°)；

r_ε——刀尖圆弧半径(mm)。

由以上公式可以看出，H 与 f、r 及 r_ε 有关。要降低残留面积的高度，应减小 f、K_r、K'_r，增大 r_ε。但是减小 f 会增加切削时间；K_r 不能太小，否则将使吃刀抗力 F_r 过大，影响加工精度。所以，要减小 H，应在满足加工要求的前提下，适当地减小 f、K'_r 和增大 r_ε。

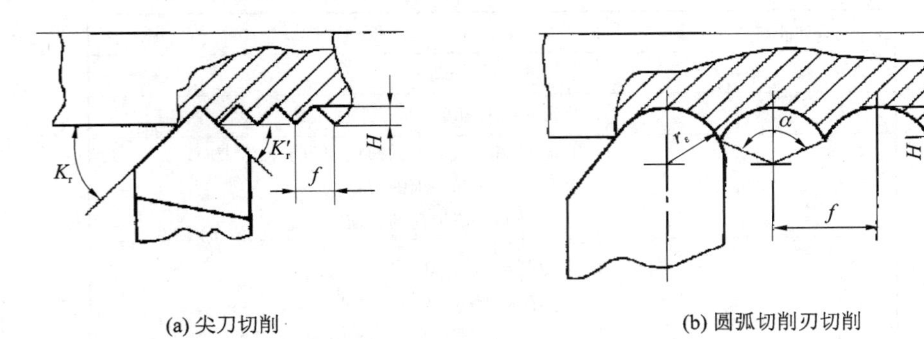

图 7-16 车削、刨削时残留面积的高度

按以上公式计算的残留面积高度是一个理论值，它不是表面微观几何误差的波峰高度，因为在切削加工过程中，表面粗糙度还要受到切削加工材料的性质、积屑瘤、鳞刺、振动以及后刀面的粗糙度、切削刃的磨损情况等因素的影响，所以加工表面的粗糙度很难接近上述计算结果。

在切削过程中，切屑和前刀面之间存在着很大的挤压和摩擦。当切屑自身的内摩擦力小于切屑底层与前刀面的外摩擦力时，底层金属脱离的切屑就会黏附在前刀面上，形成积屑瘤。如果积屑瘤顶部超过切削刃，它将代替切削刃进行切削，在加工面上形成形状不规则的沟痕，影响表面粗糙度。同时由于积屑瘤时生时灭，使切削力时大时小，易激发振动，也使加工表面变得粗糙。

加工脆性材料时，会产生崩碎切屑，使加工表面凹凸不平，而且由于切削过程的振动，常使加工表面变得粗糙。

加工塑性材料时，会有带状切屑、节状切屑、粒状切屑等几种可能的情况。一般情况下对于一定的切削条件，带状切屑的切削力波动最小，切削过程平稳，易获得表面粗糙度小的加工表面；粒状切屑的切削力波动最大，切削过程易产生振动，使加工表面变得粗糙。

对于同样的材料，金相组织越是粗大，切削加工后的表面粗糙度也越大；为减小切削加工后的表面粗糙度，常在精加工前进行晶粒细化热处理。

应用现代高速机床，采取高速切削加工技术，可以减小切削阻力，降低刀具磨损，可以获得较小的表面粗糙度，甚至可以实现镜面加工。

综上所述，切削加工的表面粗糙度受切削刃相对于加工零件的运动轨迹(几何因素)和工件材料力学性能及切削过程中的某些物理现象(物理因素)的综合影响。所以，要减小切削加工表面的粗糙度，应根据切削过程中的基本规律和切削条件，合理选择刀具及刀具几何参数、切削用量和切削液，提高刀具耐用度，抑制积屑瘤和鳞刺的产生，并减小或消除切削过程中的振动。

2）磨削加工的表面粗糙度

磨削加工的表面粗糙度也是由几何因素和表面层金属的塑性变形（物理因素）决定的，磨削过程要比切削过程复杂得多。

① 几何因素的影响。磨削表面是由砂轮上大量的磨粒刻画出的无数极细的沟槽形成的。单位面积上刻痕越多，通过单位面积的磨粒数越多；刻痕的等高性越好，磨削表面的粗糙度值越小。

② 表面层金属的塑性变形（物理因素）的影响。砂轮的磨削速度远比一般切削加工的速度高，且磨粒大多为负前角，磨削时磨轮单位面积施加给工件的压力（后简称磨削比压）大，磨削区温度很高，工件表面层的温度有时可达 900 ℃，工件表面层金属容易产生相变而烧伤。因此，磨削过程的塑性变形要比一般切削过程大得多。

由于塑性变形的缘故，被磨削表面的几何形状与单纯根据几何因素所得到的原始形状大不相同。在力和热等因素的综合作用下，被磨削工件表层金属的晶粒在横向被拉长了，有时还产生细微的裂口和局部的金属堆积现象。所以，影响磨削表层金属塑性变形的因素，往往是影响表面粗糙度的决定性因素。

③ 磨削用量。磨削深度对表层金属塑性变形的影响很大，增大磨削深度，塑性变形将随之增大，被磨削表面的表面粗糙度亦会增大。

④ 砂轮的选择。对于磨削加工，砂轮的粒度、硬度、组织和材料对被磨削工件表面粗糙度影响很大。一般来说，砂轮的粒度越细，磨削的表面粗糙度越小，但随着磨粒变细，砂轮的磨削能力也随之降低，同时砂轮易被磨屑堵塞，在磨削过程中若导热情况不好，还会在加工表面产生烧伤现象。所以在选择粒度小的砂轮进行磨削时，应选择与之相应的磨削工艺，才能得到所要求的表面粗糙度。

砂轮的硬度是指磨粒在磨削力作用下从砂轮上脱落的难易程度。砂轮太硬，磨钝了的磨粒不能及时脱落，降低了切削能力，增大了表层金属的塑性变形，使工件表面的粗糙度也增大。砂轮太软，磨粒易脱落，磨削作用较弱，难以保证磨削精度。砂轮的硬度对表面粗糙度的影响，涉及多方面的因素，如磨粒材料的硬度、磨粒的形状等。当磨粒材料较硬而形状又比较尖利时，选用硬度较高的砂轮，有利于降低磨削表面的粗糙度。

砂轮的组织是指磨粒、结合剂和气隙的比例关系。紧密组织中的磨粒比较大，气隙小，在成型磨削和精密磨削时，能获得较高的精度和较小的表面粗糙度。疏松组织的砂轮不易堵塞，适于磨削软金属、非金属软材料和热敏材料，可获得较小的表面粗糙度。

砂轮材料选择得适当，可获得满意的表面粗糙度。氧化物（刚玉）和高硬磨料的立方氮化硼砂轮适于磨削钢类零件。立方氮化硼砂轮多用于钢件孔类及曲面轮廓的高精密磨削加工。碳化物（碳化硅、碳化硼）砂轮适于磨削铸铁等材料。高硬金刚石砂轮适于磨削硬质合金及粉末高速钢等高硬合金类材料。金刚石砂轮用于磨削钢类工件，可以获得极小的表面粗糙度，但磨削效率较低。

对于磨削加工来说，由于磨削温度很高，热因素的影响往往占主导地位，所以必须保证有充足的磨削液送入磨削区，以确保磨削区的冷却。

2. 影响表层金属力学物理性能的因素及改善表面质量的途径

由于受到切削力和切削热的作用，表面金属层的力学物理性能会产生很大的变化，最主要的变化是表层金属显微硬度的变化（冷作硬化）、金相组织的变化以及在表层金属中产生残余应力等。

1）影响加工表面冷作硬化的因素及改进措施

金属切削加工时影响表面层冷作硬化的因素可从四方面来分析：

① 切削力愈大，塑性变形愈大，硬化层深度也愈大。因此增大进给量 f 和背吃刀量，减小刀具前角，都会增大切削力，使加工冷作硬化严重。

② 当变形速度很快（即切削速度很高）时，塑性变形将不充分，冷作硬化层的深度和硬化程度都会减小。

③ 当切削温度升高时，回复作用会增大，硬化程度会减小。如高速切削或刀具钝化后切削，都会使切削温度上升，硬化程度减小。

④ 工件材料的塑性越大，冷作硬化程度也越严重。碳钢中含碳量越高，强度越高，其塑性越小，硬化程度越小。

金属磨削时，影响表面冷作硬化的因素主要如下：

① 磨削用量的影响：加大磨削深度，磨削力也随之增大，磨削过程的塑性变形会加剧，表面的冷硬倾向增大；加大纵向进给速度，每颗磨粒的切削厚度会随之增大，磨削力加大，冷作硬化程度也会增大。因此，加工表面的冷硬状况要综合考虑上述两种因素的作用。提高工件转速会缩短砂轮对工件热作用的时间，使软化倾向减弱，因而使表面层的冷硬程度增大。提高磨削速度，每颗磨粒的切削厚度变小，减弱了塑性变形程度，而磨削区的温度增高，弱化倾向会增大。所以，高速磨削时加工表面的冷硬程度总比普通磨削时低。

②砂轮粒度的影响。砂轮的粒度越大，每颗磨粒的载荷越小，冷硬程度也越低。

2）影响加工表层金属的金相组织变化的因素及改进措施

零件加工过程中，在工件的加工区及其邻近的区域，温度会急剧升高。当温度升高到超过工件材料相变的临界点时，就会发生相变。对于一般的切削加工方法，通常不会上升到如此高的温度。但在磨削加工时，不仅磨削比压特别大，而且磨削速度也特别高，切除金属的功率消耗远大于其他加工方法。加工所消耗能量的绝大部分都要转化为热，这些热量中的大部分（约80%）将传给被加工表面，使工件表面具有很高的温度。对于已淬火的钢件，很高的磨削温度往往会使表层金属的金相组织产生变化，使表层金属的硬度下降，使工件表面呈现氧化膜的颜色，这种现象称为磨削烧伤。磨削加工是一种典型的容易产生加工表面金相组织变化的加工方法。磨削加工中的烧伤现象会严重影响零件的使用性能。

磨削淬火钢时，由于磨削条件不同，在工件表面层产生的磨削烧伤有三种形式：

① 淬火烧伤。磨削时，如果工件表面层温度超过相变临界温度，则马氏体转变为奥氏体。若此时有充足的冷却液，则工件最外层的金属会出现二次淬火马氏体组织，其硬度比原来的回火马氏体高，但很薄（只有几微米厚），其下层为硬度较低的回火索氏体和屈氏体。由于二次淬火层极薄，表面层总的硬度是降低的，这种现象被称为淬火烧伤。

② 回火烧伤。磨削时，如果工件表面层温度只是超过原来的回火温度，则表层原来的回火马氏体组织将产生回火现象而转变为硬度较低的过回火组织，此现象称为回火烧伤。

③ 退火烧伤。在磨削时，如果工件表面层温度超过相变临界温度，则马氏体转变为奥氏

体；如果此时无冷却液，则表层金属因空冷冷却比较缓慢而形成退火组织，硬度和强度均大幅度下降。这种现象称为退火烧伤。

磨削烧伤时，表面会出现黄、褐、紫、青等烧伤色，这是工件表面在瞬时高温下产生的氧化膜颜色。不同烧伤色表示烧伤程度的不同。对于较深的烧伤层，虽然可在加工后期采用无进给磨削，能够除掉烧伤色，但烧伤层并未除掉，成为将来使用中的隐患。

磨削烧伤与温度有着十分密切的关系。一切影响温度的因素都在一定程度上对烧伤有影响。因此，研究磨削烧伤问题可以从研究切削时的温度入手，通常从以下三方面考虑：

① 合理选用磨削用量。以平磨为例来分析磨削用量对烧伤的影响：磨削深度对磨削温度影响极大；加大横向进给量对减轻烧伤有利，但会导致工件表面粗糙度变大，这时可采用较宽的砂轮来弥补；加大工件的回转速度，会使磨削表面的温度升高，但与磨削深度相比，其影响小得多。从要减轻烧伤而同时又要尽可能保持较高的生产率方面考虑，在选择磨削用量时，应选用较高的工件速度和较小的磨削深度。

② 正确选择砂轮。磨削导热性差的材料（如耐热钢、轴承钢及不锈钢等），容易产生烧伤现象，应特别注意合理选择砂轮的硬度、结合剂和组织。硬度太高的砂轮，其磨粒钝化之后不易脱落，容易产生烧伤。因此，为避免产生烧伤，应选择较软的砂轮。选择具有一定弹性的结合剂（如橡胶结合剂、树脂结合剂），有助于避免烧伤现象的产生。

③ 改善冷却条件。磨削时，磨削液若能直接进入磨削区，对磨削区进行充分冷却，便能有效地防止烧伤现象的产生。图 7－17 所示为一种较为有效的内冷却方法。其工作原理是：经过严格过滤的冷却液通过中空主轴法兰套引入砂轮的中心腔 3 内，由于离心力的作用，这些冷却液就会通过砂轮内部的孔隙向砂轮四周的边缘甩出，因此冷却水就有可能直接注入磨削区。

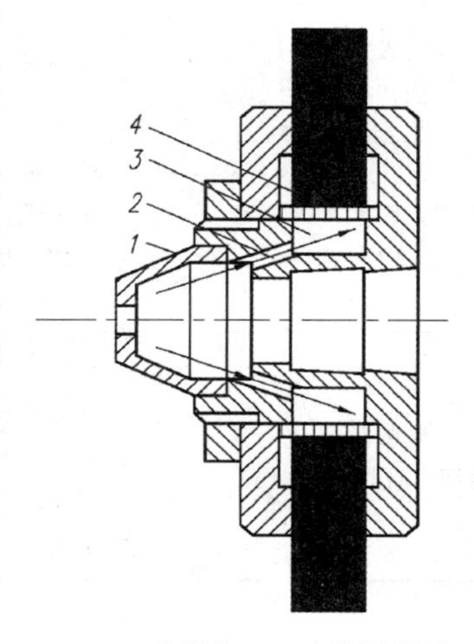

1—锥型盖；2—切削液通孔；
3—砂轮中心腔；4—有径向小孔的薄壁套

图 7－17　内冷却砂轮结构

3）*表层金属的残余应力*

在机械加工过程中，当表层金属组织发生形状变化、体积变化或金相组织变化时，将在表面层的金属与其基体间产生相互平衡的残余应力。

表层金属产生残余应力的原因是：机械加工时，在加工表面的金属层内有塑性变形产生，使表层金属的密度发生变化。由于塑性变形只在表面层中产生，而表面层金属的体积会膨胀，将不可避免地要受到与它相连的里层金属的阻碍，这样就在表面层内产生了压缩残余应力，而在里层金属中产生了拉伸残余应力。当刀具从被加工表面上切除金属时，表层金属的纤维被拉长，刀具后刀面与已加工表面的摩擦又加大了这种拉伸作用。刀具切离之后，拉伸弹性变形将逐渐恢复，而拉伸塑性变形则不能恢复。表面层金属的拉伸塑性变形，受到与它相连的里层未发生塑性变形金属的阻碍，因此就在表层金属产生压缩残余应力，而在里层金属中产生拉伸残余应力。

3. 降低表面粗糙度的方法

在模具零件中，降低表面粗糙度的基本方法见表 7－2。

表 7－2 降低表面粗糙度的基本方法

影响表面粗糙度的因素	消除方法
机床自身振动的影响 （工件表面产生振痕）	① 消除由外界周期性的干扰力引起的机床振动，如断续的切削力、电机、带轮、主轴及砂轮不平衡的惯性力引起的振动，使刀具与工件的距离发生周期性变化，使工件表面产生振痕； ② 采用隔离基础的方法，消除来自机床外的空压机、柴油机及其他从地面传入的干扰力； ③ 提高工艺系数的刚度，特别要提高工件、刀杆等刚度； ④ 修磨刀具及改变刀具的装夹方法，改变切削力的方向，减小作用于工艺系统的切削力； ⑤ 减小刀具后角，用油石修磨刀具，使其锋利
几何因素影响 （表面产生刀痕）	① 改变刀具的几何参数，增大刀尖圆弧半径和减小负偏角； ② 采用宽刃精铣刀、精车刀时，要减轻振动幅度； ③ 减小加工时的进给量
工艺因素影响 （表面产生积屑瘤）	① 根据具体情况，改用更低或较高的切削速度，并配有较小的进给量； ② 在中低速切削时，加大刀具前角或适当增大后角； ③ 改用润滑性能良好的切削液，如动物油、植物油； ④ 必要时可对工件材料进行正火、调质热处理以提高硬度，降低塑性和韧性
磨削影响 （表面出现拉毛、烧伤）	① 正确选用砂轮磨削用量和磨削液； ② 降低工件线速度和纵向进给速度； ③ 仔细修整砂轮，适当增加光磨次数； ④ 减小磨削深度； ⑤ 更换新磨削液使之清洁

思考题

1. 模具零件机械加工的表面质量包括哪些主要内容？它们对零件的使用性能有何影响？

2. 影响表面粗糙度的因素有哪些？

3. 什么是加工硬化和表面层残余应力，它们是如何形成的？对工件有什么影响？

4. 机械加工过程中为什么会造成零件表面层物理性能、力学性能的改变？这些常见的物理性能、力学性能改变包括哪些方面？它们对产品加工质量有何影响？

5. 表面粗糙度与加工公差等级有什么关系？试举例说明机器零件的表面粗糙度对其使用寿命及工作精度的影响。

6. 为什么机器上许多静止连接的接触表面往往要求较低的表面粗糙度，而有相对运动的表面又不能对表面粗糙度要求过低？

7. 为什么有色金属用磨削加工得不到低表面粗糙度？通常为获得低表面粗糙度的加工表面应采用哪些加工方法？若需要磨削有色金属，则要提高表面质量应采取什么措施？

8. 磨削淬火钢时，加工表面层的硬度可能升高或降低，试分析其原因。

9. 为什么会产生磨削烧伤及裂纹？它们对零件的使用性能有何影响？减少磨削烧伤及裂纹的方法有哪些？

附录　模具制造相关职业技能标准

国家职业技能标准：模具设计师

1. 职业概况

1.1　职业名称

模具设计师。

1.2　职业定义

从事企业模具的数字化设计，包括注塑模与冷冲模，在传统模具设计的基础上，充分应用数字化设计工具，提高模具设计质量，缩短模具设计周期的人员。

1.3　职业等级

本职业共设三个等级，分别为：三级模具设计师（国家职业资格三级）、二级模具设计师（国家职业资格二级）、一级模具设计师（国家职业资格一级）。

1.4　职业环境

室内，常温。

1.5　职业能力特征

具有较强的学习能力、空间想象力、表达能力和团体合作能力。

1.6　基本文化程度

大专毕业（或同等学历）。

1.7　培训要求

1.7.1　培训期限

全日制职业学校教育，根据其培养目标和教学计划确定。晋级培训期限：三级模具设计师不少于 280 标准学时；二级模具设计师不少于 320 标准学时；一级模具设计师不少于 336 标准学时。

1.7.2　培训教师

培训三级模具设计师的教师应具有二级模具设计师职业资格证书或本专业（相关专业）中级及以上专业技术职务任职资格；培训二级模具设计师的教师应具有一级模具设计师职业资格证书或本专业（相关专业）高级以上专业技术职务任职资格；培训一级模具设计师的教师应具有一级模具设计师职业资格证书 2 年以上或本专业（相关专业）高级专业技术职务任职资格 2 年以上。

1.7.3　培训场地设备

可容纳 20～25 名学员的专用培训教室，并配备计算机、教学投影仪、教学互动网络连接控制台,配有相关通用机械 CAD/CAE 和模具 CAD/CAE 软件,具有宽带上网条件。

1.8 鉴定要求

1.8.1 适用对象

从事或准备从事本职业的人员。

1.8.2 申报条件

——三级模具设计师(具备以下条件之一者)

(1) 连续从事本职业工作 6 年以上。

(2) 具有以高级技能为培养目标的技工学校、技师学院和职业技术学院本专业或相关专业毕业证书。

(3) 具有本专业或相关专业大学专科及以上学历证书。

(4) 具有其他专业大学专科及以上学历证书,连续从事本职业工作 1 年以上。

(5) 具有其他专业大学专科及以上学历证书,经三级模具设计师正规培训达规定标准学时数,并取得结业证书。

——二级模具设计师(具备以下条件之一者)

(1) 连续从事本职业工作 13 年以上。

(2) 取得三级模具设计师职业资格证书后,连续从事本职业工作 5 年以上。

(3) 取得三级模具设计师职业资格证书后,连续从事本职业工作 4 年以上,经二级模具设计师正规培训达规定标准学时数,并取得结业证书。

(4) 取得本专业或相关专业大学本科学历证书后,连续从事本职业工作 5 年以上。

(5) 具有本专业或相关专业大学本科学历证书,取得三级模具设计师职业资格证书后,连续从事本职业工作 4 年以上。

(6) 具有本专业或相关专业大学本科学历证书,取得三级模具设计师职业资格证书后,连续从事本职业工作 3 年以上,经二级模具设计师正规培训达规定标准学时数,并取得结业证书。

(7) 取得硕士研究生及以上学历证书后,连续从事本职业工作 2 年以上。

——一级模具设计师(具备以下条件之一者)

(1) 连续从事本职业工作 19 年以上。

(2) 取得二级模具设计师职业资格证书后,连续从事本职业工作 4 年以上。

(3) 取得二级模具设计师职业资格证书后,连续从事本职业工作 3 年以上,经一级模具设计师正规培训达规定标准学时数,并取得结业证书。

1.8.3 鉴定方式

分为理论知识考试和专业能力考核。理论知识考试采用闭卷笔试方式,专业能力考核采用实际操作或模拟操作方式。理论知识考试和专业能力考核均实行百分制,成绩皆达 60 分及以上者为合格。二级模具设计师、一级模具设计师还须进行综合评审。

1.8.4 考评人员与考生配比

理论知识考试考评人员与考生配比为 1:15,每个标准教室不少于 2 名考评人员;专业能力考核考评员与考生配比为 1:5,且不少于 3 名考评员;综合评审委员不少于 5 人。

1.8.5 鉴定时间

理论知识考试时间不少于 120 min;专业能力考核时间不少于 180 min;综合评审时间不

少于 30 min。

1.8.6　鉴定场所设备

理论知识考试在标准教室进行；专业能力考核在配备必要设备或专用考试模拟设备的专用教室进行。

2. 基本要求

2.1　职业道德

2.1.1　职业道德基本知识

2.1.2　职业守则

（1）遵守法律、法规和有关规定。

（2）爱岗敬业，具有高度责任心。

（3）严格执行设计程序、设计标准与工作规范。

（4）工作认真，团结合作。

（5）尊重知识产权，严格执行安全保密规程。

2.2　基础知识

2.2.1　基础理论知识

（1）计算机辅助设计（CAD）知识。

（2）国标、部标、企标知识。

（3）机械工程材料知识。

2.2.2　模具设计基础知识

（1）冷冲模、注塑模成型知识。

（2）冷冲模、注塑模结构知识。

（3）冷冲模、注塑模设计知识。

（4）常用模具材料知识。

2.2.3　模具加工工艺基础知识

（1）模具通用零件加工工艺知识。

（2）模架加工工艺知识。

（3）模具工作零件加工工艺知识。

（4）模具零件的热处理知识。

（5）模具零件的电控加工知识。

2.2.4　模具装配与调试基础知识

（1）冷冲模装配知识。

（2）注塑模装配知识。

（3）模具调试知识。

2.2.5　模具质量管理知识

（1）企业的质量方针。

（2）设计标准与质量要求。

（3）设计质量检验知识。

2.2.6 相关法律、法规知识

(1)《中华人民共和国劳动法》相关知识。

(2)《中华人民共和国合同法》相关知识。

3. 工作要求

本标准对三级模具设计师、二级模具设计师、一级模具设计师的能力要求依次递进，高级别涵盖低级别的要求。

3.1 三级模具设计师

职业功能	工作内容			能力要求	相关知识
一、设计准备	(一)收集与分析技术资料			1. 能读懂制品二维工程图、三维模型的几何形状、尺寸、精度 2. 能收集、查阅制品材料的加工成型特性与成型设备结构	1. 机械识图知识 2. CAD 知识 3. 制件成型的基础知识 4. 制件材料成型知识
	(二)确定工艺方案	任选其一	冷冲模	1. 能分析垫片等简单冲压件的成型工艺性 2. 能确定垫片等简单冲压件的工艺方案	冲压件工艺知识
			注塑模	1. 能分析注塑件材料及成型工艺 2. 能确定名片盒等简单注塑件的模具位置及布局方案	1. 注塑件成型工艺知识 2. 注塑模具结构设计知识
二、初步设计	(一) 工艺计算	任选其一	冷冲模	1. 能进行简单冲压件的工艺计算 2. 能选用冲压设备	1. 冲压件工艺计算知识 2. 冲压设备知识
			注塑模	1. 能进行简单注塑件的工艺计算 2. 能选用注塑成型设备	1.注塑件工艺计算知识 2. 注塑成型设备知识
	(二)结构布局设计	任选其一	冷冲模	1. 能确定凸(凹)模结构形式及安装方法 2. 能确定制件定位方式、定位机构 3. 能设计卸料装置	1. 凸(凹)模尺寸计算原则 2. 凸(凹)模结构形式与选择 3. 定位零件、卸料零件设计知识
			注塑模	1. 能确定分型面 2. 能设计浇注系统 3. 能设计直通式注塑模的冷却系统 4. 能设计简单推杆机构	1. 分型面基本知识 2. 浇注系统知识 3. 冷却系统、脱模机构知识

续表

<table>
<tr><th>职业功能</th><th>工作内容</th><th>能力要求</th><th>相关知识</th></tr>
<tr><td rowspan="2">三、模具零部件设计</td><td>（一）标准零件建立与选用</td><td>1. 能正确选择模具标准零件
2. 能建立模具标准零件三维模型</td><td rowspan="2">1. 模具标准零件知识
2. 三维零件建模知识
3. 模具材料知识
4. 二维工程图生成知识
5. 简易零件强度分析知识
6. 零件加工工艺知识</td></tr>
<tr><td>（二）非标准零件设计</td><td>1. 能建立模具非标准零件的参数化模型
2. 能确定模具零件的材料与热处理要求
3. 能生成模具非标准零件二维工程图
4. 能进行模具零件的刚度、强度分析
5. 能进行模具零件的加工工艺分析</td></tr>
<tr><td rowspan="3">四、模具总体设计</td><td>（一）标准模架选用与校核</td><td>1. 能选定标准模架
2. 能核定标准模架的安装</td><td>1. 模架知识
2. 模具安装知识</td></tr>
<tr><td>（二）创建模具总装配模型</td><td>1. 能进行模具的装配建模
2. 能进行模具装配的组件间的静态干涉检查</td><td>三维装配建模知识</td></tr>
<tr><td>（三）生成模具总装配图</td><td>能由三维模具装配模型绘制二维模具总装配图</td><td>由三维模具装配模型绘制二维模具总装配图知识</td></tr>
<tr><td rowspan="2">五、模具调试与验收</td><td>（一）模具调试</td><td>1. 能进行试模材料检查
2. 能进行试件质量检查</td><td rowspan="2">模具调试知识</td></tr>
<tr><td>（二）模具验收</td><td>1. 能记录试模工艺条件、操作要点与模具质量情况
2. 能修整模具零件的尺寸，直到符合要求</td></tr>
</table>

3.2　二级模具设计师

<table>
<tr><th>职业功能</th><th colspan="3">工作内容</th><th>能力要求</th><th>相关知识</th></tr>
<tr><td rowspan="3">一、设计准备</td><td colspan="3">（一）收集与分析技术资料</td><td>1. 能分析产品任务书及制品技术条件
2. 能分析模具制造与用户技术资料</td><td>1. 模具加工设备知识
2. 成型设备知识</td></tr>
<tr><td rowspan="2">（二）确定工艺方案</td><td rowspan="2">任选其一</td><td>冷冲模</td><td>1. 能确定电机定子、转子冲片等复杂冲压件的成型工艺
2. 能确定模具结构类型</td><td>1. 复杂冲压件加工工艺知识
2. 模具结构知识</td></tr>
<tr><td>注塑模</td><td>1. 能确定手机外壳等复杂注塑件模具（有侧抽芯、二次顶出、倒扣）的位置及布局方案
2. 能确定手机外壳等复杂制件的模具结构方案</td><td>复杂注塑件加工工艺知识</td></tr>
</table>

续表

职业功能	工作内容			能力要求	相关知识
二、初步设计	(一)工艺计算	任选其一	冷冲模	1. 能进行电机定子、转子冲片等复杂冲压件的工艺计算 2. 能进行排样优化设计	复杂冲压件的工艺计算知识
			注塑模	能进行手机外壳等复杂注塑件的工艺计算	复杂注塑件的工艺计算知识
	(二)结构布局设计	任选其一	冷冲模	1. 能确定级进模的工位布局 2. 能确定级进模的送料方式 3. 能确定必要的导向辅助机构	1. 送料机构相关知识 2. 多工位级进模相关知识
			注塑模	1. 能确定电子表外壳等复杂注塑件的分型面 2. 能设计汽车仪表板等复杂注塑件的模具浇注系统 3. 能设计洗衣机内胆等复杂注塑件的模具冷却系统 4. 能设计洗衣机内胆等复杂注塑件的模具脱模系统	1. 分型面的设计原则 2. 浇注系统的设计原则 3. 冷却系统的设计原则 4. 脱模机构的设计原则
三、模具零部件设计	(一)标准零件建立与建模			能建立企业模具标准零件三维库	1. 模具标准零件知识 2. 三维零件建模知识 3. 三维零件建库知识 4. 模具材料知识 5. 复杂零件结构分析知识
	(二)非标准零件设计			1. 能建立手机外壳等复杂模具非标准零件的参数化模型 2. 能进行手机外壳等复杂模具零件的刚度、强度分析	
四、模具总体设计	(一)标准模架选用与建库			1. 能选定标准模架 2. 能建立企业标准模架库	1. 模架选用知识 2. 三维装配建库知识
	(二)创建模具总装配三维模型			1. 能进行手机外壳、汽车引擎覆盖件外壳等复杂模具的装配建模 2. 能进行手机外壳、汽车引擎覆盖件外壳等复杂模具的干涉分析	1. 三维装配建模知识 2. 大装配间隙分析知识
	(三)模具总装配二维图	任选其一	冷冲模	1. 能建立模具装配的各种状态视图(包括开启状态、工作状态) 2. 能建立冲压工序图 3. 能建立冲压排样图	1. 装配图生成知识 2. 冲压工序、排样图知识
			注塑模	能拆分、建立模具装配图的各零部件工程图	注塑模具装配结构知识
	(四)产品成型过程仿真	任选其一	冷冲模	能利用数字模拟软件对冲压成型过程进行分析	1. 板料成型工艺知识 2. 板料成型数值模拟知识
			注塑模	能利用数字模拟软件对注塑成型过程进行流动分析、冷却分析、翘曲分析	1. 注塑成型工艺知识 2. 注塑成型过程仿真知识

续表

<table>
<tr><th>职业功能</th><th colspan="3">工作内容</th><th>能力要求</th><th>相关知识</th></tr>
<tr><td rowspan="4">五、模具调试与验收</td><td colspan="3">(一)试模前准备</td><td>能制订试模运行流程</td><td>模具调试知识</td></tr>
<tr><td rowspan="2">(二)试模与调整</td><td rowspan="2">任选其一</td><td>冷冲模</td><td>1. 能确定模具调试方案
2. 能在试模过程中调整各种技术参数,如调整压边力、卸料装置等</td><td>1. 冷冲模调试知识
2. 模具总装知识</td></tr>
<tr><td>注塑模</td><td>1. 能确定模具调试方案
2. 能在试模过程中调整各种技术参数,如调整注射压力、成型时间与温度</td><td>注塑模调试知识</td></tr>
<tr><td colspan="3">(三)模具验收</td><td>1. 能确定模具的修整方案
2. 能对生产制品的工艺规程提出建议</td><td>模具调试综合知识</td></tr>
<tr><td rowspan="2">六、培训与管理</td><td colspan="3">(一)培训</td><td>1. 能对三级模具设计师进行现场设计指导
2. 能撰写培训方案</td><td>培训方案的撰写知识</td></tr>
<tr><td colspan="3">(二)管理</td><td>1. 能处理模具制作的核价过程
2. 能编制模具设计工作流程</td><td>工程设计管理与市场知识</td></tr>
</table>

3.3　一级模具设计师

<table>
<tr><th>职业功能</th><th colspan="3">工作内容</th><th>能力要求</th><th>相关知识</th></tr>
<tr><td rowspan="3">一、设计准备</td><td colspan="3">(一)收集与分析技术资料</td><td>1. 能分析国内、国外最新模具设计技术
2. 能建立本企业模具设计标准与规范
3. 能进行模具经济性分析</td><td>1. 模具设计标准与规范知识
2. 成本分析知识</td></tr>
<tr><td rowspan="2">(二)确定工艺方案</td><td rowspan="2">任选其一</td><td>冷冲模</td><td>1. 能进行三工序以上复杂冲压件的成型工艺分析
2. 能制订三工序以上复杂冲压件的成型工艺</td><td>复杂冲压件加工工艺知识</td></tr>
<tr><td>注塑模</td><td>1. 能进行大型、高精度、高寿命、高效复杂注塑件成型工艺分析
2. 能制订大型、高精度、高寿命、高效的复杂注塑件成型工艺</td><td>复杂注塑件加工工艺知识</td></tr>
<tr><td rowspan="3">二、初步设计</td><td rowspan="2">(一)工艺计算</td><td rowspan="2">任选其一</td><td>冷冲模</td><td>1. 能进行复杂冷冲压件的成型工艺计算
2. 能进行复杂冷冲模的成型工艺计算</td><td>冲压工艺计算知识</td></tr>
<tr><td>注塑模</td><td>1. 能进行复杂注塑件的成型工艺计算
2. 能进行复杂注塑模的成型工艺计算</td><td>注塑工艺计算知识</td></tr>
<tr><td colspan="3">(二)结构布局设计</td><td>能审定模具总体结构方案</td><td>模具总体设计知识</td></tr>
</table>

续表

<table>
<tr><th>职业功能</th><th colspan="3">工作内容</th><th>能力要求</th><th>相关知识</th></tr>
<tr><td rowspan="2">三、模具零部件设计</td><td colspan="3">（一）标准零件选用与建模</td><td>1. 能提出企业模具标准零件三维库的建设规划
2. 能对企业模具标准零件三维库进行技术审定</td><td>1. 企业模具标准件知识
2. 三维零件建库知识</td></tr>
<tr><td colspan="3">（二）非标准零件设计</td><td>1. 能分析复杂制件模型的正确性与合理性
2. 能审定复杂模具非标准零件参数化模型与选用的材料
3. 能审定复杂模具的非标准零件的可加工性</td><td>1. 各类模制件可加工性分析知识
2. 复杂模具非标准零件的设计、使用知识</td></tr>
<tr><td rowspan="5">四、模具总体设计</td><td colspan="3">（一）标准模架选用</td><td>1. 能提出企业标准模架库建设规划
2. 能对企业标准模架库进行技术审定</td><td>1. 选用模架知识
2. 标准模架建库知识</td></tr>
<tr><td colspan="3">（二）审定模具总装配模型</td><td>1. 能对复杂模具的装配模型进行技术审定
2. 能进行复杂模具的运动分析</td><td>1. 三维装配建模知识
2. 装配运动分析知识</td></tr>
<tr><td rowspan="2">（三）审定模具总装配二维图</td><td rowspan="2">任选其一</td><td>冷冲模</td><td>1. 能审定模具装配的二维工程图
2. 能审定、修改冲压工序图
3. 能审定、修改冲压排样图</td><td>1. 装配图生成知识
2. 冲压工序、排样图知识</td></tr>
<tr><td>注塑模</td><td>能审定模具装配及零部件的工程图</td><td>注塑模具装配结构知识</td></tr>
<tr><td colspan="3">（四）产品成型过程仿真</td><td>能分析与处理成型过程数字模拟结果，提出模具与制品的改进方案</td><td>1. 解决技术难题的思路和方法
2. 材料、成型、工艺、热处理综合知识</td></tr>
<tr><td rowspan="3">五、模具调试与验收</td><td colspan="3">（一）试模前准备</td><td>能审定试模流程</td><td rowspan="3">模具调试综合知识</td></tr>
<tr><td colspan="3">（二）试模与调整</td><td>1. 能处理和解决试模现场的各种问题
2. 能进行试模现场指导</td></tr>
<tr><td colspan="3">（三）模具验收</td><td>能审定批生产制品的工艺规程</td></tr>
<tr><td rowspan="2">六、培训与管理</td><td colspan="3">（一）培训与指导</td><td>1. 能对三级、二级模具设计师进行现场指导
2. 能够撰写培训讲义</td><td>培训讲义撰写知识</td></tr>
<tr><td colspan="3">（二）管理</td><td>1. 能够根据获取的新技术、新设备、新工艺、新材料信息探索新的设计管理模式
2. 能够分析市场动态
3. 能处理模具制作的报价过程</td><td>市场信息分析与成本核算知识</td></tr>
</table>

4. 比重表

4.1　理论知识

项　目		三级模具设计师（%）	二级模具设计师（%）	一级模具设计师（%）
基本要求	职业道德	5	5	5
	基础知识	15	15	10
相关知识	设计准备	8	12	12
	初步设计	12	15	23
	模具零部件设计	25	25	20
	模具总体设计	25	15	15
	模具调试与验收	10	8	10
	培训与管理	—	5	5
合　计		100	100	100

4.2　专业能力

项　目		三级模具设计师（%）	二级模具设计师（%）	一级模具设计师（%）
能力要求	设计准备	12	15	12
	初步设计	18	20	20
	模具零部件设计	30	30	35
	模具总体设计	30	17	15
	模具调试与验收	10	11	10
	培训与管理	—	7	8
合　计		100	100	100

国家职业技能标准：模具工

1. 职业概况

1.1　职业编码

X6－05－02－05

1.2　职业名称

模具工。

1.3　职业定义

使用钳工工具、测量工具、钻床以及压力机或注塑机等设备，对模具进行加工、装配、调试和维修的人员。

1.4 职业技能等级

本职业共设四个等级，分别为：中级技能（国家职业资格四级）、高级技能（国家职业资格三级）、技师（国家职业资格二级）、高级技师（国家职业资格一级）。

1.5 职业环境条件

室内，常温或恒温。

1.6 职业能力倾向

具有较强的学习能力、计算能力和空间感、形体知觉及色觉，手指、手臂灵活，动作协调性强。

1.7 普通受教育程度

高中毕业（或同等学历）。

1.8 职业培训要求

1.8.1 晋级培训期限

晋级培训期限：中级技能不少于360标准学时；高级技能不少于320标准学时；技师不少于280标准学时；高级技师不少于240标准学时。

1.8.2 培训教师

培训中级技能、高级技能的教师应具有本职业技师及以上职业资格证书或相关专业中级及以上专业技术职务任职资格；培训技师的教师应具有本职业高级技师职业资格证书或相关专业高级专业技术职务任职资格；培训高级技师的教师应具有本职业高级技师职业资格证书2年以上或相关专业高级专业技术职务任职资格。

1.8.3 培训场所设备

理论知识培训在配备有教学投影仪、计算机及CAD/CAM/CAE软件的标准教室进行。操作技能培训在具有相应设备、工具、工装，照明、通风条件良好，安全措施完善的场所进行。

1.9 职业技能鉴定要求

1.9.1 申报条件

——具备以下条件之一者，可申报中级技能：

（1）取得相关职业①初级技能职业资格证书后，连续从事本职业工作3年以上，经本职业中级技能正规培训达到规定标准学时数，并取得结业证书。

（2）取得相关职业初级技能职业资格证书后，连续从事本职业工作4年以上。

（3）连续从事本职业工作6年以上。

（4）取得技工学校毕业证书；或取得经人力资源社会保障行政部门审核认定、以中级技能为培养目标的中等及以上职业学校本专业毕业证书（含尚未取得毕业证书的在校应届毕业生）。

——具备以下条件之一者，可申报高级技能：

（1）取得本职业中级技能职业资格证书后，连续从事本职业工作4年以上，经本职业高级技能正规培训达到规定标准学时数，并取得结业证书。

（2）取得本职业中级技能职业资格证书后，连续从事本职业工作5年以上。

（3）取得本职业中级技能职业资格证书，并具有高级技工学校、技师学院毕业证书；或取

---

① 相关职业是指工具钳工、装配钳工、车工、铣工、电切削工等。

得中级技能职业资格证书，并取得经人力资源社会保障行政部门审核认定、以高级技能为培养目标的高等职业学校本专业毕业证书(含尚未取得毕业证书的在校应届毕业生)。

(4) 具有大专及以上本专业或相关专业毕业证书，并取得本职业中级技能职业资格证书，连续从事本职业工作2年以上。

——具备以下条件之一者，可申报技师：

(1) 取得本职业高级技能职业资格证书后，连续从事本职业工作3年以上，经本职业技师正规培训达到规定标准学时数，并取得结业证书。

(2) 取得本职业高级技能职业资格证书后，连续从事本职业工作4年以上。

(3) 取得本职业高级技能职业资格证书的高级技工学校、技师学院本专业毕业生，连续从事本职业工作3年以上；取得预备技师证书的技师学院毕业生连续从事本职业工作2年以上。

——具备以下条件之一者，可申报高级技师：

(1) 取得本职业技师职业资格证书后，连续从事本职业工作3年以上，经本职业高级技师正规培训达到规定标准学时数，并取得结业证书。

(2) 取得本职业技师职业资格证书后，连续从事本职业工作4年以上。

1.9.2　鉴定方式

分为理论知识考试和操作技能考核。理论知识考试采用闭卷笔试等方式，操作技能考核采用现场实际操作、模拟操作等方式。理论知识考试和操作技能考核均实行百分制，成绩皆达60分及以上者为合格。技师、高级技师还须进行综合评审。

1.9.3　监考及考评人员与考生配比

理论知识考试中的监考人员与考生配比为1∶15，每个标准教室不少于2名监考人员；操作技能考核中的考评人员与考生配比为1∶5，且不少于3名考评人员；综合评审委员不少于5人。

1.9.4　鉴定时间

理论知识考试时间不少于120 min。操作技能考核时间：中级技能不少于240 min；高级技能不少于300 min；技师不少于360 min；高级技师不少于300 min。综合评审时间不少于30 min。

1.9.5　鉴定场所设备

理论知识考试在标准教室进行；操作技能考核在配有相关设备及必要的工具、夹具、量具和计算机及CAD/CAM/CAE软件的场所进行。

2. 基本要求

2.1　职业道德

2.1.1　职业道德基本知识

2.1.2　职业守则

(1) 忠于职守，爱岗敬业。

(2) 讲究质量，注重信誉。

(3) 积极进取，团结协作。

(4) 遵纪守法，讲究公德。

(5) 着装整洁，文明生产。

（6）爱护设备，安全操作。

2.2　基础知识

2.2.1　基础理论知识

（1）机械制图知识。

（2）极限与配合知识。

（3）常用模具材料及热处理基础知识。

（4）常用制品材料基础知识。

2.2.2　专业基础知识

（1）制件材料成型工艺与模具结构知识。

（2）模具零部件机械加工工艺基础知识。

（3）金属切削原理及刀具基础知识。

（4）模具零部件特种加工工艺基础知识（电火花加工、线切割加工等）。

（5）数控加工与编程基础知识。

（6）钳工基础知识（划线、錾、锉、锯、钻、铰孔、攻螺纹、套螺纹）。

（7）模具使用设备基础知识（压力机、注塑机等）。

（8）模具装配、调试、保养、维修等基础知识。

（9）常用工具、夹具、量具使用与维护知识。

（10）气动及液压基础知识。

2.2.3　电工知识

（1）电工基础知识。

（2）通用设备常用电器的种类及用途。

（3）机床电器控制与原理。

2.2.4　安全文明生产与环境保护知识

（1）现场文明生产要求。

（2）安全操作与劳动保护知识。

（3）环境保护知识。

（4）安全用电知识。

2.2.5　质量管理知识

（1）企业的质量方针。

（2）岗位的质量要求。

（3）岗位的质量保证措施与责任。

2.2.6　相关法律、法规知识

（1）《中华人民共和国劳动法》相关知识。

（2）《中华人民共和国合同法》相关知识。

（3）《中华人民共和国环境保护法》相关知识。

3. 工作要求

本标准对中级技能、高级技能、技师和高级技师的技能要求依次递进，高级别涵盖低级别的要求。

3.1 中级技能

职业功能	工作内容	技能要求	相关知识要求
一、零部件加工	(一)读图与绘图	1. 能识读冲孔模、落料模、单型腔塑料模等模具零件图及装配图 2. 能绘制轴、套等简单零件图	1. 零件表达方法 2. 冲模、注塑模零件图，装配图识读方法 3. 绘制零件图的方法
	(二)识读工艺	1. 能识读零件机械加工工艺规程 2. 能识读冲孔模、落料模、瓶盖类单型腔塑料模等模具装配工艺规程	1. 车、铣、磨工艺知识 2. 模具装配工艺规程
	(三)划线	1. 能选用划线尺、划针、划规、划线平台、方箱等划线工具 2. 能完成滑块、楔紧块、冷却水道、模板螺纹孔等的划线 3. 能进行标准模架的划线 4. 能对零件平面借料划线	1. 模具零件划线方法，划线基准的选择原则 2. 大型件及一般零件的划线及借料知识 3. 划线工具选用、使用及维护保养知识
	(四)孔加工	1. 能钻、铰 IT8 及以下精度孔 2. 能钻 $\phi 2$ mm 小孔、台阶孔等 3. 能攻 M20 以下的螺纹(通孔) 4. 能修磨 $\phi 3$ mm 以上的标准麻花钻头	1. 钻孔、铰孔工艺知识 2. 攻螺纹的工艺及方法 3. 标准麻花钻头刃磨方法
	(五)零件修配	1. 能制作多边形几何图形的配合零件，并达到一般配合精度(IT8 等级要求) 2. 能修配 $R3$ mm 以上圆角 3. 能修配斜面 4. 能修配局部嵌件	1. 锉削加工方法 2. 模具修配工艺与方法 3. 多元组合几何图形的配合件制作与修配知识
	(六)零件研磨、抛光	1. 能选择研磨、抛光工具 2. 能对模具成型零件进行研磨和抛光，研磨精度达到 $\leqslant$ IT8 级，抛光表面粗糙度值达到 $Ra \leqslant 0.4\ \mu m$	1. 研磨、抛光的操作方法和检测方法 2. 常用研磨料的性能及用途 3. 研磨工具的种类、应用和设计方法

续表

职业功能	工作内容			技能要求	相关知识要求
二、模具装配	(一)部(组)件装配	二者选其一	冲　模	1. 能装配滑动导向和滚动导向模架 2. 能装配冲孔、落料类复合模的凸(凹)模 3. 能装配制件精度 IT8 及以下的单工序模具的定位装置、卸料装置	1. 冲模模架技术条件 GB/T 2854—1990 2. 冲模模架装配方法 3. 导柱、导套配合间隙选配知识 4. 导柱、导套装配方法 5. 凸(凹)模机械固定法和黏结固定法 6. 调整凸(凹)模间隙的透光法、垫片法 7. 单工序冲模定位装置、卸料装置装配方法 8. 扳手、铜棒等装配工具的使用方法
			注塑模	1. 能装配模架 2. 能装配整体式及组合式型腔、型芯(拼合零件数 2～3 个) 3. 能装配模具浇注系统,如浇口套、定位环等 4. 能装配常用推出机构的推杆、回程杆、回程弹簧、拉料杆等 5. 能装配简单侧向抽芯机构,如滑块、楔紧块、限位螺钉等的配合;斜导柱、导向孔、推板等的配合	1. 塑料注塑模中小模架技术条件 GB/T 12556.2—1990 2. 注塑模模架装配知识 3. 整体式及组合式型腔、型芯装配知识 4. 注塑模浇注系统装配知识 5. 注塑模常用推出机构装配知识
	(二)模具总装配	二者选其一	冲　模	1. 能装配制件精度 IT8 及以下单工序冲孔模 2. 能装配制件精度 IT8 及以下单工序落料模	1. 冲模装配技术要求 2. 单工序冲模结构与装配方法 3. 冲裁工艺知识
			注塑模	1. 能装配整体式单型腔、单分型面注塑模 2. 能装配组合式单型腔、单分型面注塑模	1. 注塑模装配技术要求 2. 单型腔、单分型面等注塑模装配方法 3. 注塑成型工艺知识
三、质量检验	(一)零部件检验			1. 能使用百分表、游标量具、千分尺、量块等通用量具检验零部件 2. 能使用专用检具检验零部件	1. 常用量具、量仪工作原理与使用知识 2. 专用检具使用知识
	(二)模具总装配检验	二者选其一	冲　模	1. 能完成模具外观检验 2. 能检测一般精度模具工作零件的配合间隙 3. 能完成模具运动性能检验 4. 能完成制件精度 IT8 及以下冲孔、落料等复合模精度检验	1. 冲模精度检验方法 2. 切纸法检验模具间隙的方法 3. 塞尺测量知识
			注塑模	1. 能检验模具闭合高度及安装配合部位尺寸等参数 2. 能完成模具运动性能检验 3. 能完成单型腔、单分型面注塑模的精度检验	1. 注塑模精度检验方法 2. 模具工作状态的检验方法

续表

职业功能	工作内容			技能要求	相关知识要求
四、试模与修模	(一)试模	二者选其一	冲　模	1. 能检验试模材料 2. 能按模具尺寸选用冲床 3. 能在单动压力机上安装单工序模,并能试模	1. 试模材料的要求及检验方法 2. 单动压力机结构与安全操作规程 3. 在单动压力机上安装单工序模具的方法 4. 冲模试模工作程序及注意事项 5. 起重设备安全使用规程
			注塑模	1. 能检验试模材料 2. 能按模具尺寸选用注塑机 3. 能在注塑机上安装单型腔、单分型面注塑模,并能试模	1. 塑料材料的要求及检验方法 2. 注塑机结构与安全操作规程 3. 注塑模安装及试模知识 4. 注塑模试模工作程序及注意事项
	(二)模具调整	二者选其一	冲　模	1. 能检验试件质量 2. 能完成制件精度 IT8 及以下的单工序模的凸(凹)模刃口及间隙调整 3. 能完成制件精度 IT8 及以下的单工序模具定位装置、卸料装置的调整	1. 冲压试件质量评价指标 2. 单工序模具调整方法 3. 单工序模具定位装置、卸料装置调整方法
			注塑模	1. 能进行试件质量检验 2. 能根据塑件质量状况调整模具 3. 能调整单型腔、单分型面注塑模,解决塑件壁厚不均等问题	1. 塑件质量评价标准 2. 注塑试件质量检验方法 3. 单型腔、单分型面注塑模调整方法 4. 注塑成型工艺知识
	(三)模具维修	二者选其一	冲　模	1. 能对凸(凹)模刃口进行修复 2. 能修复或更换定位零件、压料板、卸料板、推杆、导柱、固定板、弹簧元件、斜楔块等零件 3. 能修复局部磨损、开裂、折断、松动等模具零件	1. 模具拆装、清洗方法 2. 模具刃口刃磨方法 3. 模具零件修复方法
			注塑模	1. 能对单型腔、单分型面注塑模的导向、回程零件、成型零件、推出零件、抽芯零件等进行清洗上油等保养 2. 能对单型腔、单分型面注塑模的成型零件、浇注系统、推出机构、抽芯机构、冷却系统进行修理 3. 能修调模具相关零部件,解决塑件壁厚不均问题	1. 模具零部件的保养知识 2. 模具零部件修复方法

3.2 高级技能

职业功能	工作内容	技能要求	相关知识要求
一、零部件加工	(一)读图与绘图	1. 能识读复合模与级进模的装配图 2. 能识读热流道与普通流道注塑模装配图 3. 能识读各类注塑模和冲模零件图	1. 复杂模具图的识读方法 2. 机械制图绘图方法
	(二)识读、编制工艺	1. 能识读零部件加工工艺规程 2. 能确定模具装配(加工)顺序、方法及工装 3. 能根据模具结构编制传动与控制机构的装配(加工)工艺	1. 零部件加工工艺 2. 模具传动与控制机构装配工艺知识
	(三)划线	1. 能进行精密、复杂、大型成型模具(如摩托车油箱、电动车后备厢模具)零件的划线 2. 能进行模具零件借料划线	1. 精密、复杂、大型成型零件划线的方法 2. 复杂模具零件借料划线的方法
	(四)孔加工	1. 能钻削斜孔、平底台孔、深孔、相交孔等各类孔 2. 能钻、铰 IT7 及以上高精度孔 3. 能加工 $\phi0.5$ mm 小孔,并能手工刃磨所用钻头	1. 斜孔、平底台孔、深孔相交孔钻孔方法 2. 高精度孔钻、铰方法 3. $\phi0.5$ mm 小孔钻削方法及注意事项 4. $\phi0.5$ mm 小钻头刃磨方法
	(五)零件修配	1. 能制作多边形几何图形的配合零件并达到 IT6 精度配合要求 2. 能修配多件组合镶拼成型零件,并达到 IT5 精度要求	1. 较高精度精密配合零件的加工方法 2. 镶拼组合件的修配方法
	(六)零件研磨、抛光	1. 能配置研磨料 2. 能使用气动、电动打磨工具以及制作简单研磨工具对孔进行研磨 3. 能对精密模具成型零件进行研磨和抛光,研磨精度达到≤IT7 级,表面粗糙度值 $Ra \leqslant 0.3\ \mu m$	1. 研磨料选用知识 2. 高精度研磨与抛光工艺知识

续表

<table>
<tr><th>职业功能</th><th colspan="3">工作内容</th><th>技能要求</th><th>相关知识要求</th></tr>
<tr><td rowspan="4">二、模具装配</td><td rowspan="2">(一)部(组)件装配</td><td rowspan="2">二者选其一</td><td>冲　模</td><td>1. 能装配、调整各类模具的凸(凹)模
2. 能装配 3 工位级进模的导、卸料装置
3. 能装配滚动导向模架</td><td>1. 凸(凹)模物理固定方法
2. 工艺留量法、镀铜法、涂层法等凸(凹)模间隙调整方法
3. 常用级进模导向、卸料等装置的结构与装配方法
4. 滚动导向模架装配方法
5. 液压与气动基础知识</td></tr>
<tr><td>注塑模</td><td>1. 能装配组合式型腔、型芯(零件数 3～5 个)
2. 能装配液压、气动等推出机构
3. 能装配侧向分型与抽芯机构</td><td>1. 多拼合件模具型腔、型芯装配知识
2. 液压、气动等推出机构装配方法
3. 侧向分型与抽芯机构装配方法</td></tr>
<tr><td rowspan="2">(二)模具总装配</td><td rowspan="2">二者选其一</td><td>冲　模</td><td>1. 能装配制件精度 IT8 以上的高精度复合模具
2. 能装配精度 IT8 及以下 3 工位的级进模</td><td>1. 高精度模具装配方法
2. 级进模结构与装配方法
3. 装配尺寸链知识</td></tr>
<tr><td>注塑模</td><td>1. 能装配顺序脱模、二级脱模的注塑模
2. 能装配自动脱螺纹、气动顶出和弧形抽芯的注塑模
3. 能装配热流道模具
4. 能装配用于自动化生产线带机械手的模具</td><td>1. 推杆先复位、二次顶出模具结构与装配知识
2. 侧向分型抽芯模具结构与装配知识
3. 热流道、自动化生产线带机械手的模具结构与装配知识</td></tr>
<tr><td rowspan="3">三、质量检验</td><td colspan="3">(一)零部件检验</td><td>1. 能使用光学投影仪等常用仪器检验零部件
2. 能使用检验夹具和立体样板检验零部件
3. 能检验导向模架，并能确定模架等级
4. 能检验模具推出、导向等机构的运动精度</td><td>1. 常用光学测量仪器工作原理与使用知识
2. 模架等级评价知识
3. 检验夹具和立体样板使用方法
4. 模具常用机构检验方法</td></tr>
<tr><td rowspan="2">(二)模具总装配检验</td><td rowspan="2">二者选其一</td><td>冲　模</td><td>1. 能检验制件精度 IT8 以上复合模具精度
2. 能检验 3 工位级进模精度
3. 能鉴定模具的装配缺陷</td><td>1. 高精度模具质量精度评价标准
2. 级进模质量精度评价标准
3. 冲模技术状态鉴定知识
4. 模具的检测手段</td></tr>
<tr><td>注塑模</td><td>1. 能根据装配要求检验多分型面注塑模精度
2. 能鉴定模具的装配缺陷</td><td>1. 多分型面注塑模质量精度评价标准
2. 注塑模技术状态鉴定知识</td></tr>
</table>

续表

职业功能	工作内容			技能要求	相关知识要求
四、试模与修模	(一)试模	二者选其一	冲　模	1. 能在冲床上装调级进模 2. 能在双动压力机上安装单工位拉深模,并能试模 3. 能对3工位及以下级进模进行安装和试模 4. 能调整模具压力中心、模具闭合高度	1. 级进模试模要求 2. 双动压力机结构与使用规程 3. 在双动压力机上安装模具及试模规程
			注塑模	1. 能在注塑机上安装多分型面注塑模,并能试模 2. 能选择注塑温度、压力及周期等工艺参数	1. 多分型面注塑模试模知识 2. 多分型面注塑模安装及试模知识 3. 注塑工艺参数对注塑产品质量的影响
	(二)模具调整	二者选其一	冲　模	1. 能调整级进模的工作零部件 2. 能调整拉深模的压边力等加工条件与参数 3. 能调整级进模的定位、送料、推出等装置 4. 能判断制件外观及尺寸缺陷	1. 级进模调整知识 2. 制件缺陷种类及改善措施
			注塑模	1. 能调整多分型面模具 2. 能判断制件外观及尺寸缺陷	1. 塑料成型工艺知识 2. 注塑工艺引起的制品缺陷原因及改进措施
	(三)模具维修	二者选其一	冲　模	1. 能修配凸(凹)模 2. 能修配级进模步距与步距的精度 3. 能修配硬质合金冲模	1. 冲模修理工艺知识 2. 冲具零部件修理知识
			注塑模	1. 能修配滑块与滑块槽的间隙 2. 能修配滑块斜面与楔紧块斜面 3. 能修配型腔与型芯上的镶件,并能确定镶件相对位置 4. 能修配弧形导滑槽与滑块的间隙	1. 注塑模修理工艺知识 2. 注塑模零部件修理知识

3.3 技　师

职业功能	工作内容	技能要求	相关知识要求
一、零部件加工	(一)读图与绘图	1. 能识读各种复杂模具的装配图,包括多型腔热流道、双色模、双层模、精密复合模以及多工位级进模 2. 能对各类模具零件进行测绘 3. 能识读国外模具图纸中常用技术词汇	1. 模具常用词汇中、外文对照表 2. 国外工程图识读知识 3. 精密多工位级进模的设计知识 4. 零件测绘知识
	(二)编制工艺	1. 能编制复杂模具零件加工工艺与装配工艺 2. 能提出装配工装设计方案 3. 能选用超声波、化学及电化学技术等特种加工工艺	1. 模具典型零件数控加工、特种加工、图文雕刻和焊接等加工工艺知识 2. 模具装配工艺编制知识 3. 装配工装设计知识 4. 超声波、化学及电化学技术相关知识
	(三)孔加工	1. 能加工特小孔(如 ϕ0.5 mm 以下),精孔(精度等级 IT7 以上)、深孔(深径比＞5) 2. 能设计制造专用刃具,钻、铰加工非标直径孔	1. 小、精、深孔的钻削知识 2. 专用铰刀的设计与制造知识
	(四)零件修配	1. 能制作多边形几何图形的配合零件并达到±5 μm 高精度配合要求 2. 能修配复杂镶拼组合体,达到 IT5 精度配合要求	1. 高精度配合零件的加工方法 2. 高精度复杂镶拼组合体的修配方法
	(五)零件研磨、抛光	1. 能对高硬度、高精度、高寿命、复杂成型零件进行精研磨、抛光等精加工(研磨精度达到＜IT6 级,表面粗糙度值 $Ra \leqslant 0.2$ μm) 2. 能配作模具零件,实现零件互换	1. 高精度研磨、抛光方法、要点与操作知识 2. 互换性知识

续表

<table>
<tr><th>职业功能</th><th colspan="3">工作内容</th><th>技能要求</th><th>相关知识要求</th></tr>
<tr><td rowspan="4">二、模具装配</td><td rowspan="2">(一)部(组)件装配</td><td rowspan="2">二者选其一</td><td>冲　模</td><td>1. 能装配调整多工位拉深模的凸(凹)模(如锂电池外壳拉深模)
2. 能装配高精密异形件模具的部件
3. 能装配大型汽车覆盖件模具的部件
4. 能装配高速冲模(400 次/min)的部件</td><td>1. 多工位拉深工艺和模具结构知识
2. 高精密异形件模具部件装配方法
3. 大型汽车覆盖件冲模部件装配方法
4. 高速冲模部件装配方法</td></tr>
<tr><td>注塑模</td><td>1. 能装配热喷嘴与集流板
2. 能修配液压缸及气缸、气顶机构与模板
3. 能装配双色模的型芯、型腔
4. 能装配螺纹脱模机构的传动机构与液压(动力)部分
5. 能装配内弧形抽芯机构</td><td>1. 热流道模具成型原理及装配方法
2. 大型、微型模具装配知识
3. 高精密模具装配知识
4. 气辅成型知识
5. 液压与气动传动知识</td></tr>
<tr><td rowspan="2">(二)模具总装配</td><td rowspan="2">二者选其一</td><td>冲　模</td><td>1. 能装配 5～8 工位级进模
2. 能装配大型汽车覆盖件模具
3. 能装配高速冲模(400 次/min)</td><td>1. 弯曲、拉深冲压成型知识
2. 多工位级进模结构知识
3. 精密、复杂、长寿命模具装配方法</td></tr>
<tr><td>注塑模</td><td>1. 能装配热流道浇注系统
2. 能按照装配图装配双色模与内螺纹抽芯模具
3. 能装配汽车保险杠、打印机外壳等大型塑件模具
4. 能装配医疗器械、接插件等高精密微型零件模具</td><td>1. 热流道模具结构与装配方法
2. 双色模具结构与装配方法
3. 模流分析知识</td></tr>
<tr><td rowspan="3">三、质量检验</td><td colspan="3">(一)零部件检验</td><td>1. 能使用三坐标测量机检验零部件
2. 能设计制作专用检具等专用测量工具
3. 能判断模具零部件质量</td><td>1. 三坐标测量机工作原理与应用知识
2. 专用量具设计、制作知识
3. 测量数据的采集和处理</td></tr>
<tr><td rowspan="2">(二)模具总装配检验</td><td rowspan="2">二者选其一</td><td>冲　模</td><td>1. 能完成 5～8 工位级进模精度检验
2. 能完成模具验收交付工作</td><td>1. 5～8 工位级进模精度检验方法
2. 模具验收交付工作内容及要求</td></tr>
<tr><td>注塑模</td><td>1. 能完成热流道模具检验
2. 能完成模具验收交付工作</td><td>1. 热流道模具检验知识
2. 模具验收交付知识</td></tr>
</table>

续表

职业功能	工作内容	技能要求	相关知识要求
四、试模与修模	(一)试模	1. 能对5～8工位级进拉深模、汽车覆盖件冲模、高速冲模进行试模 2. 能对深型腔模具、热流道、双色模与内螺纹抽芯模具进行试模 3. 能制定大型注塑模试模工序流程,并能根据模具尺寸、成型件质量、塑料特殊性设定模温及注塑机锁模、背压参数 4. 能制定试模记录表和模具工作状况表	1. 大型、精密、复杂冲模与注塑模试模知识 2. 制件缺陷分析与排除知识
	(二)模具调试	1. 能对5～8工位级进拉深模、大型汽车覆盖件模以及高速冲模等进行调试 2. 能对深型腔模具、热流道、双色模以及内螺纹抽芯等模具调试	1. 5～8工位级进拉深模、大型汽车覆盖件模以及高速冲模等的调试方法 2. 深型腔模具、热流道、双色模以及内螺纹抽芯等模具的调试方法
	(三)模具维修	1. 能诊断5～8工位级进拉深模、大型汽车覆盖件模以及高速冲模等的缺陷,并能提出解决方案 2. 能诊断深型腔模具、热流道、双色模以及内螺纹抽芯等模具的缺陷,并能提出解决方案 3. 能制定产品异常分析记录表	1. 精密、复杂模具拆装、清洗、保养知识 2. 精密、复杂模具缺陷诊断知识 3. 模具机构维修方法 4. 模具结构缺陷修补方法
五、培训与管理	(一)培训	1. 能指导高级技能及以下人员的实际操作 2. 能编写培训方案	1. 培训教学的基本方法 2. 培训方案编写要求
	(二)管理	1. 能核算模具价格,并能报价 2. 能应用质量管理知识对模具生产过程中的关键工序进行控制	1. 模具价格构成知识 2. ISO 9000质量管理体系

3.4 高级技师

职业功能	工作内容	技能要求	相关知识要求
一、零部件加工	(一)读图与绘图	1. 能绘制复杂结构,如多型腔双色模与双层模的零部件装配关系草图 2. 能绘制大型覆盖件模、多工位级进模与复合模的零部件装配关系草图 3. 能从图纸中分析需要特别加工的部位(采用CNC加工、电火花加工、线切割加工) 4. 能从图纸中分析各工艺的加工顺序	1. 模具设计与工艺知识 2. 绘制二维模具总装配图知识
	(二)编制工艺	1. 能制定模具成型工艺方案 2. 能编制双色模与双层模等模具零件加工工艺 3. 能对模具零部件结构工艺性提出改进建议 4. 能制定模具零部件数控加工、特种加工、图文雕刻、焊接等加工工艺规程	1. 双色模和双层模结构相关知识 2. 制定模具零件加工工艺知识
	(三)零件修配	1. 能修配高精度复杂镶拼组合体,达到精密模具配合要求 2. 能修配大型汽车覆盖件模重要零部件,达到使用要求	1. 模具复杂镶拼组合体修配技术知识 2. 大型覆盖件类模零部件装配技术知识
二、模具装配	(一)部件装配	1. 能装配微米级精度微型模具零部件 2. 能对大型覆盖件类模具零部件装配方案提出建议	1. 高精密微型模具部件装配技术知识 2. 大型覆盖件类模具部件装配技术知识
	(二)模具总装配	1. 能装配汽车顶盖、仪表板等大型多功能精密复杂模具 2. 能装配手机外壳、集成电路封装等自动化生产高精度模具 3. 能制定大型精密模具装配方案	1. 大型多功能精密复杂模具的结构特点、技术要求、动作原理 2. 间歇运动机电结构知识 3. 模具机电一体化知识
三、质量检验	(一)零部件检验	1. 能诊断模具零部件质量问题产生的原因,并提出解决方案 2. 能设计专用检具 3. 能设计制作专用样板	1. 模具零部件产生质量问题的原因及排除方法 2. 模具产生质量问题的原因及排除方法 3. 专用样板设计要求
	(二)模具总装配检验	1. 能诊断模具质量问题、产生的原因,并提出解决方案 2. 能诊断制件质量问题、产生原因和处理方法 3. 能诊断模具动态质量问题	1. 模具装配使用过程中疑难问题分析和解决方法 2. 模具装配工艺规程

续表

职业功能	工作内容	技能要求	相关知识要求
四、试模与修模	(一)试模	1. 能审定试模运行流程 2. 能进行精度要求为2～3 μm的模具、生产成批组件的模具(如触头与支座组件,微小电机、电器及仪表铁芯组件、多色和多材质塑料成型模具)等大型、多功能、精密复杂模具的试模 3. 能处理和解决试模过程中的各类问题 4. 能提出改进制件(品)成型工艺方案的建议 5. 能评估模具能否实现稳定、可靠、自动化连续作业生产 6. 能提出模具改进方案	1. 精密复杂模具调试工艺知识 2. 模具缺陷分析与解决方案 3. 制件成型工艺性与成型方案确定原则
	(二)模具调整	1. 能调整汽车顶盖模具等大型多功能精密复杂模具 2. 能调整双排定转子铁芯自动叠铆级进模、集成电路封装模等自动化生产高精度模具 3. 能调整试生产新型模具 4. 能排除模具疑难故障	1. 大型多功能精密复杂模具调整知识 2. 精密复杂模具故障形式与解决对策 3. 模具故障排除程序与方法
	(三)模具维修	1. 能制定修模方案和工艺路线 2. 能应用新工艺、新材料、新技术维修模具 3. 能解决模具修复中的难题 4. 能采取措施延长模具寿命	1. 模具新工艺、新技术、新材料知识 2. 精密模具修复技术知识
五、培训与管理	(一)培训	1. 能指导技师及以下人员的实际操作 2. 能对本职业高级技能及以下人员进行技术培训 3. 能编写培训讲义	培训讲义编写方法
	(二)质量	1. 能应用新技术、新设备、新工艺、新材料等对模具生产管理提出改进建议 2. 能分析市场动态 3. 能处理模具生产过程的报价等问题	1. 技术项目管理知识 2. 市场分析与成本核算知识 3. 生产技术管理基本知识 4. 模具行业的主流生产技术

4. 比重表

4.1 理论知识

项目 \ 技能等级		中级技能(%)	高级技能(%)	技师(%)	高级技师(%)
基本要求	职业道德	5	5	5	5
	基础知识	25	20	15	10
相关知识要求	零部件加工	25	20	15	15
	模具装配	20	20	20	20
	质量检验	10	15	15	20
	试模与修模	15	20	20	20
	培训与管理	—	—	10	10
合计		100	100	100	100

4.2 操作技能

项目 \ 技能等级		中级技能(%)	高级技能(%)	技师(%)	高级技师(%)
技能要求	零部件加工	35	20	15	10
	模具装配	30	35	30	30
	质量检验	20	20	15	15
	试模与修模	15	25	30	35
	培训与管理	—	—	10	10
合计		100	100	100	100

参考文献

[1] 刘航. 模具制造技术[M]. 西安:西安电子科技大学出版社,2006.
[2] 姚开彬. 工模具制造工艺学[M]. 徐州:江苏科学技术出版社,1989.
[3]《模具制造手册》编写组. 模具制造手册[M]. 北京:机械工业出版社,1996.
[4] 潘宝权. 模具制造工艺[M]. 北京:机械工业出版社,2004.
[5] 彭建声,吴成明. 简明模具工实用技术手册[M]. 北京:机械工业出版社,2004.
[6] 李昂,于成功,闻小芝. 现代模具设计、制造、调试与维修实用手册[M]. 北京:金版电子出版公司,2008.
[7] 袁根福,祝锡晶. 精密与特种加工技术[M]. 北京:北京大学出版社,2007.
[8] 方子良. 机械制造技术基础[M]. 上海:上海交通大学出版社,2004.
[9] 吴元徽,赵利群. 模具材料与热处理[M]. 大连:大连理工大学出版社,2007.